董金狮图说

无毒食物怎么选怎么吃

董金狮 主编

江苏凤凰科学技术出版社 凤凰含章

吃出健康，远离黑心食品威胁

根据研究指出，每人每天所吃的食物中，有些食物可能遭受的污染达数十次，被污染的食品可能就在我们身边，一不小心我们就将它们吃下肚了，所以我们消费者必须具有分辨及选择优质食物的能力。

日本厚生劳动省曾有调查报告指出，高达13%的幼儿园儿童对特定食品有过敏反应，所以特别要求食品商在商品上标示易致过敏的成分，以便让消费者得到完整的信息。

美国曾发生菠菜中毒跨地区流行，而每年也有近75 000 000名美国人因食物中毒生病，其中还有30万人住院；而这些有毒的食品，还可能经加工后飘洋过海来到中国，因此食品安全的问题，已经不是单一国家的问题。问题是对庞大的食品种类，不论是美国、日本，还是中国等政府，都必须扪心自问，是否有能力全面监控？

目前蔬果农药残留的问题频出，所以许多人开始购买价格稍高的有机蔬果，但是“有机”如何认证？又如何选择好的有机蔬果？对一般消费者来说，都是一大考验。如果政府不能有效地把关，企业不能有效自律，这些令人头痛的问题，都要由消费者自行承担。

食品种类实在太多，因此许多人对食品安全的观念，始终抱着消极回避的态度。不过随着中毒事件的频出，甚至是2008年震惊全国的“毒奶粉事件”，相信不少消费者开始意识到食品安全的重要性。

现代人应该有健康风险分析的观念，更应吃得智慧、吃得健康。本书将完整提供各类食物选择的方法，对各类食品的认证方式，也有详尽的说明，绝对让您“买得安心、吃得放心”！

享受安心食物的好滋味

随着科技时代的进步，现代人对生活品质的提升与注重，可以说是不遗余力。日常生活中对饮食的选择，也越来越丰富多变；不但口味多元化，许多以倡导养生概念为主的健康食品也纷纷出炉。

从古至今，人类遵循“民以食为天”的观念，通过一日三餐的营养补给，来补充我们所需的体力，保持健康。如何饮食已成为生活中非常重要的学问。

现代人生活步调的加快，造就了快餐生活的普及，也改变了大家在饮食上的习惯。在吃的方面，方便与快捷已成为现在市场上的主力需求。大家过度依赖便利的结果，带来了更多健康隐忧。文明病的增加，往往是因为人们对饮食方面的知识不足，对食品制作过程不够了解，或是对来路不明的食品不够小心，因此不小心送病入口。

越了解食物特性、来源、辨识方法及食品制作方式，就越能避免病从口入。只要多用点心，掌握选购的秘诀与食用的时机，对饮食安全稍加把关，便能为自己的健康多加一道防护线，也可以确实做到“买得安心，吃得健康又放心”。

在本书中，详细地介绍了在生活中随处可见的各类食品认证标识、各式调味品的功能及用途；更介绍了各类蔬果肉类的基本知识与选购秘诀、各式饮品的饮用时机及保存方式，还有食品加工制作方式的解释说明。

本书完整的说明与介绍，可提供读者在日后生活中掌握各类食品选购与保存的技巧，让您可以成为百分百的生活达人，安心享受美味又健康的美食佳肴！

目 录

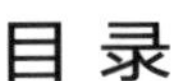

目 录

CONTENTS

目录

Chapter 2 加工食品馆

Chapter 3 提味佐料馆

Chapter 4 风味饮品馆

导 读

如何使用本书

本书共分为三大篇，第一篇叙述采购生鲜食材的原则；第二篇则阐述自爆发毒奶粉事件以来，所引发的饮食安全问题；第三篇为本书重点，介绍215种常见食材，从如何选购、烹调、保存，到食材营养及保健功效，均加以详细介绍，以避免吃到不安全的食物而引发食物中毒。这是一本最容易使用的食材选购指南。

- **食材基本介绍**
  包含食材图片、英文名称、主要营养成分、产季、性味、别名。

- **食材优劣品的区别**
  说明如何从外观及味道挑选好的食材。

- **这样吃最健康**
  以医师的角度提醒读者该食材适合哪些人，以及提点食用该食材的注意事项。

- **营养小提示**
  以营养师的角度叮咛读者处理该食材时，如何烹调以及搭配，对人体比较健康。

Part 3 食物安全基本常识

Tips 食用过酸者会伤胃

春夏秋冬

柠檬 Lemon

●宜食的人
结石患者
●忌食的人
胃及十二指肠溃疡患者

■别名：柠果、洋柠檬、益母果

■性味：味甘酸、性平

■主要产季：7月～次年1月

■主要营养成分：钙、铁、钾、钠、镁、维生素A、B族维生素、维生素C、维生素E、维生素P

✓YES优质品

- **外观：**
  1 果实饱满
  2 颜色鲜绿有光泽
  3 手感硬实
- **味道：**新鲜的柠檬，闻起来有一股非常浓郁的柠檬香。

✗NO劣质品

- **外观：**
  1 果实干扁
  2 表皮有孔洞、霉点，色泽暗黄
- **味道：**闻起来没有柠檬香味。

Health & Safe 安全健康食用法

这样吃最健康

1 柠檬味道极酸，过强的酸性会刺激胃壁，直接生吃对胃部容易造成伤害，故应尽量避免直接生吃，即使将其榨汁也需稀释。
2 柠檬酸会活化体内酸性与毒性物质，胃酸过多或排泄功能不佳者，可能产生酸血症或过敏症状。
3 空腹时或罹患胃及十二指肠溃疡患者仅能少量食用柠檬，即便是一般人也不应大量食用，否则过强的酸性可能会引起胃出血等严重胃部疾病。

营养小提示

1 柠檬富含维生素C，能促进皮肤的新陈代谢，消除黑色素沉淀。爱美的女性想要维持皮肤光滑，不妨自行动手榨柠檬汁饮用，或者取代醋来做凉拌菜。
2 柠檬所含的柠檬酸，能够促进新陈代谢，缓解疲劳。忙碌一整天之后，来片柠檬泡水加糖喝，可以舒缓一整天的疲惫。
3 柠檬酸能帮助钙质溶解，有助于身体吸收钙质。
4 饭后饮用柠檬汁，能帮助消化及排便。

● 怎样选购最安心

1 柠檬依品种有不同的形状，选购时注意表皮外观清洁、果实完整。
2 新鲜柠檬表皮细致、紧实且有光泽；若有皱褶，代表已放置较久。
3 挑选时可握紧柠檬，稍稍用力，若手感硬实，则代表水分较多，较新鲜。

● 怎样处理最健康

1 为去除果皮上的农药，清洗时要先用流动的水冲洗，用手多搓揉几次，或用软毛轻刷表皮。
2 若要喝柠檬汁，不要连皮一起挤压，挤果肉部分即可。

● 怎样保存最新鲜

未切开的柠檬，只要置于通风阴凉处即可。切开的柠檬则以保鲜膜紧密包裹后，置于冰箱内冷藏。

54

❶ 选购方法

介绍食材挑选应注意的事项。

❷ 处理方法

说明处理该食材的方法，让你吃到最美味健康的菜肴。

❸ 保存方法

介绍该食材最佳的保鲜方式以及保质期。

❹ 饮食宜忌

以条列式的方式，清楚列出哪些人可以吃，哪些人不适合吃或者应该少吃。

水果类 柠檬・荔枝

YES优质品

- **外观：**
  1 果粒饱满圆润
  2 果皮无虫害、压伤
  3 果壳颜色红褐自然
- **味道：** 新鲜的荔枝没有特别的味道。

NO劣质品

- **外观：**
  1 果皮黯淡或过红、不自然
  2 整把抓起果粒容易脱落
  3 果皮裂开或渗出水来
- **味道：** 过熟的荔枝会有发酵味。

Health & Safe 安全健康食用法

这样吃最健康

1 食用前要注意荔枝的新鲜度。如果发现有酸味或者腐坏，应丢弃勿食。

2 荔枝含丰富的葡萄糖，有助于促进血液循环，适合有贫血症状的人食用。

3 荔枝中的维生素C，有助于维持皮肤的润泽，预防黑色素沉淀。想要保养皮肤的人，可以适量摄取。

4 荔枝有助于提振食欲，儿童、孕妇或老人等为需要补充元气的人群，可以适量摄取。

营养小提示

1 荔枝性温且糖分含量高，一日最佳食用量300克左右，大概是15颗，儿童勿超过5颗。

2 食用过量的荔枝，容易造成牙龈红肿、便秘等上火现象。建议摄取时，不要过量。

3 摄取过多荔枝，肝脏中的酶来不及将果糖转化为葡萄糖，过多果糖直接进入血液，反使血液中的葡萄糖不足，易引发荔枝病，主要症状为血糖过低，并伴随四肢无力、心悸、冒冷汗、头晕目眩等症状。

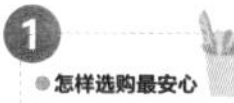

怎样选购最安心

1 某些不良商人为了卖相更好，会在荔枝表皮喷洒强酸溶液。若发现外壳颜色过红且不均匀，应避免购买。

2 挑选荔枝时，可轻晃整串，不脱粒的荔枝鲜度较佳，水分也较充足。

怎样处理最健康

1 用剪刀剪除枝茎，蒂要留在果实上。

2 在流动的水下，以软毛刷轻刷外壳，之后沥干即可。

怎样保存最新鲜

1 常温下仅能存放2～3天，建议放置于通风处。

2 若要放入冰箱冷藏，建议以纸包裹后，再置于塑料袋中保存较理想。如此，则可将保质期延长至4周左右。

55

Part 3 食物安全基本常识

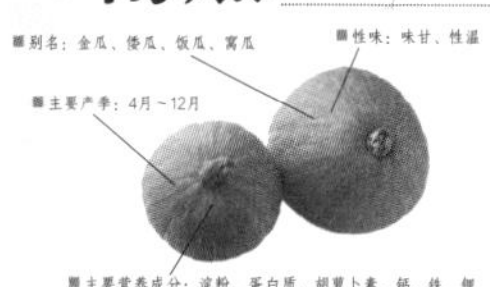

YES优质品

- **外观：**
  1 表皮坚硬，按压不会凹陷
  2 分量重，褶纹明显，仍附着瓜梗
  3 切开后果肉金黄，无水烂
- **味道：** 闻起来没有异味或化学味。

NO劣质品

- **外观：**
  1 表皮有黑点、霉斑
  2 瓜梗已去除或瓜梗枯萎
  3 瓜身柔软，可轻易按压出痕
- **味道：** 闻起来有化肥味或腐臭味。

Health & Safe 安全健康食用法

这样吃最健康

1 南瓜的营养价值高居瓜类之冠，具有补中益气、抗老防癌的功用。

2 南瓜所含的钴比所有蔬果都高，钴有稳定血糖的作用，但已服用降血糖药物者应避免食用南瓜，以免血糖过低，造成危险。

3 大量食用南瓜会加重体内湿热，引发毒疮、脚气、黄疸等疾病。与羊肉同时食用更有加乘作用，要避免。

营养小提示

1 南瓜含有胶质，可有效延缓肠道对脂肪与糖的吸收，促进肠胃蠕动，进而达到美容减肥的功效，使得许多爱美女性趋之若鹜。

2 南瓜含有胡萝卜素，经常食用可减少自由基对身体的破坏，但大量食用会导致皮肤变黄，发现手脚开始变黄时就应停止食用，过一段时间皮肤就会恢复至原来的肤色，无须过度担心。

3 南瓜内种籽旁的柔软部分和外皮都十分营养，能一起食用最好。

156

瓜果类 南瓜

南瓜怎样选购最安心

1 南瓜腐败是由瓜梗开始，挑选南瓜以观看瓜梗是否新鲜为基准。若是瓜梗已发黑，代表腐败已经开始，最好不要购买。重量足、外形完整、色泽均匀、表皮坚硬、用手指按压不会凹陷者为佳。

2 茎叶干枯的南瓜表示已经成熟，甜度高，可购买。

3 选择时最好挑选连着瓜梗的南瓜，因为瓜梗去除后，会缩短南瓜的保存期限。

4 越硬的南瓜口感越爽脆，以指甲轻压测试硬度，并掂掂是否有沉重感，瓜身沉重、表皮无黑点、有褶纹的南瓜水分较丰富。

5 南瓜的表皮如果已经出现黑点、霉斑，表示已经熟透并且开始腐败，不宜购买。

6 用指甲轻轻按压就会压出痕迹的南瓜表示太软烂，不宜购买。

南瓜怎样处理最健康

1 烹煮南瓜前，要先浸泡在水中5分钟，然后用流水冲，并以刷子或海绵刷洗表面，清洗约30秒后再将皮削掉。

2 南瓜的皮不用整颗削，以免整颗南瓜散掉，只要用菜刀削掉局部，再用热水烫过。烫过的水不要再用，重新换水烹煮。

3 南瓜本身带有甜味，在烹煮的时候不要加太多糖，比较健康。

4 南瓜肉质柔软易烂，适合煮成浓汤，或直接蒸熟食用，也可以做成南瓜饭。

5 加油脂快炒南瓜，其所含的类胡萝卜素更有助于人体的摄取和吸收。

6 南瓜容易吸水，水煮会破坏口感，建议用锅蒸食，才能使鲜甜封存在果肉内。

7 南瓜含有叶酸，咖喱含有铁质，两者一同做成南瓜咖喱饭，有助于消除疲劳，改善贫血状况。

8 南瓜籽挖出后别急着丢弃，先洗净，再将水沥干，加些盐巴以小火炒至酥脆，即成最营养的零嘴——南瓜子。

南瓜怎样保存最新鲜

1 未切开的南瓜常温可贮存数月，但要定期检查表面有无瑕疵。有黑点或无瓜梗的南瓜不耐久藏，很快就会从损伤处开始腐败，所以出现黑斑的南瓜要尽快食用。

2 已切开的南瓜去籽后可用保鲜膜包覆，再放入冰箱冷藏，或装入保鲜袋后放入冷冻库。

3 南瓜籽可以用塑料袋装妥，放冰箱冷藏。

宜→○ 对什么人有帮助

○ 易患感冒的人多食
○ 适合抵抗力较差的老年人和幼童食用
○ 用眼较多者宜常食
○ 胆固醇过高或癌症患者适合食用
○ 前列腺有问题的男性宜多吃

忌→✗ 哪些人不宜吃

✗ 黄疸病患者避免食用过量
✗ 湿热体质的人不适合吃太多
✗ 毒疮患者不可吃太多
✗ 高血糖的人要控制食用量

157

Part 1 选购正确 吃得安心

食物是吃进身体里面的

选购卫生、品质有保障的食品

或是拥有相关单位认证标识的食品

就能远离黑心食品的危害

吃得安心、吃得健康！

选对食物的9大秘诀

你吃的食物安全吗

相信很多老饕们在享受美食的时候最注重的就是色、香、味俱全。但也正因为如此，许多食物被放入许多食品添加剂来使食物更加美味。这样吃真的没问题吗？对健康不会有影响吗？

我们虽然无法掌握外面出售的食物所添加的东西究竟安不安全，不过当我们自行烹调的时候，就一定要注意选购食品的方法，从自身做起，才能够保障自己可以吃得美味又健康！

选对食物的9大秘诀

❶ **不买来路不明的食品：**包装上标识不明，或者完全是外文标识，或不是在固定场所出售的食物都要小心，这类食品或许价格会比较便宜，但却没有保障，能让人安心地食用吗？

❷ **选择植物油：**尽量少用动物油，因为动物油含大量的胆固醇，对心脏、血管健康不利。选购时特别要注意包装上是否有生产企业信息和生产许可QS标，有这些信息的，才是有品质保障的食用油。

❸ **认清新鲜肉类：**选购肉类时可注意其肉色为粉红色、触碰时具有弹性者为新鲜；如果是鱼类，再多观察，若其眼睛透明、鳃呈鲜红色且没有鱼腥味者为新鲜。当然要尽量到大型超市或商场购买质量有保证的肉类。

❹ **食品标识要齐全：**在超市购买的生鲜包装食品，除了看价钱之外，还要仔细看包装上的信息是否齐全详细，如：食品净含量、名称、食品添加剂、生产企业名称、地址、联系方式、保质期、产地及生产日期等。

❺ **冷冻食品的保存温度：**选购冷冻食品时要挑冷藏在－18℃以下，且拿起来的时候是坚硬的，而不是湿湿软软的。感觉已经有点解冻的食品，其品质可能已经开始衰败了。

❻ **罐身良好的罐头食品：**选购罐头类的食品时，要选择罐身完整良好、没有凹凸不平与生锈的；另外也要特别注意罐身上要有QS生产许可证标志及编号，才能安心选购。

❼ **新鲜鸡蛋的挑选方法：**新鲜的鸡蛋，其蛋壳是粗糙无光泽的，而且用光照的时候是不会透光的，摇晃鸡蛋的时候也不会有明显内部在摇晃的感觉。在挑选盒装鸡蛋的时候，也要注意保质期，这样才能确保鸡蛋的新鲜度。

❽ **依相关认证标志选购产品：**各类产品有其各式认证标志，才能确保其食物来源的安全。如：QS。

❾ **少吃多虫蔬菜，多吃时令蔬菜：**所谓“多虫蔬菜”，即是容易招虫害的蔬菜，如小白菜、韭菜、菠菜等；另外时令蔬菜因较适合当季的季节，种植时也不会使用太多的农药。

以上提供了这几个小秘诀，希望大家在选购食品时，可以多花一点时间来注意这些小细节，因为想要吃得安心、吃得健康，这些小技巧是不容忽略的喔!

选对食材的9大秘诀

食材选购秘诀	食材挑选技巧及说明
❶ **不买来路不明的食品**	• 包装标识要清楚 • 不选标识不明或外文标识食品 • 少买非固定场所出售的食品
❷ **选择植物油**	• 动物油含大量的胆固醇，对心脏、血管健康不利 • 包装上要有QS标志及编号
❸ **认清新鲜肉类**	• 肉色为粉红色 • 触碰时具有弹性 • 鱼类眼睛透明、鳃呈鲜红色且没有鱼腥味
❹ **食品标识要齐全**	• 包装上的信息齐全详细 • 标识含净含量、名称、食品添加剂、生产企业信息、保质期、产地及生产日期等
❺ **冷冻食品的保存温度**	• 要冷藏在－18℃以下 • 触感坚硬，而不是湿湿软软的 • 感觉有点解冻的食品，品质可能已经开始衰败
❻ **罐身良好的罐头食品**	• 罐身完整良好，没有凹凸不平与生锈迹象 • 罐身上有QS生产许可标志及编号
❼ **新鲜鸡蛋的挑选方法**	• 新鲜的鸡蛋：蛋壳粗糙无光泽，而且用光照的时候不会透光 • 摇晃鸡蛋的时候不会有明显内部在摇晃的感觉 • 在挑选盒装鸡蛋的时候，要注意保质期
❽ **依相关认证标志选购产品**	• 各类产品有各式认证标识，确保其食物来源安全可靠
❾ **少吃多虫蔬菜，多吃时令蔬菜**	• “多虫蔬菜”指容易招虫害的蔬菜，如小白菜、韭菜、菠菜等 • 时令蔬菜不会使用太多的农药

认识安全食物的标识图案

QS生产许可

根据国家质量监督检验检疫总局《关于使用企业食品生产许可证标志有关事项的公告》（总局2010年第34号公告），企业食品生产许可证标志以“企业食品生产许可”的拼音“Qiyeshipin Shengchanxuke”的缩写“QS”表示，并标注“生产许可”中文字样。消费者在选购食品时，一定要注意食品包装上是否有QS标识及编号，没有QS的食品不要购买。

有机产品认证

有机农业（Organic farming）指在动植物生产过程中不使用化学合成的农药、化肥、生产调节剂、饲料添加剂等物质，以及基因工程生物及其产物，而是遵循自然规律和生态学原理，采取一系列可持续发展的农业技术，协调种植业和养殖业的平衡，维持农业生态系统持续稳定的一种农业生产方式。

有机产品（Organic product）是根据有机农业原则和有机产品生产方式及标准生产、加工出来的，并通过合法的有机产品认证机构认证并颁发证书的一切农产品。

我国新的《有机产品认证管理办法》（以下简称《办法》）已于2013年4月23日国家质量监督检验检疫总局局务会议审议通过，自2014年4月1日起施行。消费者在选购有机食品时要注意看清“有机产品”认证标识。根据《办法》规定，国家推行统一的有机产品认证制度，实行统一的认证目录、统一的标准和认证实施规则、统一的认证标志。

农产品地理标志

农产品地理标志，是指标示农产品来源于特定地域，产品品质和相关特征主要取决于自然生态环境和历史人文因素，并以地域名称冠名的特有农产品标志。此处所称的农产品是指来源于农业的初级产品，即在农业活动中获得的植物、动物、微生物及其产品。

绿色食品是指按特定生产方式生产，并经国家有关的专门机构认定，准许使用绿色食品标志的无污染、无公害、安全、优质、营养型的食品。

绿色食品标志图形由三部分构成：上方的太阳、下方的叶片和中间的蓓蕾，象征自然生态。A级绿色食品生产中允许限量使用化学合成生产资料，其标志与字体为白色，底色为绿色；AA级绿色食品严格要求生产过程中不适用化学合成的肥料、农药、兽药、饲料添加剂、食品添加剂和其他有害环境和健康的物质，其标志与字体为绿色，底色为白色。整个图形描绘了一幅明媚阳光照耀下的和谐生机，告诉人们绿色食品是出自纯净、良好生态环境的安全、无污染的食品。

保健食品是食品的一个种类，具有一般食品的共性，能调节人体的机能，适于特定人群食用，但不能治疗疾病。

保健食品是指声称具有特定保健功能或者以补充维生素、矿物质为目的的食品，即适宜于特定人群食用，具有调节机体功能，不以治疗疾病为目的，并且对人体不产生任何急性、亚急性或者慢性危害的食品。保健食品标志为天蓝色图案，下有保健食品字样，俗称“蓝帽子”。

“无公害农产品”由农业部提出，各地相关部门进行认证。该标志上有“无公害农产品”字样，标志中间是一个竖立的麦穗，容易辨认。

无公害农产品产地环境必须经有资质的检测机构检测，灌溉用水（畜禽饮用、加工用水）、土壤、大气等符合国家无公害农产品生产环境质量要求，产地周围3公里范围内没有污染企业，蔬菜、茶叶、果品等产地应远离交通主干道100米以上。

去除农药残留的方法

蔬菜在食用前，可用下列几种方法减少农药的残留。

❶ **清水冲洗浸泡：**多数农药是酸性的，只要用微碱性的淘米水和洗涤剂就可以除去绝大部分的农药。注意在洗涤的过程中，不要把菜叶揉破，以免造成菜叶内部的二度污染。

由于大多数的农药是水溶性的，且多附于蔬菜表面，只要好好清洗，可以洗掉表面的农药。通常先用水清洗表面再浸泡（不能少于10分钟）。反复此程序2~3次，基本上就可以清除绝大部分的农药。

❷ **剥掉外叶：**很多蔬菜最外面一层的叶子附着的农药最多，特别是大白菜、圆白菜类的包叶蔬菜，可将最外面的菜叶剥掉，以避免吃进农药的风险。

❸ **用热水烫：**对一些难以去除农药残留的蔬菜，像芹菜、圆白菜、青椒、豇豆等，下锅前，可用清水先洗净表面，放入沸水中焯烫2~5分钟捞出，再用清水冲洗1~2次，即可清除残毒90%。溶于油性的农药，大多不会渗透到蔬菜内部，只要厚厚削去蔬菜一层外皮，再用热水烫过，即可让农药或残留物质溶解出来。

❹ **去皮清洗：**带皮的蔬菜，例如黄瓜、胡萝卜、冬瓜、南瓜、茄子等，可先削去外皮再用清水洗净，是最简易的去除农药的方法。

❺ **加盐后清洗：**小黄瓜类的蔬菜清洗完后仍不安心的话，可将其放在砧板上后加盐，用手轻轻地将黄瓜在砧板上转一转，再用清水洗掉盐，即可将渗入黄瓜表皮的杀虫剂溶解出。

减少农药残留的方法			
清水冲洗浸泡	剥掉外叶	用热水烫	去皮清洗

先用水清洗表面，再浸泡，重复数次	蔬菜最外层的叶子附着的农药最多	放入沸水中焯2~3分钟捞出，清水冲洗	最简易的去除农药方法

食材保鲜的技巧

相信大家应该听过这样一则新闻报道："家里的冰箱，可能比马桶还要脏。"这则新闻不禁令许多民众瞠目结舌！冰箱的东西都是用来吃的，怎么可能比马桶还脏呢？这样我们不是吃进一大堆病媒、脏东西了吗？

其实这则报道一点儿都不夸张！我们常常会有种困惑，认为东西放进冰箱就不会坏掉了，所以便把食品放进冰箱，然后渐渐地忘记了它的存在。

直到某一天，冰箱一打开，才发觉飘出一股异味，或是容器中的汤汁、血水漏了出来，甚至污染了摆放在附近的新鲜食物！

报道指出，冰箱中堆放过期食材，就成了滋生病媒最重要的大本营。想吃得健康，食材保鲜的观念一定不可少。

食材保鲜小技巧

保鲜方式	说明	食物储存注意事项
生鲜食材与熟食分别存放	• 避免生熟食微生物的交叉感染	• 不要为了方便，而将生熟食混在一起存放
用密封的保鲜容器分装处理	• 利用密封的保鲜盒或保鲜袋包好食材，以杜绝微生物交叉污染 • 防止其他食物的味道影响	• 不可只用塑料袋或橡皮筋包装 • 密封不会与空气接触，因而不容易氧化，食物也较不容易腐败
熟食放上层 生食放下层	• 生食放上层的话，汤汁、血水如果流出来，就会流到下层且污染了下层的食物	• 汤汁、血水流出时要马上清理干净，以免微生物滋长 • 冰箱定时清理，细菌才不会繁殖
将水果放进冷冻库	• 延长食物保质期 • 将冷冻水果打成汁或是直接吃	• 有些水果不要冷冻（如葡萄），因退冰后其原本的质地会改变
事先处理 分隔储存	• 某些食材可以先切好，然后以一次的用量来分装，再用保鲜盒存放在冰箱里，每次拿一盒出来使用	• 此类食材包括葱、姜、辣椒、洋葱等
大米以及五谷杂粮密封保存	• 刚开封的米或五谷杂粮很容易长虫，需密封保存 • 米碰到空气会酸化及变硬	• 室温下保存的米，最好在2~4周食用完毕为佳
标示食材的内容及日期	• 把食材密封分类之后，在盒子上注明内容、购买日期以及保存期限	• 掌握食物的新鲜度 • 避免食物过期的危害

Part 2 食物安全的重大话题

毒奶粉事件、口蹄疫、转基因食品……

饮食生活中的热门话题

与我们的健康息息相关

理解问题背后的真相

才能维护自身“食”的安全

不再担心病从口入！

话题1

小心！恐怖的食品添加剂

自闹得沸沸扬扬的毒奶粉事件后，让许多人闻“奶”色变。毒奶粉里添加的三聚氰胺，是一种化工原料，用于制造餐具、建材等，但不可用于食品或食品添加剂。由于奶粉以蛋白质含量高低作为品级分类标准，不良厂商为了制造蛋白质含量较高的假象，在食品中掺杂三聚氰胺。若不幸真的吃到毒奶粉，成年人只要每天喝约2 000毫升的水，就能自体内排出三聚氰胺。

其实我们所吃的食品，包含了很多食品添加剂。即使是合法的食品添加剂，若吃太多也有可能像三聚氰胺那样对身体不利，更别说是一些非法或已被禁用的食品添加剂了。因此，千万别小看黑心食品添加剂的严重性。

随着化学工业与加工技术的进步，食品添加剂的开发愈来愈多元化，也大量地被使用。法定核准使用的为“合法食品添加剂”。

食品添加剂指食品在生产、加工、调配、运送、储存等过程中，以着色、调味、防腐、漂白、增加营养等用途而添加或接触食品的物质。它能提升产品的色、香、味，刺激销量，更便于加工且降低成本，因此，食品添加剂可以说与我们的生活息息相关。

是否有人认为，这些食品添加剂的后面藏了什么不为人知的秘密呢？其实食品添加剂具有增加食品的安全性、延长保质期等特点，主要以保护人体安全为出发点。

食品添加剂是食品吗

要分辨食品添加剂，其基本原则就是在正常的条件下，不会直接把它拿来食用。像味精与盐都属于食品添加剂，毕竟我们不会将它们当成米饭来摄取。由此可知，食品添加剂是在生产过程中为了某些目的所添加的。

食品添加剂分为从天然食物中所提取的天然添加剂，与利用化学反应所制成的合成添加剂两大类。然而合法的食品添加剂在误用及过量使用的情况下，仍会有害人体。

超量使用有害人体

许多食品添加剂是化学合成的，多少对人体有不良影响，若超量使用会危害健康，所以最高添加量会经过动物试验核定。有些不良厂商为了谋求利益而不当使用食品添加剂，给消费者的健康造成很大的危害。

食品添加剂的功能

既然许多食物中都含有食品添加剂，那就好好来了解下食品添加剂有什么功能吧！

❶ **降低成本：** 保持食物的新鲜度，就可减少因损失而增加的成本。

❷ **提升保存性：** 如香肠、火腿添加硝酸盐、亚硝酸盐，既可保持肉色，又能防止肉毒杆菌滋生。

❸ **降低热量：** 人工甜味剂可以减少热量，又能增加甜味。

❹ **改良口感与外观：** 添加色素、香料、调味料，更能吸引消费者。

如何选购合法食品添加剂

❶ **选择合格品牌：** 包装上有卫生机构检验合格的标识。若为国外进口食品，注意里面是否含有国内不许可的合成添加剂。

有时进口商会将翻译过后的中文标识，直接盖住原本生产商的标识，购买前最好先阅读清楚。

❷ **注意标识：** 了解食品添加剂的种类与剂量，注意生产日期、保质期及其用途。

❸ **注意颜色：** 以新鲜、不被染色为采购原则。

❹ **注意风味：** 有时为了增加食品的风味，常会添加香料或甜味剂。

食品添加剂是迎合消费者口味下的产品，若无法抵抗它的吸引力，更应该去了解这些物质的成分，多一分了解就多一分安全！不过还是要记住一个最基本的原则：天然的食品才是最好的。

食品添加剂的种类

食品添加剂种类	使用食品	添加原因
人工色素	糖果、饼干、寿桃、蛋糕装饰	改变原有食材的颜色，使外观更漂亮
亚硝酸盐	火腿、香肠、培根	不易腐化，保持肉质红润
漂白剂	蘑菇、莲子、竹笋	使外观洁白、定色，增加卖相
人工甜味剂	蜜饯、饮料	增加甜度
防腐剂	奶油、面包、方便面	延长保质期，增加口感
膨胀剂	面包、蛋糕、包子	缩短搅拌、发酵的时间

话题2

蔬菜的农药残留度有多少

蔬菜的农药残留度大于水果

种植蔬果总需要喷洒农药以除虫杀虫，因此多少会留下残留的农药。由于水果不直接和土壤接触，又可削皮，大大降低了农药进入人体的危险性。相较之下，蔬菜则因根植于土壤，生长期短，用药后如果因天气提前采收，而不等到安全采收期，发生农药残留的可能性就较水果高。

韭菜、白菜、油菜等叶菜类容易出现农药残留超标的现象，其中韭菜的虫害常位于菜体内，单纯借由表面喷洒农药难以根除害虫，菜农通常会采用大量毒性强的农药灌根，所以韭菜受污染的程度又比其他叶菜类高。

在叶菜类中，外部叶片的农药残留比内部菜叶高，剥去表面菜叶可以减少农药污染的危险。然而这并不表示所有外部的叶子都要去除，或是所有叶菜类都需要在沸水中烫过再食用。

蔬菜的农药残留度（由高至低）

农药残留度	蔬菜种类	代表食材
1	散叶类	韭菜、白菜、油菜
2	结球叶菜类	包心菜、芥菜
3	豆类	四季豆、菜豆
4	果菜类	番茄、青椒
5	根茎类	土豆、胡萝卜
6	瓜类	黄瓜、小黄瓜

农药残留“药”你命

一般来说，农药主要是通过两种途径进入人体：

1. 误食。
2. 接触日常食品中的残留农药。

其中第二种途径使多数人遭受污染。蔬果上残留的农药若被人食用后，随着时间的累积，在人体中达到一定的浓度，就会损害人体健康，造成慢性中毒，甚至会影响下一代的健康。其症状如肌肉麻木、咳嗽等，甚至会诱发癌症、心血管疾病或糖尿病等；对孕妇来说，则会影响胎儿的发育，甚至会导致胎儿畸形。

根据研究指出，残留的农药长期作用于人体，还可能引起基因突变。然而，由于慢性中毒没有显著症状，也不会直接危及人体性命，反而容易让人忽视残留农药的危害。

到目前为止，似乎没有其他措施可以完全代替农药，农药具有高效率和经济实惠的优点，既可满足人类对食物的需求，又可保护植物免受虫害，在农业防治生产中发挥着关键的作用。

但是，不可否认农药当中的化学成分对人类、动植物及环境都有绝对的负面影响。

如何避开防腐剂的威胁

为什么要使用防腐剂

市面出售的加工食物大多含有防腐剂。使用防腐剂的目的是保持食品品质和营养价值，防腐剂也是食品添加剂，它能够抑制微生物活动，防止食品变质，进而延长保质期，以防止食物中毒。

我们常看到使用防腐剂中毒的案例，一般来说，其成因是使用非法的防腐剂，或是食物中含有超过规定剂量的防腐剂，这些不当的使用方式，都会造成消费者对防腐剂产生误解和不必要的恐慌。

我国国家标准《食品安全国家标准食品添加剂使用标准》（GB2760-2011）上列出了我国允许使用的食品添加剂及用量，所以只要生产商在标准的范围内使用，消费者无须过度害怕。

防腐剂的使用标准

正确了解食品中的防腐剂，就可以和它和平共处。在食物中适当使用防腐剂，防止产品变质，无疑是为了保护消费者的安全。由于现在使用的防腐剂多为人工合成，长期过量吸收会对人体造成危害。

国内对防腐剂的使用有着明确的规定，生产商在使用时应遵照以下标准：

❶ 不影响消化道内的菌群。

❷ 在消化道内可分解为正常成分。

❸ 不会影响使用药物抗菌素的功能。

❹ 食品热处理时，不会产生有害物质。

儿童、孕妇等属于身体处于特别时期的特殊族群，在食品的摄取方面应该予以重点保护，建议不要给他们食用加入过多防腐剂的食品。

如何避免吃到非法防腐剂

为了避免摄取含有非法防腐剂的食物，在购买和食用食物时需注意下列要点。

远离非法防腐剂的方法	重点说明
❶ 少吃山梨酸防腐剂食品	身体处于特别时期的人，尽量少吃山梨酸防腐剂食品，或是以低毒性山梨酸防腐剂的食品取代
❷ 改变烹煮方式	烹调前浸泡40分钟，烹煮时拿掉盖子，以帮助挥发
❸ 选用天然防腐剂食品	例如鱼精蛋白、乳酸菌、壳聚糖、果胶分解物等新型的天然防腐剂
❹ 不吃太白的食物	太白的食物可以用二氧化硫作为漂白剂被漂白了
❺ 选择有信誉的厂商	散装产品通常没有清楚的产品标识，有些商家甚至会在产品上印有“本品绝对不含任何防腐剂”的字样，欺骗消费者

话题4

有机蔬菜与无农药蔬菜的区分

无农药蔬菜≠有机蔬菜

一般认知中的无农药作物不代表栽种时未使用化学肥料或农药，只是含量要求比较低，所以无农药蔬菜并不等于有机蔬菜。

有机蔬菜的种植过程中，从土壤、水源到肥料都完全不用化学肥料、农药、饲料添加剂等物质，使用非化学合成农药是为了避免农药残留于环境中。利用生态学原理恢复农业生态系统，以减少对非自然物质的过分依赖，整个过程都是零污染。

在国内，有机蔬菜的肥料通常是以成本较高的有机质肥料取代化学合成无机肥料。栽培过程要求农田土壤性质必须毫无污染，耕地不能含有对人体有害的重金属。灌溉水源必须经化验证明为合格水质，农地四周挖开深沟，避免水质受到污染，为其基本栽种条件。

有机蔬菜需经数道严格检验

在美国，对有机产品的认证也有相关规定，例如，从生产、收成到加工制造过程中皆不可施用“禁用物质”，或需受美国农业部（USDA）定期抽检产地环境采样和现场作业流程，只要能够符合订定的标准，即可以“有机”命名。

我国新的《有机产品认证管理办法》已于2013年4月23日由国家质量监督检验检疫总局局务会议审议通过，并于2014年4月1日起施行。其中要求按照有机产品认证实施规则的规定，对有机产品的生产、加工、标识与销售进行审核和管理。因此，要能真正成为有机蔬菜，必须经过层层的严格检验，而非单纯地以不喷洒农药就能轻易冠名上市出售。因此消费者在选购有机蔬菜时，除了参考各式各样的宣传广告，还要认清有机产品认证标志，为自己及家人的健康好好把关。

美国对各类蔬菜的规范

蔬菜种类	各类蔬菜规范条件
有机蔬菜	地下水源直径约20公里，耕地20公里内没有任何污染 休耕3～6年，不使用化学肥料和农药
准有机蔬菜	不使用农药、化学肥料
半有机蔬菜	开花结果前使用化学肥料，开花结果后，改施有机肥
安全蔬菜	使用农药的含量须在安全范围内，并配合短、长期监测检验 残留农药的含量虽然微小，长期食用仍会伤害人体健康
一般蔬菜	一般市场购买的蔬菜，无严格规范

话题5

有机食品到底是什么

有机食品＝天然食品吗

近年来，不断有新闻报道食品污染的问题，使得大众对“吃”愈加重视小心，因此当“有机食品”的概念一出现，立刻吸引了消费者的目光，形成一股养生风潮。

有机食品是 Organic Food的直接翻译，其定义就是指在种植农作物的过程中，没有使用非天然化学物质或有机物质，如农药、化学肥料等；农作物本身也没有经过基因改造或是人为加工，纯粹是在天然环境下长成，也就是我们常说的“天然食品”。

买有机食品需认明标志

在国内，有机食品的认证起步较晚。2014年4月1日，新实施的《有机产品认证管理办法》规定，对有机产品的生产、加工、标识与销售进行审核与管理，并统一标志。但在外国，有机食品的认证早已存在多年，例如美国农业部（USDA）、日本农业标准（JAS）以及欧盟有机食品认证（ECO）等，都制定了严格的标准来把关。目前，有不少产品印有“有机”字样，例如Organics、Natural等，或自制绿色标签的产品，想借此混淆视听，牟取暴利，消费者在购买时不可不慎。

有机食品无农药附着问题

大众普遍会认为有机食品是健康养生的选择，但事实上有机食品不一定比传统食品含有更高的营养价值。根据美国农业贸易季刊报道指出，有机食品不用人工杀虫剂、除草剂、杀菌剂及化学肥料，此种植过程的确较传统食品卫生安全。

由于有机农产品种植方式的改变，同时也影响其吸收的养分，通常有机产品的酸度、甜度及矿物质含量较高，水分较低。糖分及矿物质的含量会影响有机食品的储存期限，故有机食品的储藏期较化学栽培的食品的储藏期要长，可见这样的培育方式有其优势。

有机食品使用有机肥料，虽没有农药附着的顾虑，但可能会有微生物附着，故烹调之前一定要将其彻底清洗干净。

认识有机农产品标志

中国有机产品认证标志

USDA
(美国有机产品认证标志)

JAS
（日本有机产品认证标志）

ECO
（欧盟有机产品认证标志）

话题6

鱼翅是含汞量高的食物吗

残忍的鱼翅取得方式

鱼翅一直是中国传统饮食文化中财富地位的象征。消费者所吃的鱼翅主要是鲨鱼鱼鳍中的软骨。其区分的等级是以是否能连成片作为标准，等级从高至低依序是排翅或包翅、散翅、翅。

人们的生活日渐富裕，鱼翅有平民化发展的趋势。随着需求量不断增加，滥捕滥杀已威胁鲨鱼的存量。然而当我们在大量食用鱼翅的同时，有许多人不了解鲜美鱼翅的取得过程是相当残忍的，渔夫会直接活生生地切割下鲨鱼身上的鳍，再丢回海里，任失去鱼鳍而无法平衡的鲨鱼痛苦地挣扎直到死亡。

中国人嗜吃鱼翅，庞大的鱼翅需要量也使得鲨鱼的数量锐减，部分鲨鱼种类甚至濒临绝种，因此许多公益团体开始呼吁国人停止吃鱼翅。

鱼翅的营养价值

鱼翅本身并无味道，其甘香味美主要是配料的影响。长久以来，众人都认为鱼翅含有很高的营养价值，但经过科学研究，鱼翅的主要成分为蛋白质，其营养价值和牛筋、猪皮差不多，专家甚至建议若要补充蛋白质，可直接从牛奶或瘦肉中摄取，其营养价值更高。加上海洋污染，多吃鱼翅可能有害人体健康。

吃鱼翅也吃下重金属

根据1995年世界卫生组织的统计，全球每年约有0.5万吨废汞被排入海洋。鲨鱼的生存环境多半在近海，而近海区域受污染的情况也最严重，因此鲨鱼会吃进早已受污染的鱼类。再者，鲨鱼寿命较长，汞累积于鲨鱼体内的时间也被延长了。被吸收后的汞多半聚积在鲨鱼的肌肉或鱼翅中，随着鲨鱼的体积和年龄增加，其肌肉或鱼翅中的含汞量也随之增多。然而鲨鱼的新陈代谢较缓慢，需要花更长的时间才能排除体内的汞。

含汞鱼翅伤肾及神经

若食用了含汞的鱼翅，其危害相当严重。尤其是孕妇，若摄取过多，会影响腹中胎儿的神经系统和大脑的发育，严重的会导致流产。幼儿食入，轻则延缓其记忆力和语言能力等脑部功能的发育，重则造成智力低下或畸形。一般成人若吸收过多汞会损害人体的肾脏及神经系统。若真想吃鱼翅，则要注意，汞的浓度必须在0.5ppm以下；男性与女性每日安全食用的鱼翅量分别为46.7克、40.8克。

含汞量高的海产品

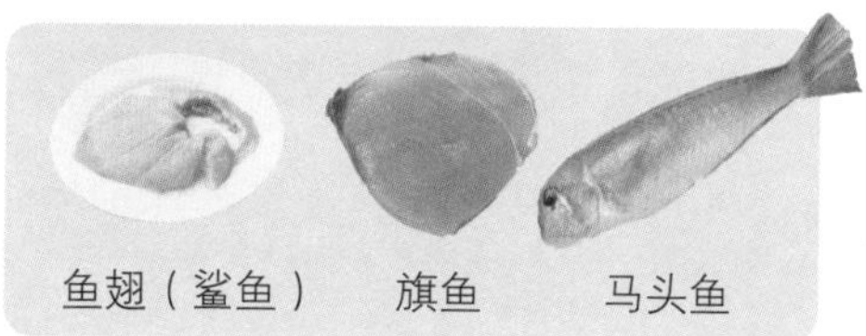

鱼翅（鲨鱼）　旗鱼　马头鱼

进口食物的选购要点

打破“进口产品比较好”的误区

我们的传统饮食以米饭为主，受到外来文化的影响，现在食用汉堡、牛奶的人渐渐增多，这些食材中有许多是进口的。

过去曾有新闻报道：“美国德州禽流感疫情发生，欧盟禁止美国家禽进口”“新疯牛病毒被发现”“禽流感侵袭亚洲十个国家”“欧洲乳制品含戴奥辛”等。当然，不是说进口食品一定好或是不好，只是消费者还是应该要仔细慎选，这才是最重要的。

政府与进口商的把关

在政府方面，有关单位应该先做好第一关的把关工作，也就是要加强进口食品的把关，只要是不合格的产品，一律严格禁止输入到国内。特别是国外对农药的规定和国内有些不同，对国内禁用、国外却可使用的农药，更应特别注意。有时从国外进口农作物，也可能把国外的害虫和细菌顺便带进来，影响到国内的农作物。

进口商也应该存有良心，不要销售劣质的进口食品给消费者。万一有人食用后生病或中毒，进口商也脱离不了责任。为了贪图一时的利益，不但有可能吃上官司，而且辛辛苦苦建立起来的商誉也会毁于一旦，得不偿失。

多支持本地食品

其实国内也有许多优良的食品，需要获得国人的支持。当然也不是要国人完全不买进口食品，只是在购买之前，可以先上网搜寻其产品或厂名、制造商的资料，以及众人的评价。先做好功课再行动，才比较安全又有保障。

进口食品选购注意事项

消费者必须注意下列事项，才可以安心地食用进口食品。

1. **不买来路不明的进口食品：** 尤其以全外文包装、没有中文标示内容的产品是很危险的，最好不要随意购买。
2. **注意制造日期及保存期限：** 选购标明原料及原产国的食品。囤积过久的食品在品质上也让人生疑，最好不要购买。
3. **肉类食品也要经过原产地认证合格：** 清楚标示“原产地名”“产品名称”的才可以购买。
4. **选择有认证标志的产品：** 以经过检验合格并获颁认证标志的产品为宜。若担心为转基因食品，在购买前应注意是否标示“含有转基因成分”。

话题8

吃牛肉？小心疯牛病

感染疯牛病的牛只症状

时间点	疯牛病症状
感染初期	神经质、易感到惊恐、具有攻击性
感染后期	乳汁减少分泌、肌肉调节困难、无法正常站立，最后衰弱致死

疯牛病有多可怕呢

引发全球恐慌的疯牛病，其学名缩写为BSE，意思是“牛的海绵样脑病变”。最早是在1968年在英国发现的，当时造成十多万头牛迅速死亡。

疯牛病的潜伏期2~8年，因疯牛病而死亡的牛在经过解剖后，发现其脑部的神经细胞大量死亡且萎缩。疯牛病多出现于哺乳类动物身上，造成此症状的特殊病原体，据推论是一种变性的细胞蛋白质，本身没有遗传及复制的性质，但耐高温且不怕消毒剂。目前仍无有效的药物可治疗疯牛病。

疯牛病会传染给人吗

除了疯牛病外，类似病变也会发生于羊（瘙痒症）、鹿、水貂等动物身上。至于大家担心的“疯牛病是否会传染给人”，目前唯一和疯牛病食品有关的是克-雅二氏病，而且也没有直接证据显示，克-雅二氏病是因疯牛病传染给人而发生的。

国际间的防范措施

目前国际间多通过禁用肉骨粉饲料作为避免感染的防疫途径。我国早在1997年即禁用含有肉骨粉的动物性蛋白作为饲料。

世界动物卫生组织在2005年针对疫区的牛肉贸易规定，不分疫区等级，只要是二岁半以下不带骨的牛肉，都可自由贸易。

原因是根据报告得知，99.5%的疯牛病病例是3岁以上的牛，因此这样的规定能排除大多数的可能病牛。

远离疯牛病食品的方法

1. 不要吃来自有疯牛病疫区的牛肉或羊肉。
2. 不要吃来路不明或是没有检验过的牛肉。
3. 不使用从受污染牛羊的脊髓、内脏所制成的保养品或化妆品。
4. 不吃疑似感染的牛、羊的脾脏、淋巴或脑神经组织，因为此变性蛋白质的潜伏期长且不怕高温破坏。

吃猪肉？小心口蹄疫

“畜牧业杀手”——口蹄疫

口蹄疫素有“畜牧业杀手”的称号，主要因为口蹄疫是急性、接触性的传染疾病，潜伏期短则几天，最长也不到半个月；传播途径可通过空气、食物和碰触而受感染，若当时气候遭遇大风或大批动物迁移，更会加速其传播的速度。由于口蹄疫传播范围大、速度又快，只要一暴发流行，就必须立刻大量扑杀，否则会造成畜牧业大规模的经济损失。

口蹄疫感染的主要目标为偶蹄类动物，例如：牛、羊、猪、鹿、骆驼等，一般家禽，像鸡鸭是不会受波及的。

人会不会得口蹄疫

口蹄疫一般来说是不会传染给人的，其病毒也不会在人群中流行，不属于人畜共患传染病。但有少数报告指出，变种的口蹄疫病毒还是有传染给人的可能性，主要对象为抵抗力较低的幼儿。但整体来看，口蹄疫病毒无法形成对人类健康的威胁，所以消费者对此不需过度紧张。

口蹄疫对一般成人不会造成过大的影响，但仍有可能伤害幼儿或老人的健康，所以体弱的幼儿和老人尽量不要接触疫区的牧场或屠宰场，也不要食用患病动物的有关制成品，以降低患病风险。

口蹄疫病毒怕酸又怕热

口蹄疫病毒的生命力极强，不过仍有弱点：不耐酸且不耐热，因此夏天甚少流行，受感染的肉类只要加热超过85℃，就能杀死全部的病毒。但基于保护消费者的权利，国际间禁止出口受感染的病猪。目前，我国对猪每年注射两次疫苗，以确保其健康。

以戳章及认证标识判别

我国在口蹄疫的防疫工作上，除了定期注射疫苗、随机抽查和禁止病死猪流入市场外，为了让消费者能买得安心、吃得开心，还派驻兽医在合格屠宰场当场检查，所以消费者可以借由猪皮上是否印有合格戳章，或产品上是否具有认证标识，作为判别标准。

口蹄疫小档案

潜伏期	传播途径	口蹄疫感染症状
短：2～3天 长：7天到半个月	•空气 •食物 •碰触	•发热 •跛行 •口腔和皮肤黏膜出现疱状斑疹 •严重者会心脏衰竭死亡

话题10

吃鸡肉？小心禽流感

人会得禽流感吗

人类若接触禽鸟或其分泌物、粪便，有可能意外感染禽流感病毒。

一般来说，一开始禽流感病毒H5N1只对禽鸟有极高的致病力，然而因为流感病毒不断基因突变，产生新的变种，当1997年于人类身上发现感染病例，多数人对这种突变的新病毒没有抗体，所以当时造成了严重恐慌。目前虽然只有禽传人的方式，但令人担忧的是一段时间后，禽流感病毒有可能会突变成人传人的病毒，并大量传染，其所产生的后果难以想象。

如何避免禽流感

对禽流感的忧虑，造成大家对家禽类避而远之。其实禽流感病毒具有不耐热的特性，所以只要将家禽类等相关制品充分加热，就能消灭病毒，降低受感染的机率。

此外，依以下几种方式也可远离禽流感的威胁。

❶ 饮食要均衡，维持良好的运动习惯，睡眠要充足，提升免疫力。

❷ 出现类似流感症状，寻求专业的医疗协助，并戴口罩就医。

❸ 不接近、喂食禽鸟或候鸟。

❹ 不到疫区参观。

❺ 不带禽鸟入境。

❻ 不将饲养的鸟类野放。

❼ 不食用没煮熟的禽类食品。

❽ 不买卖已得病的禽鸟。

❾ 不任意丢弃得病的禽鸟。

❿ 减少出入公共场合或是空气不流通的地方。

⓫ 必要时可打流感疫苗。

⓬ 接触禽鸟类及其分泌物后，记得消毒洗净。

大家只要仔细注意上述几个方面，禽流感自然就不会找上门了。

禽流感的表现症状

感染对象	禽鸟	人类
潜伏期	一星期内	几小时到几天
症状	❶ 呈紫色鸡冠且毛乱 ❷ 没有毛的地方皮肤呈青色 ❸ 食欲减退 ❹ 停止下蛋 ❺ 体温升高 ❻ 甩头	❶ 发热、鼻塞、头痛、咳嗽、腹泻、肌肉酸痛、结膜炎 ❷ 严重者会引起肺炎、呼吸衰竭或脑炎

吃海鲜？小心汞的危害

海洋传来的污染警告

大多数消费者认为多吃鱼贝类是营养健康的，对孕妇和小孩更是有益，特别是食用深海大型鱼；但根据最近一份资料显示，常吃大型鱼的人，其头发及血液的含汞量明显偏高。食入过量的汞会对人体造成危害，但为什么我们会吃进汞呢？汞对健康又有哪些不好的影响呢？

含汞海产对健康的影响

人类吃了含汞的鱼贝类，约有90%会被肠胃吸收，破坏神经系统，初期症状为神经衰弱综合征，更严重者，症状会持续发展成精神障碍。孕妇或哺乳期妇女吸收过多的汞后，汞会通过胎盘或由分泌的乳汁影响胎儿或婴儿，造成胎儿或婴儿体重过轻、发育迟缓、肌张力下降等症状，严重者甚至会早产，因此孕妇女或哺乳期妇女摄取营养时不可不慎。

防范鱼类的汞污染

以60千克的成人为例，每天摄入量不超过24毫克，就处于安全范围。

若能遵守以下几点，就能避免体内累积过多的汞：

1. 每周至少应该吃340克（两餐）含汞量低的鱼贝类。
2. 自行捞捕的鱼贝类，成人每周不超过170克（一餐），小孩则按此原则并减量。
3. 想要怀孕的女性或孕妇，不要吃鲨鱼、旗鱼、青花鱼和马头鱼等。
4. 少食用大型“掠食性”鱼，因为汞所累积的浓度会愈来愈高，而其他吃鱼的鸟类、哺乳动物，也须尽量避免。
5. 改吃生长周期短的小型深海鱼，其营养价值相同却不会累积过多的汞。
6. 不要经常食用同一种鱼类。选择当季盛产的鱼为佳。
7. 避免吃鱼头、鱼鳃和鱼内脏部分。

避免吃进含汞鱼类的方法

❶ 烹煮前先用热水烫过

❷ 不吃鱼头、鱼鳃与鱼内脏

❸ 购买来源不同的鱼货

话题12

多吃奶蛋素，疾病远离你

当素食理念还未被大众所了解接受时，一般人听到“吃素”总会带着异样的眼光或想法，多半都会认为素食者放着美味的肉不吃，居然只吃没什么味道的青菜，还真是想不开啊！然而随着吃素者的不断增加，素菜的变化越来越多，大家的饮食观念也跟着改变了。素食的确能降低高血压、癌症、心血管疾病等慢性病的发生，对健康有正面助益。

多数人的选择——奶蛋素

以目前素食者的饮食状态而言，奶蛋素仍是多数人的选择。其原因有二：

❶ 符合营养需求，且容易吸收。

❷ 取材便利又便宜，多元烹饪选择。

也因为奶蛋素的素食者没有完全排除动物性食物，没有营养不均衡的忧虑；而对全素者来说，专家则建议最好以补充维生素的方式补充营养素不足的问题。

便宜又营养的鸡蛋

“天天一苹果，医生远离我 ”这句大家熟知的谚语，把“苹果”改为“鸡蛋”也不为过。鸡蛋含有丰富的蛋白质、卵磷脂、维生素A、维生素D及B族维生素，这些人体必需的营养，不但有助于补脑，更可避免脑中风等疾病。

对于老人、高胆固醇病患者或者正在减肥瘦身的人来说，每天吃蛋却会超过身体负荷的上限，反而会使胆固醇累积，造成高胆固醇血症，所以特定人群以每星期吃2个鸡蛋为可接受的量。

鸡蛋要怎么烹饪才营养呢

最好的方式就是烹饪完全，且蛋清、蛋黄都得吃进去，这样才能真正摄取鸡蛋的营养，也能吃得安全又放心。

鸡蛋买回来先将表面清洗擦干后，再放进冰箱冷藏，鸡蛋的表面要保持干燥，以免细菌繁殖渗入蛋中。放置鸡蛋的地方也要保持干净。

素食的种类

素食种类	摄取的食物
全素	只摄取植物性食物
奶素	可摄取乳制品
蛋素	可摄取蛋类制品
奶蛋素	乳类或蛋类制品

吃对健康食品，营养加值

健康食品的种类

现如今工商业发展蓬勃，人们的物质生活富裕，但也因为如此开始产生许多慢性疾病或文明病，大家因此也慢慢有了重视保健与养生的观念。市面上出现了许多专门改善健康的保健食品，吸引民众的目光。但是只要吃了这些健康食品，真的就能保证健康吗?

经过报道发现，其实获得经由卫生部门发出的食品卫生许可证的，只占了极少数。有九成以上的“健康食品”都没有被列在卫生部门所列的健康食品范围内。

听到这样的状况，相信大家又开始忧心起来：既然健康食品不一定真的健康，那么我们到底该怎么选择、如何购买，才能选到自己所需要且能够安心食用的健康食品呢？首先，我们要知道健康食品可分为具有保健功效的“特定保健食品”，以及可以补充营养的“营养保健食品”。特定保健食品的目的是为了预防现代病，改善饮食习惯而食用；营养保健食品则是补充无法从饮食中足够摄取的一些维生素和矿物质。

成分标识比容量重要

消费者应搜集各种资料，不要被厂商夸大不实的广告所骗。此外还要学会看懂产品上的成分标识，不要只注重容量或包装的大小，而忽略了真正的重点。

健康食品虽然不同于一般食品，但是仍不能把它当做药品服用，它可以是辅助健康的工具，然而一旦生病时，还是应该尽快前往医院治疗。此外，健康食品并非服食之后马上就可以见效，而是在定期服用一段时间后，身体才会渐渐感受到其健康疗效。

选购健康食品小技巧

选购技巧	健康食品使用说明
❶ 听从专业人员的意见	•医生、营养师或专业的医疗人员可以帮你从不同的角度，分析、判断健康食品的疗效与实用性 •专业意见可避免买到不适合自己或广告不实的产品
❷ 选购适合自己体质的产品	•依自己的体质与身体需要来选择健康食品，如此才不会花大钱却得不到效果
❸ 选择有信誉的制造商	•注意制造商是否为诚信、可靠的公司 •选择广获好评的大型制造商 •不要为了贪小便宜而选购来路不明的食品
❹ 详读产品说明	•如果同时摄取不同种类的健康食品，会有摄取过量的风险 •食用前需细读其说明、作用、每次的食用剂量、保存期限

话题14

转基因食品是什么

“转基因”是指科学家利用不同的生物科技针对生物的个别性状，筛选出特定基因去改变基因组成。《农业转基因生物标识管理办法》中规定，转基因动植物（含种子、种畜禽、水产苗种）和微生物，转基因动植物、微生物产品，含有转基因动植物、微生物或者其产品成份的种子、种畜禽、水产苗种、农药、兽药、肥料和添加剂等产品，直接标注“转基因××”。转基因农产品的直接加工品，标注为“转基因××加工品（制成品）”或者“加工原料为转基因××”。

为什么食物要进行转基因

基因重组技术的改良特性有：增加生长速度、抗虫、抗病、改善营养价值、抗除草剂、延长保存期限等。

转基因食品发展将近十年，已有上百种作物被成功改造。目前商品化的转基因食品大致有大豆、玉米、油菜、棉花、番茄、稻米、土豆、木瓜、甜菜及小麦等，可见转基因食品在人类赖以为生的粮食作物中，越来越重要。

人类依赖的主要粮食大概只有20种植物左右，其中玉米、稻米、小麦就提供全球人类50%以上的热量。根据世界卫生组织预估，世界人口到2050年将增长两倍，如何更有效率地提供全球近90亿人口所需的粮食，势必成为令人担忧的问题。因此，转基因技术就是希望供应人类适当且适量的食物。转基因能带来相当高的利益，然而与此同时，转基因食品也具有尚无法证实的忧虑。

转基因食品优缺点

基因改造优点	
❶ **增强抵抗力**	如对虫害的抵抗力，进而减少杀虫剂的使用量
❷ **适应不同气候**	农作物能适应不利的生长环境，例如干旱或低温的环境
❸ **增加产量**	适应不断攀升的世界人口，借此减少处于饥饿状态的人数
❹ **改良营养成分**	像增加蛋白质或降低脂肪含量等
❺ **改良外观和口感**	延长采收到市场的时间，使消费者能拥有最佳产品
❻ **便于加工**	减少浪费和降低生产成本
基因改造缺点	
❶ **伤害生物性命**	农作物若具杀虫的能力，恐伤及无辜的生物
❷ **野草基因可能突变**	杀虫基因或耐除草剂基因转移到野草的基因组中，将可能产生超级野草
❸ **改造功效不一定长久**	基因改造后的能力可能突然失效

转基因食品安全吗

转基因食品虽然都已通过风险评估，没有证据显示其引起的安全问题，然而仍存在有其他方面的问题：❶转基因过程；❷人类食用吃了基因饲料的动物会不会有问题？❸转基因食品是否会造成某些过敏症状？以上问题仍在研究，只能说转基因食品虽没有即刻的危害，但其长远的影响目前仍是未知数。

分辨转基因食品的方法

2002年1月5日，农业部令第10号《农业转基因生物标识管理办法》实施，对转基因产品标识做出了规定，2004年7月1日农业部令38号对该办法进行了修订。一般消费者购买时，可遵循以下方面辨别市面上的食品是否为非转基因食品。

❶ **依企业或品牌形象：**知名品牌会标示原料是否会采用转基因作物。

❷ **由产地来区分：**若产地为大量种植转基因作物的地区，则其为转基因作物的几率较高。生产转基因作物最多的国家有美国、加拿大、阿根廷、巴西等。

❸ **包装的型态：**美国进口的非转基因大豆、玉米食品，通常都是用完整的包装袋输入，转基因食品则是以货柜进口。

❹ **参考各类资讯：**可从各大网站或书报杂志、电视新闻等，获取更多和基因改造食品相关的资讯。

总体来说，通过标识，让消费者获得知情的权利，进而自行选择是否要购买基因改造食品，加上政府的把关，自然就会减低消费者担心购买到转基因食品的顾虑。

常见基因改造食品

玉米

油菜

话题15

食物中毒的预防方法

我们常在电视上看到某学校的学生吃了午餐，或一群人喝完喜酒后集体感到不适，被送医治疗的新闻——他们都是食物中毒。到底什么是食物中毒呢？食物中毒的症状有哪些呢？该怎么预防食物中毒的发生？

什么是食物中毒

究竟什么是食物中毒呢？因摄入了遭污染的食品而引起了疾病，就称为食物中毒，其中最明显的症状就是腹泻和呕吐，严重者甚至会丧命，所以千万不可小觑！食物中毒可以分为五大类：❶化学性食物中毒；❷细菌性食物中毒；❸天然毒素食物中毒；❹类过敏性食物中毒；❺霉菌毒素食物中毒。

食物中毒的预防

了解及预防食物中毒，我们可以由以下几个方面来探讨。

❶ **化学性食物中毒：**简单来说，我们知道化学性食物中毒主要是由残留在食物上的农药所造成的，最好的预防就是避免食用有残留农药的食物，也就是尽量吃标明没有喷洒农药的食品，这样是最安全的。当然在食用可能会含有农药残留的食物时，也要记得做好彻底清洗的工作，如此才能安心食用。

❷ **细菌性食物中毒：**细菌性食物中毒可以分毒素型和中间型两种，依细菌种类的不同，潜伏期从一小时到半天以上都有可能，参见第39页表格介绍预防细菌性食物中毒的方法。

食物中毒分类

食物中毒的分类	食物中毒感染来源	
细菌性	毒素型	❶金黄色葡萄球菌 ❷肉毒杆菌
	中间型	❶魏氏杆菌 ❷病原性大肠杆菌
化学性	有害性有机物	农药、甲醇、非法添加物等
	有害性重金属	铅、砷、铜、汞、镉等
天然毒素	植物性	毒菇、发芽的土豆等
	动物性	河豚、有毒海产
霉菌毒素	黄曲毒素（花生、黄豆）等	
类过敏	腐败或不新鲜的鱼肉、味素等	

❸ 植物性食物中毒： 一般而言，以误食发芽的土豆或有毒菇菌，最容易导致植物性中毒。因此在以土豆为食材烹调时，要将土豆的芽去除；菇蕈类方面，不要随便采摘食用，此外选购菇蕈类加工食品时也要注意。

❹ 动物性食物中毒： 河豚的毒素存于河豚的在肝脏、小肠、卵巢等内脏器官里，因为河豚毒素有较强的耐热性，即使加热30分钟，毒性仍存在，因此最好不要吃河豚的内脏。海产方面，不要随便吃来路不明的鱼贝类，颜色太鲜艳的也不要吃。

食物中毒后该怎么办

如果真的发生食物中毒，必须马上就医检查。将呕吐或腹泻出来的排泄物搜集好做检体以便医院检查出病因，对症下药，并通知监管部门检查。

预防细菌性食物中毒的方法

预防方法	重点说明
❶ 彻底清洗	•防止农药残留，也可以清除掉细菌 •烹调食物前要洗手，厨房烹煮用具要常消毒
❷ 冷藏、加热	•煮好的食物最好马上食用，因为细菌最易滋生的温度在4～65℃ •冰箱要常常清理，并检查冷度够不够 •食用时可先加热至沸点以杀菌
❸ 尽量不吃生食	•生冷食物容易滋生细菌 •尽量吃已经煮沸、煮熟的食品 •煮熟后就马上食用，不要放到冷却
❹ 生、熟食分开处理	•保存食物时，生食与熟食要分开处理及放置
❺ 过期发霉的食物绝对不吃	•食物开封后，要在保存期限内吃完 •过期或有点发霉的食物要丢弃
❻ 饮水安全	•注意饮用水的安全，包含冰水及冰块

话题16

远离霉菌滋生的方法

常见的霉菌种类

大家口中所说的霉菌，为真菌的一种，属微生物。霉菌的存在并非都是负面的，其对食品加工、医药和地球环境的净化也有特殊贡献。

在日常生活当中，常见的霉菌有三大类：❶ 有益的霉菌（提炼出抗生素，对医学为一大贡献；另外，也大量应用在食品加工上，如豆腐乳、酱油等）；❷ 腐败菌（使食物产生腐败或者是变质的现象）；❸ 病原菌（霉菌本身或产生的毒素会导致人类生病）。而霉菌毒素来源常存在于饲料、谷类、花生、玉米等食品中。

小小霉菌大大威力

根据研究显示，黄曲毒素是造成癌症的一项因素。当黄曲毒素生长时，被感染的食物也会含有大量的毒素，千万不要因为怕浪费，而只把肉眼看到的发霉部分去掉，就以为安全无恙了，其实菌丝早已渗透到食物深层。

有些人会认为只要煮熟就没问题，但霉菌的毒素化合物分子稳定性佳，耐高温，无法简单地用高温消灭，它具有耐热的特性，温度必须达240～280℃才会被破坏。对付这么难以消灭的毒素，只有不吃才是保障健康的上上之策。

远离霉菌滋生的方式

生长在湿热的环境，食物本来就容易发霉。除了采取不吃的消极做法外，其实还有更积极的办法，可以确保消费者不受霉菌的威胁。

❶ 采买新鲜食物，置放于冰箱或阴凉通风处，并定期清洁环境。

❷ 内脏类食品少吃，因为黄曲毒素容易沉积在动物的肝脏中。

❸ 购买真空包装或包装完整的产品，包装有破损的绝不购买。

❹ 少吃花生制品，例如：花生酱、花生粉，以免摄入黄曲毒素中毒。

❺ 食物打开后，应在有效期限内吃完，或用密封的方式储存。

❻ 购买时，观察食物外观是否有发霉或颜色是否正常。

知道食物发霉的严重性，也清楚保健之道后，就得认真执行，可别因为疏忽而将看似不具威胁性的霉菌给吃下肚子了。

孕妇的饮食宜忌大公开

怀胎十月，要注意的事情可真不少，尤其是饮食，对胎儿生长发育的影响最直接也最大：什么能吃？什么又该少吃？这么大的学问，千万马虎不得。除了基本的新鲜、均衡，更要注意以下这几点，只要掌握这些要诀，绝对有助于胎儿的茁壮成长。

孕妇饮食宜忌	保健说明
❶ 少吃高蛋白食物	• 孕期每日蛋白质的需要量为90～100克 • 摄取过多蛋白质，产生的大量硫化氢、组织胺等会引起头晕、腹胀等症状 • 血液中胺含量过高，造成胆固醇提升，会增加肾脏负担
❷ 避免高脂肪食物	• 吃太多高脂肪食物，会提高胎儿罹患生殖系统癌、瘤的几率 • 高脂肪食物会增加大肠内的胆酸和中性胆固醇浓度，累积到一定程度会引发结肠癌
❸ 减少高糖食物	• 血糖偏高的孕妇，易生出体重过重或先天畸形的胎儿 • 摄入过多高糖食物会降低免疫力，影响胎儿发育
❹ 少吃山楂	• 山楂会造成子宫收缩，若大量食用，严重的则会导致流产
❺ 吃未精制的米面	• 孕妇应尽量多吃未经精制加工的食品，因为在食品加工过程中常会损失各种微量元素（铬、锰、锌等）及维生素B_1、维生素B_6、维生素E • 若偏食精制米面，易营养不均
❻ 饮食要均衡	• 长期吃素，会造成孕妇贫血、水肿和高血压 • 蛋白质供给过少，会影响胎儿的脑部发育，影响智力
❼ 不滥服温热补品	• 怀孕时，血液循环系统量会明显增高，加重心脏负荷，而子宫颈、阴道壁和输卵管等部位的血管，也处于充血状态 • 不宜经常服用温热性的补品，否则会加重孕吐、高血压、便秘等症状
❽ 少喝冷饮或茶	• 茶中的单宁与蛋白质结合所变成的单宁酸盐，会影响孕妇的铁质吸收 • 孕妇也不要多喝冷饮，以免发生腹痛、腹泻或胎动
❾ 少吃油条	• 油条每500克面粉就含15克明矾，长期过量食用会在体内累积 • 当明矾中的铝通过胎盘，侵入胎儿脑部，会造成其大脑发育障碍
❿ 控制盐分摄取	• 妊娠高血压综合征的主要症状为浮肿、高血压和蛋白尿，是发生在孕期的特殊症状，与盐分摄取过多有关 • 为了孕妇及胎儿的健康，建议每日盐分的摄取量不宜超过6克
⓫ 多吃含叶酸食品	• 叶酸有造血、预防胎儿神经缺损或畸形的功能 • 叶酸多含在黄色蔬菜和水果中，不易积存于体内，所以每日摄取一定量对胎儿的发育有益

话题18

预防癌症的18种方式

癌症是可以预防的

癌症的发生固然有部分是受遗传、基因等影响，但70%～90%的环境因素才是造成癌症的成因。现代人的生活环境皆充满致癌的危险因素，例如细菌、病毒、受污染的水或空气、食物等，都会导致身体发生病变进而演变为癌症。直到今日，仍未找到一种有效的医疗技术以完全地预防癌症。

根据流行病学研究发现，约40%的癌症患者的致癌成因与其饮食习惯有绝对的关系。即只要建立良好的饮食习惯，再配合现代的养生知识和医疗科学技术，许多癌症是可以被预防的。因此在这里介绍18招防癌饮食的绝佳方法。

第1招 均衡饮食

人体每日所需的营养可以分为六大类：水果、蔬菜、油脂、五谷根茎、奶类及蛋鱼肉豆类。“均衡的饮食”最简单的说法就是不偏食，而且要记得经常更换种类，不要固定吃某类食物，这样才能避免因进食过多相同的食物，而使得致癌物累积到相当的致癌量。

第2招 借运动控制体重

体重过轻或过重都会增加罹患癌症的几率，成年后要控制体重增加幅度小于5公斤。借由运动控制体重，也会减少癌症的发生。美国癌症学会建议每星期至少运动三次，每次30分钟以上，以促进血液循环。

第3招 不吃烧焦或熏制食物

烧烤熏制过程中，火焰会使蛋白质产生有毒物质，因此避免经常吃熏制的瘦肉，烧烤时用锡箔纸隔离火焰，或是少刷调味料及油脂，都是减少接触致癌物的好办法。

第4招 多吃淀粉类

每天摄取600～800克多种谷类、豆类、根茎植物类，且以没有经过加工的为最好。

第5招 多吃蔬菜、水果

多吃深绿、深黄色蔬菜及水果，其中富含的胡萝卜素及维生素C，可以预防体内过氧化物质及致癌物质的肆虐。每天摄取400～800克多种蔬菜、水果，可降低20%的癌症发生率。

第6招 多吃高纤食物

纤维质会促进排便，还可减少由细菌所产生的致癌物。

第7招 适量饮酒

适量饮酒有益健康，但酒精具有刺激性，每天饮用不宜过量（250毫升啤酒、100毫升红酒或25毫升白酒）。

第8招 禁烟（包括二手烟）

抽烟对肺脏有严重的伤害，是造成肺癌的主因。即使不吸烟，二手烟也同样会危害人体，并且患癌症的几率仍然很大。

第9招 减少红肉的摄取量

每日的红肉摄取量要少于90克，可以鱼和家禽代替。

第10招 减少盐和调味料的使用

每天盐的摄入量小于6克。

第11招 不吃发霉食物

即使是少量黄曲毒素也会严重影响健康，所以发霉的食物不能食用。

第12招 限制高脂肪食物

选择高品质植物油或橄榄油、摄取油脂含量较少的家禽及鱼类，或以低脂或脱脂奶代替全脂鲜奶。

第13招 饮食保持清淡

避免吃太辣、太咸、太热的食物。少吃重口味的食物。

第14招 少吃加工食物

许多食品，如香肠、火腿、罐头等，会加人工添加物，这些人工添加物如保色剂、着色剂等，若吃多了对身体有害。

第15招 小心使用亚硝酸盐

过量的硝在胃中与胃酸及胺类作用会形成强烈致癌物质。

第16招 不吃槟榔

爱吃槟榔的“红唇族”要注意了，根据报道，我国罹患口腔癌的人近90%都有嚼食槟榔的习惯，若又喝酒又嚼槟榔，更会大大提升致癌率。

第17招 改变烹调方式

以简单的烹调方式（如蒸、煮），并取代过度的烹调方式（如煎、烤、烧、炸）。

第18招 彻底清洁食物及餐具

食物与餐具都要清洗干净，避免残留化学物质。

Part 3

食物安全基本常识

您可能不知道

我们生活中常吃的食物，

如果挑选、洗涤或烹煮不当

其丰富的营养素不仅无法被我们吸收

还可能危害我们的身体健康

让我们一起来了解

如何才能吃得安全、吃得安心

Chapter 1 生鲜食材馆

美味水果吃得安心

水果种类繁多，一年四季轮番上场，以或酸或甜、或软或脆的口感提供人体必需的维生素、矿物质与碳水化合物。适当地摄取水果中的营养素，不仅可以维持人体功能的正常运作，保持身体健康，甚至还能养颜美容；但不当摄取也可能产生问题，小则呕吐、腹泻，大则抽搐、影响呼吸心跳，因此水果的食用及挑选、清洗都不得大意。

多数人习惯饭后吃水果，但水果所含的果糖不需经过胃部消化即可被吸收，若于饭后食用，被食物抵挡而无法进入肠道，留滞于胃部发酵，就会引起胃部不适。再者，如果食用的是水分多的水果，水分冲散胃酸后也不利于其他食物的消化，如果大量食用，水果里的纤维质，同样会引起肠胃不适。

洗净后再剥皮，去除农药残留

需剥皮才能食用的水果，建议仍以清水冲洗后再剥皮，以免农药在剥皮过程中污染果肉；不需剥皮的水果则需以清水反复冲洗，或以淡盐水浸泡，以去除表面残存的农药。

果皮虽然含有大部分的营养，但同时也有农药残留，最好还是去皮后食用，去皮时应先以水冲洗，以免农药污染果肉，也不应以菜刀削水果，因菜刀接触其他蔬菜肉类后，容易滋生细菌。

清洗时宜用手搓揉。某些水果如葡萄、柿子，表面会带有果粉，果粉是自然形成的，对身体无害，如果想清除以增加美观，可以用牙刷轻轻刷洗水果表面即可去除。水果一定要在食用前才清洗，沾水的水果腐坏的速度会加快，即使冷藏，效果也不大。

糖尿病及肾脏病患者应慎食

高甜度的水果，如龙眼、葡萄等，不利于糖尿病患者控制血糖，应避免食用；肾脏病患者则应避免食用钾质含量高的水果，如葡萄柚、苹果；芒果、菠萝含有引发过敏的成分，体质敏感者宜少吃；含有鞣酸的水果，如柿子，与高蛋白、钙质食物一同食用后易引起结石。

另外，当季盛产的水果，化学肥料和农药的使用量较少，故应优先选食。

NOTE 吃完水果一定要漱口

部分水果含多种会发酵的糖类，如猕猴桃、柠檬，对牙齿、牙釉质的伤害很大，所以吃完水果一定要漱口，但不可刷牙，以免造成对牙釉质的二度伤害。

有机水果的选购方法

认清有机农产品的认证标志

一般农业为增加产量、防止病虫害，多会喷洒农药、施加肥料。水果常以生食为主，无法通过高温去除有害毒素，因此栽种过程是否健康就更被重视养生的群众所关注。

有机水果因此应运而生，耕种过程中采取无化学物添加的自然方式，此方式不仅不会污染、破坏自然，更因生长过程的严格要求，民众食用时无须担忧水果会残存农药或化肥成分的问题。唯一需要担忧的是，市面上有机商品店林立，是否每一品牌的有机水果真为有机栽种？在选购过程中，认明有机农产品认证标志与详读产品说明，是保障选购安全的唯一方法。

表皮有黑斑腐烂者不宜购买

选购有机水果的原则基本上与一般水果相同，只要表皮上出现黑斑、腐烂、汁液溢流者，或是味道酸臭者都不宜购买。有机水果可能因未喷洒农药与施用化学肥料，表面略有虫蛀，或果粒较小，但只要情况不严重，都可以放心购买。

合格的有机水果包装应有有机产品标志

政府为保障群众能安心购买到有机产品，于2004年11月5日制定了《有机产品认证管理办法》，同时于2013年11月15日对该办法进行修订，出台了新版的《有机产品认证管理办法》（以下简称《办法》），并于2014年4月1日起实施。因此，只有取得有机产品认证后，才可以在产品或者产品包装及标签上标注“有机”字样，加印有机产品认证标志。至于进口有机水果，《办法》中规定，有机产品主管机构应向国家认监委提出有机产品认证体系等效性评估申请，评估合格后可以在产品包装及标签上标注“有机产品”字样。消费者在选购时，应当注意水果标签上的有机产品认证标志，同时还应当注意是否以中文注明产品内容、原产地、验证机构名称与验证文号，如果产品上只有英文，则不一定已经过政府认可，购买时应加以斟酌。

有机产品认证标志

进口水果的选购秘诀

自我国加入WTO（世界贸易组织）后，放开多种水果进口的限制，此举冲击了国内的水果市场，不仅使进口水果价格更便宜，消费者在选择上也更为灵活多样。进口水果在进口的过程中需接受海关的严格检验，进口商需提供进口水果的产地资料、出口国检疫资料等，检验内容包括有无农药、重金属与化学物质残留，若未通过检验，进口商需负责全面回收。

但市面上存在某些不法商人以国产水果或大陆走私水果，贴上国外水果标签，佯装进口水果以高价出售，从中牟取暴利。在选购时，不能只凭外包装印着几行外文，就一味相信其品质优良，仍应照一般水果的挑选原则选购。

水果表面有撞伤霉斑，不宜购买

依合法程序进口的水果皆已通过政府严格检验，这些水果在出口国也受到严格检验、挑选，除了在运送过程中可能受到撞击外，品质与外观上都属完整优良。但消费者通常难以分辨合法进口或走私进口的水果，所以选购时最好依照一般水果的挑选方法，具体如下。

进口水果的选购秘诀

果肉	● 水果表面是否有撞伤、霉斑，果形是否完整
表皮	● 果肉是否饱满有弹性 ● 注意成熟度，过熟或过青的水果都不宜保存
味道	● 注意果实是否有化学气味

贴有PLU四位码为合格进口水果

美国于1980年代末期开创PLU四位码制度（Price Look Up Numbers），将所有市售生鲜蔬果纳入资料库管理，目前美国已有超过70%的蔬果贴有PLU四位码，其他国家也开始要求蔬果需贴有PLU码才能进口。国内进口的温带与亚热带蔬果也多贴有PLU码。

PLU码自3000~4999才是进入美国生鲜产品运销协会登记名单内的产品，其余号码可能是由于该产品普及度不佳，而由产销单位自行设定PLU码，不熟悉编码过程的消费者即使有PLU码也无法确切掌握产品来源。

水果包装上需标明商品名称、进口商名称、进口商联络方式、商品内容（重量、数量等）、有效期限。如果未贴上PLU码，唯有靠产品外包装与标识作为评断标准。

NOTE 非当季水果可能经过急速冷冻，风味不佳

水果在产季时食用才是最新鲜甜美的，购买进口水果时也应遵照此原则，尽量购买当季水果。例如夏季才会出现的榴莲或樱桃，如果在非产季销售，可能已经过急速冷冻，在甜度与鲜度上自然也略逊一筹，若买到用防腐剂保存的水果，那对健康就有负面影响了。

春 夏 秋 冬

橘子

Tangerine

Tips 勿与高蛋白食物同食

●宜食的人
消化不良、高血压患者
冠心病患者

●忌食的人
胃病患者

✓ YES优质品

● **外观：**

1 表皮颗粒细小、果脐深

2 果实饱满，有重量感，果形匀称

● **味道：** 闻起来有淡淡橘子的清香味，没有刺鼻的化学味。

✗ NO劣质品

● **外观：**

1 表皮色泽青绿

2 果实干扁，无重量感

● **味道：** 闻起来有臭酸味、化学味，却没有水果香。

Health & Safe 安全健康食用法

这样吃最健康

1 橘子所含热量高，如果食用过多会引起口干喉痛、大便干结等上火症状，建议在食用的时候注意摄取量。

2 橘子富含叶酸，可以避免动脉血管受到损伤，高血压、心血管疾病患者可以适量摄取，有益维护心血管健康。

3 橘子富含维生素A，具有保护和修复细胞、抗氧化的功能，对身体炎症，例如关节发炎，有舒缓的效果。

营养小提示

1 不宜空腹时吃橘子，橘子中的有机酸会刺激胃部黏膜。

2 食用前后一小时不应进食高蛋白食物，以免果酸与蛋白质结合，造成肠胃不适。

3 橘子中的抗氧化物质——维生素A和维生素C，可以增强人体免疫力，还能防止黑色素沉淀。

4 橘子含丰富果胶，可以吸附血液中过多的胆固醇。

●怎样选购最安心

1 挑选橘子时，不需要选择果实大者，应以果形完整、富重量感为主。

2 通常新鲜的橘子外皮会是橙黄色或深黄色。

3 避免购买过于青绿或干扁粗黄的橘子，味道会偏酸涩。

●怎样处理最健康

1 有些橘子为了好看会打蜡，最好用棉花蘸少许含酒精擦拭表皮之后再洗净。

2 橘子皮晒干后，就成了中医常用的陈皮。陈皮能提升人体抵抗力，特别的清香味还使其为不错的天然调味料。

●怎样保存最新鲜

1 将橘子置于阴凉通风处，约可保存1个星期。

2 变软的橘子应尽快食用，以免变质。

Tips 过量食用，皮肤会泛黄

春 夏 秋 冬

柳橙 Orange

●宜食的人
便秘者、病后初愈者
爱美女性

●忌食的人
脾胃虚弱者

■ 别名：柳丁、黄橙、甜橙、印子柑

■ 性味：味甘酸、性微凉

■ 主要产季：10月～次年2月

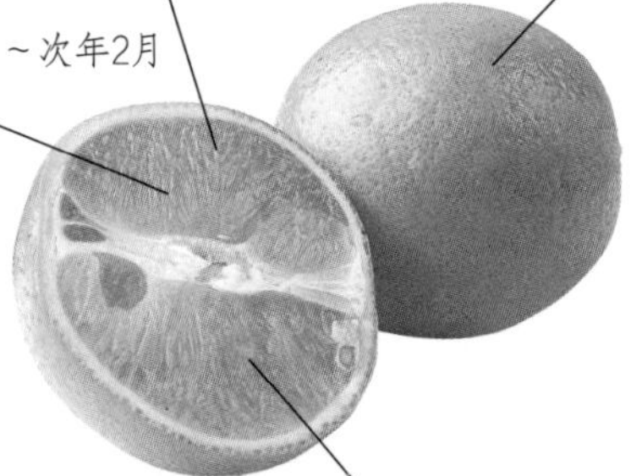

■ 主要营养成分：叶酸、钙、磷、钾、钠、维生素A、B族维生素、维生素C、维生素E、维生素P

✔ YES优质品

● **外观：**
1 表皮金黄有光泽
2 果实饱满有沉甸感
3 底部微微内凹

● **味道：** 闻起来有自然的柳橙芳香，没有化学味或酸味。

✘ NO劣质品

● **外观：**
1 表皮暗黄，缺乏光泽，有霉斑
2 果实干扁

● **味道：** 闻起来有酸臭味。

Health & Safe 安全健康食用法

这样吃最健康

1 柳橙因维生素含量丰富而被广泛利用，其独特的芳香与营养有助于增进食欲、提高人体免疫力。

2 柳橙食用过量，会因胡萝卜素累积过多而产生“橘子病”，造成体表泛黄，甚至腹泻、掉发、情绪不安等症状，停止食用后，即会慢慢恢复正常。

3 成熟度越低的柳橙，酸性成分越多，食用后越容易导致肠胃不适，还可能与钙形成结石 。未成熟的柳橙可放通风处，待其成熟后食用。

营养小提示

1 柳橙中的有机酸会刺激胃黏膜，造成胃部不适，所以饭前或餐间空腹时不宜食用，否则容易引起胃痛等肠胃不适症状。

2 柳橙一天的食用量最好别超过3个。柳橙中的鞣酸与铁质会形成沉淀物，阻碍人体吸收铁质，故缺铁性贫血患者不宜食用。

3 柳橙若与牛奶等高蛋白质食材同时食用，蛋白质遇酸会凝固，造成消化不良且影响蛋白质的吸收，应尽量避免。

柳橙怎样选购最安心

1 柳橙大不一定甜度高，以手掂掂柳橙是否沉甸，果实饱满、表皮色泽金黄光滑、能闻到浓郁香气的，才是甜美多汁的柳橙。

2 有些由内地进口的黑心柳橙是将发霉的柳橙刷洗、晒干后以石蜡着色而成，外观看来与新鲜柳橙无异，但如果切开后会发现有发霉或酸臭味，这样的柳橙应立即丢弃，以免食物中毒。

3 为了使果肉多汁甜美，在采收前期，有些不良的果农会浇淋糖精。当然，我们光从柳橙外观是看不出来的，所以购买时，如果允许，请商家切开试吃一下。

如果觉得柳橙甜得过分，那就要小心。摄入过多糖精，会引起血小板减少，造成急性大出血，如此，可能会损害细胞结构，还会伤及肝和肾，进而诱发膀胱癌。

柳橙怎样处理最健康

1 柳橙果皮容易有农药残留，食用后会危害肝与肾的健康。正确的处理方式为：买回家后，在流动的水中，以细刷搓洗果皮，完毕后，擦拭干净。如此，就可以去掉残留于表皮的农药。当然，若剥皮食用则更佳，可以去掉防腐剂，不用担心将化学物质吃进肚子里面。

2 吃柳橙时除了以刀切成数等分以外，也可试着以手掌将柳橙轻压在桌上，来回滚个几圈，就可以轻易剥下橙皮。

3 有人会以柳橙皮制成果酱或橙汁，但柳橙皮可能残留保鲜剂或农药，建议购买无农药的柳橙来制作。

柳橙怎样保存最新鲜

1 湿热的环境会使柳橙变质，建议将柳橙置放在通风良好处，大约可放置一个星期。

2 塑料袋包装会使水气凝结积存，加速柳橙发霉的速度，所以购买柳橙后，建议尽快自袋中取出摆放。

3 如果购回一整箱的柳橙，应先将柳橙一个个取出来通风，并丢弃已发霉腐坏的柳橙。如果要将柳橙放回箱中保存时，层与层之间要放几张报纸，用来吸收水气，以防止柳橙发霉。

4 放入冰箱以4℃冷藏可延长保鲜期限。冰箱虽然可以保鲜，但仍需注意水气对柳橙的损害。

柳橙的饮食宜忌 O+✗

宜→O 对什么人有帮助

O 有解酒的功效
O 可以改善想吐的症状
O 有胸膈闷结症状的人适合多吃
O 消化不良的人可以多吃
O 急慢性气管炎或咳嗽有痰者适合吃

忌→✗ 哪些人不宜吃

✗ 有风寒感冒症状时不宜多吃
✗ 贫血的人不宜多吃
✗ 脾胃虚弱的人不宜多吃
✗ 糖尿病患者不宜食用
✗ 胃溃疡与泌尿系统结石者忌食

春 夏 秋 冬

Tips 表皮有营养功效

金橘 Calamondin

●宜食的人
心血管疾病患者

●忌食的人
糖尿病患者

■别名：卢橘、金柑、金枣

■性味：味辛甘酸、性温

■主要产季：11月～次年1月

■主要营养成分：胡萝卜素、钙、铁、钾、维生素A、B族维生素、维生素C、维生素E、维生素P

✓YES优质品

- **外观：**
  1 果粒浑圆或椭圆
  2 色泽金黄光亮
  3 果实饱满
- **味道：** 闻起来有自然的清香味。

✗NO劣质品

- **外观：**
  1 果实有裂伤
  2 果皮没有光泽，色泽黯淡
  3 果实干扁
- **味道：** 闻起来有臭酸味。

Health & Safe 安全健康食用法

这样吃最健康

1 金橘能预防感冒，在寒冷的时候吃些金橘，对防治感冒及并发症有良好的功效。

2 金橘富含维生素C，适量食用对防止血管脆弱和破裂有一定程度的帮助，对患有高血压、脑梗塞及冠心病的人有益。

3 金橘富含维生素A，能预防黑色素沉淀，减缓皮肤的老化。

营养小提示

1 吃金橘的前后一个小时，最好不要吃高蛋白食物，如牛奶、海鲜等。蛋白质遇到金橘内的果酸会凝固，增加肠胃消化吸收的负担。

2 饭前、空腹时不宜多吃金橘，因为金橘中的有机酸会刺激胃部黏膜，引发胃部的不适。

3 金橘有润喉效用，在一般状况下可加糖饮用。但咳嗽时喝金橘茶不宜加糖，糖多了容易生痰。

4 金橘糖分高，糖尿病患者应避免食用任何金橘的相关制品。

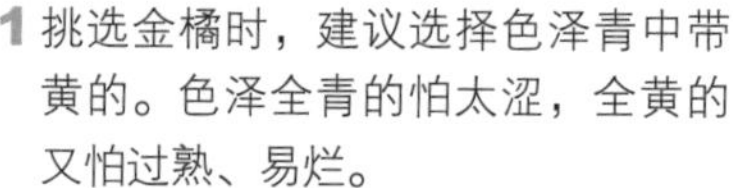

●怎样选购最安心

1 挑选金橘时，建议选择色泽青中带黄的。色泽全青的怕太涩，全黄的又怕过熟、易烂。

2 果粒呈现浑圆或椭圆、果粒饱满者为首选。

●怎样处理最健康

金橘的营养成分集中于金橘皮，但表皮容易残留农药，食用或烹调前须清洗干净。清洗时，在流动的水中，以细刷或菜瓜布搓洗果皮后，擦拭干净即可。

●怎样保存最新鲜

1 金橘水分含量高，难以保鲜，一定要放在通风阴凉处。

2 冷藏时以布包覆后再装于塑料袋内，不用封口，置于冰箱冷藏室。

3 制成果酱、蜜饯可延长保存期限。

春 夏 秋 冬

葡萄柚

Grapefruit

Tips 避免与药物同食

●宜食的人
孕妇、想减肥的人

●忌食的人
肾脏病患者

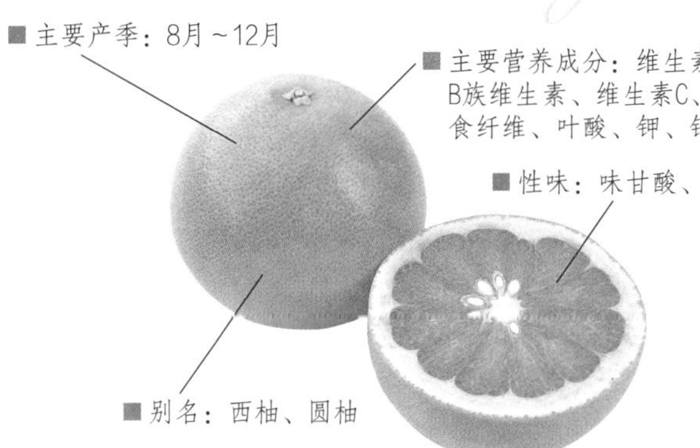

✓ YES优质品

- **外观：**
  1 果实饱满、有弹性
  2 果皮光滑
  3 果蒂没有干枯的皱褶
- **味道：** 有自然的清香味。

✗ NO劣质品

- **外观：**
  1 果实干扁
  2 果皮粗糙、表面颗粒大，有斑点
- **味道：** 闻起来有酸臭味，或者有刺鼻的化学味。

Health & Safe 安全健康食用法

这样吃最健康

1 葡萄柚热量低、膳食纤维丰富，适合减重者食用。

2 葡萄柚中所含的叶酸有利于胎儿成长，适合孕妇经常食用。

3 葡萄柚切勿与药物一同食用，因葡萄柚会防止药物分解、阻碍药物代谢，并增加药物副作用，严重影响健康。

4 葡萄柚含有丰富的生物类黄酮素，能将脂溶性的致癌物质转换为水溶性，使其不易被吸收而能被排出体外，有效控制罹癌风险。

营养小提示

1 葡萄柚钾元素含量高，肾脏病患者应避免食用。

2 葡萄柚略带苦味的柠檬苦素，可以防癌、排毒，对健康有益，但不少人不喜欢这股苦味。如果真的无法接受，可以榨汁后加糖饮用。

3 葡萄柚中的果胶，可以降低胆固醇，同时有预防胃癌、胰脏癌的功效。

4 服用红曲保健食品者，不宜同时食用葡萄柚或葡萄柚汁。

怎样选购最安心

1 想要挑选水分足的葡萄柚，可以用手掂掂，挑有沉重感的。此外，果实饱满光亮的葡萄柚代表水分含量高。

2 避免选购颜色暗沉或已出现霉斑者。

3 选购当季葡萄柚较安心。

怎样处理最健康

1 将买回家的葡萄柚，放在流动的水中，用手搓洗约5次即可。

2 食用时，将葡萄柚对切，再用汤匙直接挖食果肉，这样就可以避免食入表皮残留的农药。

怎样保存最新鲜

1 贮存葡萄柚时，装入纸袋或塑料袋中，置于通风阴凉处保存即可。

2 如果想要长期存放，可以放到冰箱中冷藏。

Tips 食用过酸者会伤胃

春 夏 秋 冬

柠檬 Lemon

●宜食的人
结石患者

●忌食的人
胃及十二指肠溃疡患者

■别名：柠果、洋柠檬、益母果

■性味：味甘酸、性平

■主要产季：7月~次年1月

■主要营养成分：钙、铁、钾、钠、镁、维生素A、B族维生素、维生素C、维生素E、维生素P

✓ YES优质品

● **外观：**

1 果实饱满

2 颜色鲜绿有光泽

3 手感硬实

● **味道：** 新鲜的柠檬，闻起来有一股非常浓郁的柠檬香。

✗ NO劣质品

● **外观：**

1 果实干扁

2 表皮有孔洞、霉点，色泽暗黄

● **味道：** 闻起来没有柠檬香味。

Health & Safe 安全健康食用法

这样吃最健康

1 柠檬味道极酸，过强的酸性会刺激胃壁，直接生吃对胃部容易造成伤害，故应尽量避免直接生吃，即使将其榨汁也需稀释。

2 柠檬酸会活化体内酸性与毒性物质，胃酸过多或排泄功能不佳者，可能产生酸血症或过敏症状。

3 空腹时或罹患胃及十二指肠溃疡患者仅能少量食用柠檬，即便是一般人也不应大量食用，否则过强的酸性可能会引起胃出血等严重胃部疾病。

营养小提示

1 柠檬富含维生素C，能促进皮肤的新陈代谢，消除黑色素沉淀。爱美的女性想要维持皮肤光滑，不妨自行动手榨柠檬汁饮用，或者取代醋来做凉拌菜。

2 柠檬所含的柠檬酸，能够促进新陈代谢，缓解疲劳。忙碌一整天之后，来片柠檬泡水加糖喝，可以舒缓一整天的疲惫。

3 柠檬酸能帮助钙质溶解，有助于身体吸收钙质。

4 饭后饮用柠檬汁，能帮助消化及排便。

●怎样选购最安心

1 柠檬依品种有不同的形状，选购时注意表皮外观清洁、果实完整。

2 新鲜柠檬表皮细致、紧实且有光泽；若有皱褶，代表已放置较久。

3 挑选时可握紧柠檬，稍稍用力，若手感硬实，则代表水分较多，较新鲜。

●怎样处理最健康

1 为去除果皮上的农药，清洗时要先用流动的水冲洗，用手多搓揉几次，或用软毛轻刷表皮。

2 若要喝柠檬汁，不要连皮一起挤压，挤果肉部分即可。

●怎样保存最新鲜

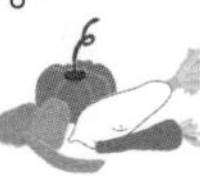

未切开的柠檬，只要置于通风阴凉处即可。切开的柠檬则以保鲜膜紧密包裹后，置于冰箱内冷藏。

荔枝 Litchi

Tips 大量食用会导致荔枝病

●宜食的人
贫血、体质虚弱者、胃寒疼痛者

●忌食的人
糖尿病患者

■主要产季：4月～8月

■主要营养成分：蛋白质、胡萝卜素、有机酸、磷、钾、钠、铁、镁、钙、维生素C

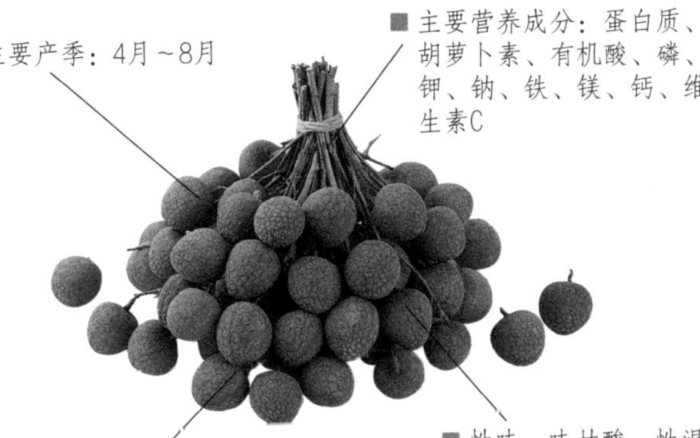

■性味：味甘酸、性温

■别名：离枝、丹荔、火山荔、荔支

✓YES优质品

- **外观：**
  1 果粒饱满圆润
  2 果皮无虫害、压伤
  3 果壳颜色红褐自然
- **味道：**新鲜的荔枝没有特别的味道。

✗NO劣质品

- **外观：**
  1 果皮黯淡或过红、不自然
  2 整把抓起果粒容易脱落
  3 果皮裂开或渗出水来
- **味道：**过熟的荔枝会有发酵味。

Health & Safe 安全健康食用法

这样吃最健康

1 食用前要注意荔枝的新鲜度。如果发现有酸味或者腐坏，应丢弃勿食。

2 荔枝含丰富的葡萄糖，有助于促进血液循环，适合有贫血症状的人食用。

3 荔枝中的维生素C，有助于维持皮肤的润泽，预防黑色素沉淀。想要保养皮肤的人，可以适量摄取。

4 荔枝有助于提振食欲，儿童、孕妇或老人等为需要补充元气的人群，可以适量摄取。

营养小提示

1 荔枝性温且糖分含量高，一日最佳食用量300克左右，大概是15颗，儿童勿超过5颗。

2 食用过量的荔枝，容易造成牙龈红肿、便秘等上火现象。建议摄取时，不要过量。

3 摄取过多荔枝，肝脏中的酶来不及将果糖转化为葡萄糖，过多果糖直接进入血液，反使血液中的葡萄糖不足，易引发荔枝病，主要症状为血糖过低，并伴随四肢无力、心悸、冒冷汗、头晕目眩等症状。

●怎样选购最安心

1 某些不良商人为了卖相更好，会在荔枝表皮喷洒强酸溶液。若发现外壳颜色过红且不均匀，应避免购买。

2 挑选荔枝时，可轻晃整串，不脱粒的荔枝鲜度较佳，水分也较充足。

●怎样处理最健康

1 用剪刀剪除枝茎，蒂要留在果实上。

2 在流动的水下，以软毛刷轻刷外壳，之后沥干即可。

●怎样保存最新鲜

1 常温下仅能存放2～3天，建议放置于通风处。

2 若要放入冰箱冷藏，建议以纸包裹后，再置于塑料袋中保存较理想。如此，则可将保质期延长至4周左右。

Tips 洗净后不吐葡萄皮

春 夏 秋 冬

葡萄 Grape

●宜食的人
贫血、高血压、癌症患者

●忌食的人
肾脏病、糖尿病患者

■别名：蒲桃、草龙珠、山葫芦

■性味：味甘酸、性平

■主要产季：6月～次年1月

■主要营养成分：葡萄糖、果糖、果酸、钙、磷、铁、维生素A、B族维生素、维生素C

✓ YES优质品

● **外观：**

1 表皮带有白粉，颜色深且均匀

2 果肉结实饱满，轻按有弹性

3 葡萄果粒不会一甩就掉

● **味道：** 闻起来有自然的香甜味。

✗ NO劣质品

● **外观：**

1 表皮有褐斑、无白粉

2 果肉软烂，轻按就出水

3 果梗发霉、果粒容易脱落

● **味道：** 闻起来有酸败味。

Health & Safe 安全健康食用法

这样吃最健康

1 葡萄为高糖水果，且糖分极易被人体吸收，术后恢复者或低血糖者，食用葡萄能快速恢复体力。

2 糖尿病患者或肥胖者等需控制糖分者，不宜大量食用。

3 葡萄中的钾含量高，肾脏病患者不宜食用，以免加重肾脏负担。

4 紫色葡萄所含的矿物质与维生素，可帮助人体振奋精神、补血益气，一天一杯葡萄酒，可预防心血管疾病。

营养小提示

1 葡萄皮含有单宁，葡萄籽含有亚麻油酸，若确认葡萄表皮无农药残留，不妨食用整颗葡萄。

2 吃完葡萄后，不要马上喝水，否则，会导致胃酸被冲淡，使得葡萄急剧与水、胃酸产生氧化、发酵作用，将胃部撑大，加速肠胃蠕动，导致腹泻。

3 葡萄与海鲜同时食用易引起呕吐、腹痛等症状。

4 制作葡萄汁时，建议将整颗葡萄一起放入，这样才能吃到葡萄中所有的营养素。

葡萄怎样选购最安心

1 新鲜的葡萄表面带有白霜，果肉结实饱满。挑选时可以轻轻捏一下果实，手感坚实则代表果肉多汁、有弹性。

2 新鲜的葡萄闻起来会有浓郁的果香，采购时不妨先闻后买。

3 如果购买整串葡萄，建议选择整串拎起时仍紧密地连结于梗上的葡萄。一般来说，梗带绿色者较佳，咖啡色梗的葡萄易脱落，不新鲜。

4 成串的葡萄最好选择颗粒大、色泽深且略有空隙者，口感会比小颗粒却拥挤在一块的葡萄还甜。

5 如果试吃，应选最末端的葡萄，通常最后一颗养分最少、甜度也最低，如果最后一颗甜，就表示整串都有令人满意的甜度。

葡萄怎样处理最健康

1 在栽种时，葡萄果粒上容易附着昆虫与农药，清洗过程就需格外仔细。建议处理方式为：先用流水将葡萄浸泡于容器中约10分钟，这个过程中可以加少量面粉来吸附葡萄表面的农药和一些灰尘等脏东西。将水沥干再换水冲洗约5次。如此一来，可将表面的农药和残留物质冲掉一大半。

至于葡萄上的白色粉末，那是天然的果粉，可防止水分流失及腐烂，不需刻意把白色粉末搓掉。

2 葡萄清洗干净后，再以剪刀将葡萄自蒂头与果粒处剪开，不可以拉拔方式取下果粒，以免留下坑洞。否则不但容易使农药渗入，也会造成果粒腐烂。

特别提醒，挑剪的同时应丢弃腐烂葡萄。另外，因为清洗后的葡萄只能存放2~3天，所以建议在食用前清洗。

3 葡萄果肉与果皮都可以吃，且富含不同的营养素。可尝试酿制葡萄酒，或者打葡萄汁、做葡萄果酱等。

4 食用不易剥皮的葡萄，只要用手轻挤入口中即可，不要用力挤压，以免表皮农药渗入果肉。

葡萄怎样保存最新鲜

1 烂果粒会加速其他果粒的腐坏速度，应尽快挑出丢弃。

2 清洗葡萄后，若不马上食用，可于洗净后置于干布上，手握干布两端前后摇动，用干布吸取果粒上的水分，确定葡萄表面无残留水珠，才可装入塑料袋或保鲜盒里冷藏，否则水气会加速葡萄的酸败。

3 葡萄容易受水气破坏，纸可吸附水气与渗液，一串串妥善包裹后装进塑料袋，再置于冰箱冷藏即可，可保存1~2个星期。

4 若发现果梗已经枯萎，代表鲜度不足，不宜再保存。

葡萄的饮食宜忌 O+X

宜→O 对什么人有帮助

O 肝脏虚弱或肝病患者可以多吃

O 对神经衰弱或疲劳的人有益

O 肺虚或容易咳嗽的人可以多吃

O 葡萄干含丰富铁质，儿童、孕妇或贫血的人适合多吃

忌→X 哪些人不宜吃

X 脾胃虚弱的人应避免大量进食

X 肥胖的人不宜多吃

X 糖尿病、肾脏病患者不适合吃太多

Tips 表皮茸毛易导致荨麻疹

春 夏 秋 冬

草莓 Strawberry

●宜食的人
便秘、高血压患者
●忌食的人
体弱虚寒者、容易腹泻者

✓ YES优质品

- **外观：**
  1 果粒坚实饱满，色泽光亮
  2 蒂头鲜绿、与果实紧密相连
- **味道：** 闻起来有天然的草莓香味。

✗ NO劣质品

- **外观：**
  1 表皮颜色脱落、有黑斑、腐烂或霉斑，轻压表面就软烂出水
  2 蒂头枯黄脱落
  3 包装盒底有腐烂、汁液溢流现象
- **味道：** 闻起来有酸败味。

Health & Safe 安全健康食用法

这样吃最健康

1 草莓内含的矿物质与维生素可以有效被人体吸收，具有保护眼睛、促进智力发育的功效。

2 草莓所含的果胶、天门冬氨酸能去除体内的废物，不仅可以防癌，还能保持皮肤、头发的健康。

3 草莓表皮细毛含过敏物质，可能诱发荨麻疹，有过敏体质的人可以先将草莓冲洗或浸泡盐水，去除茸毛后再食用。若食用后皮肤有过敏症状，则应立即停止食用。

营养小提示

1 草莓的果胶与膳食纤维能帮助消化、促进排便，但其性属寒凉，体弱虚寒或容易腹泻者应减少食用量。

2 草莓中的鞣酸会阻碍蛋白质与铁质的吸收，食用草莓时与食用前后，都应避免食用含高蛋白与高铁的食物，避免营养素无法被有效利用，又形成凝结物，引起肠胃不适。

3 草莓的草酸含量较多，须避免与高钙食物同时食用，肾脏病、胆囊疾病或结石患者应避免食用。

草莓怎样选购最安心

1 形状中等、均称的草莓，表示生长环境好，使用的农药较少，避免选择形状奇怪的果实。

2 果粒坚实、颜色均匀、果梗连结紧实的草莓鲜度较佳，避免选购颜色不均或萎缩发霉的草莓。

3 挑选时注意果肉有没有碰伤、水伤、冻伤或病虫害。

4 果实上有白点丛生，代表草莓尚未成熟。

5 市面上的草莓多以盒装出售，选购时要特别注意盒底的草莓是否有压烂、汁液流出的现象，也要观察草莓蒂头是否仍然鲜绿，倘若没有就是放置时间较长了。

6 施用激素的草莓会有中空现象，选购时若见到外观较一般草莓大上数倍，轻轻一碰就冒水，或是非产季生产的草莓，就要怀疑是否添加激素。长期食用激素草莓会影响健康。

草莓怎样处理最健康

1 草莓果实邻近植株与土壤，对病虫害较无抵抗力，需要用较多的农药，果粒凹凸表面多容易积存农药与污垢，食用前应先用流水浸泡约5分钟之后，再放筛网冲洗几次，之后再去除蒂头。

2 洗前不要先去蒂头，以免水中溶解的农药渗进果肉中。此外，还能保存草莓风味，以及预防维生素C的流失。

3 草莓请勿浸泡超过5分钟，因为溶解于水中的农药或残留物质会渗进果肉中。

4 高温会破坏维生素C，因此草莓最适合直接生吃。

5 想在非盛产期食用草莓，可将略硬的草莓洗净后除去蒂头，摆放于保鲜盒中，并均匀撒上砂糖，再置于冰箱冷冻。冷冻的草莓可被制为草莓牛奶、奶昔或果酱，一整年都可享用。

6 过敏体质者，可能会因为吃到草莓上的茸毛而引发过敏。建议食用前，可以用热水冲一下，再用冷水或盐水浸泡，如此一来，便可以去除茸毛。

草莓怎样保存最新鲜

1 草莓腐坏速度很快，最好现买现吃。

2 存放时切忌碰水，碰水会加速腐坏速度。贮存时把草莓放入干燥的塑料袋内再冷藏，并尽快食用。

3 若看到受伤或者损坏的草莓，一定要先将其挑出，否则会相互影响，加速整盒草莓腐烂的速度。

草莓的饮食宜忌 O+X

宜→O 对什么人有帮助

O 烦热或口干时可以多吃

O 风热咳嗽者宜食用

O 喉咙不舒服的人可多吃

O 排便不顺畅或便秘患者宜多吃

忌→X 哪些人不宜吃

X 脾胃虚寒的人少吃

X 尿路结石患者不可以多吃

X 肠胃便泻者尽量少吃，以免加重病情

X 肾脏病、胆囊疾病或结石患者应避免食用

春 夏 秋 冬

樱桃 Cherry

Tips 过量食用会中毒

●宜食的人
消化不良、体虚者

●忌食的人
火气大的人

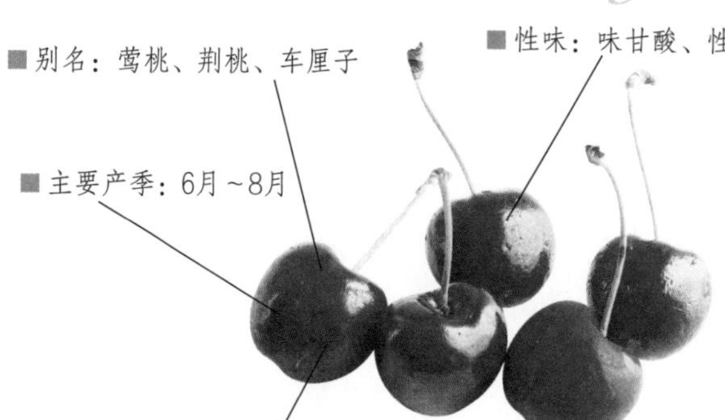

YES优质品

● **外观：**

1 果实饱满皮薄，表皮色泽光艳

2 色泽均匀无色块

3 果梗鲜绿且与果实紧密连结

● **味道：** 闻起来有一股天然果香。

NO劣质品

● **外观：**

1 果实龟裂、有汁液溢出

2 色泽不鲜艳、不均匀

3 果梗枯褐脱落

● **味道：** 闻起来有霉味或者涩味。

Health & Safe 安全健康食用法

这样吃最健康

1 樱桃营养丰富，含有能补血的铁质、美白抗老功效的维生素C，还能排除体内毒素。

2 樱桃富含铁质，大量食用樱桃会使铁质在体内浓度突然升高，引起铁中毒，症状包括恶心、呕吐、疲倦、嗜睡等。

3 樱桃果肉与果仁含有氰苷，果肉含量虽少，但大量食用果肉或嚼食果仁可能会引起中毒，初步症状为恶心、呕吐、头晕，严重者会影响呼吸与心跳，因此果仁不可咀嚼吞食。

营养小提示

1 樱桃每次食用量以9颗为宜，食用过量易导致肥胖。

2 体质燥热或患有热病、咳嗽者应避免食用樱桃。

3 樱桃含糖量低又有果胶，可减缓人体吸收葡萄糖的速度，糖尿病患者可少量食用。

4 蛋糕上常见色彩鲜艳的无籽樱桃，是采用色泽浅红、口感酸涩的酸樱桃加以色素腌渍而成，营养在制作过程多已流失，仅留下糖分与对健康无益的色素，口感也不如新鲜樱桃。

樱桃怎样选购最安心

1 果皮色光泽、亮丽的樱桃新鲜度较好，若果皮干皱、黯淡无光，勿挑选。

2 想要购买水分较足的樱桃，可以挑选果粒圆胖有弹性者。挑选时可稍微用手轻捏，手感硬实的较新鲜。

3 樱桃果梗也是判断新鲜度的指标之一，新鲜的果梗应呈现绿色，且型态完整。若果梗枯黄脱落，代表樱桃已经不新鲜。

4 进口樱桃在早晨刚到时最适宜购买，傍晚时樱桃已在常温下放置许久，鲜度也会降低。

5 新鲜樱桃闻起来有一股天然的果香，挑选时若闻到酸味，或者轻微的腐烂味，千万别购买。

6 市面上曾出现以小李子染色佯装大樱桃的观象，自外表观察，如有色泽不均或果粒过大过硬，就不应购买。

樱桃怎样处理最健康

1 购回后可浸泡于水里数分钟，假樱桃会溶出橘红色色素，不论是李子或樱桃，果实皆已受污染，应丢弃勿食。

2 樱桃多半连皮一起吃，一定要清洗干净。食用时先用流水清洗，反复几次即可。

3 清洗时间不需要太长，也不宜浸泡过久，以免表皮褪色。

4 进口黑色樱桃残留较多农药，最好不要食用过量。

樱桃怎样保存最新鲜

1 成熟的樱桃不耐久存，购回后应尽快食用完毕。

2 樱桃不耐久放，且容易因水气而导致发霉，包装前也要确认果粒是否干燥。建议可于袋中放张纸巾吸取水分，以免因为袋中的湿气导致樱桃发霉。

3 樱桃容易损坏，置放的时候要小心，要轻拿轻放，随意用力施压，容易加快腐坏的速度。

4 吃不完的樱桃可以用塑料袋包裹，果粒间空间要松散，以免压伤脆弱的樱桃。

5 建议将樱桃冷藏，冷藏温度最好可维持于1～3℃。

6 想要延长保质期，也可将樱桃置于冷冻库保存。想食用时可放在常温下30分钟待其解冻，或以微波炉加热约30秒即可，直接吃结霜的樱桃，口感也不输鲜品。

樱桃的饮食宜忌 O+X

宜→O 对什么人有帮助

O胃口不好或食欲不振的人可多吃
O体质虚弱或体力不好的人适合吃
O有关节痛或麻木状况的人宜多吃
O消化系统有问题的人可以多吃

忌→X 哪些人不宜吃

X喉咙不舒服的人不宜多吃
X容易燥热或阴虚火旺的人少吃，以免上火
X肾病患者，且有高钾症状者宜少吃
X染有热病或咳嗽者应避免食用

Tips 新鲜蓝莓易导致腹泻

春 夏 秋 冬

蓝莓 Blueberry

●宜食的人
常用眼者
●忌食的人
肾脏、结石疾病患者

■ 别名：山桑子、越桔

■ 性味：味甘酸、性平

■ 主要产季：5月～10月

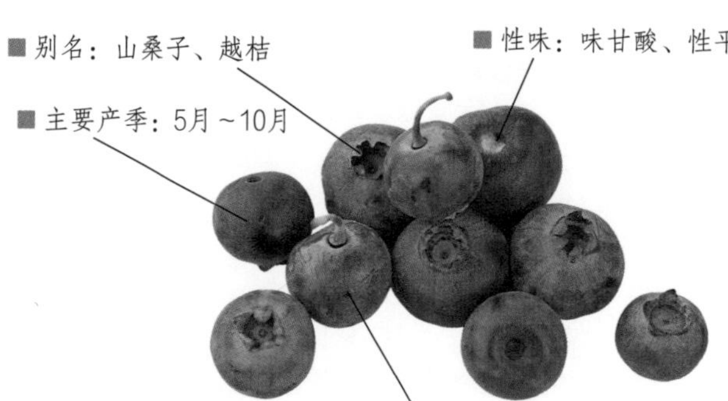

■ 主要营养成分：蛋白质、花青素、钾、铁、锌、钙、磷、镁、铜、维生素A、维生素E、维生素C

✓ YES优质品

● 外观：
1 颜色均匀呈现淡蓝或紫黑色
2 果实完整
3 表皮干燥无损又覆有白色果粉

● 味道：闻起来有独特的水果香。

✗ NO劣质品

● 外观：
1 果实不完整，有裂痕
2 轻压表面就软烂出水
3 表面皱巴巴

● 味道：闻起来有酸味。

Health & Safe 安全健康食用法

这样吃最健康

1 蓝莓含大量花青素，具有抗衰老、预防心血管疾病的作用。

2 蓝莓中的花青素，可以保护眼睛，增强眼睛对黑暗环境的适应能力，适合长期使用眼力的人。

3 蓝莓富含维生素C与维生素A，这两种物质都是天然的抗氧化剂，不但能预防细胞氧化，同时能调节神经系统的发育和再生。

4 蓝莓可使末梢血管的血液流动顺畅，手脚容易冰冷的人可以多吃。

营养小提示

1 蓝莓含有草酸，容易在体内产生草酸钙结晶，有肾脏或结石疾病者不宜多吃。

2 蓝莓的草酸成分，会阻碍人体吸收钙质，需要补充钙质的人，应避免大量摄取蓝莓。所以，高钙食物或钙片与蓝莓的食用时间应有段间隔。

3 蓝莓搭配富含乳酸菌的优酪乳食用，可以促进肠胃蠕动，使得排便更为顺畅。

● 怎样选购最安心

1 蓝莓新鲜与否，与外形、大小无关，只要果实完整即可。

2 成熟的蓝莓，表皮呈现淡蓝或紫黑色。红色的蓝莓并没有成熟，但是可以用于菜肴中。

3 表皮干燥无损又覆有白色果粉者品质较优。

4 柔软渗出水分的蓝莓表示已经过熟。失水、皱巴巴的蓝莓表示储存的时间已过长。

● 怎样处理最健康

蓝莓买回来后，用流动的水清洗几次，便可直接食用。

● 怎样保存最新鲜

清洗之后保持干燥，并且置入冰箱冷藏保鲜即可。想要延长保质期，可将蓝莓放在冷冻库冷冻。

春 夏 秋 冬

龙眼 Longan

Tips 果肉晶莹剔透者为佳

●宜食的人
一般人

●忌食的人
体质燥热者

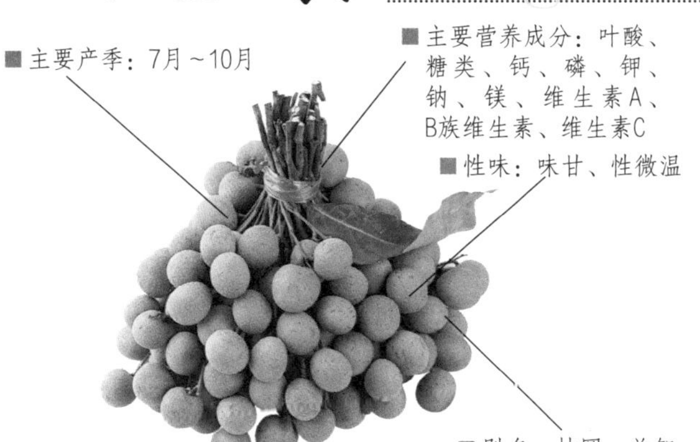

✓YES优质品

● **外观：**

1 果粒圆润完整

2 表皮光滑无虫蛀、斑点

3 剥壳容易且剥壳后无汁液溢流

● **味道：** 新鲜的龙眼，闻起来有一股龙眼的特别的味道。

✗NO劣质品

● **外观：**

1 表皮不光滑，有虫蛀、斑点

2 外壳有裂痕、水烂现象

● **味道：** 闻起来有酸味。

Health & Safe 安全健康食用法

这样吃最健康

1 青少年或儿童吃太多龙眼易导致流鼻血、牙龈出血，应控制摄取量。

2 龙眼糖分高，糖尿病患也应避免食用，尤其龙眼干更要忌口。

3 龙眼具有安定神经的作用，现代人思考、用脑过度，适量摄取龙眼，能让身体运作更顺畅。

4 变质后的龙眼不利健康，若发现龙眼有异味，则不能食用。

营养小提示

1 龙眼糖分高，性质微温，如果多食很容易上火，一般热性体质者不宜多食。

2 龙眼的营养价值虽然高，但热量很吓人，想要控制体重的人，不宜多吃。

3 疯人果外观与龙眼相似，但无鳞斑外壳，果肉会粘手，味道也略为苦涩，不慎误食会导致头痛恶心、全身浮肿。

4 龙眼含丰富维生素C，能加速伤口愈合。贫血者或有伤口的患者可适量食用。

●怎样选购最安心

1 宜挑选果粒圆润完整、表皮光滑无虫蛀、斑点者。

2 果肉晶莹的为新鲜度较佳的龙眼，可剥开一粒，看看其新鲜度后再决定购买与否。

3 新鲜的龙眼剥壳容易，且剥壳后无汁液溢流。

●怎样处理最健康

1 新鲜龙眼直接食用最方便。

2 若要烹制成热食，可以与莲子、糯米一起煮成粥。

3 可与大红枣一起熬成汤汁，或者蒸熟后吃果实。

●怎样保存最新鲜

1 龙眼果肉容易变质，购买后最好尽快食用。

2 如果要冷藏保存，小心果粒不要沾到水，特别是蒂头，一旦碰水就会加速变质。

春 夏 秋 冬

桃子 Peach

Tips 过量食用会影响健康

●宜食的人
高血压患者

●忌食的人
消化不良的人

■ 别名：桃实、寿果、寿桃

■ 性味：味甘酸、性温

■ 主要产季：夏

■ 主要营养成分：糖类、钙、铁、磷、钾、钠、维生素A、B族维生素、维生素C、维生素E

✓ YES优质品

- **外观：**
  1 外观饱满完整，果皮有茸毛
  2 手掂有沉重感
  3 色泽红里透白，或红里透黄
- **味道：** 闻起来有天然的果香。

✗ NO劣质品

- **外观：**
  1 果实有损伤、坑洞、软烂
  2 表皮颜色过青或太红
  3 果蒂脱落
- **味道：** 香味很淡，或者没味道。

Health & Safe 安全健康食用法

这样吃最健康

1 桃子含有大量大分子物质，婴儿食用容易消化不良，或易引起过敏反应。

2 肠胃功能不佳者、老人或糖尿病患者应避免食用。

3 未成熟或者过熟的果实，容易引起肠胃不适以及腹胀，在食用的时候要注意。未成熟的桃子应待其成熟后再食用，而腐烂的桃子应丢弃勿食。

4 桃子含钾成分高，肾衰竭者不宜大量食用。

营养小提示

1 桃子每次最佳的食用量为1个。若摄取量过多，易导致上火，引起牙龈发炎、口干舌燥等症状。

2 吃桃子后不宜喝冷水，会产生腹痛、腹泻等不适症状，要多注意。

3 桃子和枸杞钾的含量都很高，两者一起吃，容易出现腹胀、腹泻等症状。

4 桃仁含大量的氰苷，对人体有剧毒，绝对要禁止食用。

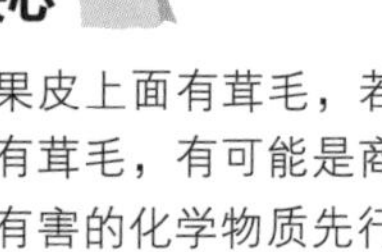

● 怎样选购最安心

1 新鲜的桃子，果皮上面有茸毛，若发现桃子上没有茸毛，有可能是商家使用对人体有害的化学物质先行清理桃子，不能购买。

2 选购时，宜选择外观饱满完整，无损伤、破皮、坑洞、软烂，手掂有沉重感者。

● 怎样处理最健康

1 破皮的桃子易滋生细菌，一旦刮破最好立即食用，伤口已软烂的桃子应丢弃勿吃。

2 桃子表皮的茸毛会刺激喉咙或引发咳嗽。食用前可以在流动的水下轻轻将茸毛洗净。

● 怎样保存最新鲜

以有孔塑料袋装好后放于冰箱低温处，勿撞伤，保质期约3天。

春 夏 秋 冬

水蜜桃

Sweet Peach

Tips 表皮有浓密茸毛者佳

●宜食的人
一般人
●忌食的人
消化不良的人

✓ YES优质品

● **外观：**
1 果实饱满均匀
2 色泽红润且均匀
3 果皮上覆有细小茸毛

● **味道：** 闻起来有一股水蜜桃独特的浓郁香气。

✗ NO劣质品

● **外观：**
1 果实有损伤
2 表皮有黑斑

● **味道：** 没有味道，或者有股酸味。

Health & Safe 安全健康食用法

这样吃最健康

1 水蜜桃虽然富含多种营养素，但肠胃功能不佳者、老人或糖尿病患者应避免食用。

2 水蜜桃表皮的茸毛具有保护作用，因此除特定无毛的种类外，如果看到桃子表皮光滑无毛，就应仔细闻闻是否有不正常的人工添加香味。若吃进人工色素，对健康有害。

3 水蜜桃含有丰富的铁质，可以增加人体血红蛋白数量。对贫血的人来说，不妨适量摄取。

营养小提示

1 水蜜桃虽然香甜好吃、营养丰富，但因含较多的脂肪和蛋白质，不适合一次吃太多。每次食用最多为1个，食用过量，不但容易增加体重，还有可能腹胀。

2 食用不新鲜的水蜜桃对身体有害，可从茸毛来判断新鲜度，当水蜜桃上的茸毛萎缩时，就是不新鲜的时候了。

3 水蜜桃上的茸毛有保护作用，不吃时不要把它洗掉，以保留新鲜度。

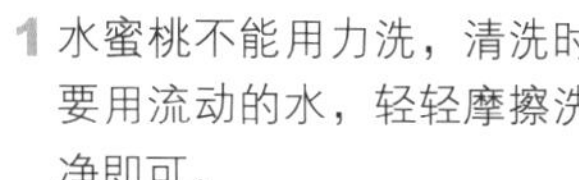

● 怎样选购最安心

1 优良水蜜桃的果实应饱满均匀，色泽红润且匀称。

2 水蜜桃上若只有一个部分的果色偏深，就有可能是过熟，或者是碰伤的现象。

3 挑选时，避免选购已有损伤、黑斑的水蜜桃。

● 怎样处理最健康

1 水蜜桃不能用力洗，清洗时要用流动的水，轻轻摩擦洗净即可。

2 当水蜜桃表皮部分变成金黄色时，就表示该水蜜桃已经成熟，此时是最佳享用时机。

● 怎样保存最新鲜

1 水蜜桃的最佳保存方式是放置在室内阴凉地方。

2 如果数量太多而一时吃不完，可以放入冰箱中保存。

Tips 食用后刷牙会损伤牙齿

春 夏 秋 冬

苹果 Apple

●宜食的人
便秘患者
●忌食的人
胃寒的人

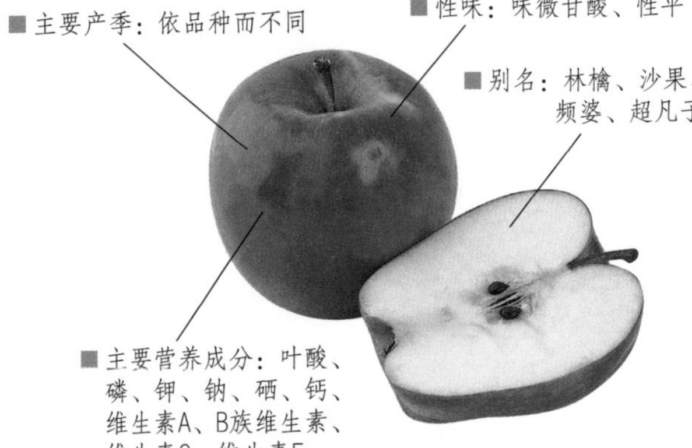

■ 主要产季：依品种而不同

■ 性味：味微甘酸、性平

■ 别名：林檎、沙果、频婆、超凡子

■ 主要营养成分：叶酸、磷、钾、钠、硒、钙、维生素A、B族维生素、维生素C、维生素E

✓ YES优质品

● **外观：**

1 果皮饱满，无皱缩脱水或斑点

2 以手指轻弹，回音坚实清脆

3 除青苹果外，果粒红润均匀

4 手指轻按感觉结实坚硬

● **味道：** 闻起来有一股苹果的香味。

✗ NO劣质品

● **外观：**

1 果皮软烂萎缩，表面有黄黑斑点

2 回音浑浊低沉，手指轻按有压痕

● **味道：** 没有味道，甚至有霉味。

Health & Safe 安全健康食用法

这样吃最健康

1 苹果是众所周知的健康水果，它所含的果胶与钾高居水果之冠，可清除体内废物，并能有效控制血压。

2 苹果富含纤维素与有机酸，可以调节消化系统，无论便秘或腹泻，食用苹果皆可获得相当程度的改善。

3 苹果具杀菌作用，吃苹果时多嚼几下，不仅可帮助消化，也可清除口腔内细菌。但苹果会软化牙釉质，如果食用后马上刷牙会导致牙齿受损。

营养小提示

1 苹果虽因含钾而对高血压病人极有益处，但钾会造成肾脏负担，肾病患者应减少食用量，以免症状恶化。

2 糖尿病患者也需注意苹果中的糖分可能造成血糖升高，食用时请仔细计算糖分摄取是否过量。

3 许多正在减肥的人喜欢以苹果代替正餐，苹果内含的纤维素的确会使人有饱腹感，但任何一种食物偏食都可能造成营养不均衡，建议可以苹果餐、正餐间隔食用。

苹果怎样选购最安心

1 挑选苹果时，以果粒坚实饱满，表皮颜色暗红，且没有皱缩脱水，或碰伤、斑点等现象为最佳。

2 购买时，可用手掂掂苹果的重量，也可稍稍轻捏果粒。如果触感太软或重量太轻，表示水分不足，口感也会变得松软粉绵。

3 苹果的新鲜度，可用回声来判断。挑选时，以手指轻弹苹果表面，如果回音坚实清脆，代表果肉质地细密；如果声音浓浊低沉，代表已采收一段时间，果肉已开始变软。

4 栽种时未装袋的苹果，因叶绿素增加，颜色会偏暗红，但不代表口感会有差异，所以，不一定要挑鲜红色苹果，手感跟回声是较准确的采购依据。

5 如果苹果的左右两边大小对称，尾端突出明显，表示生长环境良好，用的农药相对也较少。

6 苹果对病虫害的抵抗力较弱，杀虫剂的使用机会较多，最好选择正值生产旺季的当季苹果较安心。

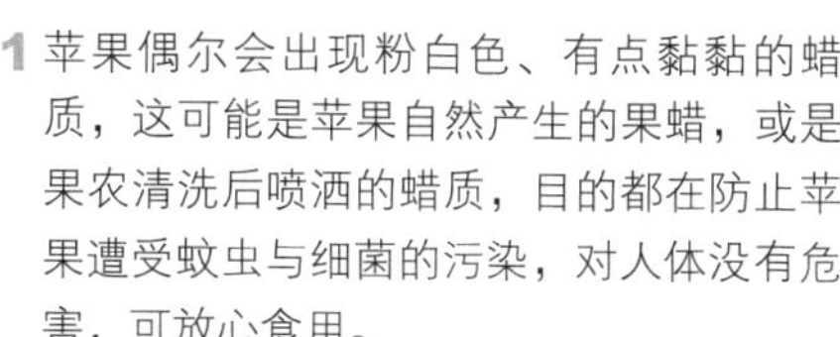

苹果怎样处理最健康

1 苹果偶尔会出现粉白色、有点黏黏的蜡质，这可能是苹果自然产生的果蜡，或是果农清洗后喷洒的蜡质，目的都在防止苹果遭受蚊虫与细菌的污染，对人体没有危害，可放心食用。

2 如果不喜欢蜡的口感，可将苹果置于热水中浸泡，果蜡会自然融解，或以牙膏轻刷苹果的表面，也可去除果蜡。

3 清洗的时候，将苹果置于流动的水中，用海绵轻轻刷洗，如此可去掉大部分的残留物质。

4 苹果的果肉与果皮交接处富含果胶，果胶是一种可溶性纤维，可以降低胆固醇，有益身体健康。所以推荐洗净后直接吃。但假如介意果皮上的蜡也可削皮后食用。

5 松软的苹果仅影响口感，不会产生有害物质，但发霉的绝不可食用。

苹果怎样保存最新鲜

1 冬天时苹果可直接置于室温下储存，夏天时则需放入冰箱冷藏。

2 苹果所产生的气体，会催熟一同贮存的其他蔬果，因此存放时一定要放入塑料袋中，并将袋口封好。

3 切开的苹果接触空气会氧化变色，浸泡于盐水或柠檬水中即可预防。

苹果的饮食宜忌 O+✗

宜→O 对什么人有帮助

O 想要减肥或控制体重的人
O 高血症或高脂血症患者可以多吃
O 苹果具有解酒效果

忌→✗ 哪些人不宜吃

✗ 正服用磺胺类药物或碳酸氢钠者不能吃
✗ 肾病患者不宜多吃
✗ 胃寒体质的人不适合多吃
✗ 脾胃虚弱者不可以多吃

春夏秋冬

梨子 Pear

Tips 寒凉体质者吃多易腹泻

●宜食的人
便秘、高血压患者

●忌食的人
经常腹泻者、产妇

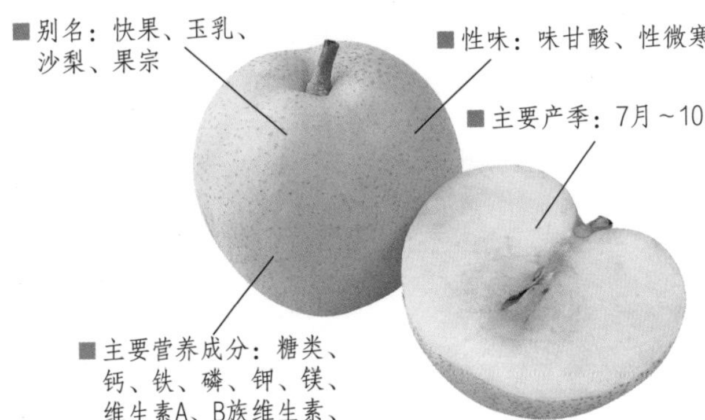

✓ YES优质品

●**外观：**

1 形状大而圆，果肩对称且饱满

2 表皮平滑有光泽，无黑斑腐烂

3 质量沉重，果肉结实不过硬

●**味道：** 有梨子的自然香气，越浓郁越好。

✗ NO劣质品

●**外观：**

1 表皮有黑斑、凹陷

2 质量轻，果皮萎皱

●**味道：** 有酸腐味。

Health & Safe 安全健康食用法

这样吃最健康

1 梨子含硼，能预防骨质疏松症，并提高记忆力与注意力。

2 糖尿病患者在血糖控制良好的状态下可适当少吃梨子。

3 经常食用梨能帮助排除尿酸，预防风湿、痛风等疾病。

4 梨子能生津润燥、清热降火，可治疗喉咙多痰、声音沙哑。但梨子性属寒凉，因风寒导致的咳嗽、肠胃虚寒者、经常腹泻者或产妇都不宜多食。

营养小提示

1 梨子的最佳食用量为一天一个，过量容易伤害脾胃。

2 吃完梨子后，最好不要大量饮用开水，否则容易拉肚子。

3 治疗喉痛沙哑可调制梨子汁，建议加入姜汁一同熬煮，以中和寒性。

4 梨子含87%的水分与多种维生素，可快速补充感冒、发热、脱水患者的电解质，将梨榨汁后饮用即可，是非常方便的营养补充品。

梨子怎样选购最安心

1 挑选梨子时要注意外观，优良的梨子果实均匀饱满，果肩对称，表皮色泽光亮且没有黑斑、烂点。

2 购买的时候，可以用手触摸梨子表皮，若感觉光滑，略带果粉，则表示梨子新鲜。此外，也可以轻按果肉，感觉其扎实度，过软的梨子口感不佳，过硬的梨子纤维太粗，不利消化，口感也会酸涩。挑选时切忌用手弹试，此动作易造成梨子果实受伤，导致内烂。

3 想要挑选有水分的梨子，可以将整个梨子拿在手上，感觉重量。有重量感则代表梨子水分饱满，无重量感则欠缺水分。

4 梨子的香气代表甜度。购买梨子的时候，不妨闻一闻，越甜的梨子香气越重。

5 果蒂细长、没有枯萎的梨子新鲜度较好。

梨子怎样处理最健康

1 在栽种过程中，梨子需要使用较多的杀虫剂，因此买回来后，应该用手或者软毛刷彻底将其搓洗干净。

2 梨子纤维最多的部分就是果皮，如果想要吃到大量的纤维，建议在洗净后，连同表皮一起食用。若担心农药、杀虫剂问题，那么可以在食用前削掉一层皮，如此即可去除由表皮渗入的杀虫剂。

3 未成熟的梨子含有一种厚壁组织细胞，使口感较为粗涩，在体内也不易被消化吸收，如果大量食用，容易引起肠胃不适、消化不良。

4 梨子在切开后果肉会快速变黑，浸泡盐水可延缓变色的时间。建议食用前再削皮或切梨。

5 常觉得口干舌燥的人，不妨将梨子打成果汁，或者切片拌盐一起吃。

梨子怎样保存最新鲜

1 梨子在常温下可保存3～5天。

2 若想延长保存期限，可将梨子放置于冰箱冷藏，如此可延长为7～10天。

3 冷藏时以有孔塑料袋包装，并避免水气凝结伤害梨子表面。

4 保存梨子时，需注意梨子是否受到挤压、撞击。梨子不耐撞，稍受到挤压，果肉品质就容易受影响，加速腐烂现象。

梨子的饮食宜忌 O＋✗

宜→O 对什么人有帮助

O 口干舌燥的人可多吃

O 喉咙不舒服者宜多吃

O 高血压、心脏病或肝脏疾病患者适合多吃

忌→✗ 哪些人不宜吃

✗ 肠胃虚寒或经常腹泻者不宜多吃

✗ 产妇应避免大量进食

✗ 风寒咳嗽者不可以多吃

Tips 勿食含氢氰酸的未熟果

春 夏 秋 冬

李子 Plum

●宜食的人
贫血者

●忌食的人
体弱、肠胃敏感者

✓ YES优质品

- **外观：**
  1 果实颜色均匀
  2 表皮光滑
  3 果实捏起来软硬适中
- **味道：** 闻起来有清新果香。

✗ NO劣质品

- **外观：**
  1 果实颜色不均
  2 表皮萎缩有皱褶
  3 果皮有裂痕、渗水现象
- **味道：** 闻起来没味道或有酸败味。

Health & Safe 安全健康食用法

这样吃最健康

1 李子含微量的氢氰酸，大量食用会导致腹胀、胃痛或恶心。体弱或肠胃敏感者最好少吃。

2 李子富含矿物质，具有造血与净化血液的功能，适合贫血或高血压患者食用。

3 应该避免食用未成熟的李子，其草酸、氢氰酸含量高。草酸不易被人体代谢，容易影响体内酸碱值的平衡；而氢氰酸即使少量食用，就可能引发中毒反应，两者对健康皆不利。

营养小提示

1 李子的最佳食用量为每日4～8个，100克左右，吃太多容易胃痛。

2 李子富含草酸，有结石体质的人要控制摄取量。

3 李子除生食外，也能被制成李子干、果酱等副产品，但制作过程常添加大量的糖，糖尿病患者或正控制体重的人都应避免食用。

4 李子和坚果搭配一起食用，有助于叶酸的吸收。可以预防贫血，促进食欲，帮助儿童成长。

●怎样选购最安心

1 挑选李子应挑选果实表皮光滑无皱褶、果蒂无脱落者为佳。

2 新鲜的李子果实饱满、表皮上有一层薄薄的果粉，颜色饱和。

●怎样处理最健康

1 将买回来的李子放在清水中浸泡10～15分钟，在流水下，以软毛刷轻刷。

2 李子与蜂蜜皆含多种酶类，同时摄取会产生化学反应，影响健康，故应避免一起食用。

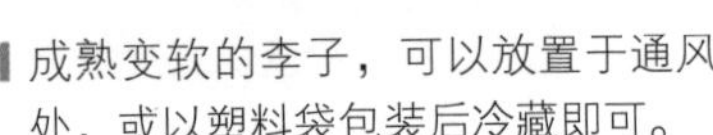

●怎样保存最新鲜

1 成熟变软的李子，可以放置于通风处，或以塑料袋包装后冷藏即可。

2 若买回来的李子不够熟，只要将青涩的李子放阴凉处催熟即可。太生涩的李子放进冰箱会阻碍催熟。

Tips 脾胃虚寒多尿者少食

春 夏 秋 冬

莲雾

Wax Apple

●宜食的人
一般人

●忌食的人
容易腹泻、多尿者

■主要产季：12月～次年5月

■主要营养成分：膳食纤维、钠、钾、磷、镁、B族维生素、维生素C

■别名：莲雾、洋蒲桃、紫葡萄、水葡萄

■性味：味甘、性微凉

✓ YES优质品

- **外观：**
  1 果粒大、饱满端正且完整
  2 表面鲜红光亮
  3 表面没有缺损、裂痕
- **味道：** 闻起来有淡淡的清香味。

X NO劣质品

- **外观：**
  1 表面发黑发霉
  2 果粒小、外观畸形
  3 颜色黯淡，没有光泽
- **味道：** 闻起来有酸味或霉味。

Health & Safe 安全健康食用法

这样吃最健康

1 莲雾含有丰富的水分及维生素C，具有止咳润肺、利尿、解水肿、消暑凝神的功效，口干舌燥的时候，来一颗莲雾，能立即解渴。

2 莲雾如果发霉，霉菌会快速扩散到其他果实，使整批水果连带腐坏。一旦发现莲雾出现霉斑，应立即挑除。

3 莲雾偏凉，体质虚寒、容易腹泻，或容易尿失禁及尿频者，应尽量避免食用。

营养小提示

1 莲雾每次的食用量以1～2个为最佳。

2 莲雾水分含量高，且含大量粗纤维，食用后容易有饱腹感，不宜多吃，否则容易腹胀。有意减肥者，可以在饭前空腹食用。

3 莲雾搭配优酪乳，可以增加人体对钙质的吸收。需要补充钙质的人，不妨试试看。

4 莲雾跟苹果不要一起食用，莲雾中的单宁酸与苹果中的果酸会产生不易消化的物质，进而引发腹痛。

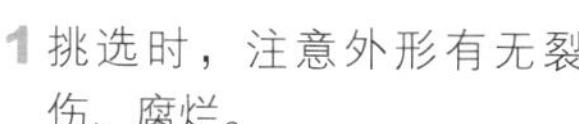

●怎样选购最安心

1 挑选时，注意外形有无裂伤、腐烂。

2 购买莲雾时，可以用手掂掂莲雾的重量，有重量感则代表水分足够。

3 果脐部位的四萼片，越紧缩越好。

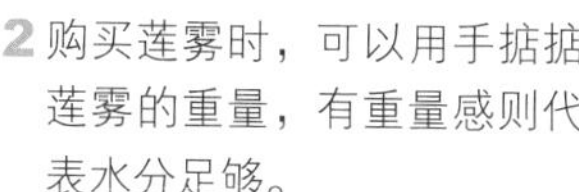

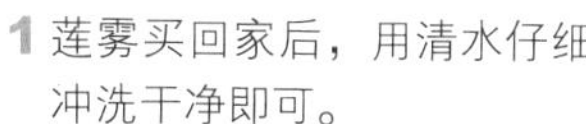

●怎样处理最健康

1 莲雾买回家后，用清水仔细冲洗干净即可。

2 处理莲雾时，用刀子将果柄切掉，再挖掉果脐食用。

3 食用前再清洗，若先洗过削过，果肉容易软烂甚至发霉。

●怎样保存最新鲜

1 莲雾不耐储存，有裂痕的更要先挑出尽早食用。

2 储放时，要以报纸或塑料袋包裹再放入冷藏，才能避免受潮发烂。

Tips 枇杷核慎食

春 夏 秋 冬

枇杷 Loquat

●宜食的人
孕妇、咳嗽的人

●忌食的人
消化不良、脾胃虚寒的人

■别名：金丸、芦橘、芦枝

■性味：味甘酸、性微凉

■主要产季：春夏之际

■主要营养成分：β-胡萝卜素、磷、铁、钙、B族维生素、维生素C

✓YES优质品

- **外观：**
  1 果粒肥大，呈水滴状
  2 色泽均匀
  3 表皮带有细毛或白粉
- **味道：**有自然的枇杷果香。

✗NO劣质品

- **外观：**
  1 果粒有撞伤
  2 表皮有黑点
  3 果粒干干扁扁
- **味道：**闻起来有酸味。

Health & Safe 安全健康食用法

这样吃最健康

1 枇杷富含胡萝卜素，对眼睛视力与肌肤的健康有益处，经常用眼的人可以适量食用。

2 枇杷果性凉，生食过量容易导致生痰，所以脾胃虚寒或容易拉肚子的人，或者湿痰者应避免大量食用，以免引发身体的不适。

3 枇杷核含具有毒性的氢氰酸，大量食用会导致恶心呕吐，甚至呼吸困难、昏迷等中毒症状，吃枇杷时应格外注意，尤其要注意儿童调皮吞食。

营养小提示

1 枇杷含有β-胡萝卜素，当食用过量时，色素容易沉积在表皮层，使皮肤发黄。这时不需太过担心，只要停食一阵子，肤色就能恢复正常。

2 食用未成熟的枇杷，容易引起腹泻，最好待其成熟后再食用。

3 吃完枇杷后，不要马上喝酒，或者饮用任何含有酒精的饮料。因为酒精会使β-胡萝卜素转化成促氧化物质，不利于肝脏健康。

●怎样选购最安心

1 优良的枇杷果粒肥大，呈水滴形，上窄而下宽。

2 挑选枇杷时，以表皮带有细毛或白粉的枇杷为佳。

3 好吃的枇杷外皮呈橙黄色，没有黑点。皮薄代表肉厚，口感比较好。

●怎样处理最健康

枇杷剥皮后就能直接食用，只是枇杷剥皮后容易变色，如果不马上食用，建议放入水中，以免变色并保持新鲜。

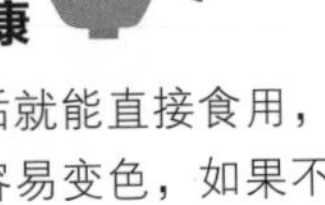

●怎样保存最新鲜

1 一般说来，将枇杷摆放在阴凉通风处即可，常温下可存放3～4天。

2 枇杷放冰箱会导致冻伤，或者因冰箱的水气而变黑，所以建议勿将枇杷放置于冰箱内。

柿子

春 夏 秋 冬

Persimmon

Tips 肠胃不佳者惧食

●宜食的人
甲状腺肿大患者
●忌食的人
胃酸过多的人

■主要产季：8月～12月

■主要营养成分：糖类、烟酸、钠、钾、铁、磷、钙

■性味：味甘、性凉

■别名：香柿、水柿、软柿、脆柿

YES优质品

- **外观：**
  1 果实形状完整
  2 果皮颜色红润
  3 果皮光滑
- **味道：** 闻起来有天然果味的清香。

NO劣质品

- **外观：**
  1 果皮有黑褐色斑点
  2 果实形状干扁
  3 果皮有裂痕、虫蛀
- **味道：** 闻起来有腐烂的味道。

Health & Safe 安全健康食用法

这样吃最健康

1 柿子含丰富果胶，有助于降低血液中的胆固醇，能预防心血管疾病。高血压或心血管疾病患者要适量摄取。

2 柿子含碘，对缺碘引起的甲状腺肿大患者有益。

3 柿子里的类胡萝卜素，有助于对抗自由基，对身体健康有辅助作用。

4 柿子性凉，体弱多病、产妇或受风寒者应避免食用。

营养小提示

1 吃柿的当天不要吃蟹，以免引起腹泻，也不宜与其他高蛋白食物同时食用。

2 柿子一次不可多吃，尤其不要空腹吃，也不可与醋或其他酸味重的食物同时吃。因鲜柿含有大量的鞣酸，遇蛋白质会在胃中凝结成块，引起胃痛、呕吐等症状。平日就有胃酸过多症状的人最好少吃。

3 鞣酸也会影响铁质吸收，罹患缺铁性贫血患者要避免食用柿子。

怎样选购最安心

1 柿子若橙色鲜明、头部绿色叶子没有枯黄、果实没有黑斑，表示营养状况良好。

2 柿子表面的白粉为自然形成，并不是农药残留。选购时只要注意是否果形完整、颜色红润即可。

怎样处理最健康

1 食用前用水搓洗干净，去头去尾再削皮吃即可。

2 若要入菜，一般还是以柿饼较常见。柿子反复经日晒、风吹、捻压、定型等过程，富含天然营养价值，利用柿饼做菜，风味甘甜清爽。

怎样保存最新鲜

1 偏好软柿子者可将柿子放于纸箱中，置于通风处，柿子就会慢慢变熟变软。

2 偏好硬柿子者可将柿子放进容器中，置于冰箱冷藏。

Tips 接触空气易滋生细菌

春 夏 秋 冬

西瓜 Watermelon

●宜食的人
想养颜美容者
●忌食的人
胃寒、容易腹泻者

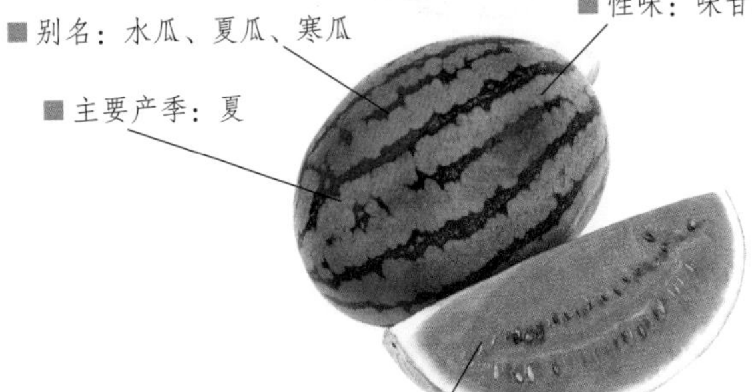

■别名：水瓜、夏瓜、寒瓜

■性味：味甘、性寒

■主要产季：夏

■主要营养成分：胡萝卜素、蛋白质、钙、磷、铁、钾、镁、维生素C

✔YES优质品

● **外观：**
1 表皮有光泽、硬且光滑
2 色泽浅绿、纹路明显

● **味道：** 新鲜的西瓜在表皮上就能闻到一股清甜的果香味。

✘NO劣质品

● **外观：**
1 外形不均匀
2 表皮没光泽、色淡、纹路不明显

● **味道：** 闻起来没有特殊的香味，甚至有发酵的气味。

Health & Safe 安全健康食用法

这样吃最健康

1 西瓜含有钾，有降血压、利尿、治疗肾炎的功效，高血压或肾炎患者可适量摄取。但肾衰竭的患者，最好不要食用过量。

2 西瓜虽然水分多，清凉解渴，不过食用太冰的西瓜会伤害胃黏膜。

3 西瓜性寒、高糖、多水，并不适合所有人食用，如糖尿病患、体弱虚寒者、口腔溃疡患者、感冒患者、心脏衰弱或肾炎患者都只能少量食用。

营养小提示

1 口渴时，大快朵颐西瓜一顿，固然是件爽快的事，但大量食用会冲淡胃液，易造成消化不良。

2 西瓜具有利尿作用，如果想要避免夜尿状况，建议晚餐后或者睡前尽量不要吃。

3 西瓜跟食盐是良伴，西瓜中含钾，食盐中含钠，两者一起吃能够维持人体内的电解质平衡。

4 食用西瓜后，不要马上喝酒。酒精会破坏西瓜中的泛酸，造成营养成分的流失。

●怎样选购最安心

1 表皮光滑、色泽浅绿、纹路明显、大而瓜蒂弯曲的西瓜，表示生长环境佳，少用农药。

2 购买西瓜的时候，可以用手敲打果体，声音清脆者为优质西瓜，若声音听起来闷闷的，就不要买。

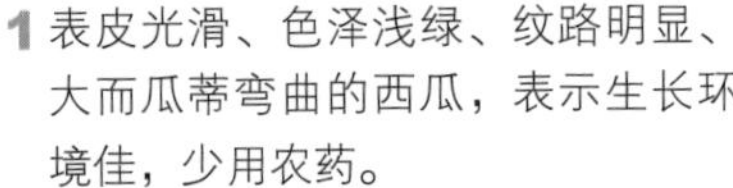

●怎样处理最健康

1 西瓜切片食用前，先用流水冲洗，再用海绵刷洗表皮即可。

2 食用时不要吃得太干净，接近果皮不甜的部分农药和残留物质易渗入，不要吃为好。

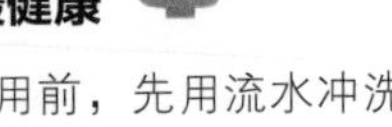

●怎样保存最新鲜

切开后的西瓜容易滋生细菌，即使置于冰箱内也一定要以保鲜膜完整包覆，且须缩短与空气接触的时间。

春 夏 秋 冬

木瓜 Papaya

Tips 依需求挑选熟度

●宜食的人
消化不良、胃病患者
●忌食的人
孕妇、过敏体质者

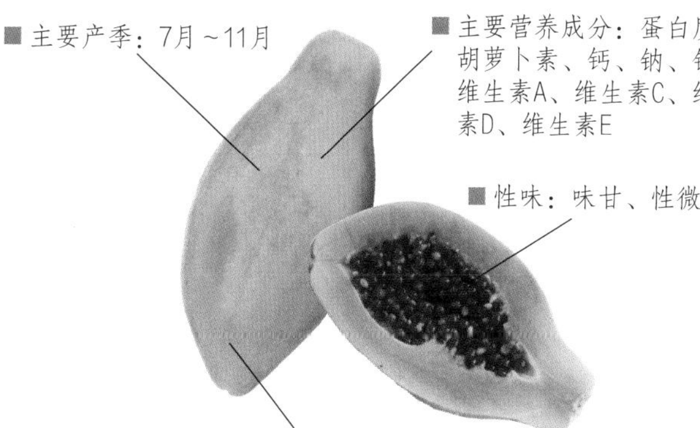

✓ YES优质品

● **外观：**

1 表面色泽鲜黄

2 果实饱满完整有弹性

● **味道：** 闻起来有淡淡的木瓜香味。

✗ NO劣质品

● **外观：**

1 瓜身有斑点

2 蒂头腐烂

3 表面色泽过红

● **味道：** 不新鲜的木瓜，闻起来有一股淡淡的臭酸味。

Health & Safe 安全健康食用法

这样吃最健康

1 木瓜富含维生素C，具有延缓肌肤老化的效用，是许多女性喜爱的水果之一，但因木瓜有兴奋子宫的作用，且含雌性激素，容易对孕妇体内的激素产生干扰，建议孕妇避免食用。

2 过敏体质者应慎食，以免引发过敏症状。

3 青木瓜所含雌性激素较多，食用时应注意摄取量，以免引起激素不平衡而导致不适症状。

营养小提示

1 过熟的木瓜或煮太久的青木瓜，营养价值都会降低。挑选及烹煮时应特别注意。

2 想要使用木瓜作为烹煮的食材，建议挑选青绿色木瓜。

3 木瓜中含有木瓜酵素，与牛奶一起使用，能够加速蛋白质的吸收。

4 木瓜中含类胡萝卜素，当摄取过量时，皮肤易产生色素沉淀的现象，让肤色看起来呈暗黄色，因此一天不宜吃太多。

● 怎样选购最安心

1 成熟的木瓜表面色泽鲜黄、果实饱满完整且有弹性。

2 避免挑选瓜身有斑点，或蒂头有腐烂现象的木瓜。

● 怎样处理最健康

1 如非立即食用，可挑选瓜身微绿的木瓜，煮汤则应挑选青绿色木瓜。

2 可用手指测试木瓜的成熟度，若用食指以中等力量按压瓜身，出现印记，则代表过熟且不宜久放，应赶紧食用。

● 怎样保存最新鲜

1 半熟木瓜可放于阴凉通风处，果蒂变软后即可食用。

2 切开后，瓜肉容易变质，建议尽快将木瓜食用完毕。

3 若要保存已剖开的木瓜，可用纸张包裹后放入冰箱冷藏。

春 夏 秋 冬

哈密瓜 Cantaloupe

Tips 虚寒体质与寒病者少吃

●宜食的人
贫血、便秘者

●忌食的人
产后、病后初愈者
容易腹泻者

■ 别名：网纹瓜、甜瓜、甘瓜

■ 性味：味甘、性凉

■ 主要产季：春、秋

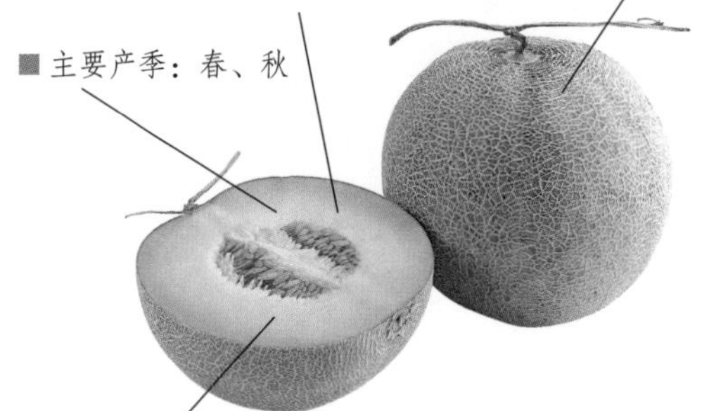

■ 主要营养成分：糖类、胡萝卜素、钙、铁、钾、钠、磷、镁、硒、维生素A、B族维生素、维生素C、维生素E

✔ YES优质品

● **外观：**

1 果形大且圆

2 表面纹路粗而密集

3 果皮呈黄色或青色

● **味道：** 闻起来有一股浓郁的天然哈密瓜的香气。

✘ NO劣质品

● **外观：**

1 果皮有裂纹、霉斑

2 果形干扁、畸形

● **味道：** 闻起来有青涩味或腐烂味。

Health & Safe 安全健康食用法

这样吃最健康

1 哈密瓜性属寒凉，容易拉肚子的人注意控制摄取量。此外，咳嗽、产后或病后者应尽量少吃，以免影响病情或者康复状况。

2 哈密瓜富含糖分，糖尿病患者食用时要注意摄取量，以免血糖飙升，影响病情。

3 每100克的哈密瓜就含有200毫克的钾，钾离子含量很高，肾脏病患者或洗肾者要小心食用，以免造成体内血清钾离子过高。

营养小提示

1 冰冻过久的哈密瓜会因吸收冰箱内水气而稀释甜度，再者，过凉的水果也容易伤害消化系统，因此建议哈密瓜不要冷藏太久。此外，冰过的哈密瓜也要在室温下回温后再食用。

2 建议靠近果皮的部分要多留一点，不要吃到皮。

3 一次吃太多的哈密瓜容易拉肚子，虽然哈密瓜口感好、味道迷人，是绝大多数人喜爱的水果之一，但食用时仍旧需要控制摄取量。

● 怎样选购最安心

1 形状越圆、分量越重、表面纹路越密集的哈密瓜，水分越多也越甜。

2 表皮有黑斑、撞伤、腐坏等现象，或轻微摇动有声响的哈密瓜，应避免购买。

3 用手指轻压底部可测试是否已经熟透，如果柔软有弹性，代表马上可以食用。

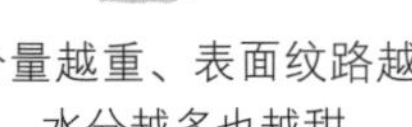

● 怎样处理最健康

哈密瓜盛产期较少使用农药，无须太担心。

● 怎样保存最新鲜

1 如果哈密瓜底部尚未变软，就要放在室温下待其慢慢熟透。

2 若哈密瓜已经熟透，就要用报纸包裹后冷藏，贮放时注意避免碰伤。

瓜肉之外的部分勿食

春 夏 秋 冬

香瓜 Melon

●宜食的人
一般人

●忌食的人
容易腹泻者

■ 主要产季：12月～次年8月

■ 主要营养成分：糖类、类胡萝卜素、钙、磷、钠、硒类、锌、维生素A、B族维生素、维生素C、维生素E

■ 性味：味甘、性寒

■ 别名：甜瓜、甘瓜

YES优质品

● **外观：**

1 果形饱满

2 表面无碰撞痕迹

3 瓜蒂鲜绿

● **味道：** 闻起来有香瓜特有的香甜味。

NO劣质品

● **外观：**

1 果形干扁、畸形

2 表面有裂痕

● **味道：** 闻起来没有香味，甚至有一股酸味。

Health & Safe 安全健康食用法

这样吃最健康

1 香瓜含有膳食纤维，能够促进肠胃蠕动，帮助排便顺畅。有便秘问题者，不妨适量摄取香瓜。

2 香瓜中的维生素C可以抗衰老，延缓肌肤的老化，类胡萝卜素则能预防眼睛疾病。

3 一般说来，在种植香瓜的过程中，喷洒农药是很难避免的。这些农药多半残留在果皮上，若食入果皮，农药会在体内慢慢累积，影响健康，因此建议去皮后再食用。

营养小提示

1 香瓜水分高，又香甜，是盛夏的消暑圣品。但香瓜是寒凉的食物，容易腹泻者不宜多吃。若食用过量，容易引发腹泻或手脚无力等症状。

2 香瓜蒂含刺激胃黏膜的毒素，容易引起呕吐、腹痛。食用时，将蒂头去除。

3 香瓜籽不易消化，吃多容易导致肠胃不适。

4 香瓜含类胡萝卜素，若大量食用易造成皮肤泛黄。

怎样选购最安心

1 良好的香瓜果形饱满、表面无碰撞痕迹、瓜蒂鲜绿、手拿有重量感。

2 购买香瓜时，用手轻敲果体，声音低沉空洞者佳。

3 香瓜底部越硬或香气越不浓郁者，表示成熟度越低。

怎样处理最健康

1 香瓜皮可能残存农药，须清洗削皮后再食用。

2 香瓜跟螃蟹一起食用，不利于消化。

3 若把香瓜和苹果一起打成果汁，再加入牛奶，可制成营养美味的甜品。

怎样保存最新鲜

1 尚未成熟的香瓜可置放于常温下催熟。

2 已成熟的香瓜可直接冷藏。

3 香瓜顶部与底部较脆弱，建议侧放以免压坏果实。

Tips 浸泡盐水以免过敏

春 夏 秋 冬

菠萝 Pineapple

●宜食的人

一般人

●忌食的人

溃疡病、肾脏病患者、凝血功能障碍者

■别名：凤梨、旺梨

■性味：味甘、性平

■主要营养成分：蛋白质、糖类、钙、磷、铁、钾、镁、铜、钠、锌、维生素B_1、维生素B_2、维生素C、维生素E

■主要产季：4月～8月

✔ YES优质品

● **外观：**

1 果实圆胖坚硬

2 鳞目明显

3 质量沉重

● **味道：** 闻起来有一股浓郁的菠萝特殊果香。

✘ NO劣质品

● **外观：**

1 表皮暗沉

2 有碰伤、腐败

● **味道：** 闻起来有发酵的味道。

Health & Safe 安全健康食用法

这样吃最健康

1 菠萝虽然营养丰富，又可促进消化，但有溃疡病、肾脏病、凝血功能障碍、发烧或湿疹疥疮等症状的人应避免食用。

2 菠萝味道香甜，有人喜欢将菠萝打成果汁饮用。但注意菠萝汁含羟色胺，饮用太多会导致血管过度收缩，引发头痛或头晕。

3 菠萝含菠萝蛋白酶，对此过敏者在食用菠萝后，会出现皮肤发痒等症状，严重者会呕吐、腹泻不止或皮肤泛红。这时，应尽速就医。

营养小提示

1 菠萝含有蛋白分解酶与生物苷，因此食用后会有咬舌感，只要在食用前浸泡盐水即可避免。

2 菠萝每次最佳的食用量为130克左右，约为1/6个，食用过量会刺激口腔黏膜，也会降低味觉。

3 菠萝中所含蛋白酶，可以帮助蛋白质的吸收与消化，适合饭后吃。

4 菠萝中的钾含量高，适合高血压患者作为调味剂。

● 怎样选购最安心

1 好吃的菠萝外形结实饱满、鳞目大且明显，建议挑选鳞目基部一半呈金黄色、尾端呈浅绿色者为佳。当菠萝整颗看起来呈金黄色，往往已经过熟。

2 挑选菠萝时不妨用手掂掂看，手感沉重者代表水分含量高。

3 外表有碰伤的菠萝容易有腐败问题，不宜选购。

● 怎样处理最健康

1 用流动的水清洗，削皮即可食用。

2 吃菠萝前先闻味道，有发酵味则不宜食用。菠萝会吸附异味，吸附味道后即不可食用。

● 怎样保存最新鲜

未削皮的菠萝，只要摆放于阴凉通风处即可。已削皮的菠萝需冷藏。

春 夏 秋 冬

甘蔗 Sugarcane

Tips 发霉甘蔗含致命毒素

●宜食的人
一般人

●忌食的人
常拉肚子的人、糖尿病患者

■ 主要产季：10月～次年5月

■ 主要营养成分：蛋白质、脂肪、水分、铁、锌、B族维生素、维生素C

■ 性味：味甘、性寒

■ 别名：干蔗、薯蔗、糖蔗

✓ YES优质品

● **外观：**

1 表面干净、光滑平整

2 没有虫蛀、孔洞

3 每节甘蔗没有裂口

● **味道：** 闻起来有一股甘蔗特有的清淡香甜味。

✗ NO劣质品

● **外观：**

1 表面有虫蛀、孔洞

2 甘蔗节有裂口

● **味道：** 闻起来有酸臭味。

Health & Safe 安全健康食用法

这样吃最健康

1 甘蔗含糖量高，糖尿病患者仅能少量食用。此外，糖尿病患者若空腹食用更可能发生体内血糖突然升高而导致昏迷。

2 忌食变质的甘蔗。发霉的甘蔗含有多种产霉的真菌，例如阜孢菌、串珠镰刀菌等。吃下发霉的甘蔗，有些人在食用后3小时内会出现神经性中毒症状，有些人会延至几天后才表现出中毒症状。

营养小提示

1 甘蔗有解热止渴效用，有口干舌燥、便秘或消化不良症状的人，可以多吃。

2 许多人喜欢把甘蔗榨成汁来饮用，生的甘蔗汁比较寒，适合火气大的人饮用；热的甘蔗汁比较温，适合体质虚的人饮用。

3 甘蔗汁含有多种人体所需的矿物质及氨基酸，其中多糖类对肿瘤有抑制作用。

4 甘蔗营养丰富，水分含量高达84%，含铁量也多于其他水果。

怎样选购最安心

1 宜挑选节长、肉色白净、无酸臭味的甘蔗，如果可请店家切一些末端甘蔗试吃，带些微甜味者为佳。

2 霉变的甘蔗外皮会失去光泽，质地较软，肉色较深，闻起来有酒味或酸味。

怎样处理最健康

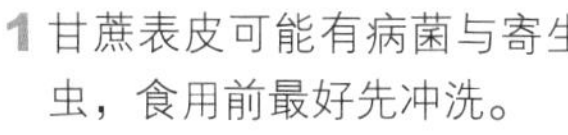

1 甘蔗表皮可能有病菌与寄生虫，食用前最好先冲洗。

2 如果有反胃呕吐的困扰，不妨用甘蔗汁与生姜汁以7：1比例，将两者调和，慢慢少量饮服。

怎样保存最新鲜

冷藏或常温保存皆可，但必须以塑料袋密封，防止水分流失，也可以避免寄生虫附着。

Tips 多食易导致皮肤过敏、发黄

春 夏 秋 冬

芒果 Mango

●宜食的人
高血压、动脉硬化患者及眼疾患者

●忌食的人
过敏体质者

■别名：檬果、蜜望、庵波罗果

■性味：味甘酸、性凉

■主要产季：4月～8月

■主要营养成分：糖类、磷、钾、钠、铜、镁、维生素A、B族维生素、维生素C、维生素E

✔ YES优质品

- **外观：**
  1 果实饱满有弹性
  2 香味浓郁
  3 表皮略带果粉
- **味道：** 闻起来有浓浓的芒果香。

✘ NO劣质品

- **外观：**
  1 果皮皱缩或有凹陷
  2 表面有虫蛀、黑斑，甚至腐烂
  3 果粒两端较软，颜色转为黑褐色
- **味道：** 闻起来果香略带酸味。

Health & Safe 安全健康食用法

这样吃最健康

1 芒果所含的营养相当丰富，对眩晕症、消化系统的癌症预防，以及视力保护等都有良好的效果。

2 大量食用芒果会导致上火，原已属燥热体质者需减量食用，以免引发牙龈出血、口干舌燥等症状。

3 芒果含有组织胺，过敏体质者食用可能会引发皮肤过敏，患有异位性皮肤炎或荨麻疹等皮肤病症者最好避免食用，以免病情恶化。

营养小提示

1 若大量摄取芒果中的粗纤维，会加重肠胃负担，引发肠胃不舒服等症状。建议一日摄入量以不超过3个芒果为宜。

2 大量食用芒果会使体内累积过多胡萝卜素，造成皮肤泛黄，当症状出现时，只要停止食用芒果一段时间后，就会获得改善。

3 大量食用芒果可能会引起肾炎，肾炎病人不宜食用过量。

4 芒果不宜与蒜头同时食用，否则可能引发黄疸。

芒果怎样选购最安心

1 挑选芒果的原则以果实饱满有弹性、果肩肥大、香味浓郁、表皮略带果粉、无腐烂、黑斑、压伤、虫蛀等损害为主。

2 挑选芒果时，可以按压蒂头，若接近蒂头处按起来有硬实感，则代表芒果较新鲜。若蒂头软化，则不宜购买。

3 芒果产生碰伤或黑斑后，果肉会快速变质腐坏，挑选的时候不妨轻触芒果，确认果实丰满有弹性，没有被碰伤。

4 芒果种类众多，挑选时依品种又有不同的小地方需要注意：爱文芒果除果实圆润外，表皮色泽应橙红均匀，深红色的爱文芒果果肉较软烂，但甜度较高；金煌芒果则要注意两端不能有异常软化或变色，以免买到劣质果；土芒果要选果蒂内凹，果肩凸起者为佳，太过青绿者其口感酸涩，不宜生食。

芒果怎样处理最健康

1 使用流动的水洗净，洗净后剥去外皮即可食用。

2 芒果很适合成为冰品的食材。若希望在食用上能多点变化，可以将芒果切丁，加入冰块打成冰砂。

3 芒果可以与猕猴桃一起打成汁饮用，不但能促进食欲，还可以缓解疲劳。

4 芒果和香蕉、桃子一起打成汁饮用，有润喉、提振精神的功效。

5 倘若买到味道青涩的芒果，可以加盐一起食用，或者将芒果变成食材，与鸡肉、牛柳一起下锅，可添增菜肴的清香风味。

6 芒果不易保存，当芒果过熟后，可以制成甜点，例如果泥、果酱，并加入冰品中。

7 土芒果削皮去籽并切成长条后，以盐水搓揉去除苦味，待果肉呈透明状后沥干盐水，装入瓶中并倒入果糖，一星期后即成酸甜可口的情人果。

芒果怎样保存最新鲜

1 芒果生长于温暖的热带，对低温的耐受力很低，存放于阴凉通风处即可，如果购回后就放进冰箱冷藏，1~2天后果肉就会出现凹陷、表皮出现黑斑，再放2至3天，整个芒果就会酸败无法食用。

2 芒果最好现剥皮现吃，如果真的吃不完，冷藏时先以纸张包裹，并放于冰箱内温度较高的区域，但建议最好尽量于1周内食用完毕。

3 芒果冷藏后在常温下的变质速度会加快，勿反复冷藏。

芒果的饮食宜忌 O+✗

宜→O 对什么人有帮助

O 食欲不振的人可以多吃

O 有晕眩或因高血压出现头晕症状的人宜多吃

O 咳嗽或气喘的人宜多吃

O 用眼过度的人适合吃

忌→✗ 哪些人不宜吃

✗ 燥热体质者不宜多吃

✗ 肾炎病人不宜食用

✗ 有过敏体质者不适合过量食用

✗ 尽量不要跟辛辣食物一起食用

香蕉 Banana

春 夏 秋 冬

Tips 高钾含量，一天一根就够

●宜食的人
便秘、胃溃疡患者

●忌食的人
易腹泻、胃酸过多的人

■ 别名：蕉子、蕉果

■ 性味：味甘、性寒

■ 主要产季：5月～8月

■ 主要营养成分：蛋白质、胡萝卜素、叶酸、膳食纤维、磷、钾、钙、硒、维生素A、维生素C

✓ YES优质品

- **外观：**
  1 表皮鲜黄、有光泽
- **味道：** 闻起来有香蕉独特的香气。

✗ NO劣质品

- **外观：**
  1 果实外形畸形
  2 果皮有裂痕
- **味道：** 闻起来没有香蕉味，或者有酸味。

Health & Safe 安全健康食用法

这样吃最健康

1 香蕉是高钾水果，肾病患者更应避免食用，以免造成血清中钾离子过高。

2 香蕉含糖量高，大量食用容易使血糖飙升，糖尿病患者应少量食用。

3 香蕉含有磷酸胆碱，可舒缓胃酸对胃黏膜的刺激，同时促进黏液的产生，对胃功能不佳，或者胃溃疡的患者来说，是可以多摄取的水果。

4 尿液检查前不要吃香蕉，以免影响检测结果。

营养小提示

1 一天一根香蕉即可达到每日钾的摄取量，若食用过多，累积过多的钾，会引起肌肉麻痹或嗜睡乏力等症状。即便是健康人，也不应该摄取过量。

2 空腹的时候，不适合吃大量的香蕉。因为香蕉含镁，突然大量摄取会造成血液中镁含量大幅增加，容易影响心血管的正常运作。

3 香蕉可促进消化，改善便秘，但胃酸过多或容易腹泻者应避免食用。

● 怎样选购最安心

1 表皮鲜黄、略带褐色斑点的香蕉可立即食用，如果想多放几天，就要选择颜色较绿的香蕉。

2 国产的香蕉防腐剂为明矾，比菲律宾用的杀虫剂、杀菌剂更令人安心，因此吃国产的香蕉较放心。

● 怎样处理最健康

香蕉剥皮后，头部约1厘米左右要切掉不吃，大部分的人会将尾部去掉不吃，从头开始吃，头部常会有防腐剂或防霉剂残留，食用时最好切掉一段再吃较安心。

● 怎样保存最新鲜

香蕉采收时大多未完全成熟，一般贮放香蕉成熟的环境为11～13℃，若置于冰箱中容易冻伤，因此置于阴凉处即可。

春 夏 秋 冬

番石榴 Guava

Tips 食用前先挖除籽

●宜食的人
糖尿病患者
●忌食的人
便秘、肾脏病患者

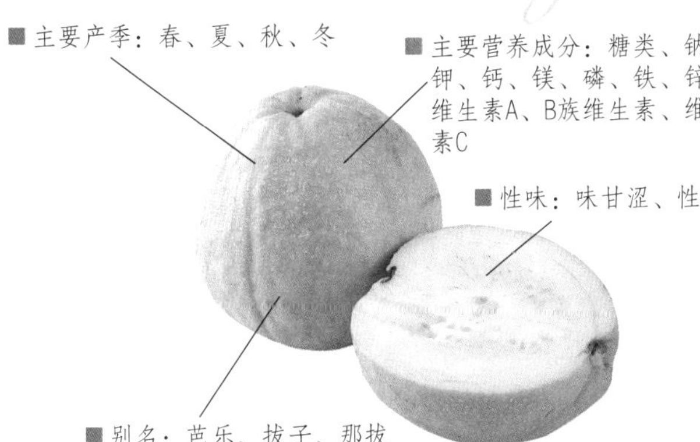

✔YES优质品

- **外观：**
  1 表皮颜色较浅、果皮呈黄绿色
  2 果顶的残留花萼向内收
  3 外形饱满
- **味道：** 闻起来有一股淡淡的清香味。

✘NO劣质品

- **外观：**
  1 表皮上面有一堆斑点、虫蛀
  2 外观畸形
- **味道：** 有一股酸味。

Health & Safe 安全健康食用法

这样吃最健康

1 未成熟的番石榴有止血作用，但若大量食用则易引起便秘，以适量为宜。

2 番石榴籽不利消化，食用前最好挖除。

3 近年日本召开之国际糖尿病学会中，一致认为，番石榴为治疗糖尿病最有效的药用植物之一。

4 番石榴只要外表受到损伤，就容易从伤口处开始腐坏，若发现番石榴出现发霉状况，应立即丢弃。

营养小提示

1 番石榴每天最佳的食用量最好控制在半颗到一颗。

2 有便秘困扰的人，应该要适量摄取，并且最好不要连同番石榴籽一起食用，以免便秘症状加重。

3 番石榴含有丰富的粗纤维，容易有饱足感。想要减肥的人，可以在饭前食用番石榴，这样进餐的时候，就不会吃太多。

●怎样选购最安心

1 较生的番石榴表皮青绿、果肉硬、味道不甜，但口感脆、果心小；较熟的番石榴相反。选购时可依个人喜好，轻压果肉测试软硬度。

2 如果表皮容易剥落，代表番石榴已开始腐败。

●怎样处理最健康

1 在流动的水下，用软毛刷轻轻刷洗即可。

2 番石榴易受虫蛀，偶尔会出现外表光滑但果心已蛀出洞的果体，食用时必须留意。

●怎样保存最新鲜

1 于室温下存放，可以放置3~7天。

2 番石榴冷藏约可保存1个月，勿与苹果一同贮存，以免受到催熟使果肉变得软烂，也应避免碰伤压挤。

Tips 肾病患者忌食

春 夏 秋 冬

杨桃 Star Fruit

●宜食的人
一般人

●忌食的人
肾病患者、容易腹泻者

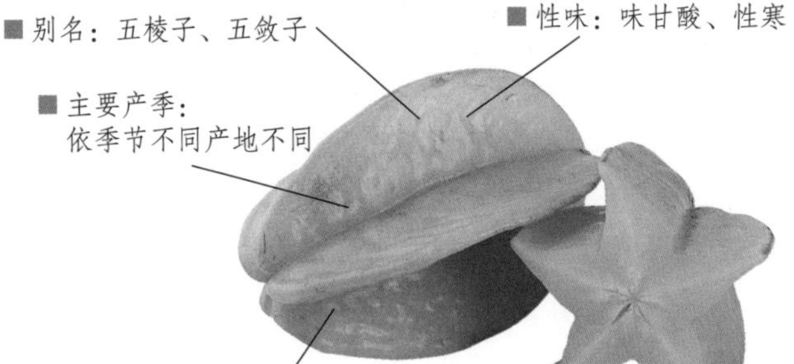

■ 别名：五棱子、五敛子

■ 性味：味甘酸、性寒

■ 主要产季：依季节不同产地不同

■ 主要营养成分：钙、硒、钾、钠、镁、维生素A、B族维生素、维生素C、维生素E

YES优质品

- **外观：**
  1 果色金黄但棱边青绿
  2 外观干净光亮且略为透明
  3 棱肉饱满
- **味道：**闻起来有淡淡的清香味。

NO劣质品

- **外观：**
  1 果色橙黄且棱边变黑
  2 表皮上有许多褐色斑点或者裂痕
  3 果体干干扁扁
- **味道：**闻起来有酒味，或者酸味。

Health & Safe 安全健康食用法

这样吃最健康

1 肾病患者忌食杨桃，因其含的钾与草酸都会对肾脏造成极大负担，若本身患有肾病，食用杨桃会导致病情加重。

2 杨桃性寒，容易腹泻者应减少食用量，以免加重软便或拉肚子等不适症状。

3 产妇不适合吃杨桃，因为杨桃比较寒，不利身体的康复。

4 空腹时不宜食用杨桃，以免胃酸破坏胃壁，影响胃的健康。

营养小提示

1 杨桃含有大量草酸、柠檬酸，可提高胃液酸度，于饭后食用，能有效帮助消化。

2 杨桃不宜与高钙食物同食，会引起肠胃不适。

3 杨桃虽然能帮助消化，但仅能适量摄取。过量食用反而会导致拉肚子，且会影响消化与吸收。

4 杨桃属于较寒的水果，若加冰块，或冰得过凉，有损身体健康。

● 怎样选购最安心

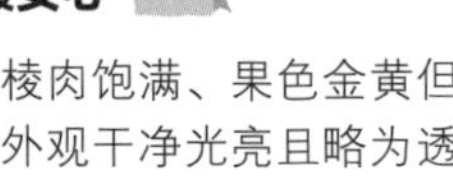

1 挑选杨桃以棱肉饱满、果色金黄但棱边青绿、外观干净光亮且略为透明者为佳。

2 果色青绿代表尚未成熟，口感偏酸涩；果色橙黄且棱边变黑，表示杨桃已经过熟，不利保存。

● 怎样处理最健康

1 将果实外皮以清水洗净后，削去棱线部分以及基部与底部，再去除种籽，切块后即可食用。

2 杨桃的果心不容易消化，建议食用时去掉果心。

● 怎样保存最新鲜

1 杨桃遇低温易冻伤，置于阴凉通风处即可。

2 棱边有撞伤会加速变质，应尽快食用。

Tips 具通便效用，腹泻者忌食

春 夏 秋 冬

百香果 Passion Fruit

●宜食的人
便秘、用脑过度者

●忌食的人
胃酸过多、腹泻腹痛者

■ 主要产季：6月～12月

■ 主要营养成分：糖类、脂肪、钠、钾、钙、镁、磷、铁、锌、维生素A、B族维生素、维生素C

■ 性味：味甘酸、性凉

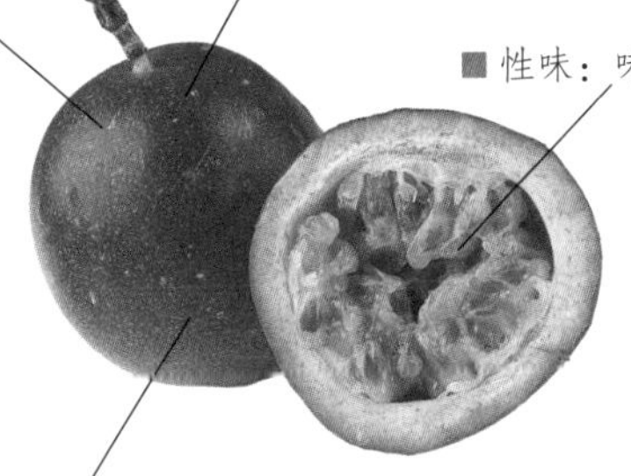

■ 别名：时计果、洋石榴、百香果、滕石榴、西番莲、西番果、鸡蛋果

✓ YES优质品

● **外观：**

1 果形圆润饱满

2 表面无皱缩且色泽均匀

3 手掂有重量感

● **味道：**有浓厚的百香果果香。

✗ NO劣质品

● **外观：**

1 果体丁丁扁扁

2 表皮皱缩

3 手掂没有重量感

● **味道：**没有特殊香味。

Health & Safe 安全健康食用法

这样吃最健康

1 百香果酸酸的味道来自果酸，过量食用会刺激肠胃，胃酸过多的人应避免食用。

2 百香果有通便作用，腹痛或腹泻者不宜食用，以免症状加剧。

3 百香果中的钾含量非常高，能预防高血压，但肾病与心脏病患者应忌食。

4 百香果具有安定神经的作用，用脑过度的人不妨适量摄取。也可以将果肉挖出来，加入开水，当做纯天然果汁饮用。

营养小提示

1 百香果含有丰富的膳食纤维，有便秘困扰的人可以多吃。

2 百香果在常温下的头两天会散发出更多香气，但接着就会萎缩酸败，所以建议买回来后尽快食用。

3 百香果营养丰富，含有很高的维生素A、维生素C、镁、磷、铁及锌等矿物质及蛋白质、粗纤维等，具有消除油腻、帮助消化等作用。饭后来颗百香果，是不错的选择。

● **怎样选购最安心**

1 挑选百香果时，以果形圆润饱满、表面无皱缩且色泽均匀，呈深红色者最佳。

2 可选择香味浓厚者。用手掂掂重量，有重量感的为佳。

3 轻轻晃动百香果，若感觉果肉分离摇晃，不宜购买。

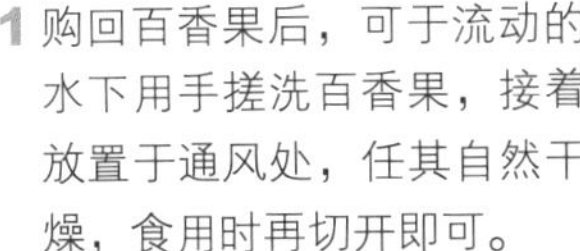

● **怎样处理最健康**

1 购回百香果后，可于流动的水下用手搓洗百香果，接着放置于通风处，任其自然干燥，食用时再切开即可。

2 百香果属于后熟型水果，自然成熟落地后，放置2～3天，更为香甜。

● **怎样保存最新鲜**

1 常温之下，置放于阴凉通风处即可。

2 存放于冰箱或是制成原汁，都可延长保质期。

春 夏 秋 冬

火龙果 Pitaya

Tips 大量食用尿液会变红

●宜食的人
一般人

●忌食的人
腹泻者、经期女性、体质虚寒者

■别名：红龙果、龙珠果、仙蜜果

■性味：味甘、性凉

■主要产季：6月～12月

■主要营养成分：糖类、脂肪、钠、钾、钙、镁、磷、铁、维生素B2、维生素C

✔YES优质品

● **外观：**

1 果皮上的叶芽稀疏

2 果体饱满、完整无裂伤

3 外观颜色鲜红

● **味道：** 闻起来没有特殊的气味。

✘NO劣质品

● **外观：**

1 果皮上的叶芽过挤

2 外观颜色黯淡

3 果体有裂伤、水伤、病虫害

● **味道：** 有一股酸味。

Health & Safe 安全健康食用法

这样吃最健康

1 长在仙人掌上的火龙果，含有水果少有的植物性白蛋白与花青素，能帮助人体排除体内重金属，也能预防老年痴呆症的发生。

2 火龙果在中医属寒凉食物，体质虚寒者、经期女性或腹泻者应少吃。

3 若大量食用火龙果，花青素会随尿液、排泄物排出体外，使尿液、排泄物呈淡红色，常让人误以为血尿或血便。此为正常反应，无须担忧。

营养小提示

1 火龙果容易种植，几乎没有病虫害，是少数几乎没有受农药污染的水果。再加上火龙果含有丰富的维生素C以及膳食纤维，是很健康天然的水果。

2 火龙果的白蛋白为水溶性蛋白质，对胃壁有保护作用或胃不好的人不妨适量多食用。

3 有些人认为火龙果没什么味道，建议可以加入蜂蜜、鲜奶打成饮品，种子打碎后香味溢出，更能品味出火龙果的美味。

● 怎样选购最安心

1 选购火龙果以外观光滑亮丽、颜色鲜紫红、均匀者为佳。

2 火龙果果粒大、果体饱满代表水分充足。挑选时，可以用手稍稍触摸果体，果实较软的火龙果表示已经不新鲜了，不宜购买。

3 火龙果常见的有红皮白肉及红皮红肉两种，其中红皮白肉的果实稍大，且呈椭圆状；红皮红肉的果实较圆，甜度也较高。

● 怎样处理最健康

火龙果几乎没有农药残留问题，食用前洗干净，切开后即可食用。

● 怎样保存最新鲜

叶芽厚者可置于室温下催熟，当叶芽变薄，且红色部分转多时，代表已经成熟。

春 夏 秋 冬

鳄梨

Tips 热量为一般水果的4倍

Avocado

●宜食的人
一般人
●忌食的人
肥胖者

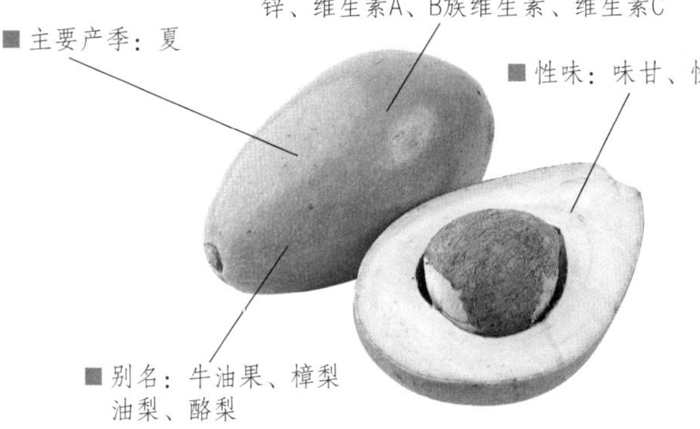

✔YES优质品

● **外观：**
1 果实硕大且饱满
2 外形呈洋梨形者
3 表皮颜色以绿色为主、褐色为辅

● **味道：** 没有什么特别的味道。

✘NO劣质品

● **外观：**
1 果实丁丁扁扁
2 表皮颜色整个为青色，或整个为褐色

● **味道：** 闻起来有一股酸味。

Health & Safe 安全健康食用法

这样吃最健康

1 鳄梨与其他水果最大的差异就在于其脂肪含量很高，不过，食用者也无需太过担心，因为鳄梨所含脂肪皆为对人体有利的不饱和脂肪酸与必需脂肪酸。这些脂肪酸能促进脂溶性维生素，如维生素A、维生素D、维生素E、维生素K的吸收，同时也含有大量水溶性维生素及膳食纤维，可谓集所有优点于一身。

2 鳄梨性平，几乎不含淀粉及糖类，即使糖尿病患者也能食用。

营养小提示

1 鳄梨虽然富含有益身体健康的营养素，但半个鳄梨就相当于一碗饭的热量，最佳食用量为一天1/4个。

2 鳄梨的高脂肪含量产生的高热量，可以说是鳄梨唯一美中不足之处，减肥人士应多加注意。

3 鳄梨虽富含脂肪，却不含胆固醇，即使胆固醇高者也能放心享用。

4 绿皮鳄梨适合生食，褐皮鳄梨则适合打成果汁饮用。

●怎样选购最安心

1 以挑选果实大且饱满、外形呈洋梨形者为佳。

2 选购时，可以用手轻轻握住鳄梨，手感有弹性而不觉得软塌塌的，才是成熟度适中的鳄梨果实。

●怎样处理最健康

1 鳄梨购买回家后，先在流动的水下，用手轻轻搓洗。想要食用时，只要外皮去除，取出果核，即可大快朵颐。

2 鳄梨可生吃、打成果汁、冷冻后与冰淇淋打成奶昔，或作为菜肴中的材料。

●怎样保存最新鲜

1 深绿坚硬的鳄梨需先置于室温下催熟，待果皮变成紫黑色或浅绿、黄褐色，且轻按果肉感觉柔软时才能食用。

2 成熟之鳄梨冷藏可存放3～4天。

春 夏 秋 冬

猕猴桃 Kiwifruit

Tips 勿与高蛋白食品同食

●宜食的人
消化不良、便秘者、心血管疾病患者

●忌食的人
腹泻、尿频者

■别名：奇异果、毛桃

■性味：味甘酸、性寒

■主要产季：9月～12月

■主要营养成分：蛋白质、胡萝卜素、叶酸、钙、铁、镁、铜、磷、维生素C

✓YES优质品

● **外观：**

1 表面茸毛完整

2 果实饱满

3 握起来手感有弹性

● **味道：** 没什么特别的味道。

✗NO劣质品

● **外观：**

1 表皮没有什么茸毛

2 果实外形畸形且瘦小

3 果实软烂

● **味道：** 闻起来有一股发酵的味道。

Health & Safe 安全健康食用法

这样吃最健康

1 每天只要吃一个猕猴桃，就可获得每日维生素C建议量的2倍，是儿童提高抵抗力的首选食品。

2 猕猴桃性寒凉，经期女性、肠胃敏感或慢性胃炎者应少吃。

3 猕猴桃含有促进人体黄体素的成分，可有效预防视网膜剥离，改善视力减退症状，平日用眼多的人不妨多食用。

4 猕猴桃含有膳食纤维及果胶，能促进肠胃健康。

营养小提示

1 猕猴桃含有能分解蛋白质的酶，有助于改善因肉类吃得过多而引起的腹胀，饭后吃一个猕猴桃是不错的选择。

2 猕猴桃含丰富的营养素，能预防肺癌或前列腺癌的发生，是吸烟者的最佳抗癌水果。

3 猕猴桃富含维生素C，但维生素C易与蛋白质凝结成块，导致胃部感觉不适，故食用猕猴桃前后不宜吃高蛋白食品。

●怎样选购最安心

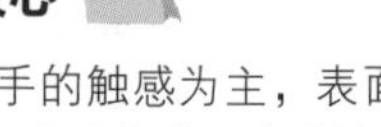

1 猕猴桃挑选以手的触感为主，表面绒毛要完整，果肉应饱满而有弹性。

2 挑选猕猴桃时，可以稍微掐一下果实，太过坚硬则代表尚未完全成熟，若想马上食用，则不宜购买。掐起来手感软硬不均匀则可能受到碰撞，应避免购买。

●怎样处理最健康

猕猴桃若要直接生吃，只要将其对切，用汤匙挖食即可。也可去皮切块，再淋上酸奶，做成水果沙拉。

●怎样保存最新鲜

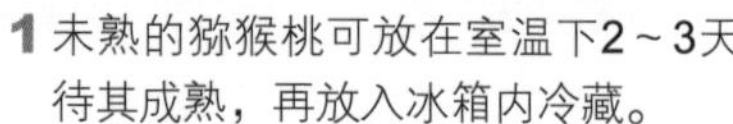

1 未熟的猕猴桃可放在室温下2～3天待其成熟，再放入冰箱内冷藏。

2 低温冷藏可延长保质期，保存时袋子或盒子不要密封，以保证水气散出。

春 夏 秋 冬

榴莲 Durian

Tips 食用时多喝水以免便秘

●宜食的人
产妇、体质虚弱者
●忌食的人
肥胖者、糖尿病患者、心脏病、肾病患者

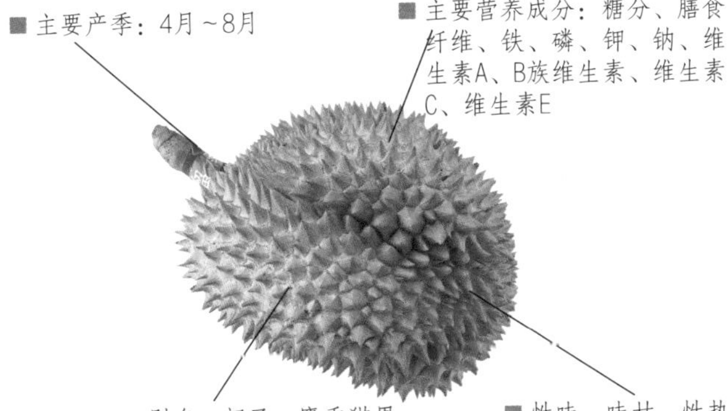

■ 主要产季：4月～8月

■ 主要营养成分：糖分、膳食纤维、铁、磷、钾、钠、维生素A、B族维生素、维生素C、维生素E

■ 别名：韶子、麝香猫果

■ 性味：味甘、性热

✓ YES优质品

- **外观：**
  1 外形硕大且椭圆、刺粗、尾端凸
  2 形状饱满
  3 果皮颜色绿中带黄
- **味道：** 闻起来具有一股榴莲独特的味道。

✗ NO劣质品

- **外观：**
  1 外观不完整，有病虫害
  2 外形干扁瘦小，尾端凹陷
- **味道：** 闻起来有一股明显的酸味。

Health & Safe 安全健康食用法

这样吃最健康

1 榴莲糖分、热量、钾含量皆高，肥胖者、糖尿病、肾病或心脏病患者皆应少吃。

2 榴莲属热性食物，体质虚弱的人可以适量摄取。至于容易长痘痘、有便秘问题或容易口干舌燥等热性体质的人，则要适量食用，否则只会加重不适症状。

3 营养丰富又属热性的榴莲，可促进乳汁分泌，对产妇来说，是不错的营养补充食品。

营养小提示

1 榴莲热量高，最佳食用量为一天2瓣果肉，过量食用易导致肥胖问题。

2 榴莲吃多也会引起上火，除控制食用量外，也可搭配山竹一同食用，两者可巧妙地达成平衡。

3 气味浓厚的榴莲有人爱、有人怕。金黄黏腻的果肉进入肠胃却会吸水膨胀，造成肠道阻塞，引起便秘，肠子蠕动不佳或肠子容易沾粘的人，食用榴莲时一定要谨慎。

怎样选购最安心

1 挑选榴莲的时候，以嗅觉评断，如果闻到一股酒精味，代表果肉已经变质，应该避免购买。

2 一般说来，榴莲果体外形若丘棱状多，果肉也较多，可以选购。

怎样处理最健康

1 想确定榴莲熟透与否，可用小刀在榴莲上挖一个三角形，掀开果壳触摸果肉观察，果肉变软的代表已成熟。

2 从尾端沿着果峰最凸出处到果柄之间沿直线划上一刀，再用双手扳开榴莲。

怎样保存最新鲜

1 为避免榴莲存放于冰箱时，其气味污染其他食材，可以用多层纸包裹，再装入塑料袋内。

2 已切开的榴莲容易腐败，应尽快食用完毕。

Chapter 1 生鲜食材馆

健康蔬菜吃得安心

蔬菜热量低，营养丰富，是每天饮食不可或缺的。尤其现代人饮食油腻，多吃蔬菜有益健康。但吃进蔬菜就能获取营养了吗？如何吃才能安心远离农药的危害呢？

选择当令盛产的新鲜蔬菜

当令的蔬菜生长逢时，抵抗力强，所用农药量少，物美价廉；不合时令的蔬菜须依赖农药才能提前或延后上市，尤其天灾前后，蔬菜往往提早采收，不仅菜价上涨，农药残留的问题也较为严重。

有些蔬菜的生长过程往往少用、甚至不用农药，在外观上难免有瑕疵，但无损其营养价值，价格也更实惠，所以无须苛求蔬菜外表的完美。

去皮或剥除外叶可大大降低农药残留的几率。抵抗力强的蔬菜病虫害少，农药用量也小，可以经常食用。蔬菜外观如有不正常药斑或化学药剂的气味，不要购买。

蔬菜清洗马虎不得

以大量清水冲洗蔬菜是减少农药残留的最好方式。以清洁剂洗涤，如果没有冲干净，反而会造成二次污染。以盐水浸泡是为了除去寄生虫，如果盐的浓度不够，无法去除寄生虫；盐的浓度太高还可能造成渗透压不平衡，将溶入水中的钠离子回压入蔬菜。较有效果的清洗方法为浸泡洗涤，即先将蔬菜放进盛具中仔细洗过，再用清水浸泡冲洗。

清洗蔬菜的原则

蔬菜类别	蔬菜清洗原则	食材代表
包叶菜类	● 先剥除外叶，再剥开内部逐叶冲洗	大白菜、圆白菜、圆生菜等
小叶菜类	● 先切除靠近根部农药较多的部分，再张开叶片，直立冲洗干净	上海青、小白菜、菠菜等
根茎叶类	● 清洗后去皮或剥除外叶，可去除附着于表皮的虫卵等不洁物	萝卜、菜心等
瓜果菜类	● 连皮食用，可用软毛刷轻刷 ● 先切除容易堆积农药的凹陷果蒂，再冲洗干净	苦瓜、黄瓜、柿子椒、南瓜等

有机蔬菜的选购方法

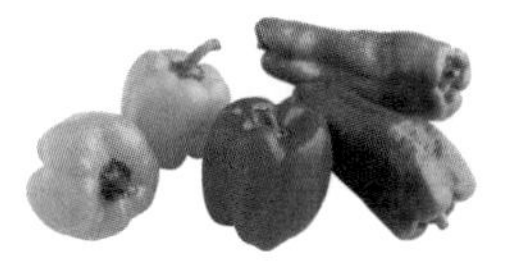

近来，有机蔬菜渐渐受到消费者的青睐，俨然形成一股健康饮食新风潮。过去大众常以外形丑、植株小、有虫孔等作为判断有机蔬菜真伪的标准。但随着有机农业技术的日益发达，这些已经不适合作为挑选的标准了。以下提供几个挑选原则，作为参考。

有清楚的产品说明

消费者可以追踪、确定生产流程是否符合有机农业的标准。避免购买没有包装、没有标识、没有生产来源地的产品。

参观产品来源地

不论是已经加入认证，或者还未加入有机认证的农民，都很欢迎消费者前往农场参观。当发现包装袋上缺少标志，但有联络电话、方式时，消费者不妨打电话，了解农民的理念、种菜方式，或进行一次农场之旅，以确认自己所食用的蔬菜的生长环境是否可靠。

无农药蔬菜的选购方法

认明“绿色食品”安全蔬果标志

无农药蔬菜在栽培的时候，不采用水肥，也就是人类或家禽、动物的粪尿，只用堆肥和化学肥料；灌溉水则使用处理过之干净灌溉水，不使用受污染或工厂排放的废水；蔬菜生长期间可能完全不喷洒农药，或按照相关单位推荐的农药种类、浓度、用量与安全时间用药，以防治病虫害；蔬菜采收前，会先经过检验测试，确定残留农药合乎安全容许量，不会对人体造成任何伤害。

消费者可从包装上是否粘贴或印有“绿色食品”安全蔬果标志来判断，有绿色食品标识者，即代表品质安全无虞，可安心采购，放心食用。

为了让消费者轻松辨识蔬菜合格与否，农业部推出了“绿色食品”认证标志。申请使用“绿色食品”标志的企业，必须先向认证机构提出申请，经过文件审核、现场检查、产品抽样、环境监测、产品检测、认证审核、认证评审等，全部合格后，才能获得“绿色食品”标志，并将其粘贴或印刷于包装上。

不要太苛求蔬菜外观美观

为了减少农药残留于蔬菜上，无农药蔬菜在栽种的时候，常常会不用或少用农药防治病虫害，因此在外观上难免会出现病斑或虫孔，尤其5～10月这段时间，高温多湿的气候与暴雨、台风的侵袭等因素，皆不利于蔬菜的生长，病斑或虫孔的状况通常更加明显且难以避免。虽然如此，蔬菜的营养价值却不会受到影响。

无农药蔬菜的选购秘诀

● 认明“绿色食品”安全蔬果标志
● 蔬菜难免有病斑或虫孔，对蔬菜的外观不需太苛求

NOTE 最好不要采食路边无人照料的蔬菜

生长于果园下、道路旁、田埂边、荒山野地或排水沟附近的野菜，由于生长期间无人照料，多半的人认为没有农药的问题。其实，上述这些地方生长的野菜接触农药与污染物的机会，比想象中来得多，土地、水质、垃圾等皆会对其产生影响，所以最好不要任意采食。

冷冻蔬菜的选购方法

营养价值不亚于新鲜蔬菜

过去观念认为，传统市场所出售的蔬菜鱼肉，比超市卖的新鲜。实际上，超市里出售的冷冻蔬菜，其营养价值并不亚于新鲜食物，对忙碌的上班族女性来说，是方便又经济的选择。

冷冻蔬菜是一种急冻食品，因专业的处理过程，其食物细胞结构不易受到破坏，所以能保全食物的营养价值、品质与美味。

冷冻蔬菜的专业处理程序

❶以新鲜蔬菜为原料，去除不可食用的部分后，进行彻底的清洗、切段
❷以95℃左右的热水加热约3分钟，至八分熟
❸采用工业冷冻方式，将食品急速降温至－30～－40℃
❹经过密封包装后，在-18℃以下的温度进行运输、销售

烹调方式多样化

煮、炖： 直接烹调，不需预先退冰。烹煮时，要注意火候的控制。大部分的冷冻蔬菜，在制作过程中已经过加热处理，已经有80%的熟度，所以在烹调时，只需要再加20%的熟度就可以。若加热过度，蔬菜会失去原有的风味。因此要控制加热时间。

蒸、炸： 不论是采用蒸或炸，都不需要解冻。若要油炸，建议裹上一层薄面衣后再下油锅，用中火油炸。油炸时注意不要一次放入太多，以免油温急速下降，导致蔬菜吸入过多油脂。

炒： 冷冻蔬菜先用热水汆烫，以除去表面的冰霜，沥干水分后，再放入锅中快炒即可。

选购时，确认冷冻温度为－18℃

选购冷冻蔬菜时，首先要注意冷冻柜上温度计是否为－18℃，若发现冷冻柜温度高于－18℃，建议换个商家购买；其次，注意包装的完整性。不论哪一种包装方式，一旦出现破损状况，食物很容易被污染或变质；建议挑选冻结坚硬如石、无干燥脱水及褪色现象的产品。此外，提醒消费者，冷冻蔬菜袋内有少量结霜属正常现象，但若有严重的沉积结霜则要避免挑选。

冷冻蔬菜的选购秘诀

● 冷冻柜上温度计是否为－18℃
● 商品须完整，不要有破损
● 挑选冻结坚硬如石、无干燥脱水及褪色现象的产品
● 少量结霜为正常现象，严重结霜则避免购买

采买后直接置于冷藏库

调查显示，－18℃是冷冻食品的基准保存温度，建议冰箱冷冻库的温度尽可能维持在－18℃，甚至更低温。若购买回家后，已经开始产生解冻现象，建议直接将蔬菜置于冰箱冷藏，并尽快食用完毕。

进口蔬菜的选购方法

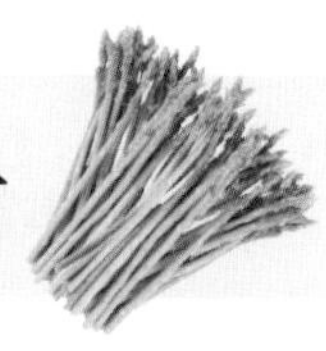

进口蔬菜皆经过海关重重检验

国内常见的进口蔬菜有西芹、西兰花、芦笋、玉米等，外观多与国产蔬菜无异，若没有特殊包装与标识，普通消费者很难分辨所购买的食材究竟是来自于何处。

所幸所有蔬菜进口时都需经过重重检验，自飞机卸货后先接受X光扫描，再由海关负责抽验内容物是否与申报品项相符、相关出入境检验检疫部门抽检蔬菜有无病虫害、农药残留程度，只要有一项未通过测试，整批蔬果都必须回收。需要注意的是，国外对农药的规定和国内不同，有时候国内可以使用的农药，在国外却是禁止的。

在蔬菜处理与保鲜过程中，可能有不法商人为了延长保存期限，或增添蔬菜卖相，而添加一些对健康有害的物质，如防腐剂、漂白水或杀虫剂，百姓只能在挑选时多加注意，并在购买后彻底清洗，即可去掉大部分的残留物质，避免有害物质对身体造成危害。

进口蔬菜的选购秘诀

● 必须低温冷藏与包装
● 要尽量避免购买外观出现黑斑或褐斑的蔬菜
● 菜叶、菜梗以鲜绿者为佳，若色泽越黄黑暗沉，代表新鲜度越差
● 避免选购色泽太过鲜艳、闻起来有化学气味的蔬菜

详读认证标志、成分标识及来源

蔬菜进口后一部分销往批发市场进行出售，另一部分进入菜店，这也是为何台风过后菜店总是有便宜蔬菜的原因。不论是批发市场或菜店，较少有固定包装，百姓难以用标识辨别蔬菜来源。但若宣称是进口有机蔬菜，包装上需有来源国的有机认证标志，与标识成分、来源等资讯的中文说明，购买时一定要仔细阅读，以免吃亏上当。

NOTE 台风过后，选择根茎类或生长期较长作物为佳

台风过后，市场以进口蔬菜与冷藏蔬菜稳定菜价，只是味道不如新鲜蔬菜，建议可以根茎类或生长期较长的蔬菜替代，1～2周后即有新鲜无损伤的蔬菜上市，菜价也会渐趋平稳。

即食蔬菜的选购方法

即食蔬菜要注意安全卫生

即食蔬菜分为方便菜、罐头蔬菜与生菜沙拉三类，其中方便菜又分截切蔬菜与卖场自制的方便菜。截切蔬菜经严格把关，在清洁卫生环境下清洗、截切、真空包装，包装内通常只有单一蔬菜。

卖场自制之方便菜内容则依烹制方法不同，会将菜肉混合摆放，强调一盘方便菜就能调配出一道美味菜肴，但此种方式的制作过程不透明，肉与菜一同摆放，容易滋生细菌，购买回来后，容易因碰撞而使外表受损，造成细菌繁殖，一定要尽快食用完毕，烹煮前也需彻底清洗。

❶ 罐头蔬菜要注意盐分摄取

罐头蔬菜是将新鲜蔬菜经过加工处理后装罐保存，大部分罐头蔬菜可直接食用。但罐头蔬菜处理过程中往往添加大量的盐或糖，以延长其保存期限，如果大量食用可能会因此摄取过多的钠，高血压或肾脏病患者尤其需要注意。

❷ 生菜沙拉应注意保存期限

生菜沙拉购买渠道多，大卖场、速食店或便利商店都推出类似商品，其高纤维、低热量的特性，也吸引众多爱美与减肥人士购买食用。选购生菜沙拉时需注意菜叶是否有干枯或脏污，也需注意标示的保质期。而且，一经开封要立即食用完毕。

购买后尽快处理，以免细菌繁殖

截切蔬菜为真空包装，购买时要注意商家是否将它们放置于合格的冷藏设备中，买回后也应马上放入冰箱冷藏，以免温度改变造成细菌繁殖。

卖场方便菜因无法了解食材来源与处理过程，最好尽快清洗烹调，若要保存，最好将菜与肉分开存放。未开封的罐头蔬菜常温保存即可，因铁铝罐开罐后易氧化而污染食物，以铁铝罐装存的食物开封后应另存放于保鲜容器，并放冰箱冷藏，玻璃罐则以原罐保存即可。

即食蔬菜的选购秘诀

- 截切蔬菜包装应认明QS生产许可及详读中文标识资讯
- 方便菜宜选购切口无干枯萎缩、肉汁无溢流污染者，并且要注意标签上的保质期
- 注意罐头蔬菜与生菜沙拉是否注明营养成分、热量、保质期，并注意是否有发霉现象

NOTE
1 即食蔬菜应充分清洗再食用
2 罐头蔬菜一日食用量不应超过半罐

罐头蔬菜选购时最好以含钠量低、热量低为原则，且一日不应食用超过半罐，以免造成营养失衡又增加身体负担。即食蔬菜在切细过程中，即造成维生素C和钾的流失，且为了避免农药残留，又经过充分的清洗，进而造成营养成分流失更多，无法和新鲜蔬菜相比。

Chapter 1 生鲜食材馆

叶菜类吃得安心

主要以叶和嫩茎供食用的蔬菜被称为叶菜。叶菜营养价值高，维生素和无机盐的含量都胜过其他蔬菜，是维系人体健康的重要食材来源。

一次不要采买太多

叶菜类不耐久放，不要一次采买太多，建议一星期采购2～3次新鲜叶菜。采买时可依照耐放程度搭配不同的种类，越不耐放的菜越要尽快食用，如红薯叶、空心菜、小白菜等，在1～2天内食用为宜；白菜、圆生菜可存放5～7天。

选购叶菜，原则上以叶片完整嫩绿，无枯萎腐烂和病虫害，不抽芽、不带花蕾者为佳。

叶菜保存重点在维持水分

保存叶菜的重点在于留住水分并避免腐烂。叶菜直接放入冰箱很快便会黄萎或腐坏，最好的方法是用干净纸张或半湿的厨房纸巾包裹，放入保鲜袋，然后以直立、茎部朝下的方式置于冰箱蔬果保鲜室冷藏。

叶菜存放前忌用水洗。水洗后，叶菜茎、叶的细胞呼吸和渗透压都已发生变化，可能造成茎、叶细胞死亡或溃烂，有损其营养。

留住叶菜类最多营养的烹调法

在烹调过程中，如何处理叶菜才能保存其最多的营养素?

❶ 适度保留老叶

老叶生长期长，接受日光照射时间也长，养分积累较多；以维生素C的含量而言，叶高于茎，外叶又高于内叶。

❷ 叶菜要先洗后切

叶菜所含的维生素大多是水溶性的，清洗时浸泡时间太久或切后再洗，都会使维生素溶于水而流失营养。

❸ 切好便立刻烹煮

空气中含氧量高，切好的叶菜久置不用，尤其在高温或阳光直射下，维生素A、维生素C很快便流失不见。

❹ 起锅速度要快

叶菜所含的营养成分大多不耐高温，尤其大白菜、芹菜等，因此起锅的时间要快。

春 夏 秋 冬

上海青 Bok Choy

Tips 切掉根部后再清洗

●宜食的人
孩童、便秘、癌症患者
●忌食的人
脾胃虚弱者

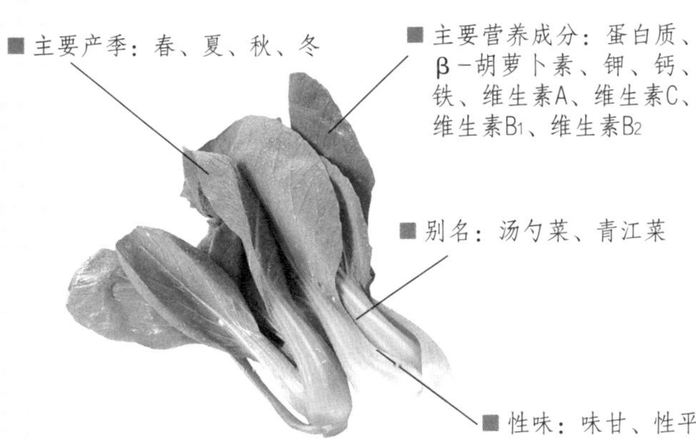

■ 主要产季：春、夏、秋、冬

■ 主要营养成分：蛋白质、β-胡萝卜素、钾、钙、铁、维生素A、维生素C、维生素B_1、维生素B_2

■ 别名：汤勺菜、青江菜

■ 性味：味甘、性平

✔ YES优质品

- **外观：**
  1 整株完整，茎叶坚挺且肥厚
  2 叶子鲜绿翠丽
  3 茎部白嫩
- **味道：** 闻起来没有异味或化学味。

✘ NO劣质品

- **外观：**
  1 叶子出现黄斑
  2 茎叶有水伤或腐烂
  3 茎部黄化粗老
- **味道：** 闻起来有化肥味或腐烂味。

Health & Safe 安全健康食用法

这样吃最健康

1 上海青含有丰富的钙，能维持骨骼和牙齿的正常功能；维生素A、维生素C能增强皮肤的抵抗力，促进细胞再生，让皮肤白皙又有弹性；类胡萝卜素可保健眼睛；膳食纤维有助于肠胃蠕动，有利于排便。有上述需求者，可多吃。

2 上海青含丰富维生素A、维生素C和β-胡萝卜素，有助于维护呼吸道健康，也可增加免疫力，经常感冒者不妨多吃。

营养小提示

1 上海青含丰富的类胡萝卜素，如果经常大量食用，肤色容易变黄，尤其是手脚部位的皮肤，只要暂时停止食用一段时间，肤色将可慢慢恢复。

2 上海青不宜生食，油炒或熬煮的时间也不宜过长，以免营养流失。

3 上海青的叶子容易煮熟，茎部则需较长时间烹煮，因此茎部可切细一些，以避免烹调时间过久，造成营养成分流失。

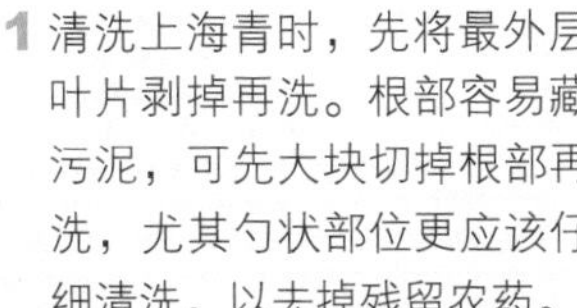

● 怎样选购最安心

以整株完整、茎叶坚挺且肥厚、叶子青绿、茎部嫩白没有黄化为挑选原则。

● 怎样处理最健康

1 清洗上海青时，先将最外层叶片剥掉再洗。根部容易藏污泥，可先大块切掉根部再洗，尤其勺状部位更应该仔细清洗，以去掉残留农药。

2 避免以小苏打保色，会破坏蔬菜中的维生素C和B族维生素。

● 怎样保存最新鲜

将上海青以纸袋或保鲜袋包好，根部朝下，放置于冰箱内冷藏。

Tips 须剥除最外层的叶片

春 夏 秋 冬

大白菜 Chinese Cabbage

●宜食的人
痛风和心血管疾病患者
●忌食的人
胃寒腹痛、腹泻及寒痢者

■别名：山东白菜、结球白菜、菘

■性味：味甘、性寒

■主要产季：冬

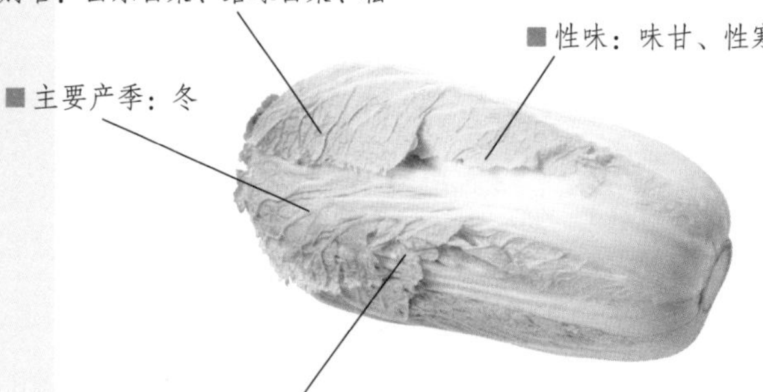

■主要营养成分：蛋白质、纤维素、木质素、磷、钙、铁、锌、维生素C

✓ YES优质品

● **外观：**

1 叶子包覆紧密，叶片肥厚光润

2 外缘叶片略带绿色，没有烂叶，不垂软，没有明显虫蛀

3 结球密实，具重量感

● **味道：** 闻起来没有异味或化学味。

✗ NO劣质品

● **外观：**

1 叶面上有灰、黑色斑点

2 叶片潮湿

● **味道：** 闻起来有化肥味或腐臭味。

Health & Safe 安全健康食用法

这样吃最健康

1 大白菜含大量粗纤维和木质素，可促进肠壁蠕动，达到稀释肠道毒素的功效。

2 大白菜的维生素C和钼能抑制人体对亚硝胺的吸收与合成，发挥抗癌作用。其活性成分吲哚-3-甲醇（Indole-3-Carbinol）能帮助体内分解与乳腺癌相关的雌激素，减少乳腺癌的发生几率。

3 中医认为大白菜通便润肠、宽脾除烦、解酒消食。寒性体质者食用大白菜，可与麻油和姜用大火快炒，以祛寒调温。

营养小提示

1 大白菜生长期为2～3个月，期间历经多次施肥和农药除虫，再加上土壤等污染，无论生吃或熟食，都必须清洗干净。

2 大白菜含丰富维生素C，贮放过久，维生素C易遭破坏，在室温存放2天，维生素的破坏率甚至高达70%，所以最好现买现吃。

3 大白菜是低嘌呤食物，痛风病人可以多吃。但短期大量食用可能导致胃酸过多。成人每天食用300～400克大白菜，即可满足人体对维生素的需求。

大白菜怎样选购最安心

1 挑选大白菜时，建议先从外观观察，看看叶子是不是包覆得相当紧密，叶片色泽是否鲜嫩光滑，外缘叶片的颜色是不是略带绿色，外表有没有烂叶和明显的虫蛀，结球有没有密实，接着再用手掂掂是否有重量，这些是新鲜大白菜的评判标准。

2 大白菜切开后，如果发现里面黄色的部分较多，就表示生长时的土壤、气候条件比较好，是没有施加太多农药的证据。

3 大白菜结球部分的菜叶如果张太开，就代表保存的时间较久，已经没有什么营养价值，应避免购买。另外，叶片潮湿的大白菜也要避免挑选，叶面含水可能是在露水未干时采收或泡过水，比较容易腐败。

4 大白菜腐烂之后，所含硝酸盐会还原为有毒的亚硝酸盐，导致人体血液中的低铁血红蛋白氧化为高铁血红蛋白，使血液丧失携氧能力，造成缺氧，会引起恶心、头痛或呕吐、心跳加快等中毒症状。因此，烂掉的白菜一定要丢掉，不可食用。

5 大白菜适合各种烹调方式，包含快炒、煮汤或火锅等，也可以做成泡菜、白菜干等。另外，大白菜与番茄一起搭配食用，有预防感冒、舒缓情绪、放松肌肉的功效；大白菜与豆腐一起食用，可预防骨质疏松、肌肉抽筋等症状。

大白菜怎样处理最健康

1 先将枯烂的叶片或1～2片表面叶片剥除，再将根部切开，让菜株散开，然后逐层剥开，一片一片仔细用清水冲洗几次，千万不要将大白菜长时间浸泡在水里，以免水溶性维生素溶于水中，流失营养成分。

2 大白菜富含水溶性维生素C和B族维生素，先用水洗再切丝，可以减少营养的流失，吃进较多养分。

3 烹饪大白菜时宜用急火，以防止维生素C流失。另外，要避免使用铜制锅具，铜离子有可能会破坏大白菜中的维生素C，造成营养成分的流失。

大白菜怎样保存最新鲜

1 夏季或天热时，用干净的纸包裹，直立放在阴凉通风处，约可存放一个星期。冬季或温度较低时，以同样的方法保存，约可存放两个星期。

2 用纸袋或保鲜膜将整颗大白菜包好，茎部朝下置于冰箱内冷藏，可延长保质期。

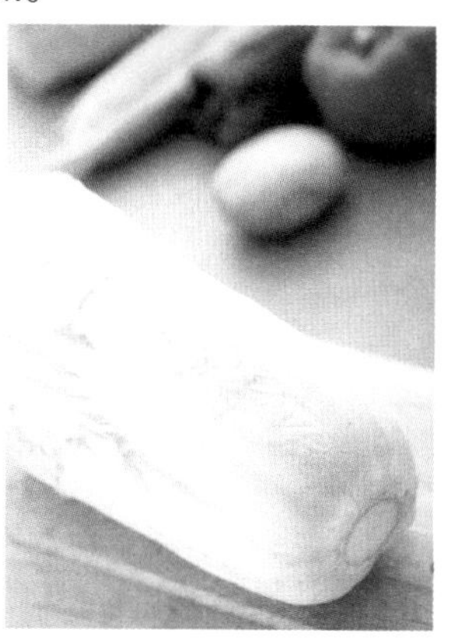

大白菜的饮食宜忌 O+✗

宜→O 对什么人有帮助

O 对宿醉的人有益，可多吃

O 有胀气困扰的人可多吃

O 喉咙发炎的人可多吃

忌→✗ 哪些人不宜吃

✗ 容易经痛的女性不宜多吃

✗ 过敏体质者要谨慎食用

✗ 容易拉肚子的人不宜多吃

✗ 患有气喘或异位性皮肤炎者要谨慎食用

Tips 须剥除外叶

●宜食的人
胃及十二指肠溃疡患者
●忌食的人
甲状腺功能失调、脾胃虚寒者

春 夏 秋 冬

圆白菜 Cabbage

■别名：结球甘蓝、包心菜

■性味：味甘、性平

■主要产季：春、秋、冬

■主要营养成分：蛋白质、碳水化合物、钙、磷、硫、碘、维生素B_2、维生素C、维生素K、维生素U

✔ YES优质品

- **外观：**
  1 整颗球体蓬松
  2 叶片青翠完整、细嫩、无干燥状
  3 外叶厚且微翘，叶脉扁平不凸起
- **味道：** 闻起来没有异味或化学味。

✘ NO劣质品

- **外观：**
  1 茎心有褐色条纹或近根切口发黑
  2 叶面有褐、黑斑点
  3 切口出现腐败迹象
- **味道：** 闻起来有化肥味或腐烂味。

Health & Safe 安全健康食用法

这样吃最健康

1 圆白菜的萝卜硫素有很好的抗癌效果；丙醇二酸可抑制糖类转化为脂肪，对体重控制很有帮助；叶酸则对贫血患者有益。

2 圆白菜含有丰富的B族维生素、维生素C和膳食纤维，能有效消除疲劳、预防感冒，且具有促进肠胃蠕动的功效，可以帮助人体排出不需要的废物。

3 圆白菜中含有促进溃疡伤口愈合的成分，将圆白菜打成汁或者拌沙拉生食，对十二指肠溃疡患者来说效果最好。

营养小提示

1 圆白菜含有异硫氰酸盐，可以减低罹患乳腺癌、肺癌、胃癌的几率，一个礼拜可以生吃圆白菜3次以上，或者将圆白菜打成汁，每天空腹喝2～3次。

2 圆白菜虽然含有丰富的纤维，但却十分粗糙，因此脾胃虚寒、消化功能不佳者，以及容易拉肚子的人最好不要吃太多。

3 圆白菜中的维生素C不耐高温，想要完整摄取其营养成分，最好洗干净后直接生吃或是打成汁饮用。

圆白菜怎样选购最安心

1 购买圆白菜时，可先观察整体的形状和叶片的颜色，蓬松的球体是最理想的整体形状，青翠的绿色则是最理想的叶片颜色。接着，可用手稍微摸一下叶片，尽量挑选外叶厚且微翘但触感细嫩的圆白菜。另外，不妨拿到眼前近看叶脉部分，扁平没有凸起的才是首选。

2 磷酸不足会造成圆白菜泛紫且抵抗力变差，这是农药喷太多的缘故，避免买到农药用量多的圆白菜，一定不要挑选泛紫的圆白菜。

3 圆白菜的手感如果比想象中还重，则表示生长条件良好，也就是说农药的用量相对较少。

4 圆白菜的叶脉如果比较大且粗糙，表示圆白菜过老，不建议购买。

5 圆白菜如果出现茎心有褐色条纹、近根切口发黑或腐败、叶面出现褐色或黑色斑点等情况，都不宜选购。

圆白菜怎样处理最健康

1 有些人以为圆白菜生长顺序是从芯长到外叶，其实刚好相反，圆白菜最外层的叶子最老，最内层的叶子最嫩，也因此圆白菜最外层的叶子通常残余最多的农药，一定要剥除，不可食用。

2 清洗圆白菜时，要先将外叶剥除丢弃，然后一叶一叶剥下，用清水仔细冲洗。

3 圆白菜含有水溶性维生素，不宜在水里浸泡太久，清洗之前也不建议将其切细，以免造成营养素大量流失。

4 圆白菜富含维生素K和水溶性的B族维生素、维生素C和矿物质，不建议用水煮的方式烹调，以免营养流失，以油炒比较合适。

5 炒圆白菜时，不宜太早加调味料，例如食盐，以免延长炒熟的时间，也会让营养素流失更多。进行热炒之前，建议不妨先用滚水焯30秒，焯过的水则记得要倒掉。

6 用圆白菜煮汤时，最好水滚后再放入圆白菜，以免维生素C遭受严重破坏。另外，圆白菜水煮5～7分钟就会释放出硫化氢气体，故烹煮时间不宜过长。

圆白菜怎样保存最新鲜

1 先挖除茎心，再以干净的纸包裹外叶，置于阴凉通风处或冷藏，可存放2～3周。

2 从超市购买的圆白菜通常会以塑料膜封起来，购买回家后，最好将膜套拆开，等到水气挥散之后，再以干净的纸包裹存放。

圆白菜的饮食宜忌 O + ✗

宜→O 对什么人有帮助

O 可预防癌症、骨质疏松和改善疲劳
O 孕妇或贫血者可多吃
O 减肥的人可多吃
O 适合胃溃疡或十二指肠溃疡患者
O 具有美化肌肤的食疗功效

忌→✗ 哪些人不宜吃

✗ 容易腹胀者不宜多吃
✗ 消化功能较差者不可多吃
✗ 不适合脾胃虚寒者食用
✗ 甲状腺功能失调的人绝对不可大量食用

Tips 不宜去根，也不要煮烂

春 夏 秋 冬

菠菜 Spinach

●宜食的人
孕妇、糖尿病患者、胆固醇较高者

●忌食的人
结石患者

■别名：菠薐、红根菜

■性味：味甘、性凉

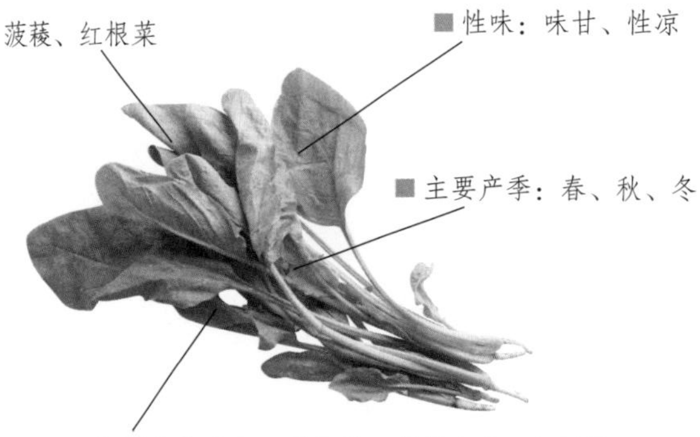

■主要产季：春、秋、冬

■主要营养成分：蛋白质、胡萝卜素、粗纤维、钙、磷、铁、钾、叶酸、维生素A、维生素C

✓YES优质品

- **外观：**
  1 叶片干爽肥厚柔软、有弹性
  2 叶株硬挺没开花，叶尖充分舒展
  3 根部呈现鲜艳的桃红色
- **味道：** 闻起来没有异味或化肥味。

✗NO劣质品

- **外观：**
  1 叶片变黄、变黑、变软
  2 叶片或叶株上有病虫斑点
  3 叶片或叶株腐烂或水伤
- **味道：** 闻起来有化肥味或腐臭味。

Health & Safe 安全健康食用法

这样吃最健康

1 菠菜除了有帮助排便、补血、巩固骨骼与牙齿等作用外，还可维护神经系统的健康，预防忧郁、焦虑等症状的发生，同时也可预防癌症或心血管疾病。

2 菠菜中的草酸含量高，食用过量会妨碍人体对铁质与钙质的利用，阻碍食物的消化吸收，更可能在尿道中形成结石。因此在烹煮之前，建议用大量的热水汆烫，并沥除汤汁。

营养小提示

菠菜含钙量比含磷量多约2倍，可搭配含磷量较高的食品，如鱼、肉、鸡蛋、坚果、豆类或海产等，以维持体内钙与磷的平衡。

菠菜怎样选购最安心

1 菠菜容易萎缩，菜贩为了使菠菜看起来新鲜，通常会大量洒水，不过这么一来却影响了菠菜的美味，所以挑选时，尽量选择看起来较为干爽的菠菜。

2 选购菠菜时，先看看叶片是不是呈现深绿亮丽的色泽，根部是不是鲜艳的桃红色，再摸摸叶片，是不是鲜嫩肥厚并且富有弹性，并观察叶株部分是否硬挺，是不是没有病虫斑点，也没有开花。

3 菠菜的叶片如果变黄、变黑、变软，甚至出现腐烂或水伤的迹象，就表示已经不新鲜，营养成分遭到破坏，不宜选购。

菠菜怎样处理最健康

1 烹煮菠菜前，先用清水冲洗叶片表面和叶梗的泥沙，再放入干净的清水中浸泡最少10分钟，溶出农药后，再冲洗2~3次，是最理想的处理方式。

2 菠菜含有丰富的铁质和钙质，尤其根部含量更多，所以菠菜适合现洗、现切、现吃，而且不要去根，更不要煮烂，才能保存最多的营养成分。

3 菠菜是比较容易残留农药的蔬菜，最佳的处理方式是切了之后再煮，叶梗的长度每段切成2厘米左右，不要切太短。切了之后表皮内层露出，用沸水焯1分钟左右，可去除菠菜表面残留的水溶性农药。

4 菠菜煮太久会变苦，烹炒时最好在3分钟内完成。烹调时加入一些柠檬汁，可促进铁质的吸收。

5 菠菜含大量草酸，为了避免人体摄取过量草酸，烹调时可先用热水将菠菜汆烫。汆烫时水多一些，捞起菠菜后沥干水分，便可去除大部分草酸，然后凉拌，是安全又营养的食用方法。

6 烹煮菠菜时，也可以加水炒热，如此一来，不但能溶解出草酸，减少草酸的摄取量，更可去除菠菜原本的涩味，吃起来的口感更好。

菠菜怎样保存最新鲜

1 贮存菠菜要轻取轻放，春冬防冻、夏秋防热，以纸袋或厨房纸巾包好置于阴凉通风处或冰箱内冷藏；新鲜菠菜可在冰箱内保存4~5天。

2 冷藏前，可在室温下搁置1天，因冰箱的低温会抑制菠菜的酶活动，降低分解农药残毒的作用。

菠菜的饮食宜忌 O+X

宜→O 对什么人有帮助

O 胆固醇高或高血压患者应多吃
O 经常便秘者可多吃
O 有贫血、头晕等症状者可多吃
O 口角经常发炎者或夜盲症患者可多吃

忌→X 哪些人不宜吃

X 不适合患结石的人，尤其是尿道结石患者
X 容易排出软便或拉肚子的人不宜多吃
X 肾脏功能不佳的人要少吃
X 有肠胃方面疾病的人不宜多吃

Tips 油炒比水煮更健康

●宜食的人
贫血、痔疮患者、有便秘困扰者

●忌食的人
肾脏疾病患者

春 夏 秋 冬

红薯叶 Sweetpotato Leaf

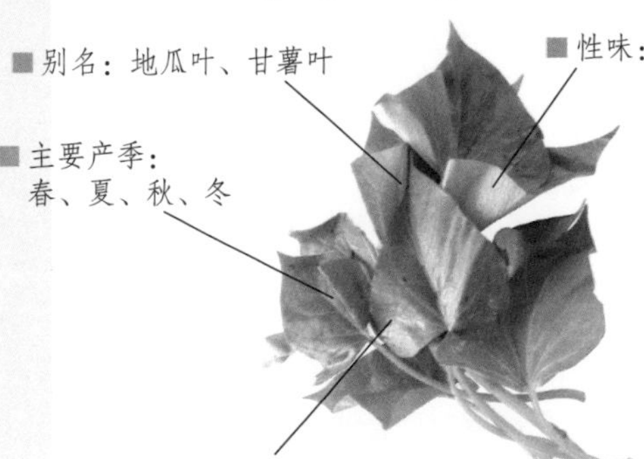

■别名：地瓜叶、甘薯叶

■性味：味甘、性平

■主要产季：春、夏、秋、冬

■主要营养成分：蛋白质、纤维素、烟酸、钙、磷、铁、单宁、维生素A、维生素B_1、维生素B_2、维生素C

✔YES优质品

- **外观：**
  1 叶片完整宽大且颜色翠绿
  2 叶片质地肥厚细嫩，富含水分
  3 叶片无病斑
- **味道：**闻起来没有异味或化学味。

✘NO劣质品

- **外观：**
  1 叶片发黑、变软
  2 叶片表面有病斑
  3 叶片或叶株腐烂或水伤
- **味道：**闻起来有化肥味或腐臭味。

Health & Safe 安全健康食用法

这样吃最健康

1 白色和红色红薯叶的营养成分略逊于绿红薯叶，但其抗氧化物的含量仍较一般蔬菜高，红色红薯叶甚至还含丰富的花青素，有良好的抗氧化作用。不论是绿色、白色或红色红薯叶，都具有抗氧化与抗癌的功效，是健康养生的蔬菜。

2 红薯叶无毒，是优良的深色蔬菜。不过红薯叶属生冷食物，虚冷体质或习惯性腹泻的人要少吃，肾病患者也不宜食用太多红薯叶。

营养小提示

1 红薯叶名列“联合国亚洲蔬菜研究发展中心”十大抗氧化蔬菜之一。每人每天只要吃300克的绿色红薯叶，就能满足一天中人体对维生素A、维生素C、维生素E及铁的需求。

2 红薯叶中含有胰蛋白酶抑制剂，最好不要生吃。大量生吃很容易出现消化不良，造成肠胃不适。

3 红薯是受欢迎的抗老防癌食物，不过热量较高，而红薯叶的热量大约只有红薯的1/4，怕胖的人可以红薯叶取代红薯。

红薯叶怎样选购最安心

1 红薯叶的选购原则很简单，以叶片完整宽大、颜色翠绿、摸起来肥厚且细嫩、看起来滋润、富含水分者为最佳。

2 若叶片呈现黑色、变软，或者表面出现病斑等状况，则表示红薯叶已经不新鲜，不宜选购。

红薯叶怎样处理最健康

1 红薯叶适宜于高温多湿的环境生长，而且生长速度快，病虫害较少，因此使用农药也少。烹煮前，先用流水清洗2～3次即可。红薯叶冲洗干净后再摘叶子，可减少叶绿素等养分的流失。

2 红薯叶的茎含有丰富的膳食纤维，与叶子一起食用，有助于肠胃消化，减轻便秘、痔疮等困扰。

3 烹调红薯叶的时间不宜过久，宜快速烹调，并适当扬锅，以免破坏其中的叶绿素。叶绿素与蛋白质合成的“叶绿素蛋白质”在热力作用下，会因蛋白质变质而使叶绿素游离而析出酸，产生脱镁反应，叶绿素便转成褐黄色的脱镁叶绿素。

4 很多人以为水煮红薯叶因为不含油分，所以比较健康，其实吃红薯叶，应该多用油炒，因为红薯叶含抗氧化多酚，水煮反会使其大量流失。

5 喜欢吃水煮红薯叶的人，为避免红薯叶因氧化变黑，可将梗和叶分开汆烫，水滚后先将梗放入沸水中，1～2分钟后再放入叶片，待全部烫熟捞起后，再置于冰水中，便可维持其色泽。

6 红薯叶无论以蒜末爆香，再用大火快炒，或放入热水汆烫后加入蒜泥、酱油等凉拌食用，都十分美味，只要掌握烹调原则，不要烹煮过久，就能最大程度地保有营养成分。不过红薯叶含有胰蛋白酶抑制剂，千万不可生吃，以免消化不良。

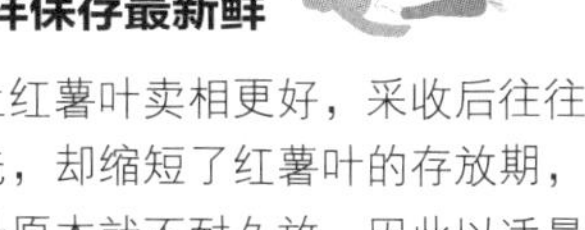

红薯叶怎样保存最新鲜

1 农民为了让红薯叶卖相更好，采收后往往会稍加清洗，却缩短了红薯叶的存放期，加上红薯叶原本就不耐久放，因此以适量采购或尽快食用为宜。

2 保存红薯叶时，先晾干或擦干，再用厨房纸巾或干净的纸包裹，略洒点水，再用保鲜袋装红薯叶，对着袋口吹进几口气，可以避免带着过多水气的叶片因重迭而腐烂发黑。

红薯叶的饮食宜忌 O＋✗

宜→O 对什么人有帮助

O 具有消除疲劳的功效
O 可改善血液循环不良的状况
O 时常出现心悸或头晕的人适合多吃
O 胆固醇过高者或糖尿病患者宜多吃

忌→✗ 哪些人不宜吃

✗ 结石患者不宜多吃
✗ 常抽筋的人要控制食用量
✗ 容易拉肚子的人不宜多吃
✗ 患有肾脏疾病者不宜多吃

Tips 外层第一片叶须剥除

春 夏 秋 冬

圆生菜 Lettuce

●宜食的人
高血压患者、便秘和痔疮患者

●忌食的人
体寒和脾虚的人

■别名：生菜、莴仔菜、鹅仔菜

■性味：味甘苦、性凉

■主要产季：春、秋、冬

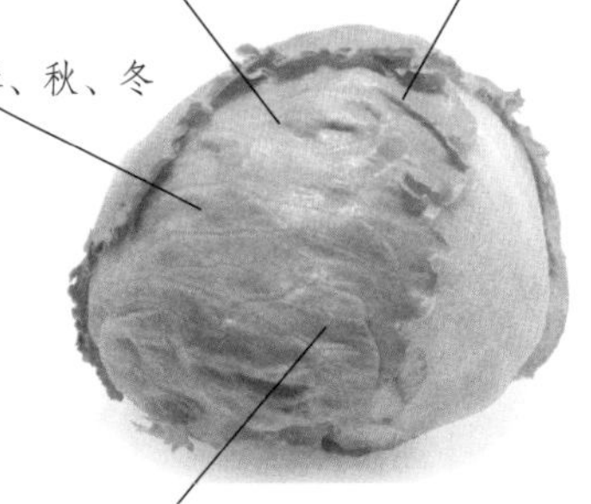

■主要营养成分：蛋白质、烟酸、铁、钾、钙、磷、维生素A、维生素B1、维生素B2、维生素C

✓ YES优质品

● **外观：**

1 叶片紧密翠绿且完整

2 外表干燥无水，坚硬有光泽

3 中心菜叶紧实不萎缩

● **味道：** 闻起来没有异味或化学味。

✗ NO劣质品

● **外观：**

1 中心菜叶枯黄、松软

2 叶片有斑点、腐烂或水伤的状况

3 颜色过浓，芯的切口呈现红褐色

● **味道：** 闻起来有化肥味或腐烂味。

Health & Safe 安全健康食用法

这样吃最健康

1 圆生菜叶的营养成分高于茎，叶中含有名为“莴亚片（Lactucaium）”的白色乳状汁液，根据研究，这种味道微苦的叶汁具有镇静和安眠的作用。

2 圆生菜的茎叶中含有特殊物质，能分解致癌物质亚硝胺，可预防多种癌症，如乳腺癌或结肠癌。

3 常吃圆生菜能促进神经系统和肺部组织细胞功能，促进血液循环与新陈代谢。中医认为莴苣苦寒，体寒和脾虚的人不宜多食。

营养小提示

1 圆生菜中含有维生素C，容易因加热或刀切加工而流失，所以建议用水清洗后，直接生吃。

2 圆生菜含有脂溶性维生素A，生吃的时候可以拌入一些橄榄油，可促进营养成分的吸收。

3 圆生菜含有丰富的钾，有助于水和电解质的平衡，有利于排尿，有水肿困扰的人，不妨多加食用。另外，圆生菜中的酶能促进消化，胃酸较少、消化不良、便秘或痔疮患者，可以多吃。

圆生菜怎样选购最安心

1 圆生菜品种极多，按食用部位分为叶用和茎用两大类。常见的罗美A菜（叶莴苣），以颜色新鲜翠绿、叶片大小适中为佳；圆生菜（结球莴苣）则以茎部青绿而细软、越带白色的越新鲜，菜叶越浅绿的吃起来越爽脆。

2 没有烂叶和斑点，握在手上有些沉重感，切口洁白而且富含水分，才是符合标准的圆生菜。

3 罗美A菜的叶片大而色深的表示太老，小而色浅者一煮便会萎缩，不宜购买。生菜颜色深绿的容易有渣，叶片长形的常带苦涩味，出现叶端焦灼、菜心叶片呈现褐色、菜株变软等情况，都不宜购买。

4 圆生菜芯的切口如果变成红褐色，或叶片颜色过浓的表示施加过多化学肥料以防虫害，千万不要买。

圆生菜怎样处理最健康

1 为了避免圆生菜遭受虫害，农民常会喷洒不少农药，不过这些农药通常都残留在外层的第一片叶子，因此只要将第一片叶子剥掉，即可去掉大部分的农药残留。

2 圆生菜要先剥除1～2片深绿色较老的外叶，略为冲洗后对切、剥开，再逐叶冲洗；圆生菜挑除腐叶后逐叶冲洗。如要生食，要以冷开水再泡洗1～2次。

3 圆生菜可生食或熟食，不过一般的特点是不能加热，一遇热就变黑。除了生吃，大多适宜快炒或汆烫，但烹煮速度要快，否则除了变色还会出水。

4 常见的莴苣，因叶子含有苦汁，生食较不美味，可清炒或煮汤；嫩茎莴苣可用于腌渍；皱叶莴苣常用作盘饰；俗称生菜的结球莴苣，最常用于生菜沙拉；苦苣别名“苦菊”，栽培过程不能喷洒农药，无论生食或榨汁都很适宜；意大利红生菜别名“红芽苦菊”，外形与紫圆白菜类似，味道略带甘苦，常见于沙拉或凉拌，有助清肝利胆；红芽苦菊不怕虫害，无须使用农药，外叶不用丢弃，只要充分冲洗，就可以放心食用。

圆生菜怎样保存最新鲜

1 以厨房纸巾包好再装入保鲜袋中，或以纸袋包好，切口向下，置于冰箱冷藏，可存放2～3天。

2 即使放在冰箱冷藏可延长保质期，但放太久也会因此营养流失，建议买回后还是尽快食用完毕。

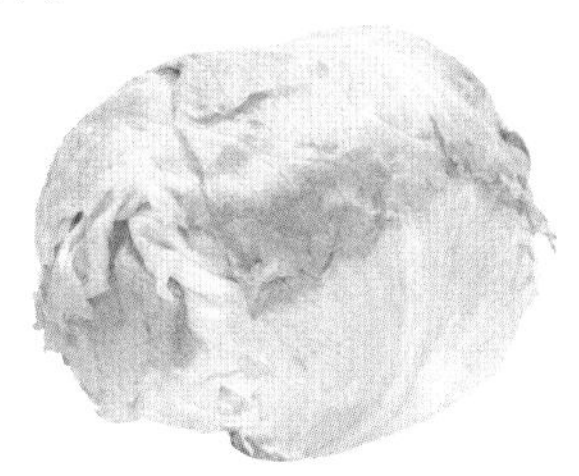

圆生菜的饮食宜忌 O + ✗

宜→O 对什么人有帮助

- O 具有消除疲劳、振作精神的功效
- O 有助于预防脂肪肝
- O 心血管疾病患者宜多吃
- O 具有降血压作用，高血压患者可多吃
- O 可增强抵抗力，避免感染，预防感冒

忌→✗ 哪些人不宜吃

- ✗ 肠胃虚寒者不宜多吃
- ✗ 产妇不宜多吃
- ✗ 肠胃不适者不宜摄取过多

Tips 轻折韭菜头部判断新鲜度

●宜食的人
肝肾功能不佳、阳痿、习惯便秘的人

●忌食的人
肠胃虚弱者

春 夏 秋 冬

韭菜 Chinese Leek

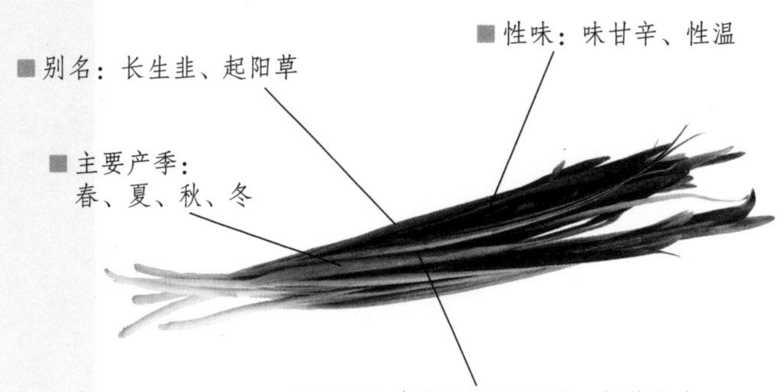

■别名：长生韭、起阳草

■性味：味甘辛、性温

■主要产季：春、夏、秋、冬

■主要营养成分：蛋白质、胡萝卜素、叶红素、钙、铁、磷、维生素A、维生素B_1、维生素B_2、维生素C

✓ YES优质品

- **外观：**
  1 茎叶挺直，触感柔软而强壮
  2 叶片浓绿有光泽，尾端无枯黄、腐烂和折伤
  3 茎部洁白脆嫩
- **味道：**闻起来没有异味或化学味。

✗ NO劣质品

- **外观：**
  1 茎叶软且烂
  2 颜色过度鲜绿
- **味道：**闻起来有化肥味或腐烂味。

Health & Safe 安全健康食用法

这样吃最健康

1 韭菜有抗菌、解毒、降血脂和预防大肠癌等功效，但偏热性，多食容易上火，尤其夏天人体肠胃的蠕动功能降低，加上夏韭纤维多，消化不易，吃多反易导致消化不良、甚至腹泻。

2 韭菜含有丰富的膳食纤维，可以促进肠胃的蠕动，有助于预防便秘和肠癌。这些纤维质还能将消化道中的毛发、小石砾或金属等物质包覆起来，使之随粪便排出体外。

营养小提示

1 韭菜分春韭和夏韭，春韭鲜甜，夏韭略带苦涩。韭菜以食用茎部为主，割取花苔食用的称韭菜花，荫蔽韭菜使茎叶软化黄白的称为韭黄，营养价值略逊于韭菜。

2 韭菜含挥发性的硫化物，有独特辛辣味，加热后会转成淡淡甜味。不论是韭菜或韭黄都容易熟，烹调时间不宜过久。

3 炒好的韭菜最好趁热吃，风味才鲜美。吃过韭菜后，口腔若留有异味，可吃些咸话梅或柠檬水消除异味。

韭菜怎样选购最安心

1 韭菜以茎叶挺直不扭曲、触感柔软而强韧，叶片有光泽，尾端无枯黄、腐烂和折伤为原则。

2 选购韭菜时，轻折韭菜头部便可判断其新鲜度，一折就断表示整株韭菜是鲜嫩的。

3 韭菜花以头部黄白、有光泽者为佳，头部深绿的纤维较多，口感较差。韭菜花肥嫩才味美，避免选购已开花的韭菜花，开花后，茎部粗硬，嚼起来涩又无味。

4 韭黄的叶片和头部都是越粗大越好。以叶尖整齐、颜色鲜黄、水嫩为选购原则。不宜购买枯黄、绿色或软烂的韭黄。

5 韭菜的种植常要使用农药，长相特别完美或颜色过度鲜绿的韭菜最好避免选购。韭黄如果转呈褐色，是冷伤的结果，内部组织已遭破坏，也不宜购买。

韭菜怎样处理最健康

1 韭菜味道浓烈，洒的农药药性比较弱，不过因为可长期连续采收，必须持续喷洒农药，因此农药残留的几率较高，烹煮前应以流水冲洗约5分钟，再用手搓洗后将水倒掉，重复5次为佳。

2 韭黄栽培时因遮断阳光，闷热和潮湿的环境容易滋生细菌，农药用量也多，又缺少阳光帮助分解，残留可能更多，烹煮前必须特别仔细清洗。如果担心韭菜经过清洗后仍含有硝酸盐，烹煮前可稍微汆烫一下。

3 韭菜不宜提前清洗，也不适合提前切断，烹调前先快速清洗然后再切段，是最理想的处理方式。

4 不论是韭菜或韭黄都容易熟，其中所含的硫化合物遇热很容易挥发，所以最好以大火快炒或快煮，烹调时间不宜过久，才能保有较多的营养成分和风味。

5 韭菜中的类胡萝卜素必须和葵花油中的维生素E和不饱和脂肪酸搭配，才能充分产生作用，发挥预防癌症、心脏病等食疗功效。

6 韭菜含有蒜素，若与含维生素B_1的瘦肉一起炒，能有缓解疲劳、增强注意力的效果。

韭菜怎样保存最新鲜

1 韭菜、韭菜花或是韭黄，都可以用厨房纸巾或纸袋包裹，置于冰箱冷藏，可存放2～3天。

2 韭菜讲究新鲜度，适量采购为宜。

3 切记要将水分沥干后再用干净的纸仔细包裹好，以免有腐烂现象。

韭菜的饮食宜忌 O+✗

宜→O 对什么人有帮助

O 有阳痿困扰的人宜多吃
O 贫血者可多吃
O 身体虚弱者宜多吃
O 肝肾功能不佳的人适合多吃
O 便秘、痔疮或肠癌患者适合食用

忌→✗ 哪些人不宜吃

✗ 皮肤过敏者不宜多吃
✗ 胃肠虚弱或消化不良者要控制食用量
✗ 有眼疾或刚动过眼部手术的人不可多吃
✗ 有口臭困扰者不可多吃
✗ 体质燥热者不宜多吃

Tips 茎短叶宽者是上选

●宜食的人
便秘、高血压患者、糖尿病患者

●忌食的人
血压低者

春 夏 秋 冬

空心菜 Water Spinach

■别名：蕹菜、通心菜、藤菜

■性味：味甘、性寒

■主要产季：春、夏、秋、冬

■主要营养成分：蛋白质、膳食纤维、热量、钙、磷、铁、钠、维生素C

✓YES优质品

●**外观：**

1 整株完整，不长须根

2 叶子宽大，颜色青翠

3 茎部较短，茎叶细嫩

●**味道：**闻起来没有异味或化学味。

✗NO劣质品

●**外观：**

1 叶子出现黄斑

2 茎叶软烂、枯黄

3 整株已长气根

●**味道：**闻起来有化肥味或腐臭味。

Health & Safe 安全健康食用法

这样吃最健康

1 空心菜中的膳食纤维可促进肠胃蠕动，改善便秘、宿便等问题；维生素C有助于胆固醇代谢，对高血脂和减肥者有益；类胡萝卜素可预防癌症；钾有助于维持体内血液酸碱平衡。

2 空心菜属于寒性蔬菜，体质虚寒的人如果食用过量，易出现小腿抽筋的现象。

3 空心菜含钾，有降低血压的功能，血压低者需严格控制食用量，以免发生头晕症状。

营养小提示

1 孕妇或女性月经期期间不宜大量食用。食用时，可加入姜片一起烹煮，以祛寒调温。

2 空心菜含类胡萝卜素，长时间过量食用，皮肤表层会因为色素沉淀而显得蜡黄，停止食用一段时间后状况将会改善，肤色也可恢复正常。

3 服用药物或食用药膳之前，不宜吃空心菜。空心菜会抑制药物的吸收，若同时服用药物与空心菜，易降低药效。

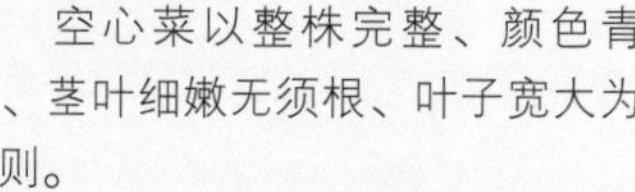

●**怎样选购最安心**

空心菜以整株完整、颜色青翠、茎叶细嫩无须根、叶子宽大为原则。

●**怎样处理最健康**

1 空心菜容易种植，病虫害少，但叶背较易附着寄生虫卵，清洗时应多加留意。

2 挑除枯烂叶片、切除根部，将空心菜直立泡在水中，茎叶变硬挺后，再仔细清洗，便可切断烹煮。

3 空心菜富含铁质，烹调时易变黑，可以中火多炒几下，菜熟后淋上一匙油可维持色泽。

●**怎样保存最新鲜**

1 空心菜容易烂，宜尽快食用。带根的空心菜放冰箱内可存放2～3天。

2 如果以白纸包裹放冰箱内冷藏，大约可保存5天。

Tips 越幼嫩越美味

春 夏 秋 冬

茼蒿

Garland Chrysanthemum

●宜食的人
容易疲劳的人、有贫血困扰的人

●忌食的人
脾胃虚寒者

■主要产季：春、冬

■主要营养成分：蛋白质、碳水化合物、胡萝卜素、粗纤维、氨基酸、挥发油、钙

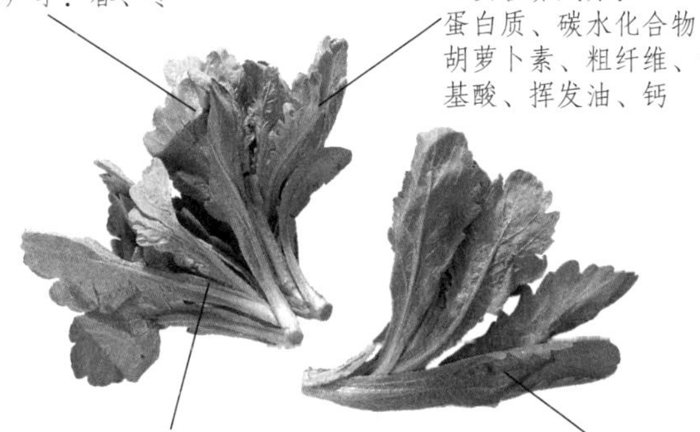

■别名：茎蒿菜、春菊

■性味：味辛甘、性平

YES优质品

● **外观：**

1 叶子呈现深绿色

2 叶肉肥厚，水嫩

3 整株短小，茎细嫩，无花蕾

● **味道：** 闻起来没有异味或化学味。

NO劣质品

● **外观：**

1 叶片枯黄、干燥，叶面茸毛脱落

2 茎部粗糙且长

3 切口泛白

● **味道：** 闻起来有化肥味或腐烂味。

Health & Safe 安全健康食用法

这样吃最健康

1 茼蒿中β-胡萝卜素的含量仅次于菠菜，是蔬菜中的亚军，有养颜美容、预防皮肤粗糙的功效，爱美者不妨多吃。

2 茼蒿含有丰富的维生素C，可预防感冒；钾可以利尿，降低血压；纤维能促进肠胃蠕动，有助于排便，抵抗力差、高血压、便秘或痔疮患者可多吃。

3 怕冷或内脏下垂的人，建议以煎炒的方式烹调茼蒿，且不宜过度食用。

营养小提示

1 茼蒿含挥发油，可消食开胃，但芽香精油遇热易挥发，烹调时间不宜过久。

2 茼蒿的农药残留几率较其他蔬菜高，建议即使身体健康者也要适量摄取，避免短时间内食用大量茼蒿，尤其冬天吃火锅时要特别注意。

3 汆烫茼蒿，一定要等水煮沸后再放入，并迅速捞起，以减少维生素C的流失，保有最多的营养成分。

●怎样选购最安心

购买茼蒿时，叶子以呈现深绿色且有茸毛，摸起来有肥厚滋润感为佳，而且茎部要短小且细嫩。

●怎样处理最健康

1 烹煮前先切掉农药残留较多的根部，再以清水冲洗，并泡在流动的水中10～20分钟。溶出农药后，手抓根部直立以流水冲洗。

2 煮茼蒿前先汆烫再快炒，不能煮太久，以免营养流失。

●怎样保存最新鲜

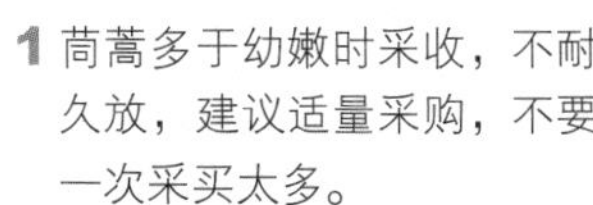

1 茼蒿多于幼嫩时采收，不耐久放，建议适量采购，不要一次采买太多。

2 存放时先剔除有虫咬痕迹的茎叶，再适度洒水，然后以厨房纸巾或纸袋包好，根部朝下置于冰箱内冷藏。

Tips 浅绿比深绿者美味

●宜食的人
容易疲劳的人、便秘者
痔疮、骨质疏松者
●忌食的人
身体虚弱者

春 夏 秋 冬

油菜 Rape

■别名：油菜籽、芸苔、苦菜、寒菜、胡菜、苔芥

■性味：味甘辛、性凉

■主要产季：秋、冬

■主要营养成分：蛋白质、胡萝卜素、抗坏血酸、钙、铁、磷、维生素A、B族维生素、维生素C

✓ YES优质品

● **外观：**

1 叶片浅绿且形状窄长

2 叶肉厚实坚挺

3 茎短、柔软，且有油质感

● **味道：** 闻起来没有异味或化学味。

✗ NO劣质品

● **外观：**

1 叶片深绿且形状宽阔

2 茎粗且硬

3 叶片出现白色斑点、枯黄或湿烂

● **味道：** 闻起来有化肥味或腐臭味。

Health & Safe 安全健康食用法

这样吃最健康

1 油菜含有钙质和丰富的B族维生素，和海鲜、豆制品或蛋白质一起搭配食用，有助于骨质疏松的改善，缓解精神压力；维生素A、维生素C以及膳食纤维可以预防动脉硬化。有上述需求者可多吃。

2 油菜维生素C的含量很高，可增强人体免疫功能，如果能够搭配维生素E，则可以将抗癌的效果发挥到极致。

3 油菜的钾含量高，建议血钾值较高的人先汆烫后再食用，可减少钾的摄取。

营养小提示

1 不要食用过夜、已炒熟的油菜，以免吃进由硝酸盐转化成的亚硝酸盐，反易致癌。

2 将油菜和韭菜切碎后榨成汁，再混以日本酒饮用，可以有效消除便秘。

3 用微波炉加热烹煮，可避免维生素C的流失。

4 油菜为深绿色蔬菜，含有较多的营养素，一般人建议每天至少摄取100克。

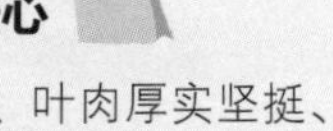

●怎样选购最安心

1 以浅绿、窄长、叶肉厚实坚挺、有油质感、柔软、茎短为上选。

2 叶子深绿、阔叶、粗茎的大多苦涩多渣，不宜采买。

3 如果出现白色斑点，是水分缺乏的现象，不宜采购。

●怎样处理最健康

1 以大火快炒可保持油菜的鲜脆。

2 先剔除腐烂的叶片，再切除根部，之后在清水中浸泡约10分钟，再张开叶片，用流水仔细冲洗。

3 清洗切好之后最好立即烹煮，以免维生素大量流失。

●怎样保存最新鲜

在油菜上洒水，或以微湿的厨房纸巾或包装纸包好，装入保鲜袋内，直立放置于冰箱蔬果室中保存。

春 夏 秋 冬

芥菜 Mustard

Tips 叶片茂密的是上选

●宜食的人
癌症、心血管疾病、贫血、便秘、痔疮患者

●忌食的人
痛风患者

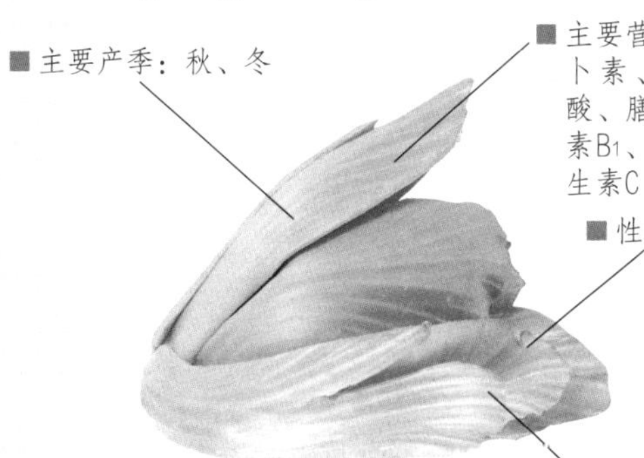

✓ YES优质品

●**外观：**

1 叶用芥菜之叶片完整、新鲜翠绿
2 叶用芥菜之中肋肥厚、水分饱足
3 茎用芥菜之茎干鲜挺、幼嫩

●**味道：**闻起来没有异味或化学味。

✗ NO劣质品

●**外观：**

1 叶用芥菜之叶片枯黄，有抽薹开花的现象
2 茎用芥菜之茎上有叶柄脱落焦痕

●**味道：**闻起来有化肥味或腐臭味。

Health & Safe 安全健康食用法

这样吃最健康

1 芥菜含有丰富的β-胡萝卜素，可以促进皮肤和黏膜的健康；维生素C可以抑制氧化，减少黑色素形成。想要改善皮肤暗沉者，建议多吃。

2 芥菜的B族维生素有助于血液循环，协调神经传导和肌肉运作；膳食纤维可促进肠胃蠕动。有手脚冰冷、便秘等困扰者宜多吃。

3 芥菜含有草酸，有草酸钙结石病史的人，应注意摄取量，以免引发结石。

营养小提示

1 芥菜富含β-胡萝卜素，与油脂一起烹调，能加强人体对β-胡萝卜素的吸收。

2 芥菜的纤维较硬较粗，传统习惯用猪油或鸡油烹煮，胆固醇偏高者要注意食用量，切勿过量。

3 芥菜含有酶，吃起来容易感到苦涩，建议烹煮前先用热水汆烫，如此不仅可以去除苦味，还能软化芥菜的纤维组织，使其变得更好消化。

●怎样选购最安心

1 叶用芥菜以叶片完整，无枯叶、抽薹开花为原则。

2 茎用芥菜以茎干鲜挺、肥厚、幼嫩为佳。

3 立春后气温回升，茎用芥菜菜心生长迅速，容易空心，购买时要留意。

●怎样处理最健康

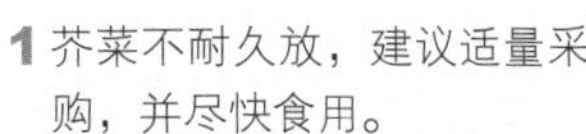

1 芥菜容易沾土，宜剥开菜叶逐叶冲洗。

2 茎用芥菜可用软刷直接在流水中刷洗后再去皮，皮削厚些可去除农药残留或虫卵。

3 芥菜属凉性蔬菜，烹煮时可加入老姜，改变性味。

●怎样保存最新鲜

1 芥菜不耐久放，建议适量采购，并尽快食用。

2 用纸包裹，装在塑料袋里面，再放入冰箱的蔬果室内保存。

春 夏 秋 冬

Tips 叶茂茎细者为佳

苋菜 Ganges Amaranth

●宜食的人
贫血者、心血管疾病、高血压患者

●忌食的人
肾脏疾病患者

■ 别名：汉菜、红菜、千古菜、青香菜

■ 主要产季：夏、秋

■ 性味：味甘、性凉

■ 主要营养成分：蛋白质、铁、钙、磷、镁、锌、维生素A、维生素B_1、维生素B_2、维生素C

✓ YES优质品

- **外观：**
  1 叶片富有水分，茎部细嫩易折断
  2 白苋菜的叶片呈现嫩绿色；红苋菜的叶片呈现紫红色；紫斑苋的叶片绿中带紫红色
- **味道：** 闻起来没有异味或化学味。

✗ NO劣质品

- **外观：**
  1 叶子枯黄、水伤、湿烂
  2 茎部粗糙
- **味道：** 闻起来有化肥味或腐烂味。

Health & Safe 安全健康食用法

这样吃最健康

1 苋菜所含的铁、钙丰富，又不含草酸，且质地较软，容易被人体吸收，常吃能补血益气、增进骨骼发育，尤其红苋菜的维生素A、钙、磷、钾、镁、铁、锌的含量，在蔬菜中可列为第一级。

2 在所有蔬菜里面，苋菜的钾含量不算低，肾脏功能比较差的人，不适合吃太多。

3 中医认为苋菜属于凉性蔬菜，阴盛阳虚体质、脾虚便溏或慢性腹泻的人，不宜经常食用。

营养小提示

1 苋菜的质地较软，又含有丰富的铁质与钙质，非常适合小朋友食用。喂食婴幼儿时，可将洗净的苋菜剁碎煮成汤，或者把炒熟的苋菜捣成泥。

2 维生素D能够促进苋菜中钙质的吸收，使骨骼强壮，预防骨质疏松。烹调苋菜时，不妨加入含有维生素D的食物，例如蛋黄。

3 有贫血症状的人，在烹调苋菜时，可加入肉类等富含蛋白质的食物，可促进铁质的吸收。

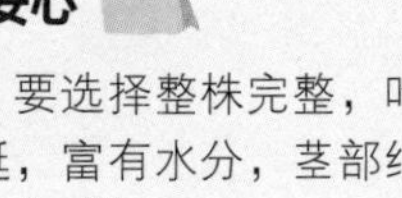

●怎样选购最安心

1 购买苋菜时，要选择整株完整，叶片茂密、坚挺，富有水分，茎部细嫩，容易折断者。

2 苋菜的叶子若出现枯黄、水伤或湿烂等现象，表示已经不新鲜。

●怎样处理最健康

1 苋菜生性强健，病虫害少，容易栽培，较少使用农药。去除根部后，以流水冲洗即可。

2 苋菜的烹调时间不宜过久，以免维生素C大量流失。

●怎样保存最新鲜

1 白苋菜不易存放，当天购买、当天食用最好。

2 红苋菜以纸袋或保鲜袋包好，根部朝下置于冰箱内冷藏，也应尽快食用，最多保存3～5天。

芥蓝菜 Chinese Broccoli

春 夏 秋 冬

Tips 茎叶有粉状物较新鲜

●宜食的人
排便不顺、高胆固醇者、孕妇、青少年

●忌食的人
肠胃发炎者

■主要产季：春、冬

■主要营养成分：蛋白质、胡萝卜素、纤维素、钙、磷、铁、维生素A、维生素B_2、维生素C

■性味：味甘、性平

■别名：隔暝仔菜、格蓝菜、卷叶菜、绿叶甘蓝、佛光菜

✓ YES优质品

● **外观：**

1 整株有粉状物

2 叶片饱满，颜色翠绿

3 茎部幼嫩，粗细适中

● **味道：** 闻起来没有异味或化学味。

✗ NO劣质品

● **外观：**

1 叶片枯黄、湿烂或水伤

2 茎部太大、太粗

● **味道：** 闻起来有化学肥料味或腐烂的臭味。

这样吃最健康

1 西雅图“霍金森癌症研究中心”研究发现，吃大量芥蓝菜等十字花科蔬菜有助预防前列腺癌。

2 芥蓝菜所含的钙和镁能维持心血管健康；钾可维持血压稳定；铁能预防缺铁性贫血，心血管疾病、高血压或贫血患者可多吃。

3 芥蓝菜的纤维比较粗，肠胃发炎或溃疡患者在急性发作期间，不建议食用。

4 中医认为脾胃虚寒的人不宜多吃芥蓝菜。

营养小提示

1 芥蓝菜含有脂溶性的维生素A，利用油炒的方式，可以增加人体对维生素A的吸收。

2 芥蓝菜含有丰富的叶酸和部分蛋白质，孕妇不妨增加食用量。

3 芥蓝菜中丰富的铁质及钙质，非常适合孩童食用，尤其是青少年。

4 芥蓝菜含有机碱，所以略带苦涩味，在烹调时只要加入适量的糖和少许料酒，就可以去除苦味，改善口感。

● 怎样选购最安心

1 购买芥蓝菜的时候，可以摸摸看是否整株都有粉状物，这是新鲜的象征。

2 挑选芥蓝菜时，以叶片饱满、翠绿、没有枯黄，茎部粗细适中为原则。

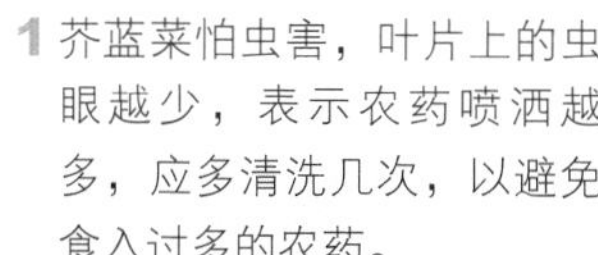

● 怎样处理最健康

1 芥蓝菜怕虫害，叶片上的虫眼越少，表示农药喷洒越多，应多清洗几次，以避免食入过多的农药。

2 芥蓝菜的老皮较粗、多渣且味道不爽脆，建议烹煮前挑掉比较粗的老茎。

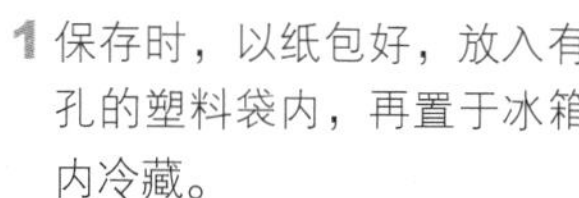

● 怎样保存最新鲜

1 保存时，以纸包好，放入有孔的塑料袋内，再置于冰箱内冷藏。

2 芥蓝菜放久会变黄，宜尽快食用。

Tips 叶面绿色与叶背紫色要对比明显

●宜食的人
胆固醇较高者、高血压患者、孕妇

●忌食的人
肾脏病患者

春 夏 秋 冬

红凤菜 Gynura's Deux Couleurs

■别名：红菜、紫背天葵

■性味：味甘、性凉

■主要产季：春、夏

■主要营养成分：蛋白质、烟酸、钾、磷、铁、钙、维生素A、维生素B_1、维生素B_2

✓YES优质品

- **外观：**
  1 叶片完整
  2 叶面颜色鲜艳翠绿，叶背呈现明显紫红色
  3 茎部挺直，容易折断
- **味道：** 闻起来没有异味或化学味。

✗NO劣质品

- **外观：**
  1 叶子枯黄、萎烂、出现黑色斑点
  2 茎部软烂，不易折断
- **味道：** 闻起来有化肥味或腐臭味。

Health & Safe 安全健康食用法

这样吃最健康

1 红凤菜含有丰富的钾，可促进体内水分的代谢，将多余水分排出体外，消除水肿，也可以降低血压。有水肿或高血压困扰者，可以多加食用。

2 肾功能比较差者，要控制红凤菜的食用量，烹煮时最好以汆烫的方式处理，减少钾的吸收。

3 生机饮食中经常可见红凤菜，其生长过程几乎不使用农药，较无农药残留问题，可多加食用。

4 脾胃虚寒、手脚冰冷或腹泻者不宜多食。

营养小提示

1 清炒时加入麻油，不仅能增加香味，更可以促进维生素A和β-胡萝卜素的吸收。

2 有自然补血剂之称的红凤菜，铁质的含量相当高，具补血益气的功能，对处发育期的少女来说，是很不错的食材。

3 富含铁质的红凤菜属于凉性蔬菜，若有贫血症状但又怕寒的人，在烹调时可以加入适量的姜和酒，中和其寒性性质。

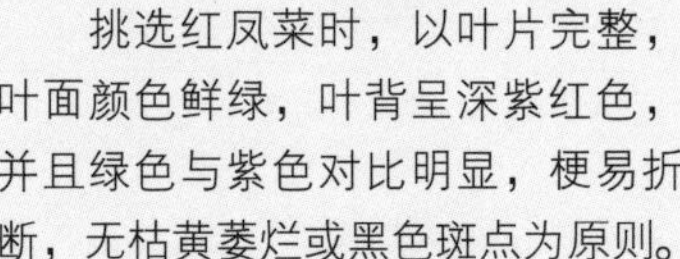

●怎样选购最安心

挑选红凤菜时，以叶片完整，叶面颜色鲜绿，叶背呈深紫红色，并且绿色与紫色对比明显，梗易折断，无枯黄萎烂或黑色斑点为原则。

●怎样处理最健康

1 洗干净后再一叶一叶摘下烹调，以免营养流失。

2 红凤菜的厚叶含水量丰富，下锅前要尽量沥干水分，免得烹调后汤汁过多，影响味道。

●怎样保存最新鲜

1 购买回来之后，先将水分沥干，再以微湿的厨房纸巾或干净纸包好，放置于冰箱的蔬果室冷藏，可保鲜3～5天。

2 也可以在沥干水分后，以纸袋包好置于阴凉通风处。

Tips 葱白粗长有光泽为上品

春 夏 秋 冬

葱 Welsh Onion

●宜食的人
食欲不振、感冒、咳嗽多痰的人

●忌食的人
肠胃不适者

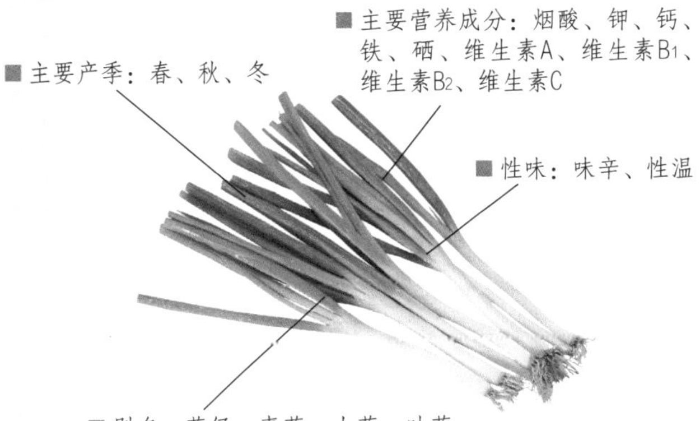

✓ YES优质品

- **外观：**
  1 葱白粗长有光泽，根茎粗大新鲜
  2 葱头粗壮，外包淡红薄膜
  3 叶片青绿略带粉状物
- **味道：** 闻起来有葱独特的刺激性味道，没有异味或化学味。

✗ NO劣质品

- **外观：**
  1 葱头没有淡红色薄膜
  2 叶片枯黄、沾水
- **味道：** 闻起来刺激性味道很淡。

Health & Safe 安全健康食用法

这样吃最健康

1 葱含有机硫化物，可促进人体排除致癌物的酶活性，有益防癌。

2 葱叶的部分味道比较刺激，有肠胃炎的人如果吃葱，建议以葱白为主。

3 葱的蒜素排出身体时，会刺激相关腺体的分泌，并形成排汗现象，所以多汗的人不适合吃过量的葱。

4 葱有利尿、祛痰、发汗、驱虫等功效。不过葱不要与蜂蜜合食，可能会导致下痢。

营养小提示

1 葱叶含有β-胡萝卜素、维生素C和钙质，营养素要比葱白高许多。

2 葱的蒜素具挥发性，不宜长时间烹煮。

3 葱里富含的蒜素和维生素C，属于水溶性物质，生吃能保留较多的营养成分，但要注意避免感染A型肝炎等疾病。

4 葱通过加热的方式，硫化物的气味会降低，味道也会变得比较甜。

●怎样选购最安心

1 购买葱时，以葱头粗壮外包淡红薄膜，叶片青绿略带粉状物，葱白粗大而长为佳。白色和青色分明，是品质良好的葱。

2 无淡红色薄膜且沾水的葱不耐久放，应避免选购。

●怎样处理最健康

1 剥掉第一层皮，可去除残留的农药。

2 葱的气味可防虫，农药用量少，烹煮前重复冲洗即可。

3 葱可生吃，但栽种时难免会沾到细菌、寄生虫，所以食用前一定要再三清洗干净。

●怎样保存最新鲜

1 阴干后依照需要切成葱段或葱花或分类放入保鲜袋里，放置于冰箱的冷冻库保存。

2 葱带土能保存更久，可用纸袋包好置于阴凉处。

Tips 叶比茎容易残留农药

●宜食的人
癌症、高血压患者
●忌食的人
计划生育的男性、脾胃虚弱者

春 夏 秋 冬

芹菜 Celery

■别名：旱芹、药芹

■性味：味甘微苦、性凉

■主要产季：春、夏、秋、冬

■主要营养成分：蛋白质、烟酸、钠、磷、镁、铁、钙、维生素B_1、维生素B_2、维生素C

✓ YES优质品

- 外观：
  1 叶子翠绿，没有抽薹开花
  2 枝梗挺直，粗细适中，长度一致
- 味道：闻起来有芹菜的特殊香气。

✗ NO劣质品

- 外观：
  1 叶片干萎枯黄
  2 茎部有伤痕，软烂不挺
  3 茎部太粗，长短不一
- 味道：闻起来没有什么香气，或有化肥味、腐烂的臭味。

Health & Safe 安全健康食用法

这样吃最健康

1 芹菜纤维粗，肠胃不适或胃部发炎的人不宜食用。

2 芹菜的根茎含有丰富的钾，肾脏功能较差的人在食用前要先汆烫，降低钾离子的含量，并且严格控制食用量。

3 芹菜可降血压，但不宜天天食用，因含钠较高，过度食用反会引起血压上升。

4 男性食用过多芹菜，会抑制睾固酮的生成，减少精子数量，连续几日大量食用，甚至会影响生育，不过停用一段时间，就可恢复正常。

营养小提示

1 芹菜叶比茎容易残留农药，而且味道苦涩，若要食用叶片，可先摘取叶片，叶子部分用流水充分冲洗后，再用滚水烫过，以减少残留的农药。

2 芹菜有特殊的芳香气味，含有精油的成分，有助于情绪的稳定。

3 芹菜叶中的维生素和矿物质含量比茎部和叶柄更丰富，建议可与茎柄一同食用。

●怎样选购最安心

1 选购芹菜时，以叶片青翠、不干萎枯黄、没有抽薹、枝梗挺直、长度一致、有特殊香气为原则。

2 避免选购茎部太粗、软烂不挺或有伤痕的芹菜。

●怎样处理最健康

1 把芹菜的茎、叶、柄分开，以流水清洗1～2分钟，再用手搓洗，去除可能残留的农药。

2 将芹菜切成0.3厘米左右的薄片，再用醋水以1:3的比例浸泡3～5分钟，可洗去水溶性农药。

●怎样保存最新鲜

1 存放时，用半湿的厨房纸巾包起来装入塑料袋，放冰箱蔬果室内冷藏。

2 将轻微干萎的芹菜放入水中一段时间，即可使其恢复生气。

春 夏 秋 冬

香菜 Coriander

Tips 叶片越大越好

●宜食的人
罹患麻疹的人
●忌食的人
胃溃疡、皮肤病患者

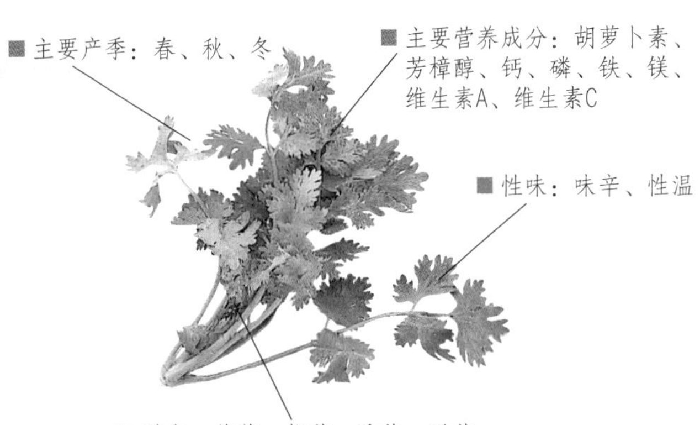

✓ YES优质品

- **外观：**
  1 叶子茂密肥厚，颜色鲜绿
  2 茎部坚挺，长短适中
- **味道：** 闻起来有香菜独特浓郁的香气，没有异味或化学味。

✗ NO劣质品

- **外观：**
  1 叶子软烂或出现黄斑，有虫蛀
  2 茎部软烂不挺
- **味道：** 闻起来没有香菜的香气，或有化肥味、腐烂的臭味。

Health & Safe 安全健康食用法

这样吃最健康

1 美国加州柏克莱大学研究发现，香菜含有12种以上的抗菌成分，其中又以挥发成分Dodecenal的杀菌效果最好；不过香菜的抗菌成分浓度不高且具挥发性，如果再经长时间烹调，抗菌成分多已挥发掉了。

2 小孩出麻疹时，吃香菜有助于疹子透发。另外，香菜可调整妇女体内的黄体素，促进排卵，并可改善女性更年期综合征。

营养小提示

1 新鲜香菜吃起来口感比煮熟的好，香味也较佳，而且生食可以避免维生素C流失，建议将生香菜撒在菜肴上。不过，应先清洗干净，以免吃到寄生虫或虫卵。

2 香菜如果腐烂或发黄，不但会失去原有的香气、营养成分和功效，还可能会产生毒素，千万不可食用。

3 香菜含有感光物质，容易使人日晒后产生黑斑，不建议短时间内大量食用。

●怎样选购最安心

1 挑选香菜时，以茎部坚挺、叶片茂密肥厚、色泽青绿、香味浓烈者为佳。

2 叶子出现黄斑或虫害者不宜选购。

●怎样处理最健康

1 香菜的根部容易附着细菌和寄生虫，烹煮前需浸泡在盐水里3分钟，最后再以干净的水冲洗。

2 国人习惯生食香菜，建议去除根部后食用，食用前以流动水仔细重复清洗。

●怎样保存最新鲜

1 香菜本身怕水气，保存时要先把叶片上的水沥干，再用纸包裹装进保鲜袋中，最后放入冰箱内冷藏。

2 香菜不洗不切，放在保鲜盒且用纸巾分层覆盖置于冰箱冷藏，约可存放2星期。

Tips 起锅前再适量加入

●宜食的人
容易筋骨酸痛者、淤血者、肾脏病患者
●忌食的人
孕妇、婴幼儿

春 夏 秋 冬

罗勒

Basil

✓ YES优质品

- **外观：**
  1. 整株完整且干净
  2. 叶片完整，颜色青绿
  3. 干燥制品则选根、茎、叶切小段晒干，干净无杂质
- **味道：**闻起来有罗勒特殊的香气，没有异味或化学味。

✗ NO劣质品

- **外观：**叶片枯黄、有黑斑
- **味道：**闻起来特殊的香气很淡，或有化肥味、腐烂的臭味。

Health & Safe 安全健康食用法

这样吃最健康

1. 国内种植的罗勒品种与欧洲系列不同。常见欧洲属罗勒有甜罗勒、紫叶罗勒、柠檬罗勒等。罗勒一般使用根、茎和叶入菜，对产妇产后调理与增强免疫系统有很好的功效。
2. 罗勒在民间是活血化淤及止痛的良药。
3. 罗勒属于感光性食物，大量食用，皮肤容易产生斑点，刚从事完美容疗程的人，要避免食用罗勒，以免伤口晒黑。

营养小提示

1. 罗勒所含的芳香精油有助于缓解疲劳、安定心神，但却很容易因为过度加热而散失，只要稍微烹调即可，如此才能保持新鲜度和营养成分。
2. 罗勒烹煮过久容易变黑，挥发油也会散失，建议在烹调的最后再加入即可。
3. 罗勒中的胡萝卜素是脂溶性维生素，若采取生食的处理方式，可拌入少量橄榄油，以促进胡萝卜素的吸收。

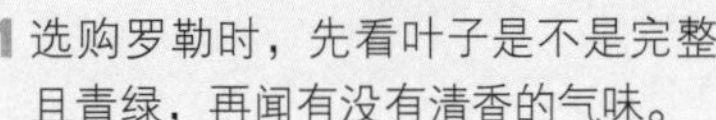

●怎样选购最安心

1. 选购罗勒时，先看叶子是不是完整且青绿，再闻有没有清香的气味。
2. 购买罗勒干燥制品，要选择根茎叶切成小段晒干、无杂质的产品。

●怎样处理最健康

1. 挑除黑斑或虫蛀叶片，再放入水中轻轻焯一下即可捞起，浸太久或太用力清洗，容易导致香味流失。
2. 罗勒含芳香精油，作为调味菜时，在起锅前适量加入，不要煮烂，以免挥发掉。

●怎样保存最新鲜

1. 先擦干，再置于干燥通风处保存。
2. 等水分稍干后，以白纸包裹，再用保鲜袋装好，置于冰箱冷藏。

春 夏 秋 冬

明日叶 Ashitaba

Tips 茎细、叶子有光泽者为佳

●宜食的人
皮肤病、胃肠不适或高血压患者及便秘者

●忌食的人
肾脏疾病患者

■主要产季：春、夏、秋、冬

■主要营养成分：胡萝卜素、叶酸、钾、磷、铁、维生素B_1、维生素B_2、维生素B_6、维生素B_{12}

■性味：味微苦、性寒

■别名：明日草、还阳草、长寿草、珍立草、咸草、八丈草、海峰人参

✓ YES优质品

● **外观：**

1 整株完整，叶子有光泽且翠绿

2 茎部细嫩，切口新鲜

● **味道：** 闻起来有明日叶独特的香味，没有异味或化学味。

✗ NO劣质品

● **外观：**

1 叶子枯黄、湿烂

2 茎部过粗，切口略有发黑的迹象

● **味道：** 闻起来没有明日叶的香味，或有化肥味、腐烂的臭味。

Health & Safe 安全健康食用法

这样吃最健康

1 明日叶含有B族维生素、维生素C、钙、钾、铁、β-胡萝卜素等成分，是十分营养的蔬菜，具有降低血压、利尿消肿、预防癌症、消除便秘等功效，高血压、肝脏病、便秘、痔疮等患者可多加食用。

2 明日叶含有植物中少见的维生素B_{12}，能够促进红细胞的形成和再生，预防贫血，增加体力，增强记忆力，贫血患者和脑力工作者可以多吃。

营养小提示

1 明日叶适合在海拔1 000～1 600米、无农药、无化学肥料的自然环境里生长，根、茎、叶皆可食用，叶和茎可快炒或酥炸。

2 明日叶的香味可以清除鱼、肉类的腥味和口臭。

3 若要完整摄取明日叶的维生素和矿物质，应生食之。嫩叶部分涩味较少，洗净之后即可食用；茎部可能略带苦味，稍微汆烫后再用于烹饪，口感会比较好。

●怎样选购最安心

采买明日叶的时候，先观察整株是否完整，叶子有没有光泽，颜色是不是翠绿，茎部是不是细嫩，切口是否新鲜，再闻闻是否带有明日叶独特的香味。

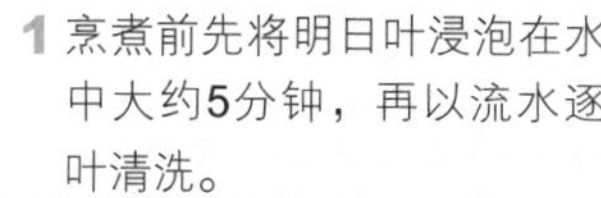

●怎样处理最健康

1 烹煮前先将明日叶浸泡在水中大约5分钟，再以流水逐叶清洗。

2 明日叶有特殊的苦味，汆烫后在冷水中浸过，味道即能散去，食用起来也较可口。

●怎样保存最新鲜

1 采购后可以立刻汆烫，再置于保鲜盒冷藏。

2 用湿纸将明日叶的根部包住，放置于阴凉通风处。

3 将根部以湿厨房纸巾包住，放入塑料袋中，再置于冰箱冷藏。

Chapter 1 生鲜食材馆

根茎芽菜类吃得安心

每当风灾来袭，蔬菜价格常有很大的波动，根茎类就成为最实惠的选择。根茎类生长环境不像叶菜类暴露在外，生长期又长，风灾引起的损害相对较小，芽菜类耕作模式更不易受风灾影响，因此市场价格十分稳定。除价格外，耐储藏且营养丰富的特性，也是根茎类受青睐的主要因素。

根类蔬菜食用部位为植物根部，多为皮厚、糖分多的蔬菜，如红薯、洋葱、芋头、牛蒡等，只要贮藏在阴凉处即可，放置于冰箱反而容易发芽或变质，既方便又不占冰箱空间。豆芽类、笋类等茎芽类蔬菜就需要冷藏，尤其是笋类蔬菜，如果缺乏良好的贮存环境，会加速笋身纤维化过程，将严重影响口感。

清水反复冲洗去除农药

根类作物生长于地下，不会接触到农药，故洗涤要点在于彻底去除作物上的泥土，以免不慎食入污垢或寄生虫，削皮前先以刷子轻刷表面并以清水冲洗，如果有坑洞可以工具挖除，确保无污垢残留。

茎类作物则是以清水反复冲洗，以去除表面农药残留。因此，根茎类作物只要仔细清洗即可去除大部分的农药残留。

用流水浸泡豆芽菜类几分钟，再将水倒掉后，即可将大部分的杂质除掉。葱、蒜类只要剥掉一层外皮，即可将沾在外皮的化肥和农药去除。

一旦变质就不要食用

土豆发芽后，龙葵素含量激增，食用后会导致头晕、呕吐等中毒症状，但其他根茎类蔬菜发芽只会影响口感，挖除芽眼后仍可食用。红薯出现黑斑是受黑斑菌污染，黑斑菌毒素无法被高温破坏，会对肝脏造成极大伤害，因此红薯一旦变黑就应丢弃，不要冒险食用。

姜腐烂后会出现黄樟素，食用后可能导致肝癌、食道癌等癌症，一旦看到姜水烂菌丝，就应立即丢弃。

有些商家为求色泽鲜艳可能使用漂白剂，如豆芽类、竹笋、百合等，若闻到怪气味或色泽过于亮丽白净，就应避免购买。

无论是煎或炒，烹调前先汆烫一下，可以吃得更安心。

NOTE 肠胃虚弱者或痛风患者不宜食用

根茎类蔬菜的纤维质含量非常丰富，可促进消化、帮助排便，容易肠胃不适者应酌量食用，以免造成肠胃的额外负担，一般人也不宜大量食用，以免摄取过多淀粉，引起腹胀不适。豆芽类、笋类的嘌呤含量较高，痛风患者应避免食用。

土豆 Potato

Tips 发芽或变绿者勿食

●宜食的人
便秘、抵抗力较弱、胆固醇过高者

●忌食的人
肾脏炎患者

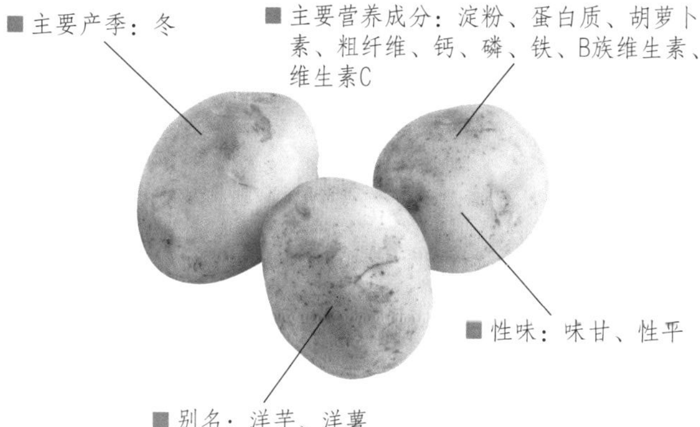

✔ YES优质品

- **外观：**
  1 表皮有浅褐色光泽，平滑细致，无损伤
  2 球形饱满，薯体硬实，芽眼较少
- **味道：** 闻起来没有异味或化学味。

✘ NO劣质品

- **外观：**
  1 表皮没有光泽，部分带点绿色
  2 表皮粗糙不平滑，薯体萎软发芽或损伤
- **味道：** 闻起来有化肥味或腐烂味。

这样吃最健康

1 未成熟的土豆、成熟但发芽或变绿后的土豆，茄碱含量会对人体产生危害，即使挖除芽眼或加热也无法去除，最好立刻丢弃，以免中毒。

2 土豆属于糖分较高的主食类，半个土豆相当于1/4碗饭，糖尿病患者应注意，以免摄取过多糖类，造成血糖升高。

3 土豆含丰富的钾，可预防脑血管破裂，建议心血管疾病患者适量增加食用量。

营养小提示

1 烹煮前一定要用流水先冲洗土豆，再用海绵刷洗表面，只要确实将泥土刷掉，就不用担心受到泥土或是表皮的农药污染。

2 将土豆煮熟后捣成泥状，以保鲜盒盛装放置冰箱冷冻，可延长土豆保存期限。

3 土豆切片后容易氧化变色，可以浸泡在盐水中，保持色泽。若浸泡在加醋的冷水里再烹煮，口感会变得脆嫩。

● 怎样选购最安心

1 以外皮呈现浅褐色光泽、光滑细致、无发芽或损伤，且芽眼较少者为原则。芽眼少表示生长的土壤较好，相对较少需要用农药。

2 避免选择外皮带点绿色的土豆，吃了可能会中毒。

● 怎样处理最健康

1 烹煮前只要削掉薄薄一层外皮后，稍微烫过再烹煮，即可去除残留物质。

2 烹煮土豆时可以小火焖煮，避免养分流失。

● 怎样保存最新鲜

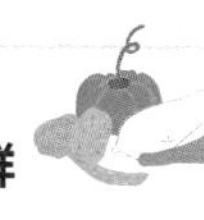

1 以纸包裹后，放置于阴凉处即可。

2 若贮藏于冰箱，可将土豆与苹果一同以纸包裹后再装入密封袋，苹果释放的乙烯可防止土豆发芽。

Tips 变黑或发臭者勿食

春 夏 秋 冬

红薯 Sweet Potato

●宜食的人
肝肾功能不佳、血管硬化、关节老化者

●忌食的人
胃酸过多者

■ 别名：地瓜、甘薯、白薯

■ 性味：味甘、性平

■ 主要产季：3月～9月

■ 主要营养成分：淀粉、钾、钠、钙、镁、铁、胡萝卜素、B族维生素、维生素C、维生素E

✓ YES优质品

- **外观：**
  1 形体要完整，形状饱满
  2 表皮颜色均匀，表面平滑无擦伤
  3 附有小须根，孔少且浅，无发芽
- **味道：** 闻起来没有异味或化学味。

✗ NO劣质品

- **外观：**
  1 表面凹凸不平
  2 表皮有黑斑或擦伤
- **味道：** 闻起来有化肥味或腐臭味。

Health & Safe 安全健康食用法

这样吃最健康

1 红薯含丰富纤维质，能帮助肠胃蠕动，且胡萝卜素与耐热的维生素C可抗氧化、预防癌症。

2 生红薯中含有一种抑制消化酶作用的物质，会影响人体的消化吸收，若生吃很容易产生打嗝、腹胀等状况，因此不建议生吃。

3 红薯含气化酶，吃太多会导致排气、恶心、吐酸水等不适症状，不过如果控制摄取量，并且与米面搭配食用，就可减轻或避免上述症状。

营养小提示

1 红薯发芽后仍然可以食用，不过芽叶会吸走水分，使口感变差，也会降低其营养价值。

2 红薯发黑是因为受到黑斑病菌的感染，不但会变硬变苦，口感和味道大打折扣，对肝脏的伤害更大，而且即使经过高温烹煮也无法去除，所以千万不可食用，最好立刻丢弃，避免中毒。

3 红薯富含膳食纤维，可增加饱足感，而且每100克中仅含1克蛋白质，适合严格控制体重者食用。

●怎样选购最安心

1 红薯形体要完整，表皮颜色要均匀，表面平滑，孔少又浅，附有小须根，且没有发芽。

2 不宜采买表面凹凸不平、有黑斑或擦伤的红薯。

●怎样处理最健康

1 以清水洗去表皮污垢，要彻底刷洗干净，最好能刷5次以上，这样可将残留于表皮上的农药、泥土、残留药剂一起刷掉。

2 长时间蒸煮，是处理红薯最适合的方式。

●怎样保存最新鲜

1 若放置于冰箱内可能会吸取水气而影响口感，不建议如此处理。

2 以纸包裹后，置于阴凉处，约可保存1个月。

芋头 Taro

Tips 须煮熟食用

春 夏 秋 冬

●宜食的人
易蛀牙、高血压患者

●忌食的人
血糖偏高者

■ 主要产季：春、夏、秋、冬

■ 主要营养成分：胡萝卜素、钙、钾、磷、钠、镁、氟、维生素A、B族维生素、维生素E

■ 性味：味甘辛、性平

■ 别名：毛芋、芋、芋艿

✓ YES优质品

- **外观：**
  1 形体匀称坚实，棕纹明显清晰
  2 根须少而粘有湿泥，具重量感
  3 以手按压芋头根部，有白色粉质
- **味道：**闻起来有淡淡的香气，没有异味或化学味。

✗ NO劣质品

- **外观：**表皮有蛀洞、腐烂的状况
- **味道：**闻起来有化学肥料味或腐烂的臭味。

Health & Safe 安全健康食用法

这样吃最健康

1 芋头含氟、多糖类高分子植物胶体，可以预防蛀牙，缓和拉肚子的症状，也能增强人体的免疫力，对身体虚弱者尤佳。

2 芋头的营养成分与土豆相似，但不含茄碱，发芽后不会引起中毒反应。

3 芋头属淀粉质较高的主食类，滚刀块3～4块相当于1/4碗饭，血糖偏高或糖尿病患者，应纳入主食类的分量计算，以免吃进太多糖类，导致血糖升高。

营养小提示

1 芋头中的黏液会刺激喉咙，一定要煮熟后才能食用。

2 芋头含大量淀粉，尽量不要一次吃太多，肠胃道消化功能较差者，尤其要特别注意，以避免腹胀。

3 食用芋头时，不宜喝太多水，以免冲淡胃液，妨碍消化，出现腹胀等状况。

4 可去皮、切块后炸熟或水煮，再置于冰箱内冷藏，既方便又能保持口感。

● 怎样选购最安心

1 选购芋头，以形体匀称圆润，表皮无蛀洞、腐烂，棕纹明显，具重量感的为佳。

2 市面上有出售洗过的芋头，若颜色较白，可能使用了漂白剂，不见得比沾泥土的芋头好吃，不建议购买。

● 怎样处理最健康

1 芋头中的草酸碱会引起皮肤发痒不适，剥洗芋头时最好戴手套。

2 削皮后，撒些盐搓揉，再用清水洗净盐分，并用热水整个烫过约5分钟捞起，这样就可以彻底安心食用。

● 怎样保存最新鲜

1 不要放在冰箱内冷藏，要保持干燥。

2 将泥土除去并擦干，再以纸包裹，置于阴凉处。

Tips 笋身泥土要彻底洗净

春 夏 秋 冬

竹笋 Bamboo

●宜食的人
胆固醇过高、便秘者

●忌食的人
尿道结石者、痛风患者

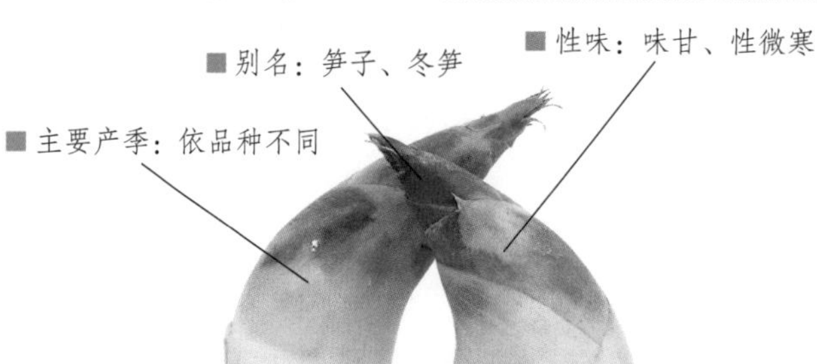

■ 别名：笋子、冬笋

■ 性味：味甘、性微寒

■ 主要产季：依品种不同

■ 主要营养成分：胡萝卜素、膳食纤维、钙、磷、铁、钾、维生素A、B族维生素、维生素C、维生素E、维生素K

✓ YES优质品

● **外观：**

1 笋身肥大且弯曲

2 笋壳坚硬，轻压会留下压痕

3 笋头直径大，切面平滑细嫩

● **味道：** 带有泥土，具有竹笋的天然香气，没有异味或化学味。

✗ NO劣质品

● **外观：**

1 笋头切面触感油腻

2 笋身完全没有沾染泥土

● **味道：** 笋头切面有怪味和腐烂味。

Health & Safe 安全健康食用法

这样吃最健康

1 竹笋高纤低脂的特性可刺激肠胃蠕动、帮助消化，在减肥菜单中占有相当地位，有肥胖困扰的人可以多加食用。

2 竹笋的纤维较粗，要细嚼慢咽，以免肠胃不适。胃病患者不宜食用，以免粗纤维使病况加重。

3 竹笋性属偏凉，消化不良者或经期前后的女性应酌量食用，以免腹泻。

4 竹笋中含有多巴胺、糖类和B族维生素，有助于恢复脑力、集中注意力。

营养小提示

1 竹笋生长于地下，不容易发生病虫害，因此在食用时无须担心农药残留问题，然而泥土中的污垢以及寄生虫仍不容忽视，在食用前一定要彻底洗净。

2 竹笋暴露在空气中容易氧化、变苦，如果不立即食用，可斜切笋尖后，再将整枝带壳的笋，放入冷水中煮至沸腾，想要食用时再剥壳切块。

3 烹煮时加入一把米与少许辣椒，可增添竹笋风味。

竹笋怎样选购最安心

1 竹笋出土时间越长，口感越苦涩，因此最好选择刚出土的竹笋。若笋头切口处细密水嫩，以手轻压笋身容易按压出痕，笋尖没有出青的竹笋，则代表笋质较鲜嫩，吃起来不会苦。

2 竹笋形状以胖短略弯、外观色泽淡黄无斑点、笋壳光滑、笋头直径大者为上品。

3 商家可能为增添卖相而使用药剂漂白，食用后会有害健康，购买时务必慎选。

竹笋怎样处理最健康

1 不同品种的竹笋适合不同的吃法，例如纤维较粗的麻竹笋适合煮汤或快炒；价格较高但肉质细嫩的冬笋和绿竹笋可以凉拌；桂竹笋肉质较硬，多被制成笋干食用。

2 烹饪前，若要清洗没剥壳的竹笋，只要在笋壳外垂直划一刀，就能顺利剥壳清洗。

3 竹笋含有膳食纤维，排骨属低脂动物性蛋白质，两者一起烹饪食用，有助于降低胆固醇，胆固醇偏高者不妨多吃。

4 竹笋若与含有牛磺酸的蛤蜊一同食用，有预防动脉硬化与高血压的功效，还能强化心脏和肝脏功能，高血压或心血管疾病患者，可以多吃。

5 竹笋不适合与富含维生素A的食材一起食用。竹笋中的甾醇容易破坏维生素A，降低其他食材的营养价值，所以竹笋勿与猪肝、鸡蛋或鸭蛋等一起烹调。

6 竹笋不适合与富含钙质的食材，如沙丁鱼、豆腐等搭配食用。竹笋中的草酸会与钙质结合成草酸钙，降低人体对钙质的吸收。不过，如果在烹煮食用前，把竹笋放进滚烫的水中汆烫一下，则可去除过多的草酸。

竹笋怎样保存最新鲜

1 竹笋在常温下容易出现纤维化情况，除了挑选时要注意新鲜度，选购之后应立即进行处理，并放入冰箱冷藏，才能维持竹笋软嫩甜脆的口感。

2 保存的基本原则，就是避免纤维化的产生，生笋可以直接浸泡于水中，记得每2日更换一次清水。

3 将购买的竹笋清洗后，带壳以沸水煮熟、放凉，用报纸将带壳竹笋包好放进保鲜袋中，以防水分蒸发，再放入冰箱冷藏。

4 在竹笋切面上抹盐能稍许增长保质期。

竹笋的饮食宜忌 O+X

宜→O 对什么人有帮助

O 有促进消化的功效，适合便秘的人多食
O 有肥胖困扰的人可以多吃
O 对胆固醇过高的人有益
O 有心血管疾病的人可以多吃
O 有身体积热问题的人适合多吃

忌→X 哪些人不宜吃

X 消化不良的人不宜多吃
X 痛风患者忌吃
X 发育成长中的幼童不宜食用过量
X 尿道结石患者不适合食用
X 体质偏寒、肠胃不佳者应避免大量食用

春 夏 秋 冬

胡萝卜 Carrot

Tips 油炒更有营养价值

●宜食的人
视力不良、夜盲症、贫血患者

●忌食的人
喝酒的人

■ 别名：红萝卜、红菜头

■ 性味：味甘辛、性微温

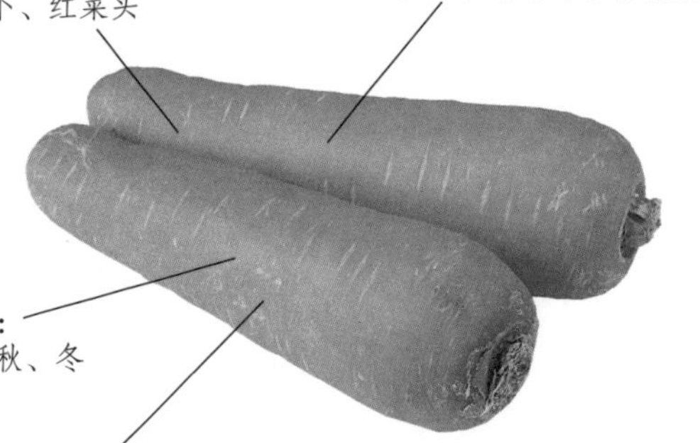

■ 主要产季：春、夏、秋、冬

■ 主要营养成分：胡萝卜素、钾、钙、磷、铁、维生素A、B族维生素、维生素C、维生素D、维生素E、维生素K

✓ YES优质品

● **外观：**

1 表皮带土，光滑有色泽

2 粗细均匀结实，颜色均一

3 上端叶片翠绿，大小厚度适中

● **味道：** 闻起来有胡萝卜独特的气味，没有异味或化学味。

✗ NO劣质品

● **外观：**

1 上端叶片过大或过厚

2 表皮凹凸不平，颜色不均

● **味道：** 闻起来有化肥味或腐臭味。

Health & Safe 安全健康食用法

这样吃最健康

1 胡萝卜含有维生素A、胡萝卜素，能维持视力正常、眼睛健康，还可滋润皮肤，具提高免疫力、促进新陈代谢等多样功效。有视力不良、皮肤干燥或容易感冒等问题者，可以多吃。

2 胡萝卜中含有丰富的类胡萝卜素，无论烹煮成菜肴或打成果汁，都不宜食用过量，否则可能导致皮肤变黄。不过，只要停止食用一段时间，状况即可逐渐改善。

营养小提示

1 胡萝卜最佳的烹调方式是与肉类或其他菜类搭配烹炒，这样才能促进脂溶性维生素与胡萝卜素的吸收。

2 胡萝卜榨汁时加入蜂蜜，或是先烫过再烹煮，都能除去胡萝卜独特的气味。

3 胡萝卜最好避免和含有酒精的饮料一起食用，类胡萝卜素如果与酒精相遇，会降低类胡萝卜素的活性和作用。

● 怎样选购最安心

1 胡萝卜宜选购表皮光滑有色泽、颜色均一，表面带土，结构粗细均匀结实，萝卜上端叶片翠绿且不能过大、过厚者。

2 胡萝卜须较少表示营养状态较佳，用的农药较少，宜多选购。

● 怎样处理最健康

1 可用海绵仔细将沾附于胡萝卜表皮的泥土洗掉，再削皮后烹煮，削去表皮可以去掉杀菌剂。

2 胡萝卜含破坏维生素C的酶，最好单独打成果汁。

● 怎样保存最新鲜

1 带土胡萝卜只要放置阴凉处即可。

2 若放置冰箱冷藏，需以纸巾或具排气孔的袋子妥善包装，以免水气凝结，破坏胡萝卜表皮的营养。

春 夏 秋 冬

白萝卜 Daikon Radish

Tips 与中药服用须注意药性

●宜食的人
心血管疾病、消化不良、易感冒的人

●忌食的人
脾胃虚弱者

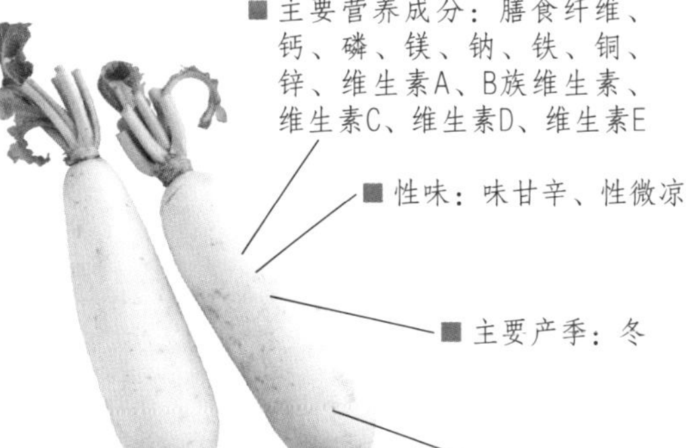

■ 主要营养成分：膳食纤维、钙、磷、镁、钠、铁、铜、锌、维生素A、B族维生素、维生素C、维生素D、维生素E

■ 性味：味甘辛、性微凉

■ 主要产季：冬

■ 别名：莱头、莱菔、芦菔

✓ YES优质品

● **外观：**

1 表面平整光滑细密，带土更佳

2 结实饱满，有厚实感

3 以指头轻弹，声音清脆

● **味道：** 闻起来没有异味或化学味。

✗ NO劣质品

● **外观：**

1 表面凹凸不平，有裂痕

2 不结实，重量轻

3 以指头轻弹，声音闷闷的

● **味道：** 闻起来有化肥味或腐烂味。

Health & Safe 安全健康食用法

这样吃最健康

1 白萝卜营养成分丰富，含有维生素C、膳食纤维和芥子油等，可预防伤风感冒，改善胸闷气喘，加强消化道功能。

2 白萝卜属于寒性食物，体质偏寒、月经不调或有胃病的人需注意摄取量。

3 服用人参、熟地、生地、首乌等中药者，应暂停食用白萝卜，以免药性冲突。

4 白萝卜可能影响含维生素K的凝血药物发挥作用，服用前应询问医生正确的饮食方式。

营养小提示

1 白萝卜的维生素C会因加热而遭破坏，促进食欲的芥子油也可能因加热而挥发，采用生食的方式，将能吃进最多的营养成分。

2 经过处理的白萝卜不宜放太久，因为其中的维生素C和淀粉酶会逐渐消失。

3 大量食用白萝卜后，尽量避免摄取含大量类黄酮类的水果，如橘子、苹果、葡萄等，以免使甲状腺功能下降。

● 怎样选购最安心

1 选购原则以根部叶子脆绿，表面没有裂痕，平整光滑，质地细密为主，表面带土者更佳。

2 拿起白萝卜掂掂有无厚实感，再以指头轻弹，声音越清脆表示越好吃，宜购买。

● 怎样处理最健康

1 白萝卜外皮所附着的泥土，最好利用流水冲洗，并用海绵彻底将外皮上附着的泥土刷掉才安心。

2 白萝卜烹煮前要除去外皮，这样不用担心会有杀虫剂残留问题。

● 怎样保存最新鲜

1 切除白萝卜上端的叶子，以纸包裹后再装入塑料袋，直立收藏于冰箱中。

2 食用前再清洗，以免水气加速腐败。最好尽速食用完毕以保持口感。

Tips 泡冰水或加热可降低对眼睛的刺激

春 夏 秋 冬

洋葱 Onion

●宜食的人
糖尿病、高血压、心血管疾病患者

●忌食的人
容易胀气的人

■别名：葱头、玉葱

■性味：味甘辛、性平

■主要产季：2月～4月

■主要营养成分：蛋白质、糖类、胡萝卜素、钙、铁、钠、钾、维生素A、B族维生素、维生素E

✓YES优质品

- **外观：**
  1 表皮光滑，外层有多层保护膜
  2 球体完整，紧密结实
  3 外层薄膜呈现淡褐色
- **味道：**闻起来有辛香气味。

✗NO劣质品

- **外观：**
  1 球体裂开或损伤
  2 有病虫害、腐烂、发芽或根须
- **味道：**闻起来没有辛香气味，或有化肥味、腐烂的臭味。

Health & Safe 安全健康食用法

这样吃最健康

1 洋葱被誉为“菜中皇后”，含有许多对人体有益处的营养素和化学物质，如维生素C、钙等，有预防感冒、骨质疏松症、心血管疾病等多种功效。

2 洋葱容易产生挥发性气体，若过量食用，会产生胀气和排气过多等不适反应，应注意摄取量。

3 有皮肤瘙痒或眼睛红肿问题者，应避免食用洋葱，以免因刺激而使得症状恶化。

营养小提示

1 洋葱味特有的辛辣香气常令人退避三舍，尤其是切开时对眼角膜的刺激让人对洋葱又爱又怕。若洋葱切开后泡冰水，或短时间微波加热，就可破坏洋葱内的化学成分，切菜时就不会“哭哭啼啼”了。

2 洋葱要避免和鸡蛋放在一起保存。洋葱刺激的气味很容易渗进蛋壳的小气孔里，造成鸡蛋变质、走味。

3 食用高脂肪食物，如牛排、猪排时，搭配些许洋葱，有助于抵消高脂肪食物引起的血液凝块。

●怎样选购最安心

选择表皮光滑干燥、顶端葱头的部位较硬、鳞茎球体紧密结实，无破裂、腐烂或发芽的为佳。

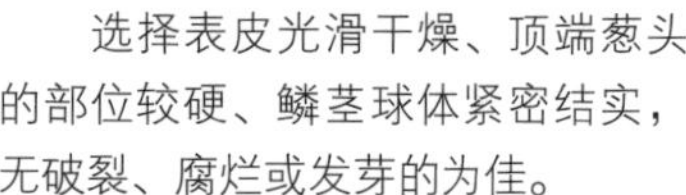

●怎样处理最健康

1 洋葱的外皮容易残留土壤或发霉，因而看起来黑黑的。烹煮前，只要切除葱头和葱尾的一部分，再剥掉外层褐色的皮即可。

2 将整颗洋葱切细后，用布包好，用水搓洗后沥干再煮。

●怎样保存最新鲜

1 外层有干萎肉质层的洋葱，建议放在网袋中，吊挂在通风良好的阴凉处，可长久保存。若放在湿气重的地方，容易发芽而长出须根。

2 洋葱如果没有外层皮包覆或已被切开，必须放入密封袋中，置于冰箱冷藏。

春 夏 秋 冬

芜菁 Turnip

Tips 未烹煮过熟才能保留营养

●宜食的人
肠胃不适、便秘、痔疮患者

●忌食的人
体虚怕冷的人

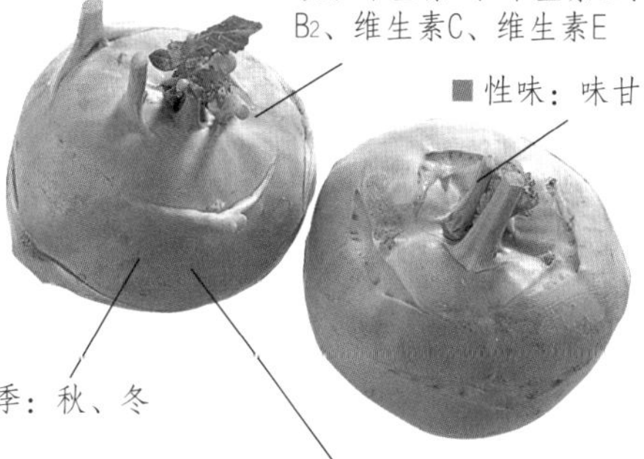

■ 主要营养成分：钾、磷、钠、钙、镁、维生素A、维生素B_1、维生素B_2、维生素C、维生素E

■ 性味：味甘辛、性温

■ 主要产季：秋、冬

■ 别名：大头菜、结头菜、球茎甘蓝

✓ YES优质品

● **外观：**

1 叶片翠绿，左右对称

2 球体圆润光滑，无太多须根

3 根部平滑，茎梗未脱落

● **味道：** 闻起来有淡淡的特殊气味，没有异味或化学味。

✗ NO劣质品

● **外观：**

1 表皮变黄、球体有裂痕

2 已长有须根，且弯曲无伸直

● **味道：** 闻起来有化肥味或腐臭味。

Health & Safe 安全健康食用法

这样吃最健康

1 芜菁含丰富的维生素C、磷、钾，可预防牙龈出血；纤维素可刺激肠胃蠕动，促进排便。

2 芜菁的纤维较粗，短时间大量食用容易引起胀气等不适症状，要控制食用量。

3 芜菁属于十字花科蔬菜，含有丰富的异硫氰酸盐，是预防癌症的好食材。

4 芜菁含有芥子油，经水解后能产生挥发性的芥子油，能增进食欲、帮助消化。

营养小提示

1 芜菁时常被拿来制作为腌渍食品，口感脆嫩且下饭，并可减轻孕吐状况，适合孕妇安胎。

2 肠胃溃疡、支气管炎、气喘、高血压、尿毒症或脑血管疾病患不适合吃腌渍芜菁。

3 没煮熟或未腌透的芜菁不宜食用。过熟的芜菁对身体也不好，除了口感不利之外，更容易诱发高血压。

4 芜菁有解酒效果，醉酒后可食用。

● 怎样选购最安心

1 购买芜菁时，以叶片翠绿、球体无太多须根为原则。若叶片左右对称、球体圆润光滑者更佳。

2 长出许多弯曲须根，球体有裂痕的芜菁，表示栽种的土壤营养不够，不宜选购。

● 怎样处理最健康

1 用流水一边冲洗，一边用手搓揉约半分钟后再削皮。

2 烹煮前先汆烫一下后再煮。

3 芜菁所含的营养素容易受热破坏，最好腌渍或打成果汁较好，烹煮时也不宜过熟，避免养分流失。

● 怎样保存最新鲜

去除菜叶，再装进塑料袋放入冰箱冷藏，避免养分被菜叶吸收。

Tips 戴手套削皮以免过敏

春 夏 秋 冬

山药 Common Yam

●宜食的人
免疫力不佳者、糖尿病、心血管病患
●忌食的人
肠胃易胀气者

■别名：淮山药、薯蓣、山芋、土薯

■性味：味甘、性平

■主要产季：10月～次年3月

■主要营养成分：蛋白质、糖类、黏液质、钙、磷、铁、锌、B族维生素、维生素E

✓YES优质品

● **外观：**
1 表皮光滑完整，颜色均匀
2 形体完整，根须少
3 切口处有黏液，具重量感

● **味道：** 闻起来没有异味或化学味。

✗NO劣质品

● **外观：**
1 表面发霉、破皮
2 有虫害、腐烂
3 干枯且有裂根

● **味道：** 闻起来有化肥味或腐臭味。

Health & Safe 安全健康食用法

这样吃最健康

1 山药干燥后即为中药淮山，近来普及为养生食材，口感松软。山药因含有多种必需氨基酸、蛋白质与淀粉等营养成分，能补中益气、健脾强胃，功效良多。

2 山药含有一种雌性激素，食用过量可能刺激荷尔蒙，使子宫内膜增生，导致痛经、经血不止等不适症状，女性朋友要适量食用。

3 山药有收敛作用，有腹胀或便秘等困扰的人不宜多吃，以免症状变严重。

营养小提示

1 烹煮山药前，可用醋水浸泡一下，防止变色。

2 山药内的酶可增强免疫力，但遇热即分解，将山药切片后蘸蜂蜜或酱油生吃，既可摄取山药特殊的营养，生山药里的淀粉也不会被人体吸收。

3 烹煮时间过久，会破坏山药里的淀粉酶，降低其帮助消化、保健脾胃的功效，也会破坏其他不耐热或不耐久煮的营养成分，降低营养价值。

●怎样选购最安心

购买山药时，应以颜色均匀，表皮光滑完整，须根少、切口处有黏液且质量重为挑选原则。

●怎样处理最健康

1 山药表皮含植物碱，去皮食用才不会产生麻刺等异常口感，可以用刀或菜瓜布轻刮去皮。处理时最好戴上手套，避免手部发痒不适。

2 在流水中用海绵刷洗约5次，可去掉泥沙，洗好后再用菜刀削去厚厚一层外皮，食之安全又健康。

●怎样保存最新鲜

1 置于干燥通风处即可，尽量在食用前去皮。

2 一旦去皮，要用保鲜膜包起来，或装入保鲜盒密封，再放入冰箱冷冻保存。

春 夏 秋 冬

牛蒡 Burdock

Tips 减少切面与空气的接触

●宜食的人
糖尿病患者、排便不顺者、爱美女性

●忌食的人
小便频繁的人

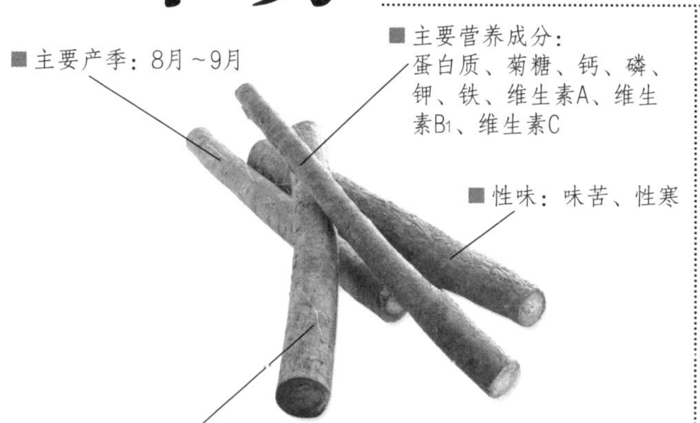

✓ YES优质品

- **外观：**
  1 直径约为一元硬币大小，长度超过60厘米
  2 根端丰圆，根体粗细均匀且笔直
  3 带有泥土，歧根和根须较少
- **味道：**闻起来没有异味或化学味。

✗ NO劣质品

- **外观：**
  1 根端有空洞
  2 根体歪歪扭扭，有裂痕
- **味道：**闻起来有化肥味或腐烂味。

Health & Safe 安全健康食用法

这样吃最健康

1 其貌不扬的牛蒡有“东洋人参”的美名，含有胡萝卜素、钾、镁、钙、膳食纤维等营养成分，可保护黏膜细胞、降低血压、维持肌肉和神经系统的功能正常、促进排便，有高血压或便秘等困扰者宜多吃。

2 牛蒡所含的菊糖进入体内后，不会转换成葡萄糖，十分适合糖尿病患者食用。

3 牛蒡性寒，肠胃不佳、空腹者、体质虚寒者或孕妇不宜大量食用。

营养小提示

1 牛蒡含有大量铁质，切开后需尽快食用，避免氧化变色。

2 牛蒡的口感生涩，切开后可以先用清水浸泡，以消除涩味。

3 牛蒡的膳食纤维质地较粗，烹调时可以采取切成丝或薄片的方式处理，使口感更好，在调味时也比较容易入味。

4 牛蒡皮中含有芳香和药效成分，尽可能连同皮一起食用。

怎样选购最安心

1 选购牛蒡时，以直径约一元硬币大小、长度超过60厘米、根体粗细均匀，带泥土为原则。

2 歧根和根须较少的牛蒡表示生长土壤佳，农药用量少。

怎样处理最健康

1 以清水洗净，用刷子刷掉泥土，用刀背刮掉表面的皮。

2 切成薄片，再用醋与水3:1比例的醋水浸泡约15分钟。

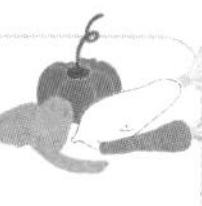

怎样保存最新鲜

1 完整、未清洗的牛蒡可用白纸或湿的纸巾连泥土包裹，直立放在阴凉处保存。

2 切段的牛蒡必须清洗干净，再装进塑料袋，放进冰箱冷藏即可。

Tips 笋尖应朝上烹煮

春 夏 秋 冬

芦笋 Asparagus

●宜食的人
孕妇、高血压、心血管疾病患者

●忌食的人
尿道结石者

■别名：石刁柏、露笋、龙须菜、芦尖、芦伊、露伊、笋草、野天门冬

■性味：味甘、性寒

■主要产季：4月～10月

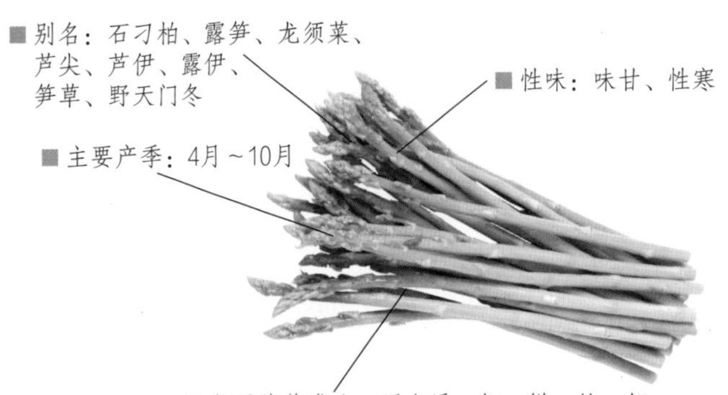

■主要营养成分：蛋白质、钾、镁、铁、钙、磷、维生素A、B族维生素、维生素C

✓ YES优质品

- **外观：**
  1 形状挺直，表皮鲜亮
  2 笋尖花苞紧密，基部细嫩
  3 用手轻轻一折就断
- **味道：**闻起来没有异味或化学味。

✗ NO劣质品

- **外观：**
  1 基部老化，摸起来粗糙
  2 表皮黯淡无光泽
  3 有腐烂或水伤状况出现
- **味道：**闻起来有化肥味或腐臭味。

Health & Safe 安全健康食用法

这样吃最健康

1 芦笋含丰富叶酸，可帮助胎儿成长、预防心血管疾病，适合作为孕妇及银发族的养生菜肴。

2 芦笋含有一种特别的物质——天门冬酰胺，能代谢血液中的氨，容易感到疲劳或体能消耗量大的人宜多吃。

3 一根芦笋大约有4千卡的热量，而且富含膳食纤维，是减肥者的最佳食物之一。

营养小提示

1 绿芦笋是受阳光照射后变色的，营养价值比白芦笋高。

2 芦笋的养分集中在笋尖，烹调的时候，最好笋尖朝上微露出水面，或以低功率微波的方式处理，才能保存更多的营养成分。

3 芦笋含有胡萝卜素和维生素C，烹煮时间不宜过长，以免营养素流失或颜色变黄。

4 烹煮时搭配含维生素E的食用油，不但可增加胡萝卜素的吸收率，更可加强抗氧化的作用。

● 怎样选购最安心

宜挑选形状挺直、花苞紧密、表皮鲜嫩，无水伤、腐臭味的芦笋。

● 怎样处理最健康

1 芦笋较耐病虫害，不需使用太浓的农药，较无农药残留的疑虑，只要用流水稍加清洗，切成适当大小，稍用热水烫过即可，但烫过的水应丢弃，勿再使用。

2 若用煎炒烹调的方式，下锅前最好先用热水烫过。

● 怎样保存最新鲜

1 浸泡后，以流水冲洗。

2 芦笋生长力强，很快就会因纤维化而口感变差，保存时间不宜过久。

3 一次无法吃完可用纸巾包起来，洒水以保持湿度，置放于冷藏室。

4 烫熟后以冷水冲洗，放入冰箱冷藏。

春 夏 秋 冬

茭白

Water Bamboo

Tips 搭配温性食材烹煮佳

●宜食的人
炎热烦躁、口干舌燥、酒醉者

●忌食的人
尿道结石患者

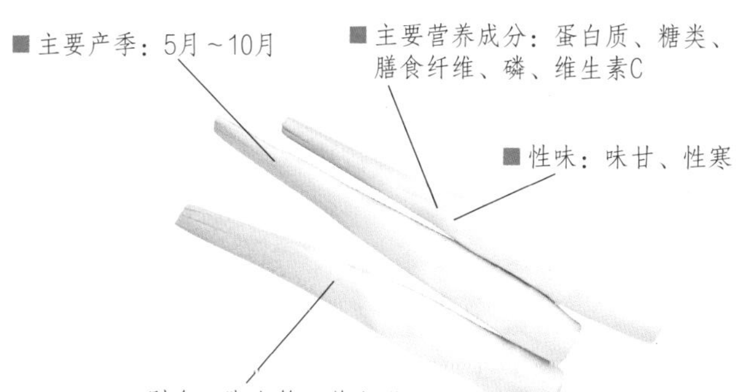

✓ YES优质品

● **外观：**

1 笋身饱满扎实，肥圆细直

2 表面光滑洁白

3 用手抓取有沉甸感

● **味道：** 闻起来没有异味或化学味。

✗ NO劣质品

● **外观：**

1 表面略呈黄色，有凸起

2 切口处有黑点或呈现海绵状

3 笋头太绿或偏黄

● **味道：** 闻起来有化肥味或腐臭味。

Health & Safe 安全健康食用法

这样吃最健康

1 茭白能清热解毒、促进新陈代谢，其热量低、水分高的特色颇受减肥者喜爱。

2 茭白属寒性食物，肠胃不适者或经期前后女性不宜食用。烹煮的时候可以加入辛温食材，以中和寒性。

3 茭白中的草酸，会影响人体的钙质吸收，煮熟后再食用即可去除部分草酸。但因茭白的钾含量较高，肾脏病与尿路结石患者仍应避免摄取，以免体内血钾过高。

营养小提示

1 用滚水煮茭白是最好的烹调方式，这样能吃到茭白的甜味。烹调时带壳一起煮，煮熟再去壳，可以减少鲜味的流失。

2 含叶酸的茭白和含铁的瘦肉一起吃，有恢复皮肤血色、改善贫血的功能，爱美的女性可以多食用。

3 吃茭白时，不建议使用无盐酱油调味，以免造成体内含钾量过高，出现腹泻、肌肉无力或腹胀等现象。

● 怎样选购最安心

1 采买茭白时，以笋身饱满扎实，外形肥圆细直，光滑洁白，有沉甸感为原则。

2 笋头太绿或偏黄，代表茭白过老或不新鲜。

3 茭白若切口处有黑点，或呈现海绵状，表示太老。

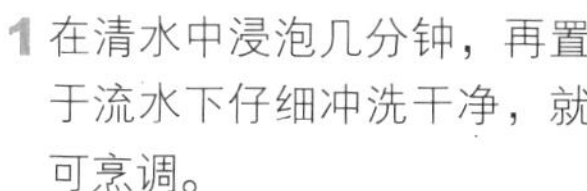

● 怎样处理最健康

1 在清水中浸泡几分钟，再置于流水下仔细冲洗干净，就可烹调。

2 若要做成凉拌菜肴，可先将茭白蒸熟后放入冰水中浸泡，凉了再切食，如此可保存甜味，口感也比较好。

● 怎样保存最新鲜

切除笋头的黄色部分，于切面抹盐后，以报纸包裹，再用保鲜膜包住或放入塑料袋，置入冰箱冷藏，可以保存久一些。

Tips 挑选时闻闻有无异味

春 夏 秋 冬

绿豆芽 Bean Sprout

●宜食的人
癫痫、高血压患者、胆固醇过高、肥胖的人

●忌食的人
痛风患者

■ 主要产季：春、夏、秋、冬

■ 性味：味甘、性寒

■ 别名：豆芽菜、银芽

■ 主要营养成分：蛋白质、糖类、胡萝卜素、叶酸、氨基酸、钙、磷、铁、钠、维生素B_1、维生素C

✓ YES优质品

- **外观：**
  1 芽部微黄，轻轻一折就可折断
  2 茎部颜色洁白，短且粗壮
  3 茎部光滑滋润，富有透明感
- **味道：** 闻起来有淡淡清香味，没有异味或化学味。

✗ NO劣质品

- **外观：**
  1 茎部枯萎
  2 茎部出现水烂现象
- **味道：** 闻起来有化肥味或腐烂味。

Health & Safe 安全健康食用法

这样吃最健康

1 绿豆发芽过程中，将蛋白质分解为易于吸收的氨基酸，维生素、矿物质也倍增，又能避免食用豆类后的胀气情形，是既营养又经济的食材之一。

2 绿豆芽含有核蛋白质，吃下之后，经人体消化分解，会产生高含量的嘌呤，痛风患者或尿酸过高的人应严格控制食用量，以免病症发作或变得更严重。

营养小提示

1 绿豆芽含维生素C，下锅翻炒时间越短越好，不仅可避免营养流失，也可维持豆芽的脆嫩口感。

2 绿豆芽含水量高，烹煮时容易出水，不建议长时间加热。烹煮时可加一点醋，使绿豆芽中的蛋白质凝固，不易出水软化，不但能保持清脆口感，还能减少营养素流失。

3 豆芽菜的胡萝卜素与橄榄油的维生素E一起食用，可加强维生素E的吸收，改善肌肤粗糙状况。

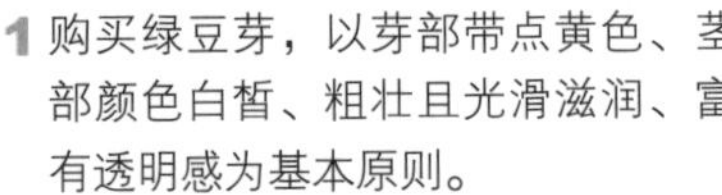

● 怎样选购最安心

1 购买绿豆芽，以芽部带点黄色、茎部颜色白皙、粗壮且光滑滋润、富有透明感为基本原则。

2 可用手轻轻折一下，容易断表示新鲜，是合格的绿豆芽。

3 不宜购买茎部有枯萎或水烂现象的绿豆芽。

4 绿豆芽可自行培养，将绿豆植于铺土的浅盘上，1～2周即可收成。

● 怎样处理最健康

1 绿豆芽不易受到农药的危害，只要稍微用清水冲洗一下就可以。

2 如果担心漂白，可在烹煮前先泡水1小时左右。

● 怎样保存最新鲜

将绿豆芽装在保鲜盒里，放入冰箱蔬果室冷藏，要尽早吃完。

春 夏 秋 冬

黄豆芽

Soybean Sprout

Tips 痛风患者应注意嘌呤含量

●宜食的人
胆固醇过高者、口角容易发炎的人
●忌食的人
痛风患者

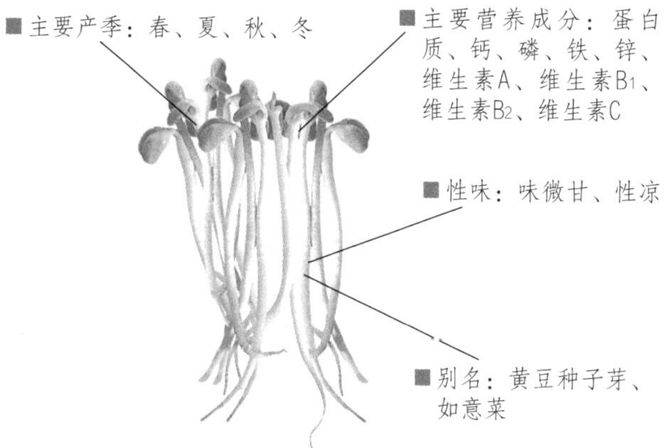

✓ YES优质品

● **外观：**

1 茎部颜色洁白，短且粗壮

2 茎部光滑滋润，富有透明感

3 用手轻轻一捏就可折断

● **味道：** 闻起来有淡淡清香味。

✗ NO劣质品

● **外观：**

1 茎部过长或枯萎

2 茎部出现水烂现象

3 盐类结晶多

● **味道：** 闻起来有化肥味或腐烂味。

Health & Safe 安全健康食用法

这样吃最健康

1 黄豆芽的蛋白质利用率比黄豆高出10%，除矿物质与维生素急速增加外，还生出多种营养素，并减弱豆类食材容易胀气的不利影响，可消除疲劳、活血利尿。

2 黄豆芽含有大量嘌呤，痛风患者或尿酸过高的人应严格控制食用量。

3 黄豆芽健脾养肝，其中维生素B_2的含量较高，适量吃黄豆芽有助于预防口角发炎、舌炎或阴囊炎等疾病。

营养小提示

1 黄豆芽可以直接用滚水汆烫食用，也可以和其他食材一同翻炒，不过停留锅中的时间不宜过长，以避免烹煮时维生素C受热被破坏，流失过多营养。

2 黄豆芽不含胆固醇，是素食者、或胆固醇过高者的理想食物。

3 黄豆发芽后，胡萝卜素增加1～2倍，维生素B_2增加2～4倍，叶酸呈倍数增加，与其增加黄豆食用量，不如食用黄豆芽。

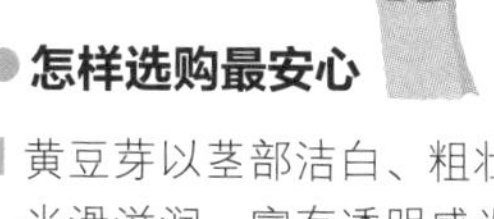

●怎样选购最安心

1 黄豆芽以茎部洁白、粗壮且光滑滋润、富有透明感为挑选的基本原则。用手轻轻一折就断，无水分冒出表示新鲜且自然培育的。

2 茎部太长、枯萎或出现水烂现象的黄豆芽，已经不新鲜，不要购买。

●怎样处理最健康

1 黄豆芽买回来之后，只要稍微用清水冲洗一下即可。

2 黄豆芽本身就会出水，煮的时候水量不要太多，这样也可避免冲淡黄豆芽特有的香气及甜味。

●怎样保存最新鲜

1 将黄豆芽装在保鲜盒里，放入冰箱蔬果室冷藏。

2 黄豆芽的保存期限不长，最好尽快吃完。

春 夏 秋 冬

苜蓿芽 Alfaalfa Sprout

Tips 免疫系统疾病患者勿食

●宜食的人
减肥的人、慢性病患者

●忌食的人
自体免疫疾病、红斑性狼疮者

■ 别名：木粟、牧宿、连枝草

■ 性味：味甘、性平

■ 主要产季：春、夏、秋、冬

■ 主要营养成分：糖类、胡萝卜素、钾、铁、磷、钙、B族维生素、维生素C、维生素K

✔ YES优质品

- **外观：**
  1 芽体洁白干净
  2 长度均匀
  3 质地酥脆、有苞
- **味道：**闻起来没有异味或化学味。

✘ NO劣质品

- **外观：**
  1 芽体发黄、干枯
  2 芽体腐烂，出现粘液
- **味道：**闻起来有化学肥料味或腐烂的臭味。

Health & Safe 安全健康食用法

这样吃最健康

1 苜蓿芽含有多种重要氨基酸，对慢性病患者的保健相当有益。

2 苜蓿芽营养成分虽然多样，但含量却不多，且苜蓿芽含有会引发自体免疫反应的刀豆氨基酸，自体免疫疾病患者不宜食用过量。

3 苜蓿芽中的皂苷，会阻碍人体利用维生素E，不宜短时间内大量食用。

4 苜蓿芽含有嘌呤，痛风患者应谨慎食用，以免病症发作或变严重。

营养小提示

1 苜蓿芽含有丰富的膳食纤维，糖类含量又少，适合减肥的人食用，不过不建议大量食用。

2 苜蓿芽虽然营养成分多样，但含量却不多，若把苜蓿芽当作三餐的主食，而没有注意饮食均衡，可能会造成营养不良。

3 生吃苜蓿芽虽有自然风味，但若遭细菌污染，会引发腹泻、肠胃炎等不适症状，要小心食用。

● 怎样选购最安心

1 购买苜蓿芽的时候，以芽体洁白干净、长度均匀为挑选的基本原则。

2 芽体发黄、干枯或已经腐烂，甚至有黏液产生的苜蓿芽不可购买。

● 怎样处理最健康

1 苜蓿芽含多种营养成分，不过种植的时候容易受到污染，因此食用前一定要彻底清洗干净。

2 苜蓿芽热量低，水分充足，清凉爽口，不论生食、做成生菜沙拉、三明治或炒食，都非常适合。

3 苜蓿芽久煮不烂，很适合拿来作火锅食材。

● 怎样保存最新鲜

苜蓿芽不耐存放，若不能尽快吃完，可先泡水沥干，装入塑料袋中，再放置于冰箱冷藏。

春 夏 秋 冬

莲藕

Lotus Root

Tips 孕妇不宜生食

●宜食的人
心血管疾病、高血压、胆固醇高者

●忌食的人
肾脏病患者

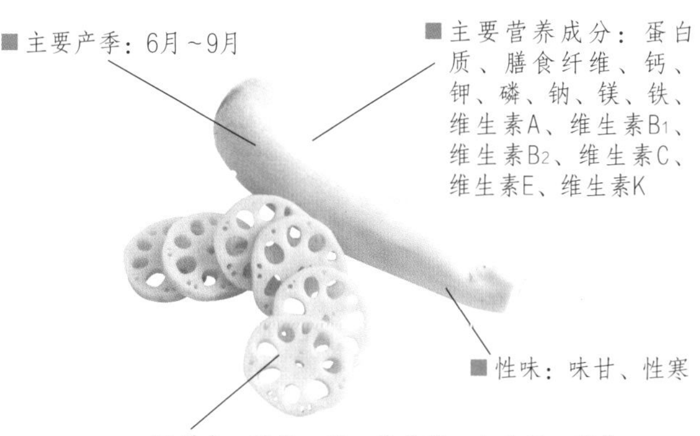

■主要产季：6月～9月

■主要营养成分：蛋白质、膳食纤维、钙、钾、磷、钠、镁、铁、维生素A、维生素B_1、维生素B_2、维生素C、维生素E、维生素K

■性味：味甘、性寒

■别名：莲根、藕、荷花藕、七孔菜、莲花

✓YES优质品

●**外观：**

1 表皮光滑微红，富有光泽

2 藕体肥重，呈现漂亮的圆柱形，质地坚硬，藕节间距适中

3 藕孔小而均匀，不带泥土

●**味道：** 闻起来有淡淡香味，没有异味或化学味。

✗NO劣质品

●**外观：** 色泽过于白皙

●**味道：** 闻起来有化肥味、化学香味或腐烂的臭味。

Health & Safe 安全健康食用法

这样吃最健康

1 莲藕是莲的茎部，单独食用时属寒性食材，能清热解烦，与热性食材一同烹煮时则具补血功效，营养丰富多样。

2 切莲藕时所产生的丝就是黏蛋白，可促进脂肪和蛋白质的消化，减少肠胃负担，肠胃功能较差者，宜多吃。但糖尿病患者要减少主食的食用量。

3 体质虚寒者不宜生吃莲藕，以免腹泻，但煮过后莲藕属性转热，则无此问题。

营养小提示

1 莲藕的切口很容易变色，切开后要尽快放入水中，避免氧化变色；或者可以在水中加入少许的醋，保持莲藕的原色。

2 莲藕的烹调时间不宜过长，以免营养成分流失，并失去清脆的口感。

3 将糯米塞入莲藕里，再以糖蜜的方式烹制，可以尝到莲藕松软的口感。

4 莲藕与猪肉片一同食用，能有效预防感冒，还有美化肌肤、缓解压力的功效。

●怎样选购最安心

1 以表皮光滑微红、富有光泽、藕体肥重、呈现漂亮的圆柱形、质地坚硬、藕节间距适中、藕孔小而均匀无变色且不带泥土为者为上品。

2 色泽过白，有化学味道者避免购买。

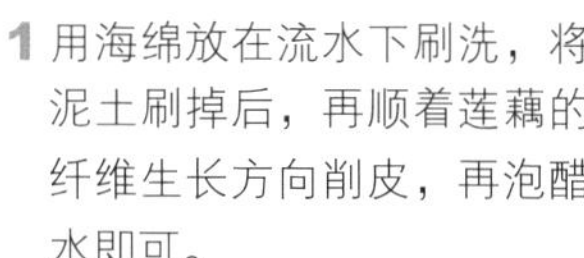

●怎样处理最健康

1 用海绵放在流水下刷洗，将泥土刷掉后，再顺着莲藕的纤维生长方向削皮，再泡醋水即可。

2 烹煮莲藕不宜用铁锅，会使莲藕变黑。

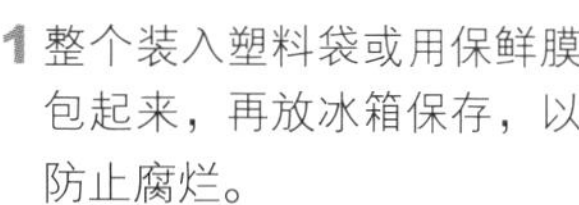

●怎样保存最新鲜

1 整个装入塑料袋或用保鲜膜包起来，再放冰箱保存，以防止腐烂。

2 莲藕切过后易氧化变黑，应尽快吃完。

Tips 烂姜会产生致癌的黄樟素

春 夏 秋 冬

姜 Ginger

●宜食的人
呕吐、咳嗽感冒者
●忌食的人
肾脏病、痔疮、肝病患者

■ 性味：味辛、性温

■ 别名：生姜、嫩姜、老姜、白姜、川姜

■ 主要产季：春、夏、秋、冬

■ 主要营养成分：糖类、烟碱酸、铁、钙、磷、钾、维生素B_2

✔ YES优质品

- **外观：**
  1 姜块肥满厚实，具重量感
  2 外形少分歧
  3 嫩姜表皮色白，尾端粉红；老姜表皮不皱缩
- **味道：** 闻起来有独特的气味。

✘ NO劣质品

- **外观：**
  1 姜身扁，重量轻，表面分歧多
  2 姜块枯萎、腐烂
- **味道：** 闻起来有化肥味或腐臭味。

Health & Safe 安全健康食用法

这样吃最健康

1 姜含有挥发性化合物、姜辣素、维生素C，可促进胃液分泌、加强血液循环、提高免疫力，可祛寒、预防感冒，对人体健康有很大的帮助。

2 医学研究发现，姜可以降低血压和胆固醇，血压和胆固醇偏高者可多吃。

3 姜是寒冬进补不可或缺的食材，但一次食用过多可能会发生口干、喉痛、流鼻血、便秘等不适症状，要注意摄取量，肝火旺盛的人应小心。

营养小提示

1 姜里面的姜酮和姜辣素，可以去除鱼或肉的腥味，还有杀菌的功效，料理时可以多加运用。

2 老姜纤维较粗，多半用来调味或中和寒性食物，在处理时可切片或拍碎，让风味更容易释出。

3 嫩姜口感比较好，也不像老姜这么辣，清洗干净之后，可以切丝入菜，或切片腌渍。

4 姜能够促进排汗，对于退烧和止咳的效果很好，是治疗感冒初期症状的理想食材。

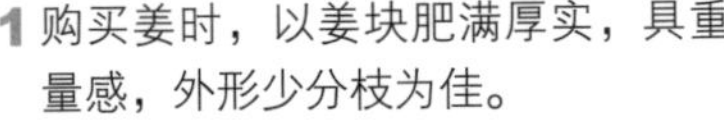

● 怎样选购最安心

1 购买姜时，以姜块肥满厚实，具重量感，外形少分枝为佳。

2 嫩姜要选表皮色白，尾端粉红者；老姜则以表皮不皱缩、没有腐烂枯萎者为佳。

● 怎样清理最健康

1 烹煮前，先浸泡于水中5分钟，再用刷子刷去表面的泥土。

2 腐烂的姜含黄樟素，可能诱发肝癌、食道癌等癌症，若有湿烂、发霉现象者应丢弃。

● 怎样保存最新鲜

1 嫩姜应装保鲜盒放冰箱。

2 老姜不适合放入冰箱，水分容易流失，放在阴凉处即可，或是将容器盛湿润的土，把老姜埋在土里。

过量食用会导致贫血

春 夏 秋 冬

蒜 Garlic

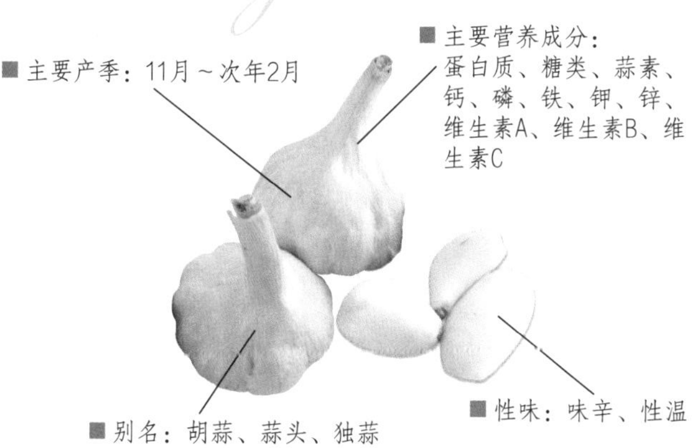

✓ YES优质品

- **外观：**
  1 颗粒完整饱满，分量结实
  2 包衣紧密
  3 蒜片大且均匀
- **味道：** 闻起来有蒜的特殊气味。

✗ NO劣质品

- **外观：**
  1 蒜片小又扁
  2 表皮腐烂发霉
- **味道：** 闻起来没有蒜独特的气味，或有化肥味及腐烂的臭味。

安全健康食用法

这样吃最健康

1 蒜因含有蒜素，所以有呛鼻的臭味；但也因蒜素，使得蒜具有强烈杀菌作用，能预防感冒、防止感染。另外，蒜素还能强化维生素B_1的作用，增强体力、消除疲劳。

2 火气大、便秘、眼睛发炎或易长青春痘者避免生食。蒜具溶血作用，故过量食用会造成贫血，需多加注意。

3 空腹时也应避免生食蒜头，否则会刺激胃黏膜，引起胃痛。

营养小提示

1 蒜中的蒜素容易让口气不佳，为避免这种尴尬状况，建议和豆类、肉类、鱼类等蛋白质食物一起食用，降低大蒜的气味。

2 蒜有助于糖类和维生素B_1的吸收，建议多和相关食材，如猪肉、蛋黄等搭配食用。

3 蒜有扩张末梢血管、促进血液循环的功能，手脚容易冰冷的人适合食用。

4 生吃大蒜，口腔会出现异味，在口中含一颗酸梅，或细嚼少许茶叶，就能得到改善。

● 怎样选购最安心

1 购买大蒜时，以颗粒完整饱满、分量结实、包衣紧密、蒜片大且均匀、闻起来味道浓厚者为佳。

2 大蒜表皮若已腐烂或发霉，表示已经不新鲜，建议不要购买。

● 怎样清理最健康

1 蒜不需特别清洗，烹煮前只要将外膜剥去即可。

2 蒜素遇热易分解，会降低杀菌的功效，所以蒜生吃最好，杀菌效果更佳。

● 怎样保存最新鲜

1 因味道重，在常温下，可将蒜放入网袋里，悬挂在通风处即可。

2 装入保鲜盒中再冷藏，以免冰箱充满蒜味。

3 蒜球保质期比蒜瓣久。

Chapter 1 生鲜食材馆

花菜类吃得安心

小说里的花朵总是带点浪漫温柔的色彩，玉体柔弱的女主角总是捧花叹息，或是借由吃花让身体散发出自然芳香。现实生活中，花朵的确可以入菜烹调，只是当小说中的玫瑰换成真实的西兰花、黄花菜，就没有那么浪漫了。

西兰花与黄花菜皆不宜生食，翻炒前也要仔细清洗，以免花虫跟着花朵入肚。花菜类蔬菜食用后体味不会变香，但丰富的营养素可以健全体魄。花菜类蔬菜食用的B族维生素、维生素C的含量极高，经常食用可预防癌症、增强抵抗力，并维持身体细胞的正常运作。

西兰花还含有类黄酮，可预防心血管疾病；黄花菜中的卵磷脂、钙、磷等成分则可安神健脑，铁质是菠菜的五倍，也含有叶酸，有助于胎儿发育。

烹煮前彻底洗净

菜农喷洒农药时多是自高处向下喷洒，花菜类蔬菜首当其冲，“迎接”了大部分的农药，并卡在花苞缝间。花菜类蔬菜的清洗工夫自然不能省。西兰花需先分成小株，放在清水下一一冲洗，冲洗后浸泡于盐水中，清除寄生虫卵。黄花菜则需要浸泡于清水中，以溶出农药。

煮熟才能吃

西兰花类因不含毒素，无须担心未煮烂而中毒，但生食仍会产生腹胀等不适症状，只要煮熟就可以起锅，煮食过久不仅损失维生素等营养，也会影响西兰花的清脆口感。

黄花菜一定要煮熟才能食用。生的黄花菜含秋水仙碱，秋水仙碱在医疗上可治疗痛风，一天摄入量不超过4毫克。如果过量摄取，短时间内就会出现中毒症状，如呕吐、恶心、头晕等，长期过量食用会影响肝肾功能，不能不慎。故浸泡洗净黄花菜的一定要煮熟，就可大量减少秋水仙碱的含量。若不慎食用而出现中毒现象，应尽快咨询医生，并小心不要再误食。

NOTE 应避免食用西兰花者：服用抗凝血药物、甲状腺功能异常或洗肾患者

正服用抗凝血药物、甲状腺功能异常、洗肾患者都应避免食用西兰花；花菜类蔬菜含有嘌呤，痛风患者应酌量食用。干燥黄花菜挑选时必须特别注意色泽，一般干燥黄花菜的颜色会呈现暗黄、深褐色，如果是鲜黄或红橙色，可能是浸泡过漂白水、防腐剂等化学药剂，闻起来也会有股刺鼻的药水味。

另外在干燥过程中若处理不当，会使黄花菜腐烂产生酸味，烹调后口感如果不甘甜，就要丢弃不食，以免因小失大。

春 夏 秋 冬

菜花

Tips 泡盐水以除去虫卵

Cauliflower

●宜食的人
癌症、糖尿病、心血管疾病患者
●忌食的人
肾功能异常者

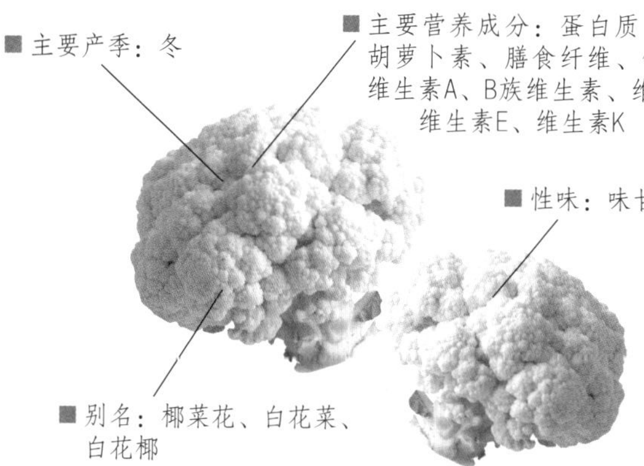

■ 主要产季：冬

■ 主要营养成分：蛋白质、糖类、胡萝卜素、膳食纤维、钙、磷、维生素A、B族维生素、维生素C、维生素E、维生素K

■ 性味：味甘、性平

■ 别名：椰菜花、白花菜、白花椰

✔ YES优质品

● **外观：**

1 花梗颜色为淡青色

2 花蕾颜色白皙，表面隆起完整无缝隙

3 整株干净清洁，叶子鲜绿湿润

● **味道：** 闻起来没有异味或化学味。

✘ NO劣质品

● **外观：**

1 花蕾出现斑点，整株不具重量感

2 花梗太过宽厚、粗糙

● **味道：** 闻起来有化肥味或腐臭味。

Health & Safe 安全健康食用法

这样吃最健康

1 菜花含有胡萝卜素、维生素B_1、维生素B_2、维生素C等，能减缓身体老化现象、增强免疫力、消除疲劳、促进消化，容易感冒、火气大或便秘的人适合多吃。

2 菜花含有少量可能导致甲状腺肿大的物质，因此食用时最好搭配碘含量较高的食物。

3 菜花钾离子含量丰富，肾脏功能较差者，食用前建议先用热水汆烫。

营养小提示

1 菜花营养丰富，烹煮的时候可以加入少许的盐，加速菜花软化，缩短烹调时间，并保留更多的营养成分。

2 菜花的叶与枝干比花蕾所含的营养成分更多，若担心口感不佳，烹煮前可先撕除枝干上的粗纤维，口感绝对不输花蕾。

3 菜花以氽烫或快炒的方式处理最好，烹调时可加入含有维生素E的食用油，增加抗氧化能力和促进胡萝卜素的吸收。

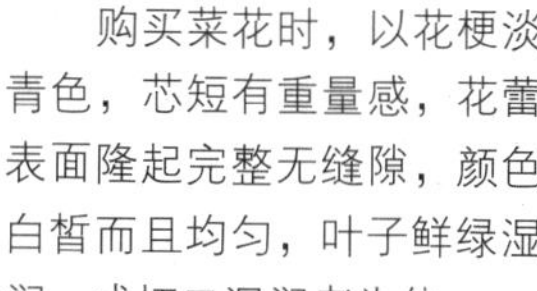

● 怎样选购最安心

购买菜花时，以花梗淡青色，芯短有重量感，花蕾表面隆起完整无缝隙，颜色白皙而且均匀，叶子鲜绿湿润，或切口湿润者为佳。

● 怎样清理最健康

菜花的花蕾容易残留农药与藏匿菜虫，清洗时切除花茎较硬部分，将花蕾连茎分为小株，以清水冲洗后再浸泡盐水5分钟，即可去除虫卵。

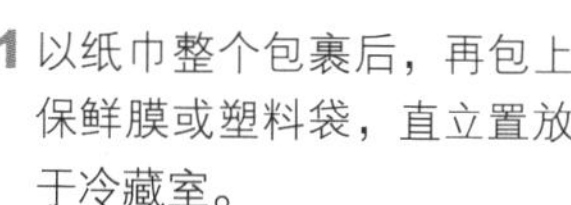

● 怎样保存最新鲜

1 以纸巾整个包裹后，再包上保鲜膜或塑料袋，直立置放于冷藏室。

2 菜花放冰箱容易使花蕾开花，影响口感和营养价值，可分为小株氽烫煮熟，再置于冷冻库冷冻。

Tips 甲状腺功能异常者勿食

●宜食的人
癌症、免疫力差的人
●忌食的人
甲状腺功能亢进、肾功能异常者

春 夏 秋 冬

西兰花 Broccoli

■别名：绿花椰、青花菜、绿菜花

■性味：味甘、性平

■主要产季：冬

■主要营养成分：蛋白质、糖类、胡萝卜素、膳食纤维、钙、磷、维生素A、B族维生素、维生素C、维生素E、维生素K

✓ YES优质品

- **外观：**
  1 花朵紧密深绿，色泽均匀
  2 菜梗粗实、切口湿润
  3 如果仍带叶片，应紧邻花朵
- **味道：**闻起来没有异味或化学味。

✗ NO劣质品

- **外观：**
  1 花苞稀疏且有部分泛黄
  2 菜梗软烂空心、切口粗黄、干枯
  3 花苞有泡水软烂现象
- **味道：**闻起来有化肥味或腐臭味。

Health & Safe 安全健康食用法

这样吃最健康

1 常吃西兰花不仅可防癌解毒、提高免疫力，其所含类黄酮具有清理血管以及预防心血管疾病的功效。

2 西兰花含有丰富的维生素K，会增强凝血功能，若正服用抗凝血药物者，应避免食用，以免影响药物效力。

3 西兰花含有天然甲状腺肿大剂，一般人食用不会对甲状腺功能造成影响，但患有甲状腺功能失常者应避免食用。

4 西兰花钾含量高，洗肾者应避免食用。

营养小提示

1 西兰花不仅可下菜烹煮，也常是沙拉的配菜之一。西兰花含有大量的维生素与矿物质，很容易在烹调时被破坏，而且容易变软、发黄，故烹调的时间不宜过久。

2 西兰花较菜花含有更多胡萝卜素，经常食用可保护眼睛、改善视力。

3 西兰花的茎部营养价值较高，烹煮前将外皮剥除，再用热水稍微汆烫一下，就可避免维生素C流失，保有较多营养成分。

西兰花怎样选购最安心

1 购买西兰花时，先看看整株是否呈现深绿色，花蕾部分是否紧实，切口部分是不是湿润有水，再用手掂掂看有没有沉重感，以上才是合格西兰花的挑选原则。

2 西兰花的花苞若稀疏，花蕾部分已经开出黄花，菜梗软烂空心，切口部分干枯、粗黄，花苞出现软烂现象，代表已经过了赏味期限，不宜购买。

3 冬天时的西兰花和菜花，由于低温天冷，生长速度缓慢，因而无论在品质、口感以及甜度方面，都比其他季节的更佳。

西兰花怎样处理最健康

1 绿色西兰花主要食用部分为花蕾。因细小的花苞容易积存农药、藏匿菜虫，清洗时可抓住菜梗，使花苞泡在流动的清水中，轻轻摇晃后取出；切除菜梗较硬部分，再将西兰花分成小朵，放入盐水中浸泡约5分钟，即可除去花蕾中残留的虫卵。

2 从水中取出后需沥干水分，避免花蕾吸收太多水分而影响口感。

3 烹煮时加入少许盐，可缩短西兰花软化时间，此法虽能保留更多营养，但也应注意避免煮得太软而影响口感。

4 西兰花食用过量容易胀气，除了酌量食用之外，可采用蒸锅蒸熟或小火炖煮的方式，或者适当延长烹煮时间即可避免。

5 若使用汆烫的方式烹调西兰花，可在汆烫后用冰水泡一下，如此一来不但能增加清脆的口感，也可以避免西兰花变黄。

6 西兰花与大蒜一起烹煮，有助于提高肝脏细胞的代谢功能，排除体内的有毒废物，有效缓解疲劳。体力消耗量大或时常感到疲劳的人，可以多吃。

7 西兰花搭配干贝一同食用，其维生素C和维生素E的结合，不仅能够预防心血管疾病、癌症，还能保护视力健康，更有抗老功能，能防止色素沉淀，防止形成雀斑、黑斑的功效。

西兰花怎样保存最新鲜

1 西兰花以纸巾整个包覆后，再包上保鲜膜或塑料袋，直立置放于冷藏室。

2 西兰花在常温下容易开花，会影响口感和营养价值，可将西兰花分为小株汆烫煮熟，再置于冷冻库中冷冻保存。

3 烹煮前再取出清洗，可以避免西兰花吸收过多水分而有发霉现象。

西兰花的饮食宜忌 O + ✗

宜→O 对什么人有帮助

O适合乳腺癌或大肠癌等癌症患者食用

O想年轻无斑的爱美女士可多吃

O免疫力较弱或容易感冒的人可以多吃

O火气大、容易便秘的人可以多吃

忌→✗ 哪些人不宜吃

✗ 甲状腺功能亢进的人需谨慎控制食用量

✗ 肾脏功能异常的人不宜多吃

✗ 凝血功能不正常的人要少吃

Tips 忌生吃新鲜黄花菜

春 夏 秋 冬

黄花菜 Daylily

●宜食的人
孕妇、
体力大量消耗者

●忌食的人
皮肤瘙痒症患者

■别名：萱草、忘忧草、金针菜、金针花、柠檬萱草、萱萼

■性味：味甘、性平

■主要产季：6月～10月

■主要营养成分：叶酸、钙、磷、维生素A、维生素B_1、维生素B_2、维生素B_6、维生素C、维生素E、维生素K

✓ YES优质品

●**外观：**

1 花苞紧密未开

2 纤维组织较硬，质地细嫩

3 花瓣呈现黄绿色，含水量多

●**味道：**闻起来没有异味或化学味。

✗ NO劣质品

●**外观：**

1 花瓣枯萎、干燥

2 花苞已开

3 花瓣软烂，不坚挺

●**味道：**闻起来有化肥味或腐烂味。

Health & Safe 安全健康食用法

这样吃最健康

1 黄花菜含有丰富的胡萝卜素和维生素C，具有抗氧化作用，能保护黏膜细胞，避免感染，还可以增强免疫力。

2 黄花菜含秋水仙碱，生食会引起恶心、腹泻等中毒反应，甚至有生命危险，但只要煮熟，秋水仙碱就会被破坏，所以千万不要生食黄花菜。

3 黄花菜能镇静安神，帮助哺乳妇女分泌乳汁，还能降低胆固醇，适用于所有年龄。

营养小提示

1 黄花菜吃太多会影响视力，每天不宜超过50克。

2 黄花菜含丰富的蛋白质和铁质，适合和肉类一起炖煮。此外，黄花菜的纤维质还能减少肉类中的脂质摄取过量，是一道值得推荐的食材。

3 大蒜里的大蒜精可以促进黄花菜中维生素B_1的吸收，一起搭配食用，对注意力不集中、记忆力减退等状况有明显的改善。

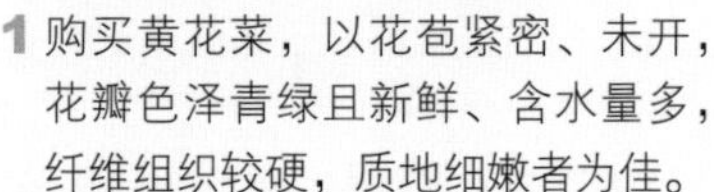

●怎样选购最安心

1 购买黄花菜，以花苞紧密、未开，花瓣色泽青绿且新鲜、含水量多，纤维组织较硬，质地细嫩者为佳。

2 花苞已开、花瓣枯萎、干燥、软烂的黄花菜，表示已经不新鲜。

●怎样处理最健康

1 烹煮黄花菜前，要先在干净的清水中浸泡，再用流水冲洗。

2 黄花菜不能生食，烹调前一定要先用水浸泡2小时，再煮至熟透才能食用。

●怎样保存最新鲜

1 黄花菜最好要当天食用完毕。

2 去掉黄花菜的花蕾后，装在保鲜袋里，再放入冰箱的蔬果室冷藏，可保存2～3天。

Chapter 1 生鲜食材馆

瓜果类吃得安心

色彩鲜艳的瓜果类过去多盛产于温暖的季节，现今由于栽培技术的进步，一年四季都有收成。瓜果类有高含水、清凉的特性，能让人在炎炎夏日里消暑降火。瓜果类的水分含量远超过其他蔬菜类，能补充体内水分，保持肌肤饱满与弹性，现代人如果懒得喝水，就更应该多食用瓜果类蔬菜以补充体内水分的不足。

瓜果类含维生素与矿物质等多种营养成分，若与其他蔬菜相互搭配食用，丰富菜色变化之余，也能摄取均衡营养。多数瓜果类蔬菜属高钾低钠的食材，不会加重高血压或心脏病患者的身体负担，可放心食用；但如果食用过量，可能导致高血钾症，或加重肾脏负担，肾脏病患者应特别注意摄取量。

瓜果类在结果时期若受风灾侵袭，很容易造成植株受损，影响结果品质，果实也可能被吹落在地，严重减损产量，造成价格上扬，建议此时可暂以其他蔬果代替。

首先去除农药

果实暴露于空气中，容易接触到喷洒的农药，清洗时首先去除残存农药。蒂头凹陷处最容易积存农药，清洗前宜先去除蒂头，再于清水下冲洗。

不食用外皮的瓜果蔬菜，削皮前需冲洗，避免表皮农药污染果肉，削皮后建议再次冲洗，确保无残留农药污染。

可生吃，也可煮熟

瓜果类并不含特殊毒素，故生吃不会造成中毒现象，具有胡萝卜素或茄红素的瓜果，烹煮后食用能使营养更有效地被人体吸收。

挑选保存要注意

瓜果类蔬菜虽然色彩鲜艳，挑选时却不能一味挑选色泽最亮丽的，某些不法商人为增加卖相，会将蔬果浸泡于药剂中，使其颜色更加明显光亮，故挑选时，应注意瓜果表面色泽是否均匀，有无脱色现象，是否有异味、酸味等不自然的味道。

如果果农耕种时，加入过多生长激素，会导致果实形状歪斜，挑选时也应选择形状正常、饱满者。部分过熟或腐坏的瓜果会衍生有毒物质，如玉米、茄子，挑选与保存都需要特别加以注意。

除椒类、南瓜外，瓜果类多属寒凉性食材，身体虚弱、月经期间的女性、容易手脚冰冷或腹泻者，应酌量食用，或于烹煮时加入温、热性食材以中和。

Tips 去蒂后再清洗

春 夏 秋 冬

青椒 Bell Pepper

●宜食的人

抵抗力弱、容易感冒、食欲不振、容易疲劳者

●忌食的人

关节炎患者

■ 别名：灯笼椒、柿子椒

■ 性味：味甘、性温

■ 主要产季：秋、冬

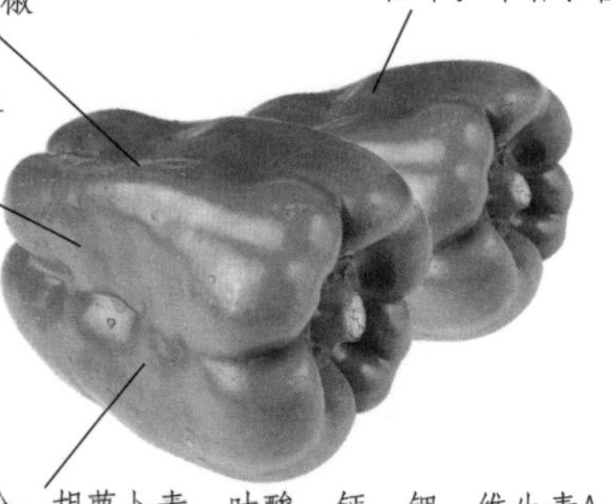

■ 主要营养成分：胡萝卜素、叶酸、钙、钾、维生素A、维生素B1、维生素B2、维生素B6、维生素C、维生素E、维生素K

✓ YES优质品

- **外观：**
  1 表皮光滑有弹性，无斑点水烂
  2 颜色亮丽鲜艳且均匀
  3 果蒂切口湿润新鲜
- **味道：** 闻起来有青椒特殊气味，没有异味或化学味。

✗ NO劣质品

- **外观：**
  1 表皮软烂、有褐斑、腐烂
  2 颜色淡，触感软
- **味道：** 闻起来有一股刺激呛鼻味。

Health & Safe 安全健康食用法

这样吃最健康

1 青椒的维生素含量丰富，有助于增强体力，减轻疲劳感，也可改善牙龈出血、贫血等问题，其中硒还能促进毛发增生与指甲生长。

2 青椒虽可加速心跳、促进血液循环，但也容易引发热病，如痔疮等，需小心食用。

3 青椒属温热性食材，红斑性狼疮患者应酌量食用。植物碱会阻碍关节修复，关节炎患者也不宜食用。青椒也可能会促使溃疡加重，要注意。

营养小提示

1 青椒对生长环境的要求甚高，不但容易长出畸形瓜果，也容易受病虫害侵袭，栽培过程中常喷洒大量农药，因此烹煮前一定要彻底清洗。

2 如果害怕青椒的呛味，只要先去除青椒的果蒂及籽，用火烤过后泡入冷水里，就可轻易将青椒皮剥下，呛味也会减少许多。

3 青椒维生素不易受热破坏，但翻炒时间仍不宜过长，以保留营养素，也能保有爽脆的口感。

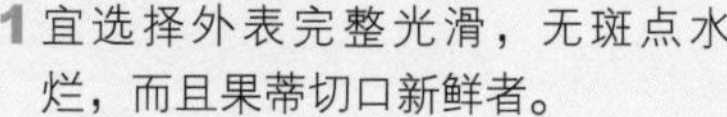

● 怎样选购最安心

1 宜选择外表完整光滑，无斑点水烂，而且果蒂切口新鲜者。

2 颜色过绿或头部过宽，表示生长环境差，使用较多农药，避免选购。

● 怎样清理最健康

1 农药容易积存在青椒蒂头的凹陷处，清洗时可先将椒体对切，取下蒂头与籽，再置于流水下反复冲洗，就可洗去残留农药。

2 烹煮前可先用冰水浸泡，增加脆甜口感。

● 怎样保存最新鲜

青椒最佳保存温度为7～10℃，太冷容易使青椒变软，可用多层报纸或纸巾包覆后再置于冰箱最下层，保质期约一星期。若购买太多，可先炒过再冷冻，以延长保质期。

春 夏 秋 冬

Tips 常食能增强体力

甜椒 Sweet Pepper

●宜食的人
容易感冒、抵抗力弱、食欲不振、压力大的人
●忌食的人
痔疮、关节炎者

■主要产季：秋、冬

■别名：红椒、黄椒、彩椒、菜椒

■性味：味甘、性温

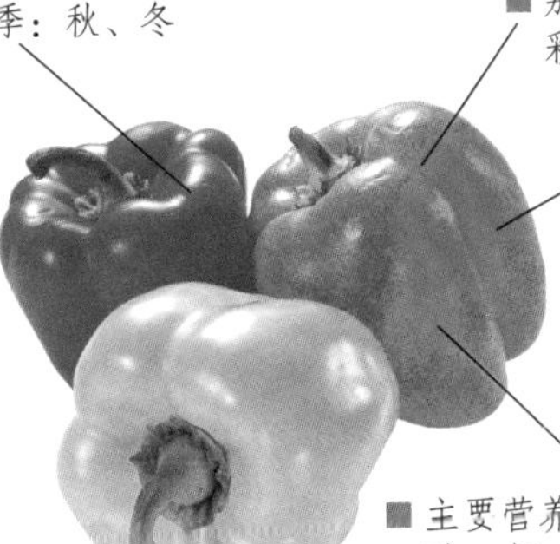

■主要营养成分：胡萝卜素、叶酸、钙、钾、维生素A、维生素B_1、维生素B_2、维生素B_6、维生素E、维生素K

✓YES优质品

● **外观：**

1 果形端正，肉质厚实

2 表皮光滑有弹性，颜色亮丽鲜艳且均匀

3 果蒂切口湿润新鲜

● **味道：** 闻起来有甜椒特殊气味。

✗NO劣质品

● **外观：**

1 颜色淡，触感软

2 表皮软烂、有褐斑、腐烂

● **味道：** 闻起来有一股刺激呛鼻味。

Health & Safe 安全健康食用法

这样吃最健康

1 甜椒含丰富的维生素C，大约2个甜椒，就可以满足人体一天对维生素C的需求量。

2 甜椒含有一种植物碱，会抑制关节的修复作用，对甜椒过敏，或是关节炎、类风湿性关节炎患者不可多吃。

3 去除辣椒的呛味及辛辣味道，留下鲜甜清脆的口感改良而成的甜椒，富含维生素，经常食用能增强体力，减轻疲劳，也可改善牙龈出血、贫血等症状。

营养小提示

1 甜椒比青椒肉质厚，水分多，质地脆且口感甜，非常适合生吃，但要彻底洗净。

2 甜椒对生长环境的要求甚高，喜爱温暖干燥的环境，只要高温多雨，就会长出畸形瓜果，且容易受病虫害侵袭，因此栽培过程中常喷洒大量农药，清洗时就得更加注意。

●怎样选购最安心

1 选购甜椒时，宜选外表完整光滑、肉质厚实、果形端正、果蒂切口新鲜者。

2 卖场贩售甜椒常整袋出售，搬运过程中若受到撞击就容易软烂发霉，挑选时要特别注意。

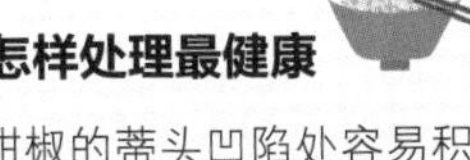

●怎样处理最健康

1 甜椒的蒂头凹陷处容易积存农药，清洗时先将椒体对切，取下蒂头与籽，再置于流水下反复冲洗，就可洗去残留农药。

2 甜椒中的胡萝卜素经由热炒后，吸收效果更好。

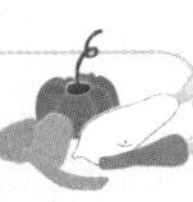

●怎样保存最新鲜

1 7～10℃是保存甜椒最适合的温度。保存时可用多层纸或纸巾包覆后，再放在冰箱最下层。

2 甜椒放太久，内籽会发黑，尽量不要一次买太多。

Tips 对肠胃刺激性强

春 夏 秋 冬

辣椒 Chili Pepper

●宜食的人
贫血、体寒、感冒的人

●忌食的人
肠胃炎、胃溃疡、高血压患者

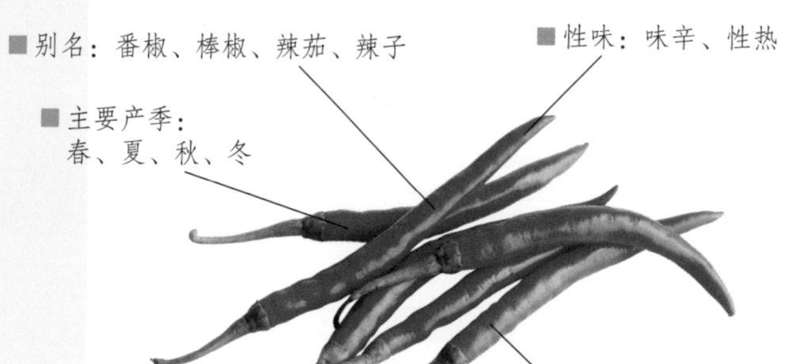

■别名：番椒、棒椒、辣茄、辣子

■性味：味辛、性热

■主要产季：春、夏、秋、冬

■主要营养成分：辣椒碱、辣椒红素、钙、铁、磷、镁、维生素A、B族维生素、维生素C

✔ YES优质品

●外观：

1 大小均匀，果皮坚实

2 椒体色泽鲜艳光亮，表皮无腐烂

3 没有裂口、虫咬或斑点

4 越小的辣椒辣度越高

●味道：闻起来有辛辣的味道。

✘ NO劣质品

●外观：

1 表皮出现腐烂、虫咬或斑点

2 椒体有裂口

●味道：闻起来有化肥味或腐臭味。

Health & Safe 安全健康食用法

这样吃最健康

1 辣椒含有维生素C和维生素P，可降低动脉硬化发生的几率，增加血管弹性。

2 辣椒呛烈的味道来自辣椒素，不仅可以促进肠胃蠕动、活血祛寒，也可以外用缓解肌肉疼痛。

3 辣椒强烈的味道有助于提振食欲、促进消化，热带地区的居民菜肴中常加入辣椒，就是这个原因。

4 大量食用辣椒会刺激胃肠黏膜，造成消化液分泌过多，导致肠胃道疾病；还会刺激心脏，造成心血管疾病患者的不适，必须要注意。

营养小提示

1 辣椒性热，刺激性又高，容易引起腹泻、胃痛、肠胃不舒服等症状，胃病、痔疮患者或是吃辣容易肠胃不适者，只能少量食用。

2 辣椒的维生素P可防止维生素C被氧化，所以除了生吃外，烹煮也不会造成辣椒的维生素C流失。

3 烹调快起锅时放入辣椒，不但可以减少辣味的刺激，也能增加营养，还能丰富菜肴的色彩。

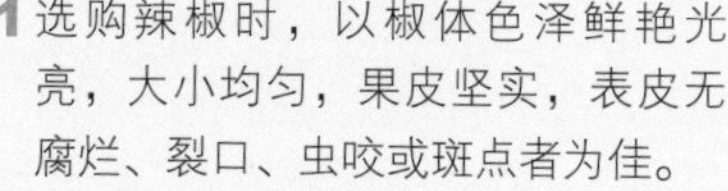

●怎样选购最安心

1 选购辣椒时，以椒体色泽鲜艳光亮，大小均匀，果皮坚实，表皮无腐烂、裂口、虫咬或斑点者为佳。

2 若喜欢辣椒的辣味，可挑选小一点的辣椒，越小的辣椒辣度越高。

●怎样处理最健康

1 清洗辣椒时，放入水中浸泡，再轻轻捞起即可。在水中浸泡太久或清洗时太用力，会导致香味流失。

2 在烹调时刮去辣椒籽，辣度就会减轻许多。

●怎样保存最新鲜

1 未切开的辣椒放在塑料袋内，袋口不密封，置于阴凉通风处，可保存几天。

2 已切开的辣椒最好置于保鲜盒中，放在冰箱内冷藏。

春 夏 秋 冬

丝瓜 Loofah

Tips 丝瓜绒毛易附着农药

●宜食的人
体质燥热、经常便秘、夏天容易中暑的人
●忌食的人
容易腹泻的人

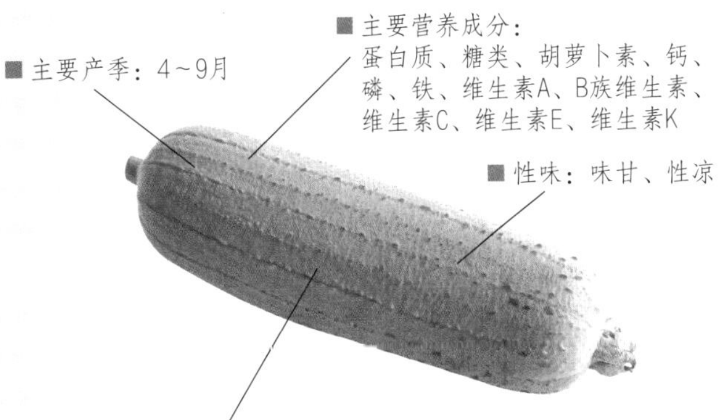

✓YES优质品

- **外观：**
  1 触感柔软有弹性，具沉重感
  2 瓜皮深绿无损伤，瓜纹明显、疙瘩粗糙，看起来有雾状感
  3 尾端余有花萼片
- **味道：** 闻起来没有异味或化学味。

✗NO劣质品

- **外观：**
  1 瓜身有病虫害、腐烂
  2 摸起来松软
- **味道：** 闻起来有化肥味或腐臭味。

Health & Safe 安全健康食用法

这样吃最健康

1 丝瓜功用良多，提炼为丝瓜水可使皮肤细嫩洁白，入菜则可解毒化痰，月经不调的女性多吃丝瓜也能达到调理效果。

2 丝瓜属凉性，容易腹泻或手脚冰冷的人不宜食用过多，烹煮时可加姜丝。

3 丝瓜带薄皮快炒，清脆多汁，但一定要彻底煮熟才行，否则其植物黏液和木胶质会刺激肠胃，引起食欲不振、反胃、胸闷或腹痛等不适症状。

营养小提示

1 丝瓜可以采用煎、煮、炒、炸、炖各种方式烹调，唯独不适合拿来生吃。

2 一般烹调食用以鲜嫩丝瓜为佳，但若作为药用，则以老丝瓜的药用效果较好。

3 丝瓜煮熟后的汤汁容易变黑，不过只要控制烹煮时间，用大火快炒，并在起锅前放入盐调味，就可以避免颜色改变。

4 丝瓜氽烫后，加入酱油、麻油和醋拌食，清凉开胃，营养又好吃。

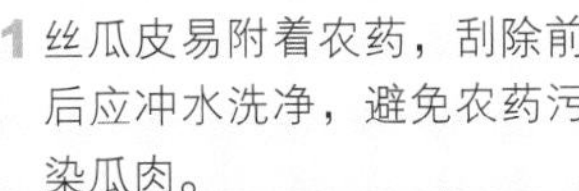

●怎样选购最安心

1 选购丝瓜，以看起来有雾状感，瓜皮深绿无损伤，瓜纹明显，疙瘩粗糙，尾端余有花萼片，触感柔软有弹性，手掂有沉重感者为佳。

2 瓜身摸起来松软，有病虫害或腐烂的丝瓜不宜购买。

●怎样处理最健康

1 丝瓜皮易附着农药，刮除前后应冲水洗净，避免农药污染瓜肉。

2 丝瓜切开后应立即烹煮食用，避免养分流失。

3 丝瓜挖去蒂头或切片后先浸盐水，可避免变色。

●怎样保存最新鲜

保存丝瓜的环境温度不能太低，可先切去蒂头，延缓老化，多包两层纸再置入冷藏，并注意不要压烂。

Tips 宜搭配其他蔬果会用

●宜食的人
胆固醇过高、肠胃不适、肥胖、皮肤粗糙的人

●忌食的人
拉肚子或呕吐者

春 夏 秋 冬

小黄瓜 Gherkin

■别名：花胡瓜、花瓜、小胡瓜、迷你黄瓜、荷兰小黄瓜

■主要产季：3月～11月

■性味：味甘、性凉

■主要营养成分：蛋白质、胡萝卜素、膳食纤维、钙、铁、磷、钠、维生素A、B族维生素、维生素E、维生素K

✓ YES优质品

●**外观：**

1 瓜身粗壮略弯，表皮柔嫩、光滑、色泽均匀，大小一致

2 触摸时坚实无皱缩松软现象

●**味道：**闻起来没有异味或化学味。

✗ NO劣质品

●**外观：**

1 瓜身形状怪异，身太细或太弯

2 表面凹凸不明显，出现黄色斑点

3 瓜身软烂，甚至有渗液

●**味道：**闻起来有化肥味或腐臭味。

Health & Safe 安全健康食用法

这样吃最健康

1 小黄瓜含有维生素C、钾、黄瓜酶、丙醇二酸、维生素E等营养成分，有预防感冒、促进新陈代谢、降低胆固醇、净化血液、解毒等功效，胆固醇过高、肥胖的人或爱美的女性可以多吃。

2 小黄瓜低热量、低脂，又能降血糖，是糖尿病患者最好的食物，也是很好的减肥品，但若食用腌黄瓜反而会因盐类而发胖。

营养小提示

1 小黄瓜维生素含量较少，应搭配其他蔬果一起食用，以免营养失调。

2 小黄瓜有利尿作用，加热烹煮后食用，会比直接生吃来得有效果。

3 外表呈现浓绿色的小黄瓜含有较多的类胡萝卜素、配糖体，吃起来略有苦味，不喜欢这种味道的人，尽量挑选表皮颜色青翠浅绿的小黄瓜。

4 小黄瓜含有会破坏维生素C的酶，加醋或加热超过50℃，就能有效抑制该酶的功能。

●怎样选购最安心

1 以表皮柔嫩、光滑、色泽均匀，触摸时坚实无皱缩松软现象，表皮呈现绿色者为佳。

2 小黄瓜表面出现黄色斑点，瓜身软烂，甚至有渗液，表示已经不新鲜，不宜购买。

●怎样处理最健康

温室栽种的小黄瓜较无土壤污染的疑虑，但仍有杀虫剂残留的可能，烹调前最好先在流水下搓洗，再将小黄瓜放置于砧板上，撒点盐，用两手轻轻将小黄瓜转一转磨擦后洗净即可。

●怎样保存最新鲜

1 以纸或保鲜膜包裹放冰箱冷藏。

2 小黄瓜碰水容易腐烂，食用前再清洗即可。

春 夏 秋 冬

黄瓜 Cucumber

Tips 睡前吃太多影响睡眠

●宜食的人
胆肾结石、胆固醇过高、容易便秘的人

●忌食的人
脾胃虚寒者

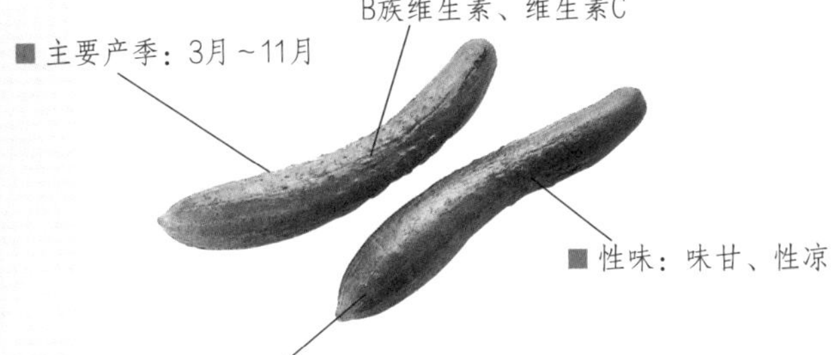

■主要营养成分：蛋白质、膳食纤维、钙、钾、铁、磷、钠、维生素A、B族维生素、维生素C

■主要产季：3月～11月

■性味：味甘、性凉

■别名：刺瓜、大黄瓜、胡瓜、青瓜

✓YES优质品

- **外观：**
  1. 瓜身粗壮硬挺，表面有凹凸小刺
  2. 表皮色泽青绿，有明显细白果粉
  3. 触摸时坚实无皱缩松软
- **味道：** 闻起来没有异味或化学味。

✗NO劣质品

- **外观：**
  1. 表皮出现褐点、虫蛀或发黄
  2. 瓜身软烂，甚至有渗液
- **味道：** 闻起来有化学肥料味或腐烂的臭味。

Health & Safe 安全健康食用法

这样吃最健康

1. 黄瓜水分高，富含维生素C，有助于美容，但食用过量会造成气血亏虚，体虚或久病者应注意。
2. 黄瓜中含有丙醇二酸的成分，可减少体内脂肪的形成，有瘦身的效果，适合减肥的人吃，不过应注意食用量。
3. 黄瓜属凉性蔬菜，容易腹泻，胃寒者、慢性支气管炎患者或经期前后的女性都应尽量少食用。

营养小提示

1. 炒食黄瓜之前，可先将其切片拌盐，如此一来就能去掉水分，让口感更脆甜。
2. 黄瓜通常拿来煮汤或炒食，味道清甜又退火，夏日食用有助于提振食欲。
3. 黄瓜的腌渍时间不宜太久，因为所含水分多，不但容易出水变软，口感也会变差，而且水溶性营养成分也会流失。
4. 黄瓜与苹果同食，有刺激肠胃蠕动、促进排便的功效，适合便秘的人食用。

●怎样选购最安心

1. 以表皮色泽青绿，有明显细白果粉，瓜身粗壮硬挺，表面有凹凸小刺，坚实无皱缩松软现象者为佳。
2. 黄瓜表面若出现褐色斑点、虫蛀或发黄，瓜身软烂，表示已经不新鲜，不宜购买。

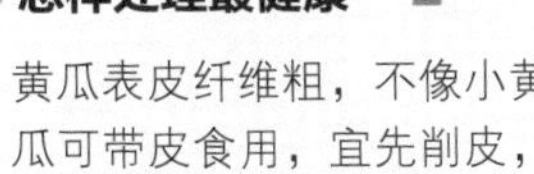

●怎样处理最健康

1. 黄瓜表皮纤维粗，不像小黄瓜可带皮食用，宜先削皮，剖半后挖籽，再冲洗。
2. 黄瓜可凉拌生吃、快炒煮汤或腌渍。煮汤可搭配排骨，快炒以翠绿鲜嫩的胡瓜口感最佳。

●怎样保存最新鲜

1. 以纸或保鲜膜包裹，再放入冰箱冷藏，可保存7～14天。
2. 黄瓜碰水容易腐烂，食用前再以水清洗即可。

Tips 青绿西红柿慎食

春 夏 秋 冬

西红柿 Tomato

●宜食的人
糖尿病、前列腺癌患者

●忌食的人
慢性肾脏病患者

■别名：西番柿、洋柿子

■性味：味甘酸、性微寒

■主要产季：春、夏、秋、冬

■主要营养成分：类胡萝卜素、钾、钠、镁、磷、铁、维生素A、维生素B_1、维生素B_2、维生素B_6、维生素C、维生素E、维生素K、维生素P

✓ YES优质品

● **外观：**

1 果实浑圆饱满，果色红润均匀

2 有弹性，轻压略凹陷后即弹回

3 果蒂鲜绿硬直，与果实紧密连结

● **味道：** 闻起来没有异味或化学味。

✗ NO劣质品

● **外观：**

1 果皮红绿相间，或全为绿皮

2 表皮皱缩、软烂

3 果蒂枯黄萎缩，可轻易剥落

● **味道：** 闻起来有腐烂的臭味。

Health & Safe 安全健康食用法

这样吃最健康

1 西红柿所含的果胶容易与胃酸凝结成块，导致胃痛、腹胀，故空腹时不应食用西红柿，急性肠炎、胃病患者更应避免食用。另外，西红柿与牛奶等高蛋白食物同时食用，也容易出现相似症状，应尽量避免。

2 西红柿性微寒，但煮熟后属性转为中平，体质虚寒或正值月经期女性应以熟食为佳。

3 许多人喜欢将西红柿打成汁饮用，但西红柿含钠，容易引起血压升高，心血管疾病患者应避免经常饮用。

营养小提示

1 生吃西红柿可保留比较多的维生素C，烹煮过的西红柿则会释放比较多的茄红素，若希望改善皮肤粗糙状况、淡斑或提升免疫力，可多吃生西红柿；若想预防癌症、心血管疾病等，可多吃烹煮过后的西红柿。

2 茄红素属脂溶性物质，必须在大肠含有油脂的情形下摄取，想多摄取一点茄红素，建议将西红柿和少许油脂一起煮。

3 购买市售西红柿汁时，应选择不加盐的，以免造成血压升高。

西红柿怎样选购最安心

1 采买西红柿时，先从外表观察，看看蒂部是不是鲜绿硬直，表皮是不是红润均匀，有没有弹性，是不是无斑点和擦伤，再用手掂一掂是否有沉重感。

2 西红柿越熟，茄红素含量越高，应挑选果肉结实、形状圆形者为佳。有怪形、凸起或像三角形、五角形的形状，都表示生长条件不佳，里面常会有空洞，不宜购买。

3 西红柿的蒂、叶已枯黄萎缩，代表距离采收已有一段时间，尽量不要购买。

4 小西红柿的挑选原则以果形完整、外表红润无损伤即可。

5 青涩未熟的西红柿含有龙葵素，不慎食用可能导致头晕、恶心等不适症状，最好避免购买。如果已经买回，可置于室温下待其熟成。一旦西红柿转为全红，龙葵素也会消失，此时就可放心食用。

西红柿怎样处理最健康

1 西红柿比较不耐病虫害，故使用农药较多，温室栽培的西红柿易有杀虫剂或杀菌剂残留。西红柿清洗时要先将蒂头去除，以清水洗净后，再用盐水轻轻刷洗表面。

2 无论西红柿是要熟煮或用于沙拉凉拌食用，最好先在底部用刀画“X”字，再用热水烫15秒左右捞起，等冷却或是泡冷水后，从画“X”字的部位将皮轻轻剥掉后再烹调。

3 西红柿中的维生素C由于受到柠檬酸的保护，在烹调过程中不会丧失太多，因此无须担心。

西红柿怎样保存最新鲜

1 略带青色的西红柿需放置于常温下待其成熟，全熟西红柿则置入冰箱冷藏，但不可放在温度太低的区域，以免影响口感。

2 小西红柿购买后，放入盒中，放置于冰箱，需注意底部是否有腐烂汤汁，若出现烂果要尽快取出，以免影响其他果实。

3 已经熟透却一时无法吃完的西红柿，可制成番茄酱汁，不仅烹调时可增加风味，而且酱汁依然能保留西红柿珍贵的茄红素，还能节省冰箱空间，一举数得。将西红柿对切去籽并切成数块放入锅中烹煮，水滚后转小火收干一半水分，再加入少许盐巴，即成自制番茄酱。装罐冷藏可保存一个月。

西红柿的饮食宜忌 O+X

宜→O 对什么人有帮助

O 糖尿病或前列腺癌患者适合多吃

O 口干舌燥、食欲不振的人可多吃

O 心脏病或肝炎患者可多吃

O 适合牙龈出血或皮肤干燥的人食用

忌→X 哪些人不宜吃

X 慢性肾脏病患者不宜吃太多

X 有痛经问题的女性在经期要少吃

X 胃寒的人要尽量少吃

X 急性肠炎患者不宜多吃

Tips 勿与羊肉同食

春 夏 秋 冬

南瓜 Pumpkin

●宜食的人
抵抗力弱的老人和幼童、胆固醇过高的人
●忌食的人
黄疸病患

■别名：金瓜、倭瓜、饭瓜、窝瓜

■性味：味甘、性温

■主要产季：4月～12月

■主要营养成分：淀粉、蛋白质、胡萝卜素、钙、铁、钾、钴、维生素A、B族维生素、维生素C、维生素E、维生素K

✔ YES优质品

● **外观：**

1 表皮坚硬，按压不会凹陷

2 分量重，褶纹明显，仍附着瓜梗

3 切开后果肉金黄，无水烂

● **味道：** 闻起来没有异味或化学味。

✘ NO劣质品

● **外观：**

1 表皮有黑点、霉斑

2 瓜梗已去除或瓜梗枯萎

3 瓜身柔软，可轻易按压出痕

● **味道：** 闻起来有化肥味或腐臭味。

Health & Safe 安全健康食用法

这样吃最健康

1 南瓜的营养价值高居瓜类之冠，具有补中益气、抗老防癌的功用。

2 南瓜所含的钴比所有蔬果都高，钴有稳定血糖的作用，但已服用降血糖药物者应避免食用南瓜，以免血糖过低，造成危险。

3 大量食用南瓜会加重体内湿热，引发毒疮、脚气、黄疸等疾病。与羊肉同时食用更有加乘作用，要避免。

营养小提示

1 南瓜含有胶质，可有效延缓肠道对脂肪与糖的吸收，促进肠胃蠕动，进而达到美容减肥的功效，使得许多爱美女性趋之若鹜。

2 南瓜含有胡萝卜素，经常食用可减少自由基对身体的破坏，但大量食用会导致皮肤变黄，发现手脚开始变黄时就应停止食用，过一段时间皮肤就会恢复至原来的肤色，无须过度担心。

3 南瓜内种籽旁的柔软部分和外皮都十分营养，能一起食用最好。

南瓜怎样选购最安心

1 南瓜腐败是由瓜梗开始，挑选南瓜以观看瓜梗是否新鲜为基准。若是瓜梗已发黑，代表腐败已经开始，最好不要购买。重量足、外形完整、色泽均匀、表皮坚硬、用手指按压不会凹陷者为佳。

2 茎叶干枯的南瓜表示已经成熟，甜度高，可购买。

3 选择时最好挑选连着瓜梗的南瓜，因为瓜梗去除后，会缩短南瓜的保存期限。

4 越硬的南瓜口感越爽脆，以指甲轻压测试硬度，并掂掂是否有沉重感，瓜身沉重、表皮无黑点、有褶纹的南瓜水分较丰富。

5 南瓜的表皮如果已经出现黑点、霉斑，表示已经熟透并且开始腐败，不宜购买。

6 用指甲轻轻按压就会压出痕迹的南瓜表示太软烂，不宜购买。

南瓜怎样处理最健康

1 烹煮南瓜前，要先浸泡在水中5分钟，然后用流水冲，并以刷子或海绵刷洗表面，清洗约30秒后再将皮削掉。

2 南瓜的皮不用整颗削，以免整颗南瓜散掉，只要用菜刀削掉局部，再用热水烫过。烫过的水不要再用，重新换水烹煮。

3 南瓜本身带有甜味，在烹煮的时候不要加太多糖，比较健康。

4 南瓜肉质柔软易烂，适合煮成浓汤，或直接蒸熟食用，也可以做成南瓜饭。

5 加油脂快炒南瓜，其所含的类胡萝卜素更有助于人体的摄取和吸收。

6 南瓜容易吸水，水煮会破坏口感，建议用锅蒸食，才能使鲜甜封存在果肉内。

7 南瓜含有叶酸，咖喱含有铁质，两者一同做成南瓜咖喱饭，有助于消除疲劳，改善贫血状况。

8 南瓜籽挖出后别急着丢弃，先洗净，再将水沥干，加些盐巴以小火炒至酥脆，即成最营养的零嘴——南瓜子。

南瓜怎样保存最新鲜

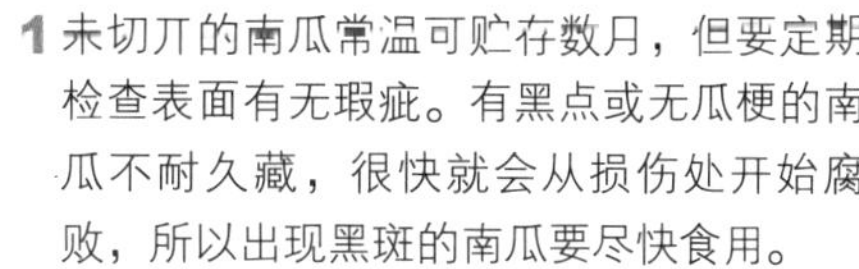

1 未切开的南瓜常温可贮存数月，但要定期检查表面有无瑕疵。有黑点或无瓜梗的南瓜不耐久藏，很快就会从损伤处开始腐败，所以出现黑斑的南瓜要尽快食用。

2 已切开的南瓜去籽后可用保鲜膜包覆，再放入冰箱冷藏，或装入保鲜袋后放入冷冻库。

3 南瓜籽可以用塑料袋装妥，放冰箱冷藏。

南瓜的饮食宜忌 O+✗

宜→O 对什么人有帮助

O易患感冒的人多食
O适合抵抗力较差的老年人和幼童食用
O用眼较多者宜常食
O胆固醇过高或癌症患者适合食用
O前列腺有问题的男性宜多吃

忌→✗ 哪些人不宜吃

✗黄疸病患者避免食用过量
✗湿热体质的人不适合吃太多
✗毒疮患者不可吃太多
✗高血糖的人要控制食用量

Tips 老茄子对人体有害

春 夏 秋 冬

茄子 Eggplant

●宜食的人
心血管疾病、高血压、胆固醇过高的人

●忌食的人
皮肤炎患者

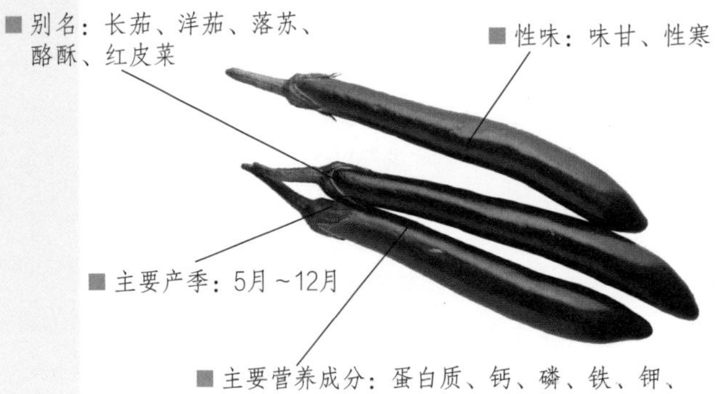

■ 别名：长茄、洋茄、落苏、酪酥、红皮菜

■ 性味：味甘、性寒

■ 主要产季：5月～12月

■ 主要营养成分：蛋白质、钙、磷、铁、钾、铜、镁、维生素A、B族维生素、维生素P

✔ YES 优质品

- **外观：**
  1 外观完整饱满，颜色深紫有光泽
  2 蒂头纹理清晰明显
  3 整体结实有弹性
- **味道：** 闻起来没有异味或化学味。

✘ NO 劣质品

- **外观：**
  1 外观有褐斑或颜色转淡
  2 表皮软皱或潮湿
  3 蒂头与果实相连处之浅色不明显
- **味道：** 闻起来有化肥味或腐烂味。

Health & Safe 安全健康食用法

这样吃最健康

1 茄子富含维生素P、纤维素、龙葵素，有预防高血压、坏血病、动脉硬化，抑制消化道肿瘤细胞增殖等功效。

2 太成熟的茄子，尤其是秋后上市的茄子，含有茄碱，对人体有害，应避免食用。

3 茄子表皮的蜡质层，具有保护茄肉的作用，长时间浸泡会破坏蜡质，使得茄肉容易腐烂变质，吃下肚将引起肠胃不适。

4 异位性皮肤炎患者与治疗中的结核病患者，可能因食用茄子而引起过敏，应避免食用。

营养小提示

1 茄子切口遇空气易变色，切开后泡在盐水中，或在切口处撒些盐巴，即可保持茄子的色泽。

2 茄子的紫色表皮与茄肉相接之处，含有大量的维生素P和其他营养素，食用时不宜去皮。

3 茄子放太久，皮会变厚，肉会变紧，籽会变硬，营养价值会降低，所以尽量趁新鲜食用。

● 怎样选购最安心

1 新鲜茄子外观饱满，深紫有光泽，蒂头纹理清晰，触感有弹性。

2 若外观有褐斑，表皮软皱或潮湿，蒂头与果实相连处之浅色不明显，代表茄子已经开始老化。

● 怎样处理最健康

1 茄子用流水洗净，切片之后，浸在水中可去掉苦味，同时也可溶解残留在表皮的杀虫剂。

2 茄子最好不要油炸，以免造成维生素P大量流失。若须油炸，可用面粉包裹后再过油。

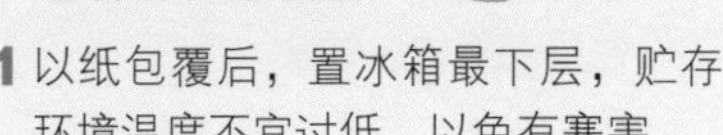

● 怎样保存最新鲜

1 以纸包覆后，置冰箱最下层，贮存环境温度不宜过低，以免有寒害。

2 茄子不耐久藏，应尽早食用完毕，存放时间最好不要超过3天。

春夏秋冬

玉米 Corn

Tips 发霉玉米不可食用

●宜食的人
高血压、癌症患者、便秘、消化不良的人

●忌食的人
容易腹胀的人

■主要产季：
1月～3月、9月～12月

■主要营养成分：蛋白质、膳食纤维、铁、磷、镁、硒、维生素A、B族维生素、维生素C、维生素E、维生素K

■性味：味甘、性平

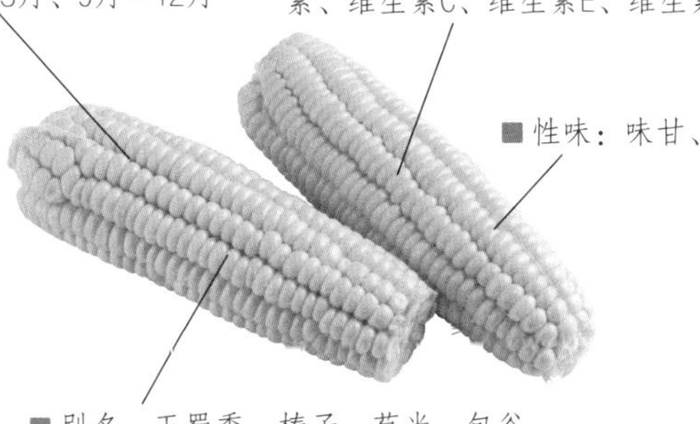

■别名：玉蜀黍、棒子、苞米、包谷

✔YES优质品

●**外观：**

1 外层包叶者，叶片颜色鲜绿，须多厚密且呈茶褐色

2 外层无包叶者，玉米粒饱满，排列整齐无空隙，果穗长，穗轴细

●**味道：**闻起来没有异味或化学味。

✘NO劣质品

●**外观：**

1 玉米粒无光泽

2 干扁凹陷，排列不整齐

●**味道：**闻起来有化肥味或腐臭味。

Health & Safe 安全健康食用法

这样吃最健康

1 玉米含有丰富膳食纤维，可刺激肠胃蠕动，且玉米所含营养素能促进新陈代谢，延缓老化。

2 玉米容易因受潮发霉而滋生致癌的黄曲毒素，所以发霉的玉米绝对不能食用。

3 一次食用过多的玉米容易导致胃闷气胀。另外，玉米和红薯一起吃，胀气的状况会更严重，肠胃较弱的人不适合食用。

营养小提示

1 烤和蒸，是玉米最常见的烹调方式。烹调过后加一点盐，食用整个玉米，最能品尝原味，并吃进最多的营养成分。

2 玉米的营养几乎都集中在玉米胚芽里，不论是削下玉米粒或整个啃食，都别放过最美味营养的部分。

3 玉米中所含的胡萝卜素和玉米黄质，属于脂溶性维生素，建议加油烹煮，可促进人体的吸收，发挥更大的功效。

●怎样选购最安心

1 玉米以外层包叶颜色鲜绿、须多厚密且呈茶褐色者为佳。

2 若外层没有包叶，则以玉米粒颜色金黄，饱满无凹陷、排列整齐无空隙，蒂头青绿者为佳。

●怎样处理最健康

1 包覆玉米的外叶容易积存农药，烹煮前先剥除外叶，再放入清水里彻底洗净，以便去除残留的农药。

2 在蒸好的玉米上面撒一点盐，食用整个玉米，能吃进最多的营养成分。

●怎样保存最新鲜

1 连同外层包叶以纸张包覆，再放入冰箱冷藏。但风味会渐渐流失，要尽快食用。

2 煮熟放凉，置于冰箱冷藏。

3 不要把玉米放在潮湿的地方，以免受潮长出霉菌，产生黄曲毒素。

Tips 经常腹泻者不宜多食

●宜食的人
尿路感染、水肿、便秘的人

●忌食的人
脾胃虚寒者

春 夏 秋 冬

秋葵 Okra

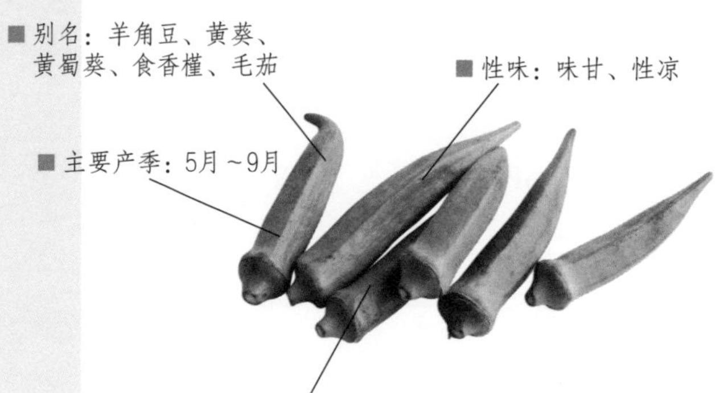

✓ YES优质品

- **外观：**
  1 大小适中，长6～10厘米
  2 整根有明显的八角形状
  3 表面绒毛浓密，蒂头鲜绿
- **味道：** 闻起来没有异味或化学味。

✗ NO劣质品

- **外观：**
  1 棱角呈现咖啡色
  2 外皮出现擦伤、水伤或黑斑
  3 蒂头有黑点或干枯
- **味道：** 闻起来有化肥味或腐臭味。

Health & Safe 安全健康食用法

这样吃最健康

1 秋葵分红色与绿色两种，果肉里的黏液是由果胶质等膳食纤维和黏蛋白所组成，具有帮助消化、保护胃壁、降低胆固醇、促进排便等作用。

2 秋葵的叶黄素和类胡萝卜素，具增加眼睛感光敏感度的功效，能保护眼睛，用眼过度者宜多吃。

3 秋葵含有多种维生素和矿物质，有助于预防感冒，增强身体免疫力，是现代人的养生食材之一。

4 秋葵属性寒凉，经常腹泻的人不宜多吃。

营养小提示

1 秋葵含有大量维生素C，且热量低，对想要美白或者减肥的人来说，是很好的选择。

2 为了避免对健康有益的黏液在烹煮过程中流失，烹调秋葵时建议整株一起煮，不要切开。

3 除了汆烫和快炒之外，建议裹粉酥炸烹制秋葵，最能吃出它的风味。

4 秋葵含有维生素B_1，若与富含维生素A的胡萝卜同食，可增加体力和抵抗力。

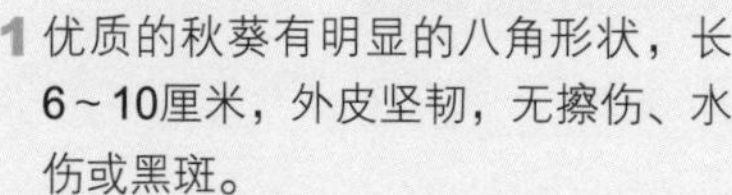

●怎样选购最安心

1 优质的秋葵有明显的八角形状，长6～10厘米，外皮坚韧，无擦伤、水伤或黑斑。

2 表面绒毛越浓密，绒毛触感越明显者越新鲜，蒂头鲜绿不能有黑点或干枯。

●怎样处理最健康

1 快速用开水烫过，之后蘸调味料食用，是简单又健康的烹调法。

2 秋葵用流水清洗干净后，放在砧板上，撒点盐，反复揉搓后，再放进热水中烫一分钟即可。

●怎样保存最新鲜

秋葵在室温下容易变黑变干，也极易受到水伤，故要尽快以纸张包覆，再置入冰箱冷藏。一次食用不完，也可焯烫过后再冷冻保存。

Chapter 1 生鲜食材馆

豆类吃得安心

豆类的食用部位可分为豆荚与豆仁，皆含有丰富的植物性蛋白质，是素食者最主要的蛋白质来源。豆类蔬菜不但含有蛋白质、铁、钙、维生素等营养成分，最受人瞩目的还是异黄酮。异黄酮只存在于豆类、花生、西兰花、芹菜、绿茶等少数食材中，于豆类中的含量尤其丰富。异黄酮具有类雌激素作用，可有效舒缓更年期女性的不适症状，担心服用雌激素会导致癌症的妇女，可借由食用豆类蔬菜补充日渐缺乏的女性荷尔蒙。中医观点认为豆类性味属甘平，无特殊食用禁忌，还可健脾补肾，是平实又营养的蔬菜。

豆类的食用部位可分为含豆仁的豆荚及豆仁。豆荚暴露在外，农家喷洒农药时，无可避免地会受到污染，尤其是有绒毛的毛豆更容易附着农药，因此烹煮前需反复以清水冲洗。豆仁由于受到豆荚的保护，没有农药残留问题，仅需注意是否有虫蛀痕迹，食用前以清水洗净即可烹调食用。

煮熟食用可避免头痛恶心

营养丰富的豆类潜藏某些食用危机，轻则影响营养吸收，重则产生腹泻、呕吐等中毒反应，不得不慎。豆类中的蛋白酶抑制剂与淀粉酶抑制剂会影响人体对蛋白质与淀粉的消化及吸收，皂角素则会刺激食道，皂苷与血球凝结素会导致头痛、恶心等不适症状，但这些物质遇热都会分解，煮熟后食用即可避免问题的发生。

豆类蔬菜中的寡糖具有产气特性，如果大量食用会引起腹胀腹痛，即使煮熟也无法避免，故一定要控制食用量。

豆类蔬菜烹调方式多样，但一定要煮熟食用才能避免消化不良的问题发生。市面上有许多以豆类食材制成的粉丝，在制作时常加入大量明矾，如果经常食用，会使体内累积过多的铝而影响健康，须格外小心。

NOTE 痛风或肾脏病患者酌量食用

豆类蔬菜含有嘌呤，痛风患者应酌量食用。肾脏病患者需控制蛋白质的摄取，豆类虽也含有蛋白质，但多为非必需氨基酸，患者应酌量或避免食用。过量食用豆类会引起腹胀，导致肠胃消化不良，胀气者也应酌量食用。另外，蚕豆症患者不宜食用蚕豆，有生育计划的男性不宜食用豌豆。

Tips 一定要熟透才能食用

春 夏 秋 冬

四季豆 Kindey Bean

●宜食的人
脚部浮肿、贫血、容易水肿、便秘的人

●忌食的人
容易腹胀的人

■别名：豆角、菜豆、云豆、龙爪豆

■性味：味甘、性平

■主要产季：11月～次年5月

■主要营养成分：蛋白质、钙、镁、铁、磷、钾、维生素A、B族维生素、维生素C

✓YES优质品

●**外观：**

1 豆荚细长结实，饱满有弹性

2 豆荚表面细腻，颜色翠绿

3 无明显豆粒凸出

4 豆荚容易折断

●**味道：**闻起来有淡淡青涩味，没有异味或化学味。

✗NO劣质品

●**外观：**豆荚软烂，有虫蛀的痕迹

●**味道：**闻起来有化肥味或腐烂味。

Health & Safe 安全健康食用法

这样吃最健康

1 四季豆蛋白质与铁质含量丰富，能帮助发育、改善贫血。

2 四季豆含有皂苷和血球凝结素，若放置过久再烹煮或没煮熟就食用，会引起头痛、恶心等症状，但症状缓解后不会有后遗症，无须过度担忧。

3 四季豆中的皂苷与豆素不耐高温，只要保存适当，且确认烹煮熟透，就可以避免中毒。

4 四季豆富含纤维，虽可帮助消化，但胃疾患者应避免食用。

营养小提示

1 四季豆有一股淡淡的青涩味，如果不喜欢这个味道，可以先氽烫过后再进行烹调。

2 四季豆富含维生素A，与油脂一同烹煮有助于维生素A的吸收，营养效果最佳。

3 四季豆变黑是因为含铁质，并非坏掉。要预防这个状况，可氽烫后再油炒。氽烫时加少许苏打粉，也可以防止四季豆变黑。

●怎样选购最安心

1 选购四季豆时，以豆荚表面细腻，颜色翠绿，细长结实，饱满有弹性，无明显豆粒凸出，且容易折断者为佳。

2 豆荚内有7～8颗豆粒的四季豆为品质优良者。

●怎样处理最健康

1 四季豆一定要完全煮熟才能食用。

2 先用流水冲洗，去除表面农药，再去掉外皮的硬丝，放入热水烫一分钟左右捞起，再用冷水冲一下后，沥干水分即可。

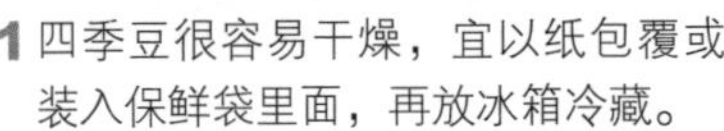

●怎样保存最新鲜

1 四季豆很容易干燥，宜以纸包覆或装入保鲜袋里面，再放冰箱冷藏。

2 先以开水氽烫后沥干水分，再放入保鲜袋中冷冻，可延长保存时间。

春夏秋冬

豇豆

Tips 软烂的豇豆慎买

●宜食的人
长期吃素、容易便秘、贫血的人

●忌食的人
痛风患者

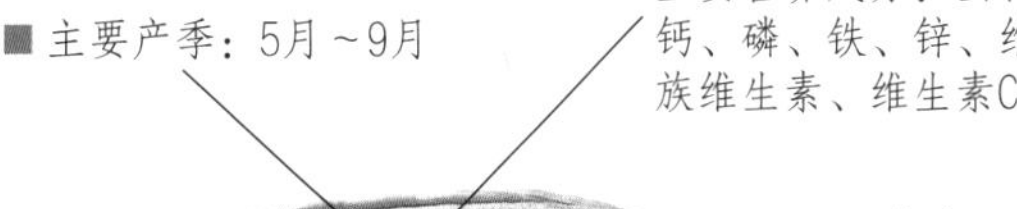

■ 主要产季：5月~9月

■ 主要营养成分：蛋白质、镁、钙、磷、铁、锌、维生素A、B族维生素、维生素C

■ 性味：味甘、性平

■ 别名：菜豆角、姜豆、角豆、长豆角米豆、长豆

✔ YES优质品

● **外观：**

1 表皮韧而有弹性，颜色鲜艳

2 豆荚肉厚，豆仁不明显

3 豆荚颜色均匀，亮丽有光泽

● **味道：** 闻起来没有异味或化学味。

✘ NO劣质品

● **外观：**

1 豆荚软烂、松软

2 豆荚与豆仁分离

3 用手按压豆荚，感到豆仁会滑动

● **味道：** 闻起来有化肥味或腐臭味。

Health & Safe 安全健康食用法

这样吃最健康

1 豇豆表皮与豆仁依品种有多种颜色，自古以来即是民间常用蔬菜之一。豇豆不含有害物质，但大量食用仍会引起腹胀、腹痛。

2 豇豆含有纤维质、维生素A、维生素C、钙和铁，能帮助牙齿骨骼发育，并有补血造血的功效，也能预防便秘，还有保护眼睛的功效。

营养小提示

1 若豆荚与豆仁分离，或用手按压豆荚感觉得到豆仁会滑动，也就是俗称的“走豆”，就表示豇豆已经老化，口感风味渐渐变差，要尽快食用完毕。

2 盐水煮透的豇豆晒成长豆干，不论是煮汤或煮咸粥，都非常开胃。

3 豇豆的烹调方式相当多样化，可炒食、焖煮、凉拌等。汆烫之后再加入蒜泥、麻油、盐等调味，营养又健康。

怎样选购最安心

1 购买豇豆的时候，以表皮韧而有弹性，颜色鲜艳，豆荚肉厚，颜色均匀，豆仁凸出但不明显者为佳。

2 若豆荚软烂，代表已过熟或采收已久，豆仁可能变质，建议避免购买。

怎样处理最健康

1 用流水冲洗约1分钟后，可将表面的农药去除，再折成适当长度后，放进热水烫约1分钟即可。

2 烹煮前要撕去豆荚两端的粗丝，才不会影响口感。

怎样保存最新鲜

豇豆是夏季常见的蔬菜，较耐热、耐湿，较易保存。买回来之后，可装在塑料袋内，置于冰箱内冷藏，可存放7~10天。

过量食用会影响精子数量

春 夏 秋 冬

豌豆 Pea

●宜食的人
更年期妇女、便秘、肠胃吸收不佳的人
●忌食的人
计划生育的男性

■别名：荷兰豆、雪豆、豆苗

■性味：味甘、性平

■主要产季：11月～次年3月

■主要营养成分：蛋白质、铁、磷、钙、维生素A、B族维生素、维生素C、维生素E、维生素K

✔YES优质品

●**外观：**

1 表皮鲜绿有光泽，摸起来嫩又细

2 豆荚扁平完整，豆仁凸起不明显

3 蒂头花托尚未凋萎

●**味道：** 闻起来没有异味或化学味。

✗NO劣质品

●**外观：**

1 豆荚有病虫害、斑点或损伤

2 蒂头枯黄

●**味道：** 闻起来有化学肥料味或腐烂的臭味。

Health & Safe 安全健康食用法

这样吃最健康

1 豌豆含有植物雌激素，可舒缓女性更年期症状，也能预防男性前列腺问题。

2 豌豆的豆荚、豆仁与豌豆苗皆含有大量人体所需的氨基酸，可帮助人体生长发育。

3 单独大量食用豌豆仁容易引起腹胀，带仁豆荚则因豆荚含有帮助消化的膳食纤维，则不易腹胀。

4 豌豆性平，几乎适合所有人食用，唯其所含的环氯奎宁可能影响男性生殖力，使精子数量减少，希望生育的男性应减少食用。

营养小提示

1 大火快炒是豌豆最理想的烹调方式，不仅可以增加清脆的口感，也能减少维生素C的大量流失。

2 在烹调豌豆的过程中，不要加醋，以免豌豆变黄，菜相变差，影响食欲。

3 豌豆中含有豆类皂苷，如果没有煮熟就食用，可能会有拉肚子或肠胃不适等症状，需特别注意。

●怎样选购最安心

1 选购豌豆时，以表面光泽，嫩绿柔软，豆荚扁平，豆仁凸起不明显，蒂头无枯黄者为佳。

2 购买豌豆仁，则以色泽浓绿、外观饱满者为佳。

●怎样处理最健康

1 以清水仔细冲洗1～2分钟，除去污物与农药后，用手摘掉两端蒂头，再沿着两侧撕掉碗豆须即可烹制。

2 豌豆以炒食为主，新鲜幼嫩的豌豆可连同豆荚一同食用，老化的豆荚，则取豌豆仁食用。

●怎样保存最新鲜

1 用保鲜袋或密封袋装好，置于冰箱冷藏，保质期可达1个月。

2 豌豆仁容易腐坏，若要保存，可放入冷冻库，烹煮前再取出解冻即可。

菌菇类吃得安心

菌菇类自古即是补中益气的养生食材，近年来更因菇体内的多糖体而声名大噪。多糖体已被实验证明能够活化抗病毒细胞及巨噬细胞，强化免疫系统，达到防癌、防病的功效；多糖体也可清除体内自由基，维持体内细胞的功能正常运作，避免人体产生老化现象。菇蕈类的水分及纤维质含量丰富，不仅容易产生饱足感，又能促进肠胃蠕动、排除毒素，再加上热量低，非常适合减肥爱美的人群食用。

菌菇类栽培过程几乎不使用农药，清洗时只需注意洗净根部残留之木屑、米糠、稻草即可。干燥菇类在泡发过程中可加糖，以保留菇体的糖分，因干燥过程中容易沾染杂质、污垢，泡发过程中应换水1～2次，浸泡后再以清水冲净。

不要采食野菇，以免误食毒菇

野外树木在雨后也会长出菇蕈类，但毒菇与食用菌菇类长相类似，口感也相差无几，但食用后却会引起头晕、呕吐，甚至休克，大家最好不要自行采食，以免误食。鲜菇购买原则为菇体完整、无褐化现象、蕈褶有弹性、蕈柄轻捏不会渗出水分，包装袋中无水气。

黑心香菇要注意

购买干燥香菇需注意，黑心香菇可能添加澎大剂，使菇体膨大，在干燥过程中也可能加入防腐剂，购买时可认清生产许可标识QS，或嗅闻是否有化学气味。有些菇蕈类，蒂头较易残留过量的农药。

越简单的烹调方式越能品尝到菇蕈类的鲜香甘甜，菌菇类丰富的纤维质即使长时间烹调也能保留嚼劲，除流失部分维生素外，其他营养仍能被人体有效吸收。金针菇与草菇含有毒素，不能生吃，煮熟后毒素就会消失。

痛风患者或肾脏病患者不宜食用

菌菇类性味甘平，几乎男女老少都可食用，喂食幼龄儿童时最好切成细末，以免滑嫩的菇体滑进气管，造成危险。菌菇类皆含嘌呤，容易造成尿酸升高，痛风患者应避免食用。

菌菇类多为低钠高钾，不会增加高血压或糖尿病患者的身体负担，但肾脏病患者需酌量食用，以免病情加重。

Tips 小心黑心香菇

春 夏 秋 冬

香菇 Mushroom

●宜食的人
癌症、高血压、骨质疏松患者

●忌食的人
痛风、肾脏病患

■ 别名：香蕈、香茵、椎菇、冬菇

■ 性味：味甘、性平凉

■ 主要产季：春、夏、秋、冬

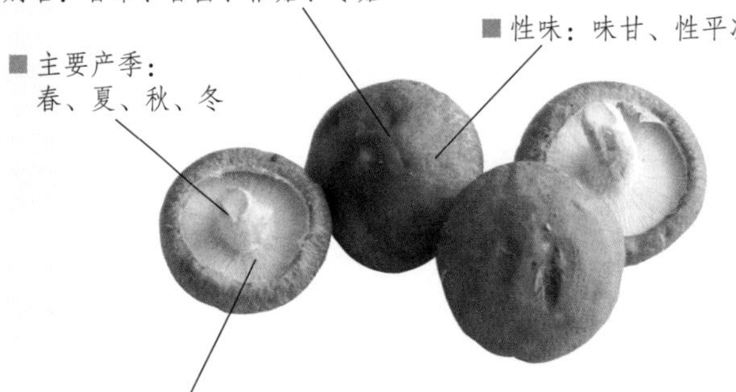

■ 主要营养成分：蛋白质、钾、钠、镁、锌、维生素A、B族维生素、维生素C、维生素D 、维生素E

✔ YES优质品

- **外观：**
  1 菇伞肥厚，伞开八分，菇柄短粗
  2 表面有光泽，伞内呈现白色
  3 菇伞内褶纹细小
- **味道：**闻起来有香菇独特的清香味，没有异味或化学味。

✘ NO劣质品

- **外观：**菇伞瘦薄、菇柄细长
- **味道：**没有香菇独特的清香味，或有化肥味和腐烂的臭味。

Health & Safe 安全健康食用法

这样吃最健康

1 香菇富含多糖体、麦角固醇和各种营养素，可增强细胞免疫功能，抵抗病毒细菌的感染，降低血中的胆固醇，达到抑制肿瘤、预防感冒和减少动脉硬化风险等功效。

2 香菇味道鲜美，又含有多种氨基酸与维生素，是最常见的食用蘑菇。但香菇中的核酸经分解后会产生嘌呤，因此痛风患者应谨慎食用，尤其在疾病发作时，最好不要食用。

营养小提示

1 香菇中的核酸物质，是美味的来源，而且烹调时间越久，释放得越多，煮汤非常适合。

2 香菇的柄可以拿来炖汤，或加进红烧肉里添加风味；也可以煮熟切丝，拌酱油、麻油等调味料，用途广泛，建议不要丢弃。

3 香菇搭配金针菇与柳松菇一起食用，可以有效提升免疫力，抑制肿瘤细胞的生长，预防癌症的发生，是一道低脂、低胆固醇、低热量的菜肴。

● 怎样选购最安心

1 挑选香菇的时候，以菇伞肥厚，伞开八分，表面有光泽，伞内呈现白色且褶纹细小，菇柄短粗，气味清香者为佳。

2 太大的香菇在选购时要考虑是否为激素催肥，若无法确定，则不建议购买。

● 怎样处理最健康

1 食用前先用清水冲洗香菇，再放入冷水浸泡，浸泡水大概更换3次，最后切除香菇蒂，即可烹煮。

2 比起干燥香菇，新鲜香菇味道较淡，适合用来炒菜。

● 怎样保存最新鲜

用纸张包好，装于塑料袋再放到冰箱冷藏，大约可保存1个星期。也可放进保鲜袋中，放冷冻库保存。

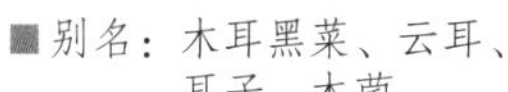

春 夏 秋 冬

黑木耳 Black Fungus

Tips 有助排除宿便

●宜食的人
贫血者、骨质疏松者、高血压患者

●忌食的人
腹泻者、咳血者

■别名：木耳黑菜、云耳、耳子、木菌

■性味：味甘、性平

■主要产季：春、夏、秋、冬

■主要营养成分：蛋白质、钙、磷、铁、烟酸、维生素B_1、维生素B_2

YES优质品

- **外观：**
  1 耳大肉厚
  2 耳面乌黑，形体完整
  3 耳面收缩，互不黏结
- **味道：**有清香气息，没有异味。

NO劣质品

- **外观：**形体碎小
- **味道：**闻起来有发霉的味道。

Health & Safe 安全健康食用法

这样吃最健康

1 黑木耳含人体胃肠无法分解的膳食纤维，对减缓宿便很有助益，对痔疮患者及便秘者特别有益。

2 黑木耳含有丰富的植物蛋白及多种有益元素、铁质，可对抗胆固醇沉积在动脉内膜上，也可防止动脉内膜增厚、管壁硬化或钙化的现象，高血压或动脉硬化患者适合多吃。

3 黑木耳含钙、维生素D和铁，可防贫血，强化牙齿与骨骼，易骨折、骨质疏松或贫血者适合多吃。

营养小提示

1 黑木耳有抗凝血作用，食用过量可能会造成凝血问题，本身凝血状况不是很理想的人要少吃；准备开刀者，在手术前也要尽量避免食用。

2 经过曝晒再用水泡发后的黑木耳，光过敏物质的含量比新鲜黑木耳少很多，食用过后若在阳光底下曝晒，不会出现皮肤瘙痒、疼痛或水肿的情形，可放心食用。

3 黑木耳不宜与菠萝一同食用，以免出现呕吐。

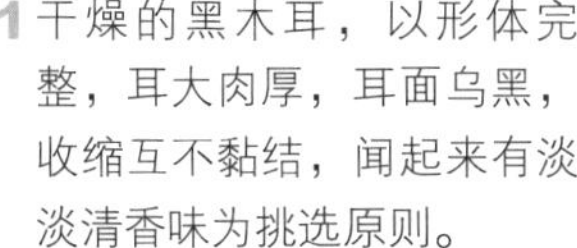

怎样选购最安心

1 干燥的黑木耳，以形体完整，耳大肉厚，耳面乌黑，收缩互不黏结，闻起来有淡淡清香味为挑选原则。

2 形体碎小，或闻起来有霉味的黑木耳，不宜选购。

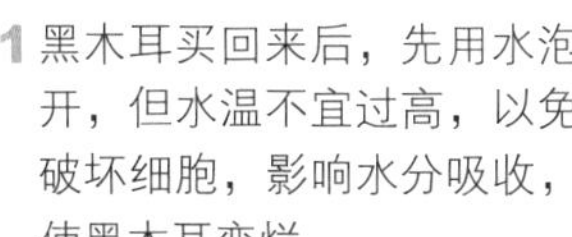

怎样处理最健康

1 黑木耳买回来后，先用水泡开，但水温不宜过高，以免破坏细胞，影响水分吸收，使黑木耳变烂。

2 黑木耳泡开后，先将尾部带泥沙且较硬蒂头部分去除，再进行冲洗。

3 黑木耳泡过温水后，仍未泡发的部分应去除，不宜食用。

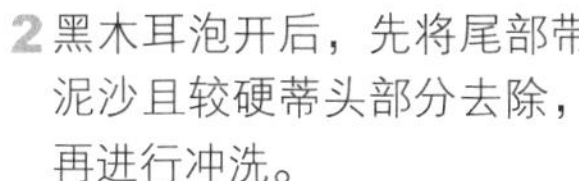

怎样保存最新鲜

买回来的黑木耳，要放置在阴凉干燥处，并避免阳光直接照射，以免变质。

Tips 痛风患者勿食

春 夏 秋 冬

金针菇 Golden Mushroom

●宜食的人
心血管疾病患者、发育期的儿童和青少年
●忌食的人
肾脏病、排软便者

■别名：金菇、冻菌、冬菇、朴菇

■性味：味甘咸、性寒

■主要产季：春、夏、秋、冬

■主要营养成分：蛋白质、钠、钾、钙、磷、B族维生素

YES优质品

●**外观：**

1 菇体颜色为白色或乳白色

2 菇伞小且密实，伞顶硬实

3 菇柄长短适中

●**味道：**闻起来有金针菇特有的味道，没有异味或化学味。

NO劣质品

●**外观：**

1 外表不干净，菇柄根部发黄

2 菇伞容易脱落，菇柄容易断裂

●**味道：**闻起来有霉味或腐烂味。

Health & Safe 安全健康食用法

这样吃最健康

1 金针菇含丰富的赖氨酸和精氨酸，有助于学习能力的提升和记忆力的增强，对脑细胞的再生和生长发育也有帮助，十分适合处于发育期的儿童和青少年。

2 金针菇可增强免疫力，却不适于红斑性狼疮或关节炎等免疫系统疾病患者食用。

3 金针菇的钾含量高，钠含量低，会影响肾病患者，应避免食用。

4 金针菇的嘌呤含量高，痛风患者应避免食用，以免病情加重。

营养小提示

1 金针菇的蛋白质含量丰富，不宜烹煮太久，加热时间过长会造成B族维生素的流失。

2 采取火烤和油炸的方式烹调金针菇，会造成蛋白质的结构改变，不易被人体吸收利用，建议使用汆烫、凉拌、快炒或焖煮的方式处理。

●怎样选购最安心

1 金针菇以菇体颜色为白色或乳白色，看起来干净，菇伞小而密实，伞顶硬实，菇柄长短适中，闻起来有金针菇特有的味道者为佳。

2 若金针菇的根部已经发黄，菇伞容易脱落，或菇柄容易断裂，就代表不新鲜，不宜购买。

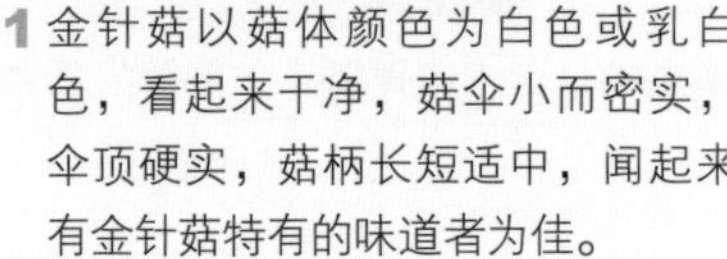

●怎样处理最健康

1 金针菇适合各种烹制方式，炒食、汆烫、凉拌或卤制都十分美味。

2 金针菇不可生食，一定要煮熟后才能食用。

●怎样保存最新鲜

切除沾土的菇柄后，以清水反复冲洗，沥干水分后密封，置于冰箱冷藏即可。

Tips 菇体颜色变深代表已变质

春 夏 秋 冬

杏鲍菇 Kingoyster Mushroom

●宜食的人
肠胃不佳、便秘的人、癌症患者、高胆固醇者
●忌食的人
痛风患者

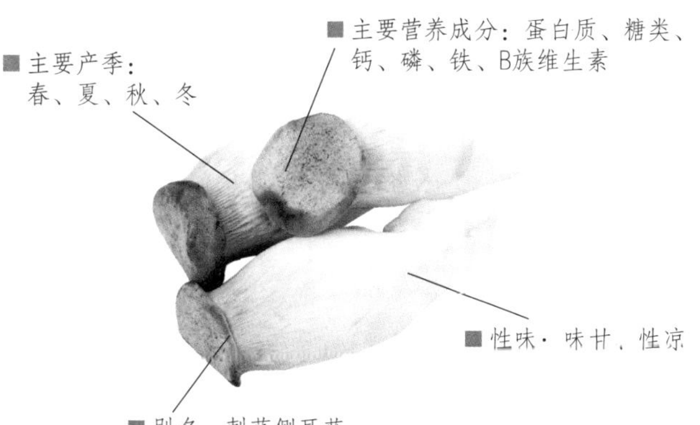

✔ YES优质品

● **外观：**
1 形状圆胖
2 菇伞平展平滑，伞肉厚实而白
3 菇柄肥厚，菇体扎实

● **味道：** 闻起来有淡淡的清香味，没有异味或化学味。

✘ NO劣质品

● **外观：**
1 菇体枯扁
2 菇体颜色偏黄，甚至呈现黑褐色

● **味道：** 闻起来有腐烂的臭味。

Health & Safe 安全健康食用法

这样吃最健康

1 杏鲍菇富含多种蛋白质、矿物质、氨基酸、谷氨酸、单糖和维生素，且低脂、低热量，可增强人体免疫力，是天然的养生食材。

2 杏鲍菇所含的天然抗菌素可以有效抑制病毒或细菌，具有预防癌症的作用。

3 杏鲍菇的甜味来自单糖，不会产生热量也不会影响血糖浓度，即使是糖尿病患者也可放心食用。

营养小提示

1 杏鲍菇不同的切法会呈现不同口感，切片方式会显得清脆，切条或切末则有嚼劲，整个入菜则可品味杏鲍菇多汁的口感。

2 杏鲍菇含大量糖分，是素食者热量来源。

3 杏鲍菇含丰富膳食纤维，可减少热量和脂肪的吸收，也有助于肠胃的蠕动，促进排便，适合高脂血症患者或减肥者食用。

4 杏鲍菇用热水煮熟放凉后置于冰箱冷藏，再拿出来切片蘸酱吃，口感清爽又营养。

●怎样选购最安心

杏鲍菇大不一定代表口感佳，挑选时应以形状圆润，菇伞平展平滑，伞肉厚实而白，菇柄肥厚，菇体扎实者为佳。

●怎样处理最健康

1 烹煮前用清水清洗即可。

2 杏鲍菇口感似鲍鱼，质地细嫩有嚼劲儿，适合各种烹调方式，汆烫、炒食、油炸、火烤、凉拌、焖煮或卤制皆可。

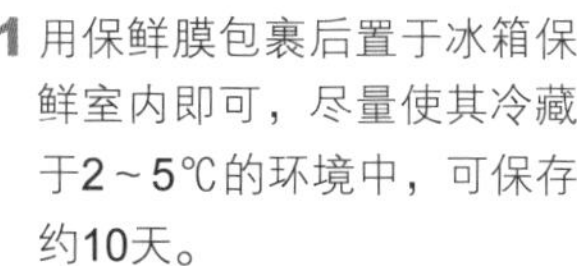

●怎样保存最新鲜

1 用保鲜膜包裹后置于冰箱保鲜室内即可，尽量使其冷藏于2～5℃的环境中，可保存约10天。

2 菇体变黑或变褐色，代表已腐败变质，应立即丢弃。

Tips 沾到水很容易腐烂

春 夏 秋 冬

蟹味菇 Beech Mushroom

●宜食的人
胆固醇较高、容易便秘的人

●忌食的人
痛风、肾脏病患

■ 别名：真姬菇、斑玉蕈、鸿禧菇

■ 性味：味甘、性平

■ 主要产季：春、夏、秋、冬

■ 主要营养成分：蛋白质、钙、磷、铁、硒、钾、B族维生素

✔ YES优质品

- **外观：**
  1 菇伞小，颜色深
  2 菇伞圆厚
  3 菇柄颜色洁白，粗壮有弹性
- **味道：** 闻起来没有异味或化学肥料的味道。

✘ NO劣质品

- **外观：**
  1 菇伞干扁，菇柄没有弹性
  2 菇柄颜色不够洁白
- **味道：** 闻起来有腐烂的臭味。

Health & Safe 安全健康食用法

这样吃最健康

1 蟹味菇含有丰富的纤维素、蛋白质、矿物质、维生素和18种人体必需氨基酸，能增强免疫力，抑制癌细胞的产生，还可降低胆固醇、净化血液，心血管疾病或胆固醇过高的患者可以多吃。

2 蟹味菇的硒含量较高，可抗老防癌，降低气喘发作率。

3 蟹味菇中的叶酸可预防心血管疾病，但食用前后不宜抽烟，以免阻碍叶酸的吸收。

4 蟹味菇的嘌呤含量高，痛风患者应避免食用。

营养小提示

1 蟹味菇多以人工瓶栽，人工温室维持在14℃恒温且洁净的环境，栽培过程中不加农药，可非常放心地食用。

2 蟹味菇口感细腻但略带涩味，烹调前加糖汆烫可去除涩味，使细致甘甜的口感更加明显。

3 蟹味菇和其他菇类一样，营养丰富且低脂、低热量，而且有促进排便的功效。

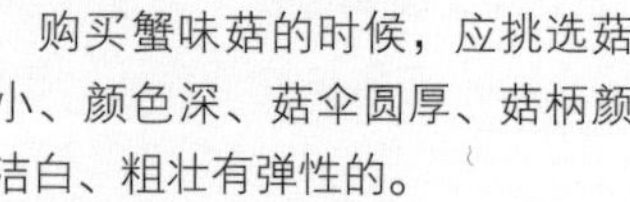

● 怎样选购最安心

购买蟹味菇的时候，应挑选菇伞小、颜色深、菇伞圆厚、菇柄颜色洁白、粗壮有弹性的。

● 怎样处理最健康

1 蟹味菇离开温室后会长出菌丝，对人体不会造成任何伤害，只要烹煮前以清水洗净即可。

2 蟹味菇很容易变质，尤其沾到水之后很容易腐烂，因此清洗后最好当天烹炒。

3 以蒸、烩或炒的方式料理蟹味菇，可以获得大量的矿物质、蛋白质、糖类和维生素。

● 怎样保存最新鲜

将根部切除，放入保鲜袋后置于冰箱冷藏即可，但不宜放太久，要在2～3天内食用完毕。

春 夏 秋 冬

白玉菇

Tips 保留根部木屑有利贮存

●宜食的人
容易便秘的人者、胆固醇较高者

●忌食的人
痛风患者

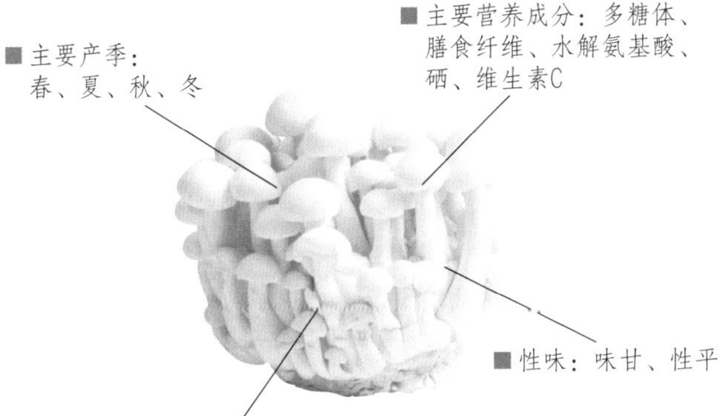

■ 主要产季：春、夏、秋、冬

■ 主要营养成分：多糖体、膳食纤维、水解氨基酸、硒、维生素C

■ 性味：味甘、性平

■ 别名：白鸿禧菇

✓ YES优质品

- **外观：**
  1 个别菇体完整
  2 菇体色泽均匀，有光泽
  3 菇体洁白有弹性
- **味道：** 闻起来没有异味或化学味。

✗ NO劣质品

- **外观：**
  1 个别菇体不完整
  2 菇体颜色偏黄，弹性不佳
  3 菇体软烂
- **味道：** 闻起来有腐烂的臭味。

Health & Safe 安全健康食用法

这样吃最健康

1 白玉菇含有大量氨基酸、多酚化合物、多糖体、维生素C、硒、矿物质、纤维素，对肠道与皮肤都有极大益处，而且口感嫩滑，非常适合爱美的女性食用。

2 白玉菇有助于体内的代谢和毒素排出，而且能增强免疫力，抑制癌细胞的产生，还可降低胆固醇，净化血液，预防动脉硬化、心脏病等病的发生。

营养小提示

1 白玉菇的烹调方式多样，可以做火锅料，也可以快炒、凉拌、焖煮，或浸菠萝醋，拌意大利面等，相当美味可口。

2 白玉菇水分含量高，油炸时可先裹粉处理，就能锁住菇体的水分与甜味。

3 将白玉菇与甜椒汆烫一下，放凉之后置入冰箱稍微冷藏，再拿出来加入用橄榄油和醋以2:1或3:1调成的调味酱，做成生菜沙拉，口感清爽，营养又健康。

● 怎样选购最安心

1 白玉菇多成群生长，购买时应注意个别菇体是否完整，颜色是否洁白均匀有光泽，并用手轻触菇体判断是否有弹性、不软烂。

2 根部留有木屑的白玉菇品质较佳，可延长保质期。

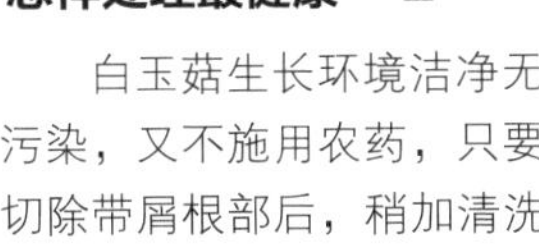

● 怎样处理最健康

白玉菇生长环境洁净无污染，又不施用农药，只要切除带屑根部后，稍加清洗即可烹煮。

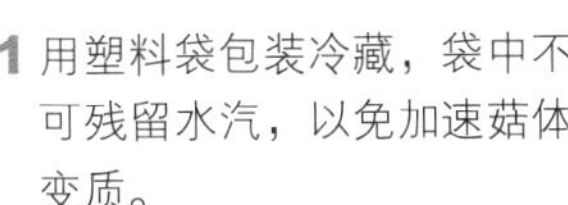

● 怎样保存最新鲜

1 用塑料袋包装冷藏，袋中不可残留水汽，以免加速菇体变质。

2 菇体如果开始转变成褐色，就表示菇体已经开始腐败，要丢弃，不可食用。

Chapter 1 生鲜食材馆

海藻类吃得安心

地球有70%是海洋，好吃的人类也将索取食物的触角伸向广阔的海洋，除了鱼虾蟹贝外，食用藻类就成为来自海洋的蔬菜，这些藻类在人类食材清单中，也以丰富的营养成分赢得无可取代的地位。藻类属低等植物，不会开花，不分根茎叶，依细胞组成差异形状或长或短、或大或小，只要有水的地方就可能存在。尤其本书中所述之藻类皆生长于海域，在高盐分的环境中安然随波摇晃，其生命力之强韧不证自明。

食用藻类最显著也最为人知的功效是，能有效预防甲状腺肿大，各种藻类皆富含碘质，在食盐尚未加碘的时代，人们只能吃藻类预防“大脖子病”，但内陆地区不易取得藻类，缺碘的相关疾病发病率仍居高不下，政府才强制于食盐中加碘。除了碘外，有更多研究发现藻类含有多种微量元素，如钙、铁，同样也能补充人体所需，促进身体机能的健全发展。

反复冲洗去除毒物污染

藻类于产地采收后通常先经过处理才上市销售，处理过程有挑选、去根、冷冻或干燥。如果买回的藻类为鲜品，烹调前只要在清水下反复冲洗数次，去除可能的海水污染即可。如果是干品，则先以清水泡发，泡发过程中应更换一两次清水，泡发后再以清水反复冲洗，以彻底去除海水的污染。

藻类多生长于近海或潮间带，近来海水污染事件频传，污水排放、渔船漏油、垃圾污染等，都使藻类的生长环境变得恶劣，藻类在成长的过程中吸收了重金属，人们或者直接食用藻类，或食用以藻类为主食的贝类，都可能导致这些有毒物质在体内积累，长期食用可能会导致手脚麻木等中毒反应，故在食用藻类前应先冲洗浸泡，以洗净残留的污染。

甲状腺亢进者不宜食用

新鲜藻类可与多种食材搭配烹调，或翻炒或煮汤，都具有特殊的海洋风味。但若烹煮时间过长，藻类软烂后析出胶质，口感就会变得黏腻难以下咽，营养物质也会流失。珊瑚草等藻类的含盐量较高，最好多清洗几次去除盐分再烹调，以免增加肾脏的负担。

藻类多属寒性食材，体弱虚寒、手脚容易冰冷者应酌量食用。藻类富含碘，有甲状腺亢进问题者不宜再食用，以免造成病情复发或恶化。

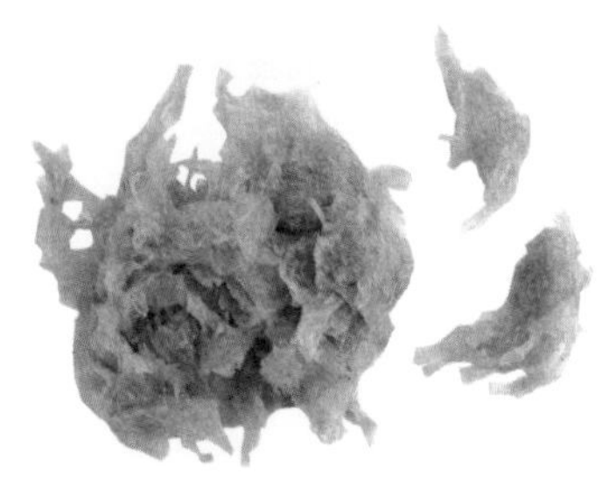

春 夏 秋 冬

海带 Kombu

Tips 孕妇不宜摄取过量

●宜食的人 癌症、心血管疾病患者

●忌食的人 甲状腺亢进者

■ 主要产季：春、夏、秋、冬

■ 主要营养成分：胡萝卜素、膳食纤维、钙、磷、铁、碘、维生素A、B族维生素、维生素E、维生素K

■ 性味：味咸、性寒

■ 别名：江白菜、昆布

✓ YES优质品

● **外观：**

1 正常颜色为深褐色，盐渍后颜色为墨绿色或深绿色

2 叶宽且厚实

3 表面布满白霜

● **味道：** 闻起来没有异味或化学味。

✗ NO劣质品

● **外观：**

1 颜色过于鲜艳

2 用手轻拍表面，白霜不易拍散

● **味道：** 闻起来有腐烂的臭味。

Health & Safe 安全健康食用法

这样吃最健康

1 海带含有丰富的碘，能够促进血液中脂肪的代谢，经常食用还可使头发乌黑亮丽。

2 海带中的胶质与膳食纤维可以帮助排除体内胆固醇，能有效净化血液。

3 海带含有丰富的钙质，可以强化骨骼和牙齿，幼儿与青少年适合多吃。

4 孕妇不宜食用过量海带，避免碘随血液进入胎儿体中，造成胎儿甲状腺功能问题。

5 肠胃不佳或体质虚寒者应少吃。

营养小提示

1 吃完海带之后，不要立即喝茶或吃酸涩的水果，以免影响铁元素的吸收。

2 海带营养丰富，不论烹炒、煮汤、凉拌或卤制都很适合。海带不易煮烂，烹煮的时候可以加几滴醋，加速软化。

3 海带煮软了之后，再加入调味料比较好，并且要不时搅拌，让食材入味。

4 海带碘含量高，但碘的有效成分难溶于水，快炒或油炸可提高营养吸收率。

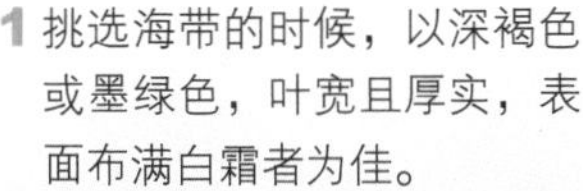

● 怎样选购最安心

1 挑选海带的时候，以深褐色或墨绿色，叶宽且厚实，表面布满白霜者为佳。

2 颜色太鲜艳的海带不宜买。

3 用手轻拍海带表面，白霜不易拍散，表示已经受潮，不建议购买。

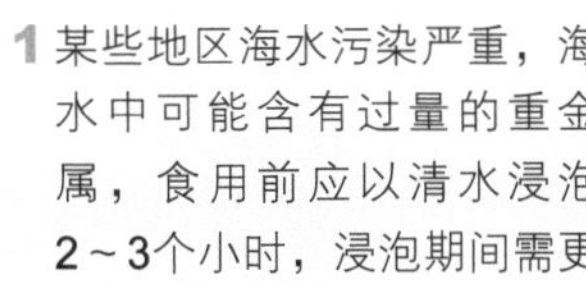

● 怎样处理最健康

1 某些地区海水污染严重，海水中可能含有过量的重金属，食用前应以清水浸泡2~3个小时，浸泡期间需更换1~2次清水。

2 浸泡时间不宜超过6个小时，以免水溶性营养物质流失。

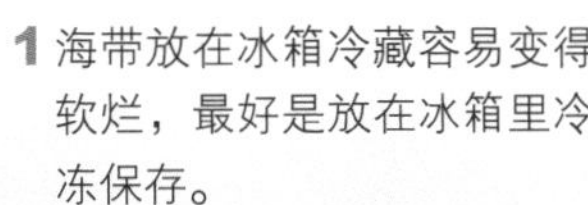

● 怎样保存最新鲜

1 海带放在冰箱冷藏容易变得软烂，最好是放在冰箱里冷冻保存。

2 海带应避免反复冷冻解冻，否则容易发霉。解冻后最好马上食用，或者在冷冻前分袋处理。

Tips 胡萝卜素含量最丰富的藻类

春 夏 秋 冬

紫菜 Laver

●宜食的人
缺碘性甲状腺肿大、高血压、贫血患者

●忌食的人
肠胃不好的人

■别名：皱紫菜、索菜

■性味：味甘、性寒

■主要产季：春、夏、秋、冬

■主要营养成分：胡萝卜素、膳食纤维、钙、铁、钾、钠、碘、维生素A、B族维生素、维生素C、维生素E、维生素K

✔YES优质品

●**外观：**

1 藻体为薄膜叶状

2 呈现紫红色或青紫色

3 表面有白霜

●**味道：**闻起来没有异味或化学味。

✘NO劣质品

●**外观：**

1 颜色过于鲜艳

2 表面的白霜无法被轻易拍除

●**味道：**闻起来有奇怪的异味。

Health & Safe 安全健康食用法

这样吃最健康

1 紫菜在古代因可治疗缺碘性甲状腺肿大而被普遍使用，不过紫菜只对青春期单纯缺碘性的甲状腺肿大有改善作用，若成年人得了甲状腺相关疾病，只借由食用紫菜来改善，效果可能不如预期。

2 紫菜含丰富的钙和铁，能改善贫血，并强化骨骼及牙齿，对儿童和妇女的健康维护很有好处。

3 紫菜食用过多容易引起腹胀、肠胃不适等状况，肠胃较差的人应注意摄取量。

营养小提示

1 紫菜的铁元素含量高，浸泡时清水会略呈天然的紫红色。若褪色太严重，应注意是否被染色。

2 紫菜是所有藻类中，胡萝卜素含量最丰富的食物之一，并且含有铁质，可达到美容和强化体质的功效。

3 紫菜若与富含蛋白质、维生素B_1与钙的食物一同食用（如牛肉），可明显促进儿童成长。

●**怎样选购最安心**

1 干燥后的紫菜会呈现紫红色或青紫色，若表面白霜可被轻易拍除，即代表店家保存良好，可以选购。

2 颜色过于鲜艳的紫菜有可能是被使用过化学试剂硫酸酮，表面白霜无法轻易拍除代表紫菜受潮，皆不建议购买。

●**怎样处理最健康**

有些地区海洋污染严重，紫菜可能残留重金属，食用前最好以水浸泡2～3小时，期间需更换清水1～2次，以确保食用安全。

●**怎样保存最新鲜**

渔民采收后常滤去水分，压成片状出售，因此市售紫菜多经过干燥过程，宜贮放在阴凉干燥处或放在冰箱，要烹制时再浸泡即可。

春 夏 秋 冬

线菜

Tips 性寒体弱者不宜多食

Gracilaria Lemaneiformis

●宜食的人
眼疾、骨质疏松者、贫血患者、孕妇

●忌食的人
脾胃虚寒的人

■ 主要产季：春、秋

■ 主要营养成分：蛋白质、钠、钾、钙、镁、铁、碘、B族维生素、维生素E

■ 性味：味甘、性寒

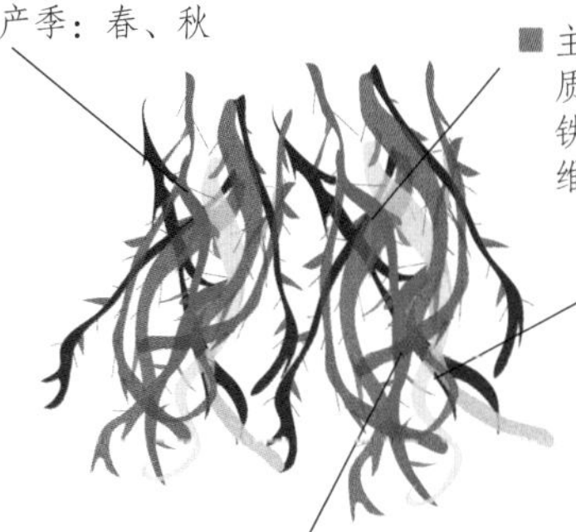

■ 别名：龙须菜、江蓠、发菜、海菜、海面线

✓ YES优质品

● **外观：**
1 颜色为紫红色
2 个体直立，丝状分枝，基部直径1～2厘米
3 分枝末端变细变尖，高20～30厘米

● **味道：** 闻起来没有异味或化学味。

✗ NO劣质品

● **外观：** 藻体有污垢或杂色

● **味道：** 闻起来有化学气味或腐烂的臭味。

Health & Safe 安全健康食用法

这样吃最健康

1 线菜含有丰富的钙质和铁质，营养价值高于海带，有强化体质的作用，贫血、失血过多或孕妇尤适合食用。

2 线菜富含蛋白质、多种矿物质和维生素，可以预防青光眼、骨质疏松等病症，并有提高免疫力的功效，有需要者可以增加食用量。

3 线菜性寒，脾胃虚寒者应避免食用，以免出现拉肚子或肠胃不适等症状。

营养小提示

1 线菜的口感嫩滑，非常适合炒肉丝，或者混入鱼丸中食用。

2 线菜中碘的含量颇高，一般人群都不宜摄取过量，以免累积过多碘质，影响甲状腺的功能。

3 线菜含有丰富的钙质，有助于强健骨骼和牙齿，适合儿童与青少年食用。

4 吃完线菜之后，不建议立即喝茶或食用酸涩的水果，以免影响铁元素的吸收。

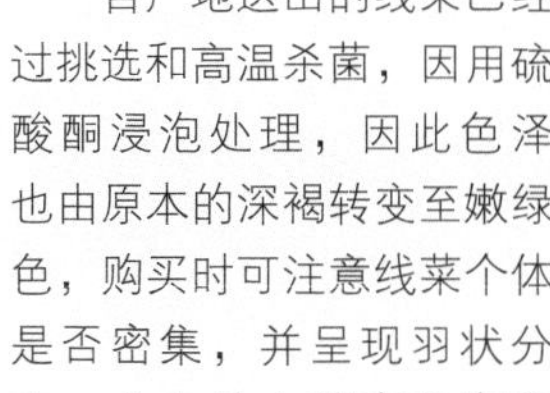

怎样选购最安心

自产地送出的线菜已经过挑选和高温杀菌，因用硫酸酮浸泡处理，因此色泽也由原本的深褐转变至嫩绿色，购买时可注意线菜个体是否密集，并呈现羽状分支，分支的末端有没有变细、变尖。

怎样处理最健康

市售冷冻线菜已经水煮过，食用前以清水浸泡解冻并沥干即可烹制。

怎样保存最新鲜

1 市售的线菜是经水煮后冷藏处理过的，购买回来之后应尽快食用。

2 用冷水冲洗后再放入冰箱冷藏，可保持线菜的新鲜度。

Chapter 1 生鲜食材馆

肉蛋类吃得安心

肉类虽然种类繁多，牛、羊、猪、鸡、鸭、鹅……各有各的不同风味与营养，在食用安全方面，也各有不同的掌握要点。但是概括而论，“煮熟才能食用”是普遍的原则，尤其是内脏，必须遵守这项原则。因为肉类容易含有寄生虫或是带有细菌，虽然不是必然，但是机会很高。例如：家禽类容易受到沙门氏杆菌的污染，肉类容易被绦虫、旋毛虫寄生，如果肉类没有被煮熟，寄生虫或病菌没有被彻底消灭，食入这样的肉品，将影响我们的健康。

肉类选购标准——有弹性、有光泽、无异味、外形完整

在选购方面，各种肉类、各部位之间有所不同，但是仍可掌握几个大方向：有弹性、没有异味、外形完整、看起来有光泽。这些要点其实也符合我们一般人的常识。简单举个例子：发出阵阵恶臭的东西，没有人会认为它新鲜，就是这个道理。所以在挑选时，除了了解各种肉类的选购秘诀之外，我们的生活常识也能帮上不少忙。

另外，选择有名的产地所出产的肉类较安心，若为进口肉类，则要注意标示产地，不过肉馅通常没有标原产地，无法分辨。肉类脂肪中，所含的饱和脂肪酸较多，选择脂肪少的肉较健康。

购买肉类后，应尽快煮完吃完

买回家之后，如何保存成为重要的课题。肉、内脏这类生鲜食品，不宜在室温下放置过久，尤其是在夏天，生鲜食品的变质速度更快，所以最好一买回家就尽快清洗处理，放入冰箱冷冻，即将烹调的肉则放入冰箱冷藏。各种肉类保存期限不同，但是保存的普遍性原则是“尽快煮完吃完”，把握这项原则，可确保我们所吃进的肉都是最新鲜的。

烹调肉类时，去腥可增添美味

在烹调方面，一般常有的困扰是肉类、内脏类的腥味。去腥只是一个小步骤，却在烹饪中具有画龙点睛的效果，因为腥味会破坏菜肴原有的美味，而且未去腥的肉容易吃腻，甚至多吃几口就会恶心。另外，只要不生吃肉类，食用前加热到75℃以上，即可杀死细菌和寄生虫。猪肉比牛肉更需要加热，这样可预防食物中毒。

肉类去腥的方式

烹调方法	肉类去腥方式
炖汤	加米酒或姜片
火炒、烧烤	葱蒜可去腥，也让菜肴闻起来更香
改变肉类或内脏的风味	以加了醋的滚水汆烫

Tips 氽烫至熟后，改小火慢炖

春 夏 秋 冬

牛腩 Brisket

●宜食的人
身体瘦弱的人
●忌食的人
皮肤病、肾炎、肝病患者

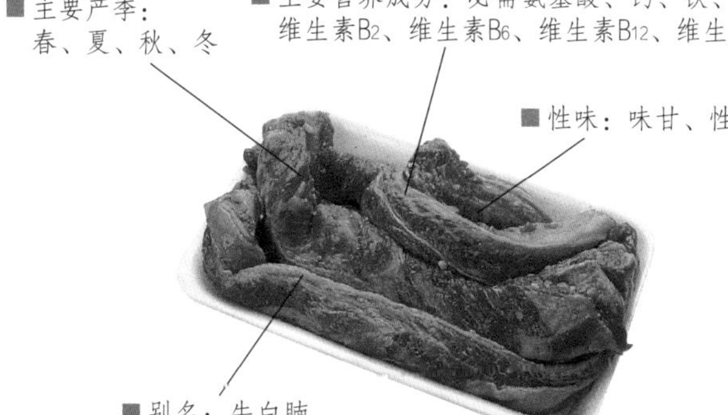

■主要产季：春、夏、秋、冬

■主要营养成分：必需氨基酸、钙、铁、锌、维生素B_2、维生素B_6、维生素B_{12}、维生素E

■性味：味甘、性温

■别名：牛白腩

✓ YES优质品

● **外观：**

1 色泽鲜红且光亮

2 肉纹细致

3 脂肪的部分呈现鲜白色

● **味道：** 闻起来没有特殊怪味或臭味，有淡淡的肉味。

✗ NO劣质品

● **外观：**

1 色泽黯淡

2 肉纹看起来粗糙

● **味道：** 闻起来有不正常的酸臭味。

Health & Safe 安全健康食用法

这样吃最健康

1 牛腩营养价值丰富，富含蛋白质、钙、铁、锌、维生素E与B族维生素，成长中的儿童或需要补充体力的老人宜多吃。

2 牛腩中丰富的蛋白质与铁质，容易被人体消化吸收，可以改善贫血。

3 牛腩中的锌是维持身体运作必需的营养元素，可以增强免疫力。此外，锌也是影响男性生殖力的重要物质，不论是一般人或男性朋友不妨适量摄取。

营养小提示

1 牛腩是牛腰靠近大腿的部位，相当于牛的五花肉。在牛的所有部位中，牛腩纤维较粗、脂肪量不算多，对想要补充营养又怕胖的朋友来说，是较理想的肉类选择。

2 烹煮牛腩时，加入富含纤维的胡萝卜，不但可以提味，还能让菜肴更美味。胡萝卜所含的维生素A更能减少有害物质在身体堆积，防止细胞老化，还有淡斑功效。

● 怎样选购最安心

新鲜的牛腩颜色应为鲜红，肉纹细致，同时色泽光亮。脂肪的部分应呈现鲜白色，而且肉质富有弹性，没有血水渗出。

● 怎样处理最健康

1 将牛腩放置于流动的水下清洗，再用毛巾、纸巾将水分吸干即可，无须浸泡清洗。

2 牛腩肉质较硬，开水氽烫熟之后切块炖煮约1个小时，再加入其他食材同煮。

● 怎样保存最新鲜

1 牛肉不宜放置过久，即使妥善冷冻，也比不上新鲜的牛肉，所以最好买回来就尽快吃完。

2 若不马上食用，应清洗沥干水分，装入干净塑料袋放在冰箱冷冻库内，但不宜放太久。

春 夏 秋 冬

牛肉 Beef

Tips 轻按可测试肉质弹性

●宜食的人
身体瘦弱的人
●忌食的人
皮肤病、肾炎、肝病患者

■ 主要产季：春、夏、秋、冬

■ 性味：味甘、性温

■ 别名：无

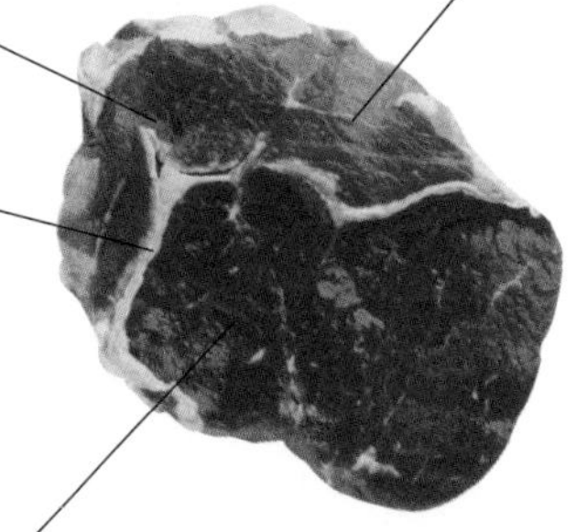

■ 主要营养成分：蛋白质、铁、钙、锌、维生素A、B族维生素

YES优质品

- **外观：**
  1 外观完整、干净且湿润
  2 色泽鲜艳深红
  3 脂肪为白色或奶油色
- **味道：** 闻起来没有特殊怪味或臭味，有淡淡的肉味。

NO劣质品

- **外观：**
  1 肉质色泽暗红或淡红
  2 脂肪颜色泛黄，有血水渗出
- **味道：** 闻起来有不正常的酸臭味。

Health & Safe 安全健康食用法

这样吃最健康

1 牛肉含有丰富的蛋白质，其氨基酸的组成比猪肉更接近人体需要，适合正在成长中的儿童食用。此外，对术后者或病愈者来说，牛肉的蛋白质能提供修复身体组织的最佳营养需求。

2 牛肉属于高蛋白食物，肾炎患者不宜多食，以免不适症状加重或加重肾脏负担。

3 在中医的观念中，牛肉属于发物，容易引发旧病，或使新病加重，皮肤病患者建议少量摄取。

营养小提示

1 牛肉含丰富的铁质，而且它的铁质比植物性食品中的铁质更容易被人体吸收，女性不妨多吃。此外，牛肉含有制造血红素的维生素B_6与维生素B_{12}，每周吃3～4次，每次60克左右，可以预防缺铁症。

2 牛肉富含维持身体功能的锌，锌能维持人体的免疫机制，协助人体吸收利用糖类和蛋白质，提升免疫力。牛肉的瘦肉部分富含锌，只要正常食用，就可以供给人体每天所需锌的1/3以上。

不同部位的牛肉每100克铁质含量比例（%）与烹调方式

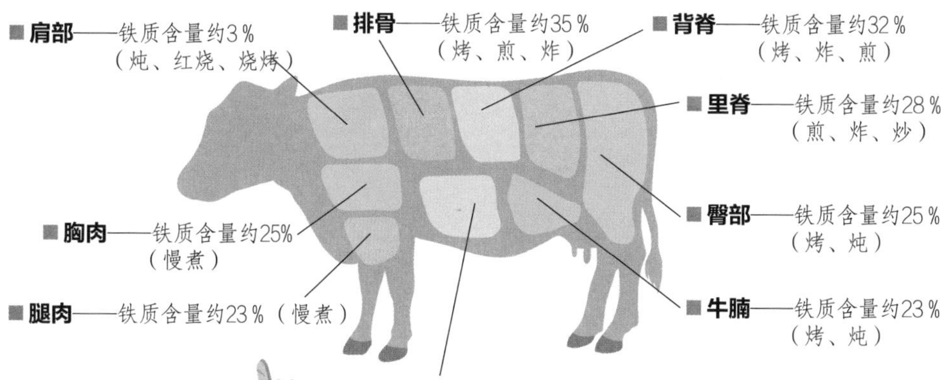

●牛肉怎样选购最安心

1 选购牛肉时，外观颜色最重要。挑选时，要选择干净且看起来湿润及色泽鲜红的牛肉。如果肉中含有脂肪，再检查脂肪颜色，新鲜健康牛肉的脂肪应呈现奶油色或白色。

2 牛肉每个部位的口感不同，可依自己的喜好挑选，要注意的是，高脂肪与低脂肪之差异足足有3倍之多。

3 为保持牛肉的鲜嫩，在购买后应将其尽快放入冰箱保存。

●牛肉怎样处理最健康

1 正确的牛肉解冻方法为：由冷冻移至冷藏，给予充分时间解冻，或者以微波炉解冻。千万别将牛肉丢进水里以求快速解冻，这样会造成牛肉表里解冻速度不一。

2 牛肉可以分部位决定熟度，以卫生角度来看，肉品都不适合生吃，因为肉品中容易含有旋毛虫。如果肉品未煮熟又有旋毛虫，吃下肚可能造成肝、肾等器官的病变，但是我们的胃酸可以杀死牛肉中的旋毛虫，所以未全熟的牛肉是可以食用的。

3 市面上经过加工的牛肉，建议在其全熟后再食用。

4 不同部位的牛肉脂肪含量不同，若烹煮部位的脂肪多，建议搭配膳食纤维含量多的食材，以降低胆固醇的摄取。

●牛肉怎样保存最新鲜

1 牛肉应尽快食用，即使放冰箱后，也应在2～3天吃完。

2 为防止牛肉结霜、脱水或氧化，放入冰箱时须密封，并保持温度在-15℃以下。

3 解冻过的牛肉不宜再冷冻，否则会大大影响牛肉的风味。

牛肉的饮食宜忌 O+✗

宜→O 对什么人有帮助

O心血管疾病患者适合吃瘦的牛肉
O女性宜多吃
O体弱消瘦的人可以多食用牛肉
O水肿的人可以选择用牛肉来进补

忌→✗ 哪些人不宜吃

✗肾炎病患不宜多吃牛肉
✗有皮肤问题者少吃为佳
✗有过敏、湿疹困扰的人，不适合吃太多牛肉

Tips 处理生、熟品的器具要分开

●宜食的人
缺铁性贫血者
●忌食的人
肥胖、高血脂、心血管疾病患者

春 夏 秋 冬

猪肉 Pork

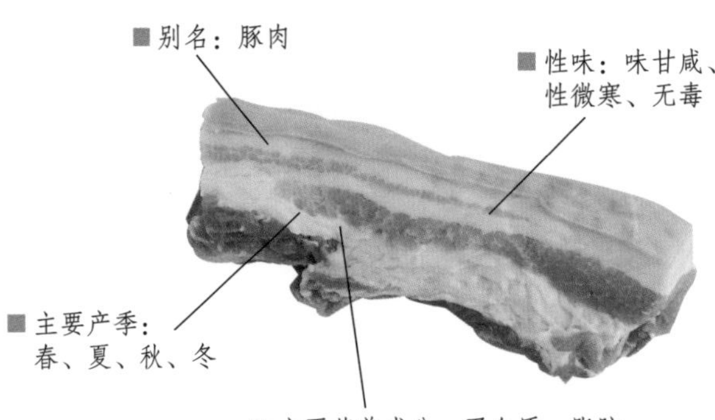

✓YES优质品

- **外观：**
  1 颜色呈现暗红色
  2 脂肪部分为白色，且没有血丝
  3 目视感觉鲜嫩
- **味道：** 闻起来没有怪味或臭味，有淡淡的肉腥味是正常现象。

✗NO劣质品

- **外观：**
  1 颜色呈现淡红或褐色
  2 脂肪带有些许黄色或血丝
- **味道：** 有臭味或腥味过重。

Health & Safe 安全健康食用法

这样吃最健康

1 在各种肉类中，猪肉的脂肪含量最高，再加上它的胆固醇也不低，所以吃多了容易导致肥胖问题，同时对血管的健康也不利。建议胆固醇过高、体重过重，或患有高血压、冠心病、动脉硬化等疾病的人，要控制摄取量，能少吃就少吃。

2 猪肉富含B族维生素，其所含的维生素B_1更是肉类之冠，维生素B_1有助于人体的新陈代谢，还能预防末梢性神经炎。

营养小提示

1 不同部位的猪肉，其脂肪含量皆不同，但与其他肉类相较，其脂肪含量很高。若不想吃下这么多脂肪，建议拉长炖煮时间。猪肉在经过长时间地炖煮后，脂肪会减少30%～50%，如此可减少胆固醇的摄取量。

2 猪肉中所含的水溶性B族维生素，易溶解到汤里面，若想多摄取B族维生素，别只顾着吃猪肉，不妨多喝汤。

3 猪肉含血红素铁，有缺铁性贫血的人可多吃。

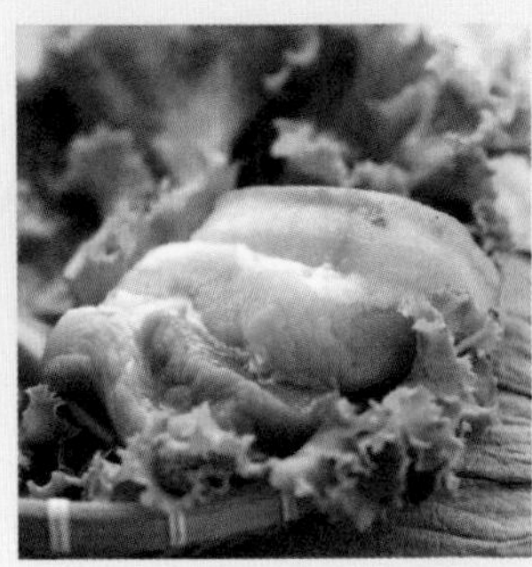

不同部位的猪肉每100克蛋白质含量比例（%）与烹调方式

■ **肩胛肉、中排**——蛋白质含量约18.9%（烤、炖、炒、煮汤）

■ **里脊**——蛋白质含量约20.3%（烤、炸、蒸、煎、炒、炖）

■ **耳朵**（卤）

■ **腰内肉**——蛋白质含量约20.9%（炒）

■ **后腿肉**——蛋白质含量约21.5%（烧烤、火腿）

■ **蹄**（红烧、水煮）

■ **胸肉、胛心肉**——蛋白质含量约20%（炒）

■ **腹肋肉**——蛋白质含量约14.5%（五花肉、三层肉）（炒、炖、卤、红烧）

●猪肉怎样选购最安心

1 呈暗红色或紫红色的猪肉，表示刚被宰杀，最新鲜。如果呈鲜红色，表示猪肉在空气中已被放置了一段时间。

2 猪肉呈现褐色，是因为猪肉中的肌红蛋白被氧化，表示肉质已经不新鲜了。

3 挑选时可以用手指按压，恢复速度快、感觉有弹性者为新鲜猪肉。

4 若是在市场购买肉品，选择有固定摊位的猪肉贩较有保障，流动摊位的肉品来源不明，风险较大。

5 最好选择有“肉检验讫”红色章和印有定点屠宰场场名的条形蓝色印章的猪肉，可以避免买到不安全的肉品。

6 买菜时，无论常温猪肉或冷冻猪肉，都应该最后再购买，到家就尽快处理，避免在常温下暴露太久，以此确保肉质新鲜。

●猪肉怎样烹调最健康

1 最安全的猪肉食用法：彻底煮熟再食用。

2 处理生猪肉和熟猪肉的器具必须分开，以避免生熟猪肉的交叉感染。

3 烹煮前先去掉脂肪，切薄些，再用水烫过，并将浮在表面的杂质去除即可。

4 可用淡酱汁调味，酱汁最后要舍弃，再用新的酱汁调味。

●猪肉怎样保存最新鲜

1 如果当天就能食用完毕，建议选购常温猪肉，也就是传统放血屠宰的猪肉，购买时也能以目视、嗅觉和触感来选购。

2 如果两三天后再食用，则选择冷冻猪肉较佳，因为猪只在屠宰后急速冷冻，肉的汁液及糖分不容易流失。

猪肉的饮食宜忌 O+X

宜→O 对什么人有帮助

O 适合成长中的儿童与青少年

O 便秘者或咳嗽无痰的老人可以多吃

O 产后缺乳汁的妇女可以多吃

O 有缺铁性贫血的女性宜多吃

忌→X 哪些人不宜吃

X 胆固醇过高或患心血管疾病者少吃

X 患高血压者或血管硬化者不宜多吃

X 痰多或舌苔厚黏者少吃

X 烧焦或生的猪肉不宜吃

Tips 彻底煮熟之后才能食用

春 夏 秋 冬

猪肝 Pork Liver

●宜食的人
缺铁性贫血女性
●忌食的人
高血压病患者、心脏病患者

■主要产季：春、夏、秋、冬

■性味：味甘苦、性温

■别名：无

■主要营养成分：烟酸、铁、维生素A、维生素B_1、维生素B_2

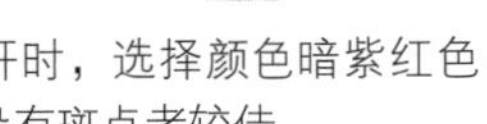

● **外观：**

1 色泽红润

2 表面光滑，没有肿块或白斑

3 外表干净完整，没有血水

● **味道：** 闻起来没有特殊的腥臭味。

NO劣质品

● **外观：**

1 色泽黯淡

2 表面有白斑

3 有血水持续渗出

● **味道：** 闻起来有一股腥臭味。

Health & Safe 安全健康食用法

这样吃最健康

1 猪肝为内脏，参与营养素的代谢、运送等过程，可能会有细菌累积。建议在烹调时一定要将猪肝煮熟，才能安心食用。

2 传统食补观念认为，猪肝是极具营养的食材，既可以补肝养血，又能滋润肌肤。但在现代饲养猪的过程中，可能使用生长激素，导致猪肝的营养价值大打折扣。

3 猪肝含有高量的胆固醇，高血压、心脏病或糖尿病患者不宜多吃。

营养小提示

1 食用营养丰富的猪肝，能增强体力，但因胆固醇含量较高，建议食用量为每星期不超过200克。

2 想要去除猪肝的腥味，可以先用滚水汆烫，将血水去掉后，再进行烹饪。

3 猪肝在烹饪时，可以搭配高纤维的蔬菜、水果，以降低人体胆固醇的摄取。例如，猪肝炒菠菜、猪肝炒水梨等，不但让口感更多样，对健康也有益。

●怎样选购最安心

1 挑选猪肝时，选择颜色暗紫红色、筋少、没有斑点者较佳。

2 在购买的时候，可以用手指轻轻按压，新鲜的猪肝触感有弹性，表面光滑湿润且没有肿块。

3 购买时，注意猪肝的味道，闻起来没有异常腥臭味的才是新鲜的。

●怎样处理最健康

1 烹调猪肝前，将猪肝血水洗净，去除外层的薄皮即可切片烹调。

2 一般烹制猪肝时多切成薄片，因为切成薄片不但易熟，且猪肝片里外容易熟得均匀。

●怎样保存最新鲜

生猪肝清洗干净之后，沥干水分，装进塑料袋中，再放入冰箱冷藏，可以放置2～3天。

春 夏 秋 冬

猪蹄 Pork Trotter

Tips 可通乳、促进乳汁分泌

●宜食的人
产妇

●忌食的人
高血压、血管硬化、胆固醇过高者

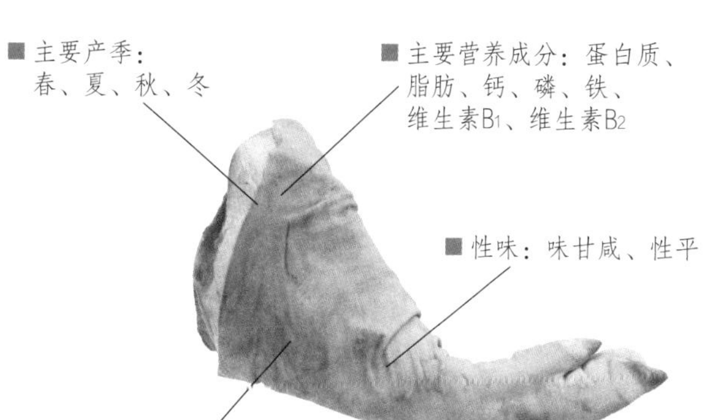

YES优质品

- **外观：**
  1 肉质结实有弹性
  2 猪蹄颜色呈现暗红色
  3 看起来鲜嫩湿润
- **味道：**没有特别难闻的味道。

NO劣质品

- **外观：**
  1 外观不完整且不紧实
  2 有血水持续渗出
  3 猪蹄颜色很暗
- **味道：**闻起来有明显的肉腥味。

Health & Safe 安全健康食用法

这样吃最健康

1 猪蹄含丰富的胶质蛋白，且骨细胞富含钙、磷，对产妇来说，有通乳、促进乳汁分泌的作用，可适量摄取。

2 猪蹄虽然富含胶质，可活化细胞，但胆固醇、脂肪含量也不少。建议高血压、肝病、动脉硬化或心血管疾病患者要控制食用量。

3 猪蹄容易有寄生虫或细菌，彻底煮熟之后，细菌和寄生虫在高温下被杀死，才能确保我们的食用安全。

营养小提示

1 猪蹄经过长时间的烹煮，其脂肪会减少，建议加长烹煮时间，可减少吃下去的脂肪，但胶质没少，对健康更有利。

2 想去除猪蹄的肉腥味，可在滚水中加姜片，再汆烫猪蹄。另外，加些米酒在滚水里，可帮助肉质变软，让口感更好。

3 肠道消化功能不佳者，应避免过量食用。

4 猪蹄加入花生炖煮，能帮助胶质的吸收，促进女性荷尔蒙的分泌。

怎样选购最安心

1 猪蹄新不新鲜，可从瘦肉部分判断。新鲜猪蹄的颜色呈现暗红色，感觉鲜嫩湿润。

2 购买过程中，可以用手指按压猪蹄的瘦肉部分，若恢复的速度快而有弹性，则代表猪蹄较新鲜。

怎样处理最健康

1 清洗时，应翻开外皮，去除杂质。

2 清洗后，以热水汆烫去血水。若喜欢有嚼劲的口感，可以先冰镇，再拔细毛。

怎样保存最新鲜

完成汆烫、冷却步骤之后沥干水分，密封在塑料袋内，放入冷冻库。这种方式可将猪蹄的保存时间延长为7~10天。

猪肚 Pork Tripe

春 夏 秋 冬

Tips 先蒸熟再烹调

●宜食的人
一般人
●忌食的人
心血管疾病、高血脂、高血压患者

■主要产季：春、夏、秋、冬

■性味：味甘、性微温

■别名：无

■主要营养成分：蛋白质、脂肪、钙、镁、铁、维生素A、维生素B_2

✓YES优质品

- **外观：**
  1 肚壁肥厚
  2 没有异常黏稠物
  3 颜色呈现自然的肉色
- **味道：** 闻起来没有特殊的味道。

✗NO劣质品

- **外观：**
  1 外侧有血块
  2 有异常的黏稠物
  3 表面干皱
- **味道：** 闻起来有一股臭腥味。

Health & Safe 安全健康食用法

这样吃最健康

1 传统观念认为猪肚营养价值高，但胆固醇含量偏高，心血管疾病、高血脂或高血压患者不宜多吃。

2 中国人主张“吃肚补肚”，认为猪肚能使消化吸收功能正常，对肠胃的健康有益，有胃下垂等胃部疾病者或肠胃虚弱者，可以适量摄取，改善消化道功能。

3 猪肚所含的维生素B_2，又被称为“皮肤的维他命”，嘴角干裂、舌头和嘴唇发炎或眼睛对光线过分敏感者，不妨适量摄取。

营养小提示

1 没煮烂的猪肚，吃起来就像嚼橡皮筋，不仅口感不佳，对肠胃也不好。建议在正式烹调猪肚之前，先将猪肚蒸熟，用筷子稍微戳一下，测试猪肚是否已经熟软，再进行烹调。

2 猪肚所含的蛋白质是猪肉的2倍，且它的脂肪含量较低，对想要补充体力、强化身体功能的人来说，是不错的食材。

●怎样选购最安心

1 猪肚以肚壁肥厚、没有异常臭味者为佳。

2 新鲜的猪肚，颜色应呈现自然的肉色，而且没有异常的黏稠物。

●怎样处理最健康

1 用干净的剪刀将浮油剪除。

2 在流水下清洗猪肚，翻出猪肚内部，将猪肚上的黏膜刮除。若要去除腥味，可用醋抓揉猪肚。

3 洗好后用滚水汆烫，再用冷水浸泡冷却备用。烹煮时不能先放盐，否则猪肚会缩起来。

●怎样保存最新鲜

猪肚最好购买当天就下锅烹调。若无法当天烹制，可将猪肚清洗干净后，入滚水汆烫，冷却后放入冰箱冷冻，约可保存7天。

Tips 醋、米酒、葱或蒜可去膻味

春 夏 秋 冬

羊肉 Lamb

●宜食的人
四肢冰冷、气血虚弱者

●忌食的人
高血压患者、肝火旺盛者

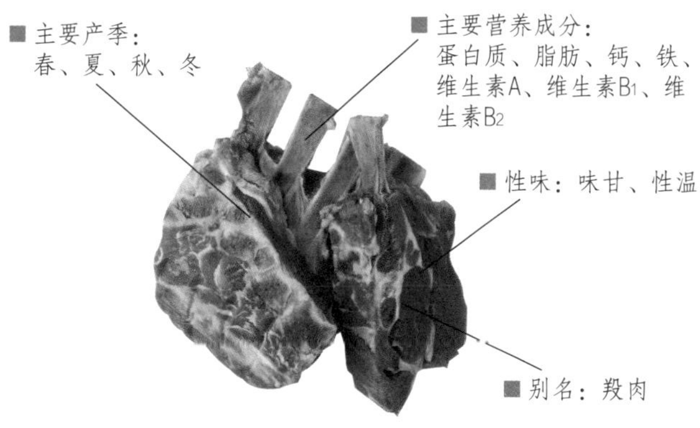

■ 主要产季：春、夏、秋、冬

■ 主要营养成分：蛋白质、脂肪、钙、铁、维生素A、维生素B1、维生素B2

■ 性味：味甘、性温

■ 别名：羖肉

✓ YES优质品

● **外观：**

1 肉色呈现自然的鲜红色或淡红色

2 肉的纤维细且整齐漂亮

3 脂肪部分为白色

● **味道：** 一点点膻味，无特殊臭味。

✗ NO劣质品

● **外观：**

1 肉色苍白或者暗红

2 肉质干硬，看起来没有弹性

3 有奇怪的黏液附着在肉上

● **味道：** 闻起来有明显的肉腥味。

Health & Safe 安全健康食用法

这样吃最健康

1 由于羊肉性质温热，在寒冬时节为广受喜爱的进补食材。羊肉除了冬令进补或与中药一起炖汤之外，烧烤、涮、火炒都很常见。烹调羊肉时，要完全煮熟，借高温将病菌、寄生虫消灭，才可食用。

2 羊骨中富含钙质，可以预防骨质疏松症。

3 羊肉炉容易刺激胃肠黏膜，胃溃疡、十二指肠溃疡或胃穿孔患者若想进补，忌采用这种烹调方式。

营养小提示

1 羊肉含有丰富的蛋白质、脂肪、矿物质以及维生素，且肉质细嫩，容易消化。羊肉性温，能促进血液循环，是冬天进补的最佳食材，但许多人因羊肉有一股膻味，而拒绝食用羊肉。其实，用加了醋的滚水汆烫羊肉、加入葱、蒜或米酒烹调，都是去膻味的好方法。

2 烤羊肉串虽然可口好吃，但熏烤过程中容易产生致癌物，建议少吃。

● 怎样选购最安心

1 选购羊肉时，新鲜的绵羊肉呈现鲜红色，肉的纤维细且整齐漂亮；而山羊肉的颜色较绵羊肉略淡，膻味较重。

2 新鲜羊肉的脂肪部分应为白色，柔软且有弹性，没有黏液以及异味。

● 怎样处理最健康

羊肉一买回家，最好立即用清水冲洗干净。注意避免在室温下放置过久，易造成细菌滋生。

● 怎样保存最新鲜

1 先将羊肉用清水冲洗干净，即可放入冰箱冷冻，可保存3～5天左右。

2 整块羊肉则可用保鲜膜包裹好，外层再用报纸、毛巾包好，放入冰箱冷冻，可延长保质期。

Tips 煮至无血水渗出再食用

春夏秋冬

鸡肉 Chicken

●宜食的人
心血管疾病患者

●忌食的人
胃功能不佳者、痛风患者

■主要产季：春、夏、秋、冬

■性味：味甘、性温

■别名：无

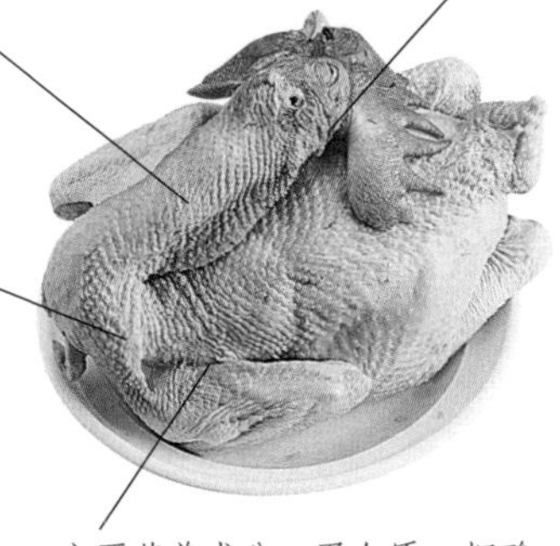

■主要营养成分：蛋白质、烟酸、锌、维生素A、维生素B2、维生素C、维生素E

✓ YES优质品

●**外观：**

1 鸡皮呈现乳白色

2 表面干净、无异物

3 表皮完整、有光泽

●**味道：**闻起来没有特殊味道，有一点肉腥味则属正常现象。

✗ NO劣质品

●**外观：**

1 鸡皮不够白，甚至带一点混浊

2 表面有不明黏液

●**味道：**有怪味或是异常的腥臭味。

Health & Safe 安全健康食用法

这样吃最健康

1 不同部位的鸡肉，其脂肪含量不同，但大致说来，鸡肉的脂肪含量在肉类里比较低。鸡胸肉的脂肪含量尤其低，且为不饱和脂肪酸，适合老人或心血管疾病患者食用。

2 鸡汤会刺激胃酸分泌，因此胃酸过多、胃溃疡或胆结石的患者最好少喝鸡汤。另外，鸡汤的嘌呤含量高，痛风患者也建议少量食用。

3 肝火旺盛、有便秘困扰、常头痛、头晕者，不宜食用过多鸡肉。

营养小提示

1 鸡肉里的蛋白质含量高，且容易消化，只要去除鸡皮部分，鸡肉就是高蛋白、低热量的肉类，适合所有人食用。

2 鸡肉在烹煮的过程中，会溶出水溶性小分子氨基酸与脂肪，想要控制体重或肥胖者，在食用时，最好先将浮油捞出来。

3 进口的鸡肉往往肉腥味会较重，汆烫鸡肉时，加入一点柠檬汁可去腥。

鸡肉怎样选购最安心

1 新鲜的鸡肉，肉色呈现乳白色，选购的时候，可以用手指轻轻按压，优质的鸡肉触感有弹性，且恢复快。若轻压后，有明显的压痕，则代表肉质不够新鲜，建议不宜购买。

2 新鲜的鸡肉闻起来没有异味，当发现鸡肉出现异味时，请勿购买。

3 选择有相关政府部门的“检疫合格”标签的肉品为佳，这个标志代表鸡的宰杀过程，已经通过基本的卫生检验。

4 如果在超市或肉店购买鸡肉，卖场都会做好前置处理，好处是 买回家就可以立即烹调，非常省时方便。另一个好处是，超市的鸡肉大多全程冷藏，可以维持一定的品质。但还是得先确认保存期限。

5 在市场购买时，最好选择有固定摊位的摊贩，避免从流动的摊贩处购买，虽然价格便宜，但品质却缺乏保障。

6 挑选活鸡时，以鸡冠红、眼睛明亮有神、头部没有疮痕、胸部柔软者为佳。

鸡肉怎样处理最健康

1 鸡肉只要用清水冲洗即可，清洗重点为将血水冲掉。如果不想食用脂肪，则可在清洗过程中将多余的脂肪去除。

2 鸡肉要彻底煮熟后再食用。高温可以消灭沙门氏杆菌以及其他细菌，煮至没有血水渗出，就表示鸡肉已经彻底煮熟了。

3 如果想要快炒，宜选择肌肉纤维长的鸡胸肉；如果想要炖煮或油炸，可选择脂肪含量较高的鸡腿肉。

4 若想用酱汁腌渍鸡肉，则建议腌渍之后，将原本所使用的酱汁倒掉，加入新的酱汁来烹煮。

5 鸡屁股是淋巴结集中的部位，不宜多吃；鸡皮容易有残留物质，不宜多吃。

鸡肉怎样保存最新鲜

1 自超市购买且处理好的鸡肉，可以直接放进冰箱冷冻。

2 若是购自市场，则须先清洗，再放入冰箱冷冻。

3 一般而言，冷冻鸡肉的保质期约15天。

4 用酒蒸煮之后的鸡肉，放进冰箱冷藏，可以保存3天左右。

鸡肉的饮食宜忌 O+X

宜→O 对什么人有帮助

O 老人或体质虚弱者宜多吃

O 产后缺乏乳汁的妇女可以多吃

O 营养不良者可多吃

O 神经衰弱或注意力不集中适合多吃

忌→X 哪些人不宜吃

X 肾病患者少吃，尿毒病患者忌食

X 痛风、胃酸过多、胃溃疡或胆结石患者少喝鸡汤

春 夏 秋 冬

鸡蛋 Egg

Tips 壳洗净、蛋煮熟再吃

●宜食的人
需补充营养的人

●忌食的人
高血压、高血脂患者、有炎症者

■主要产季：春、夏、秋、冬

■性味：味甘、性平

■别名：无

■主要营养成分：烟酸、钙、铁、维生素A、B族维生素、维生素E

✓ YES优质品

● **外观：**

1 表面粗糙

2 无裂痕或黑点

3 蛋壳厚薄均匀

● **味道：**带有一点腥味。

✗ NO劣质品

● **外观：**

1 蛋壳表面光滑、厚薄不均

2 有裂痕或黑点

● **味道：**腥味过重，或是完全没有腥味，都是不正常的现象

Health & Safe 安全健康食用法

这样吃最健康

1 许多人喜欢生吃鸡蛋，认为鸡蛋生吃不但营养价值高，且味道鲜美。事实上，鸡蛋很容易受到沙门氏杆菌的污染，若是吃下未煮熟、又受沙门氏杆菌污染的生鸡蛋，有可能会引发肠炎。所以将鸡蛋煮熟再食用，才能保护自身健康。

2 鸡蛋的营养相当完整，除了缺少维生素C以及膳食纤维之外，其他营养素几乎都具备，对处于发育期的儿童，或者营养不良者来说，是补充营养的良好食材。

营养小提示

1 对一般人来说，一天一个鸡蛋是可以被吸收的。无须太过担心鸡蛋中的胆固醇或脂肪会过量。

2 有肥胖者或心血管疾病患者，在食用鸡蛋的时候必须特别小心，因为蛋黄含有大量胆固醇，摄取过量对病情控制不利。建议每周最多吃2个鸡蛋即可。

3 鸡蛋中的高蛋白、脂肪以及胆固醇会造成身体负担，有发炎、腹泻等症状者，应暂时不要食用。

鸡蛋怎样选购最安心

1 挑选鸡蛋时，表面粗糙表示较新鲜，表面光滑的，则可能已被放置了一段时间。

2 新鲜的鸡蛋拿在手里，手感较重；不新鲜的鸡蛋则感觉较轻，这是因为放置久了，鸡蛋内的水分已被逐渐蒸发的缘故。

3 对着光源，则可以透过光线看到鸡蛋的气室，新鲜鸡蛋的气室较小，越不新鲜，气室就越大，因为放的时间越久，水分逐渐被蒸发，多余的空间便由空气递补了。

4 新鲜的鸡蛋外壳厚薄均匀，表面也不该有裂痕或黑点。

5 红蛋比白蛋好，因为产红蛋的鸡抵抗力较强，不需要使用太多抗生素。

6 之前曾传出“人造假鸡蛋”的新闻，在这里也提供您一些判别黑心鸡蛋的要点：黑心鸡蛋没有新鲜鸡蛋的腥味，外壳摸起来过于粗糙且感觉较薄，而且黑心鸡蛋没有气室。

7 一般超市、杂货商店贩卖的盒装鸡蛋，都有标识产地、保存期限、生产许可“QS”编号及标志，品质及来源有一定的保障。

8 如果购买的是秤斤两的零售鸡蛋，则最好选择信用良好的市场，或是固定摊位的摊贩，以防买到不新鲜的鸡蛋。

鸡蛋怎样处理最健康

1 鸡蛋不宜在清洗后长期存放，买回新鲜鸡蛋最好尽快食用。如果觉得鸡蛋很脏，可以在吃前用抹布轻轻擦拭或略微洗洗，但要立即吃掉。如果想长期保存鸡蛋，可将洗净的鸡蛋放入石灰水中，石灰水会和鸡蛋排出的二氧化碳形成碳酸钙沉淀，堵住鸡蛋表面的小孔隙，实现长期保鲜。

2 放过久的蛋，烹煮时最好将其者至全熟，避免食用半熟鸡蛋。

3 鸡蛋适合跟含维生素C的食材搭配食用；鸡蛋加含钙的食材可以强化骨质。

鸡蛋怎样保存最新鲜

1 蛋壳有呼吸作用，鸡蛋的气室在钝端，所以保存时应该以钝的一端朝上、尖的一端朝下的方式，直立摆放于冷藏室。

2 购买回来的鸡蛋，在常温下可以保存2～3天。若习惯将鸡蛋置于常温下保温，建议尽快食用。

3 若将鸡蛋放置于冰箱冷藏，可以放上1～2个星期，但建议最好还是在10天内把鸡蛋吃完。

4 蛋的表面不能有水分，以免细菌随着水分渗入蛋中，造成细菌繁殖，冰箱中蛋的存放处也要清理干净才行。

鸡蛋的饮食宜忌 O + ✗

宜→O 对什么人有帮助

O 营养不良者或正在成长期的儿童可以多吃

O 产妇女或孕妇宜多吃

忌→✗ 哪些人不宜吃

✗ 心血管疾病、高血压或高血脂患者不宜多吃

✗ 发热或有发炎症状的患者不适合吃

✗ 鸡蛋不宜与茶叶一起烹煮

✗ 半生不熟的蛋不宜多吃

Tips 可防治血管硬化

春 夏 秋 冬

鹅肉 Goose

●宜食的人
咳嗽、糖尿病患者

●忌食的人
皮肤病患者、肠胃虚弱者

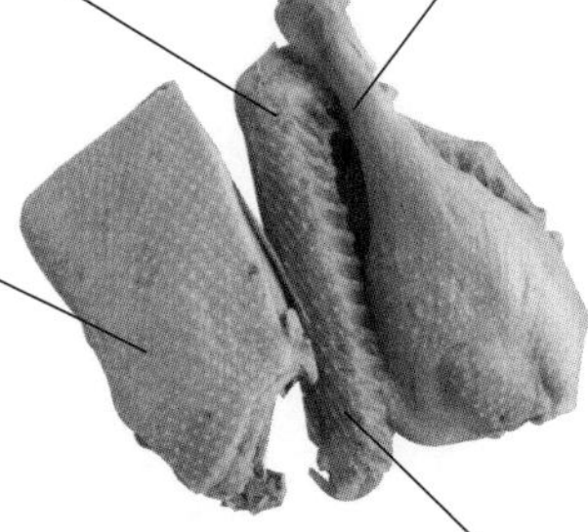

■ 别名：家雁肉

■ 性味：味甘、性平和而偏凉

■ 主要产季：春、夏、秋、冬

■ 主要营养成分：蛋白质、脂肪、维生素A、维生素B_1、维生素B_2

✓ YES优质品

● **外观：**

1 肉色鲜红，看起来湿润、有光泽

2 表皮完整，没有损伤或黏液

3 肉质看起来有弹性

● **味道：** 有一点腥味，无特殊臭味。

✗ NO劣质品

● **外观：**

1 肉色苍白或暗红

2 表皮有损伤、黏液或血水渗出

● **味道：** 闻起来腥味很重，或有奇怪的臭味。

Health & Safe 安全健康食用法

这样吃最健康

1 鹅与鸡、鸭同属于家禽类，所以都容易受到沙门氏杆菌的污染。但是不需过度担心，在烹饪时，只要掌握“煮熟才能食用”的原则，就能避免这些病菌的危害。

2 鹅肉结缔组织少，肉质纤维细，容易被消化吸收，很适合食欲不振、需要加强营养物质者食用。

3 老年糖尿病患适量食用鹅肉，可以补充营养。

营养小提示

1 鹅肉所含脂肪虽然较低，但绝大多数为不饱和脂肪酸，其脂肪化学结构近似于橄榄油，其中单不饱和脂肪酸含量高达45%，因食肉过度造成血管硬化的人，可以多选用鹅肉。

2 在肉类中，鹅肉的胆固醇含量较低，适合血管硬化的患者选用。

3 不易咀嚼是许多人对鹅肉的既定印象，有个让鹅肉较好咬的小秘诀：切鹅肉时，逆着肉的纹路切，吃的时候便容易将其咬断。

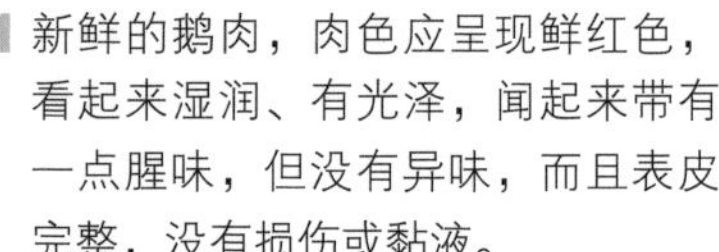

● 怎样选购最安心

1 新鲜的鹅肉，肉色应呈现鲜红色，看起来湿润、有光泽，闻起来带有一点腥味，但没有异味，而且表皮完整，没有损伤或黏液。

2 新鲜的鹅肉不会有血水持续渗出。

● 怎样处理最健康

1 烹调之前，除了将鹅肉洗干净，还需将上面的白色薄膜与肉筋去除。

2 在烹调鹅肉的过程中，处理生肉、熟肉的用具要分开，以避免细菌交叉污染。

● 怎样保存最新鲜

1 将鹅肉清洗干净之后，便可以放入冰箱冷冻。一般而言，妥善冷冻保存的鹅肉可放置7～10天。

2 鹅肉属于生鲜食品，不宜久放，应尽快吃完。

春 夏 秋 冬

鸭肉 Duck

Tips 务必彻底煮熟才能食用

●宜食的人
营养不良者

●忌食的人
术后或有伤口者、胃痛腹泻者

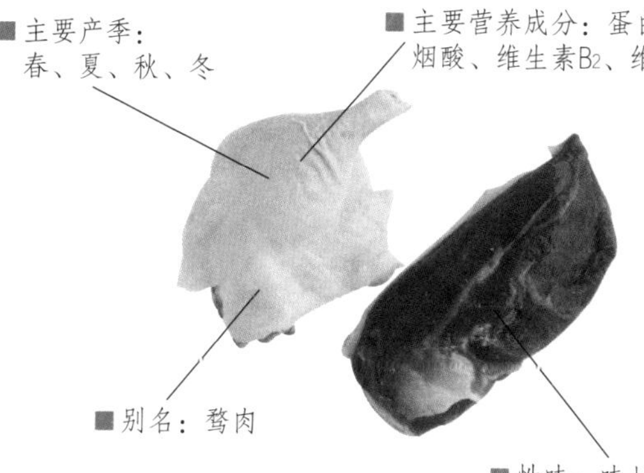

■主要产季：春、夏、秋、冬

■主要营养成分：蛋白质、脂肪、烟酸、维生素B_2、维生素E

■别名：鹜肉

■性味：味甘、咸、性寒

YES优质品

●外观：
1 肉色呈现出棕红色
2 表皮上没有黏液等异物
3 肉质结实饱满富弹性

●味道：闻起来没有特殊的异味。

NO劣质品

●外观：
1 肉色苍白或暗红
2 表皮破损、有黏液
3 肉质没弹性

●味道：有明显的腥臭味。

Health & Safe 安全健康食用法

这样吃最健康

1 鸭肉必须煮熟才能食用，借由高温将鸭肉可能含有的寄生虫、病菌消灭。

2 禽流感爆发时期，仍然可以安心食用鸭肉，只要以100℃的温度持续煮1分钟，禽流感病毒就能被完全消灭，因此煮熟也是消灭禽流感病毒最简单、最有效的方法。

3 鸭肉是含B族维生素和维生素E较多的肉类，对抗老化有帮助，而且还能保护心脏，一般人群均可适量摄取。

营养小提示

1 鸭肉性寒，富含各种营养素，所含脂肪量较低。鸭肉中的锌与铁含量不少，若想要进补，鸭肉是很好的肉类选择。不过，因为鸭肉性寒，受凉或虚寒者不宜食用。

2 鸭肉中的蛋白质含量高，而且含有易溶于水的胶原蛋白和弹性蛋白，爱美的女性不妨适量摄取，让皮肤更光滑。

3 鸭肉中的不饱和脂肪酸含量较高，喜欢吃肉又怕胆固醇升高的人，可选用鸭肉。

●怎样选购最安心

1 新鲜的鸭肉，应该柔软而有弹性，肉色呈现棕红色，闻起来没有异味，表皮上也不该有黏液等异物。

2 最好选择有农委会检疫局“屠宰卫生合格章”，或是有“CAS”标志的鸭肉。

●怎样处理最健康

市面上贩卖的鸭肉，通常已经做好初步处理，像内脏去除、切块等，所以购买回家之后，只要用清水冲洗干净即可。

●怎样保存最新鲜

将鸭肉清洗干净便可以装入夹链袋或塑料袋中放入冷冻室。一般而言，冷冻保存的鸭肉大约可放置15天。

Chapter 1 生鲜食材馆

海产类吃得安心

我国的养殖技术不断进步，沿海地区滋养出相当丰富的各式鱼货以供消费者选择。鱼类有相当高的营养价值，如高度不饱和脂肪酸DHA和EPA，能防止人体血管中胆固醇及脂肪的囤积，更有人体需要的钙、铁、磷等。

但是，关于鱼类的食用安全危机报道时有所闻。在选购鱼类时，消费者该如何正确选择、吃得安心，是本节关切的问题，也是本节撰写的目的。

选用鱼类7大原则

如何安心选择及食用鱼类呢？有七项基本原则：一、观察鱼身；二、观察鱼的活动力；三、用手翻开鱼鳃，若为鲜红色者为新鲜品；四、注意鱼的外观颜色是否过于鲜艳；五、用手稍稍按压鱼腹，结实有弹性者佳；六、如果鱼头和鱼尾皆为坚挺，则代表此鱼新鲜。相反地，若是鱼头与鱼尾都呈现软趴状，则不要购买；七、稍有海水味，无腥臭味、酸味或是化学味道，则可购买。

把握用眼观看、用手触摸、用鼻嗅闻的三大基本秘诀，就能够让自己买到安心的新鲜鱼货。最好是到信誉良好的商家购买，以保证鱼货的安全性。

购买后，要尽快处理鱼头、内脏

把鱼买回家后，应妥善处理及保存。这是极为重要的步骤，因为如果处理不好，容易造成鱼货的新鲜度快速下降。基本步骤是先去除容易腐败的鱼头和内脏，再依不同的鱼种和烹调方式去鳞和去腥等，烹调前一定要清洗干净。若是保存不佳，也容易使鱼滋生病菌。

最好的保存方式是用纸巾将鱼身上的水分擦干，用保鲜膜将每次要食用的分量分别包紧，装入塑料袋里放进冰箱冷藏或冷冻。当然，越快吃掉越好。所有鱼类都有细菌，生吃要特别小心，不是所有的鱼类都能生吃。

新鲜鱼货的7大选购秘诀

外观	❶ 观察鱼身，外表具有光泽；鱼眼清亮且稍微凸出；鱼鳞密实整齐无脱落；鱼肚无破损者为新鲜鱼货 ❷ 观察鱼的活动力，要挑选活动力佳的鱼 ❸ 翻开鱼鳃，若为鲜红色者则是新鲜品 ❹ 鱼的外观颜色若过于鲜艳，可能经过漂白或加色，不宜购买
触感	❺ 按压鱼腹，若结实有弹性，则为新鲜鱼货 ❻ 用手拿鱼身中段，如果鱼头和鱼尾皆为坚挺，则代表此鱼新鲜
味道	❼ 将鱼拿起来闻一闻，若稍有海水味，无腥臭味、酸味或是化学味道，则为新鲜鱼货

春 夏 秋 冬

罗非鱼 Tilapia

Tips 烹调前彻底清洗

●宜食的人
一般人

●忌食的人
尿酸过高、痛风患者

✔ YES优质品

- **外观：**
  1 鱼鳃为鲜红色
  2 鱼鳞细小软薄且不刺手
  3 鼻头肉包厚且软
- **味道：** 闻起来没有特殊臭味，有一点鱼腥味是正常的。

✘ NO劣质品

- **外观：**
  1 鱼体色泽过于鲜艳
  2 鱼鳃黯淡，鱼眼混浊不清澈
- **味道：** 有一股厚重的腥臭味。

Health & Safe 安全健康食用法

这样吃最健康

1 罗非鱼为人工淡水养殖鱼，容易受到环境污染而附寄生虫，或感染细菌。建议最好不要生食，煮熟后再食用比较安心。

2 经过多年改良，罗非鱼常被用作生鱼片食材，建议食用前应彻底清洗干净。

3 罗非鱼含有多元不饱和脂肪酸DHA，能保护眼睛、提供人体必需的营养素、减少发生痴呆症的几率。

营养小提示

1 罗非鱼属于嘌呤含量较高的鱼类，尿酸过高或痛风患者应少吃，以免加重不适症状。

2 罗非鱼营养丰富，适合孕妇或成长中的孩童。有些人因为罗非鱼带有土味，而不喜欢吃，若想去除土味，烹调时可搭配葱、姜，采用红烧方式，可提升美味。

3 罗非鱼富含维生素B_1，若采用炸的方式来烹饪，会使得维生素B_1大量流失，烹煮时要多留意，尽量避免采用这种方式。

怎样选购最安心

1 勿买过于鲜艳的罗非鱼，因为可能被添加了一氧化碳。

2 挑选鱼鳃为鲜红色、鱼鳞细小软薄且不刺手的罗非鱼。

3 新鲜的罗非鱼，用手按压鱼身，按压处会立即弹起。

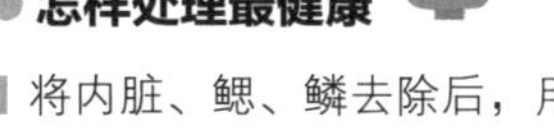

怎样处理最健康

1 将内脏、鳃、鳞去除后，用流动的清水彻底洗净。

2 若没有马上食用，洗净后以厨房纸巾擦拭干净，放入保鲜袋中冷冻保存，以免细菌滋生。

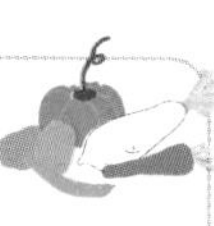

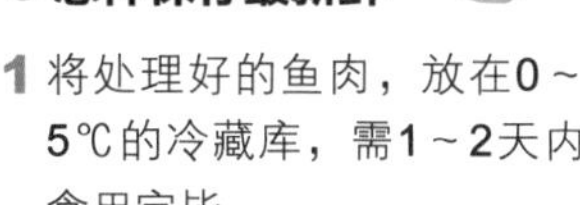

怎样保存最新鲜

1 将处理好的鱼肉，放在0～5℃的冷藏库，需1～2天内食用完毕。

2 若放在冷冻库则可保存6～8个月。

Tips 勿生食鳗鱼血清

春 夏 秋 冬

鳗鱼 Eel

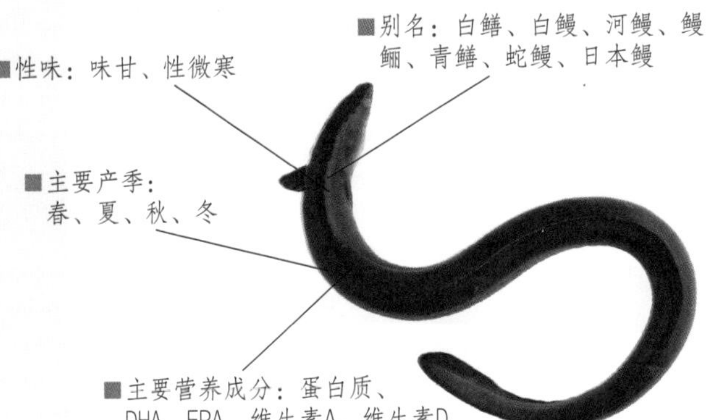

YES优质品

- **外观：**
  1 鱼身柔软
  2 鱼皮有光泽
  3 不要太大尾
- **味道：**没有特殊臭味或怪味。

NO劣质品

- **外观：**
  1 鱼皮没有光泽
  2 鱼身缺乏弹性
  3 鱼皮表面有奇怪的黏稠物
- **味道：**腥味很重或有臭味。

Health & Safe 安全健康食用法

这样吃最健康

1 鳗鱼中的脂肪，容易造成肠胃负担，肠胃功能不佳、容易拉肚子者食用后恐加重不适症状。建议采用清蒸的方式烹调，以去除部分脂肪。

2 鳗鱼富含大量的DHA与EPA，有降胆固醇、减少血栓形成、改善动脉硬化、预防心血管疾病的功效。

3 鳗鱼中的维生素A可预防干眼症，对眼睛有保护作用，用眼过度的人可适量多吃。

营养小提示

1 鳗鱼含大量的蛋白质，一条鳗鱼就能提供人体一天所需的3倍分量，对成长中的儿童、术后者或营养不良的人来说，是很好的食材。

2 如果购买市售蒲烧鳗，建议食用时要搭配黄绿色蔬菜或水果，以均衡其营养，让身体更健康。

3 鳗鱼的胆固醇含量低，但鳗鱼不含维生素C，与蔬菜搭配可弥补这个缺陷。

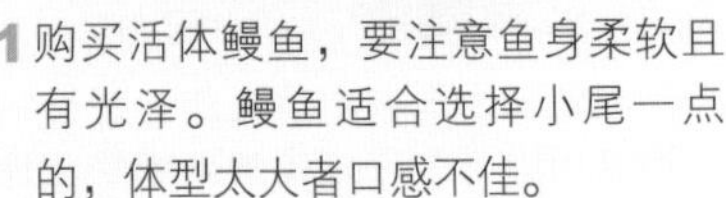

●怎样选购最安心

1 购买活体鳗鱼，要注意鱼身柔软且有光泽。鳗鱼适合选择小尾一点的，体型太大者口感不佳。

2 表皮光滑，没有受伤破皮的鳗鱼为较新鲜者。

3 选购市售蒲烧鳗时，以表皮呈些微山形起伏者为佳。

4 最好是从有合格证书的商家购买，以免买到有毒的鳗鱼。

5 购买真空包装的鳗鱼时，须留意包装是否密封，破损者则可能滋生细菌。

●怎样处理最健康

内脏取出后，切块汆烫，再用温水将外皮黏液洗掉。

●怎样保存最新鲜

1 可置放于冰箱冷藏2～3天。

2 冷冻保存则约1个月。

春 夏 秋 冬

鲈鱼 Seabass

Tips 不能生吃鲈鱼

●宜食的人
贫血、术后患者
●忌食的人
气喘、皮肤病患者

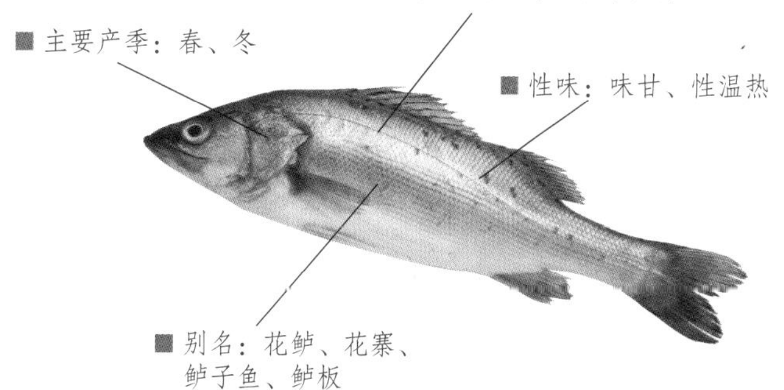

✓ YES优质品

● **外观：**

1 鱼眼清澈透明且有黑色轮廓

2 鱼体光滑，没有黏稠物

3 鳞片密实整齐

● **味道：** 没有特殊异味，有一点鱼腥味是正常的。

✗ NO劣质品

● **外观：**

1 鱼眼混浊，鳞片掉落

2 鱼体上有奇怪的黏稠物

● **味道：** 闻起来鱼腥味很重。

Health & Safe 安全健康食用法

这样吃最健康

1 过去曾传出进口鲈鱼检验出致命病菌，因此最好不要生食鲈鱼。放置冰箱冷藏的鲈鱼，最好煮熟后再食用。

2 鲈鱼有诱发过敏的成分，气喘者不适合食用。

3 鲈鱼中富含蛋白质及锌，能够加速伤口愈合、预防留疤，很适合术后病人食用。不过要注意，鲈鱼并不适合术后马上吃，太早食用，伤口在加速愈合的过程中，会形成突出肉芽。建议手术3天后再食用。

营养小提示

1 鲈鱼不能和奶酪一起食用。鲈鱼富含蛋白质，奶酪性寒，如果两者同食，容易使食用者消化不良而导致腹泻。

2 鲈鱼肚内的黑膜是腥味来源，把黑膜刮除干净，可大大减少腥味，提升鲈鱼的美味。

3 吃鲈鱼的同时，不适合吃其他海鲜类食物。因为海鲜类食物大多富含锌，摄取太多锌，反而会造成鲈鱼内富含的其他矿物质（如铜、铁）的流失。

● 怎样选购最安心

1 新鲜鲈鱼眼睛清澈透明，鱼体光滑，鳞片密实整齐，若鳞片已脱落则不宜购买。

2 秋、冬两季为鲈鱼的产卵季，这时的鲈鱼口感较差，若不希望美味大打折扣，这两个季节请勿购买。

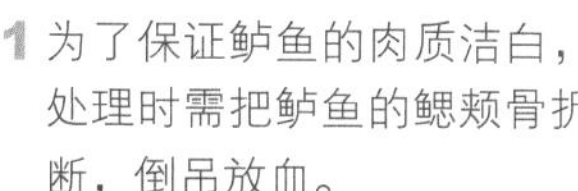

● 怎样处理最健康

1 为了保证鲈鱼的肉质洁白，处理时需把鲈鱼的鳃颊骨折断，倒吊放血。

2 等待血流尽后，将鲈鱼放在砧板上，从鱼尾沿着脊骨逆刀而上剖断胸骨，分成软硬两边，取出内脏洗净。

● 怎样保存最新鲜

趁鱼肉还新鲜时食用最佳，若需要放入冰箱贮存，则应该将鲈鱼装入保鲜袋，再放置于冷冻库保存。

Tips 先用热水烫过再烹调

春 夏 秋 冬

鳕鱼 Codfish

●宜食的人
心血管疾病患者
●忌食的人
痛风患者

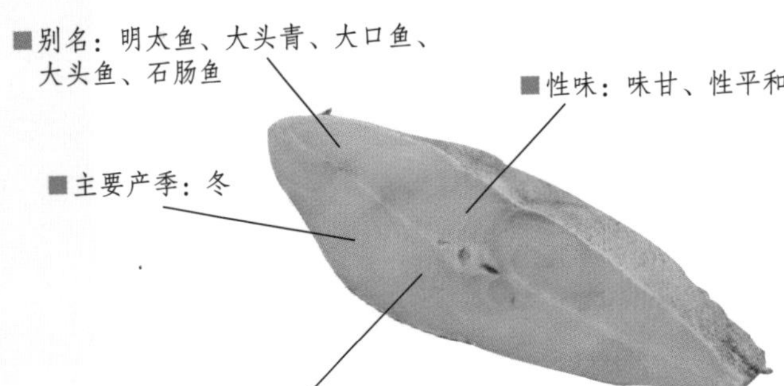

■别名：明太鱼、大头青、大口鱼、大头鱼、石肠鱼

■性味：味甘、性平和

■主要产季：冬

■主要营养成分：蛋白质、牛磺酸、钙、磷、维生素A、维生素D

✔YES优质品

●外观：

1 肉色透明，呈淡粉红或者雪白色

2 鱼皮薄且完整

3 中段部为最优

●味道：没有特殊的味道，也不会有难闻的气味。

✘NO劣质品

●外观：

1 肉色混浊，不具透明性

2 鱼肉上有奇怪的黏稠物

●味道：有一股鱼腥味或怪味。

Health & Safe 安全健康食用法

这样吃最健康

1 常见的鳕鱼有两种，一种外形较圆，称为圆鳕；一种外形长扁，称为扁鳕，后者为市场最常见的种类。有些不良卖家会拿油鱼假装为圆鳕贩售，食用后若有拉肚子症状，应立即停止食用。

2 鳕鱼中的钾有助于人体排出钠，能够抑制血压上升，高血压患者可以适量摄取。

3 鳕鱼含钙与镁，这两种营养素可以调节骨骼的新陈代谢，适量摄取，能够预防骨质疏松。

营养小提示

1 鳕鱼含丰富的营养，但食用时，不可与高盐食物同食，否则会降低钾的功效，影响健康。

2 不喜欢鳕鱼腥味的人，在烹饪前可以先将鳕鱼浸泡于牛奶中，如此可去腥味。

3 鳕鱼特殊柔软的肉质，很适合开始学习用牙齿咀嚼的婴幼儿食用。

4 鳕鱼含有牛磺酸，牛磺酸可以强化肝脏解毒作用，促进酒精代谢。需解酒的人可适量食用鳕鱼。

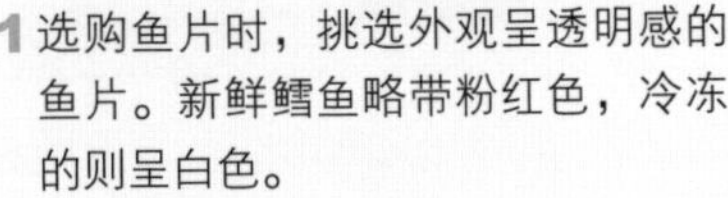

●怎样选购最安心

1 选购鱼片时，挑选外观呈透明感的鱼片。新鲜鳕鱼略带粉红色，冷冻的则呈白色。

2 鳕鱼表面若有一层薄冰，则可证明鳕鱼的新鲜度；如果表面有厚冰，则可能加过水或是经过二次加工。

●怎样处理最健康

1 购回的鳕鱼，用清水洗净即可。

2 鳕鱼肉质较为松散，在冷冻状况下不能硬切，最好用推拉刀慢慢切。

3 鳕鱼肉质过于松软，适合蒸煮，不宜做成生鱼片食用。下锅前要用热水烫过，如此可去掉大部分的残留物质，食用较为安心。

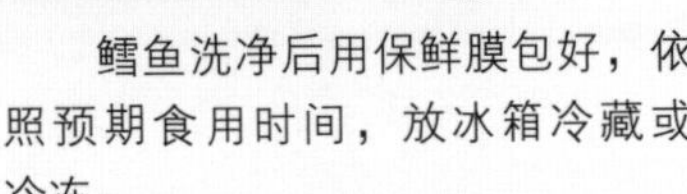

●怎样保存最新鲜

鳕鱼洗净后用保鲜膜包好，依照预期食用时间，放冰箱冷藏或冷冻。

春 夏 秋 冬

虱目鱼 Milk Fish

Tips 小心鱼刺

●宜食的人
皮肤干涩、四肢冰凉者

●忌食的人
痛风患者

✓ YES优质品

- **外观：**
  1 鱼眼微凸且透明清晰
  2 鱼鳞片完整没有掉落
  3 鱼腹坚实完整
- **味道：** 闻起来没有特别的臭味，有淡淡的鱼腥味是正常的。

✗ NO劣质品

- **外观：**
  1 鱼身不完整或有伤痕
  2 鱼眼混浊、不透明，鱼鳞掉落
- **味道：** 闻起来有刺鼻的腐臭味。

Health & Safe 安全健康食用法

这样吃最健康

1 虱目鱼多刺，食用未加工过的虱目鱼时，慎防鱼刺扎伤喉咙。

2 虱目鱼富含维生素B_2，可以保护皮肤黏膜，保持肌肤、毛发、指甲的健康，同时还能增强抵抗力，适合一般人食用。

3 虱目鱼富含“脑黄金(DHA)”、多不饱和脂肪酸(EPA)，可以预防视力衰退、活化脑细胞，具有降胆固醇、减少血栓形成、改善动脉硬化、预防心血管疾病等功效。

营养小提示

1 虱目鱼的烹饪方式非常多，建议以清蒸为主，油炸的方式容易流失养分。

2 虱目鱼皮含丰富的胶质，若采用干煎的方式，避免放太多油，否则容易引起油爆。

3 虱目鱼肚是虱目鱼最美味的部分，很受大众欢迎。但鱼肚的脂肪含量颇高，食用者应该适量摄取。

4 虱目鱼属于高嘌呤的鱼类，痛风患者最好少吃，建议一天食用量不超过60克。

●怎样选购最安心

1 鱼眼微凸且透明清晰、鱼鳞片完整、鱼腹坚实完整，以及内脏无腐臭味者为新鲜度较佳的虱目鱼。

2 新鲜的虱目鱼，体背呈青灰色，腹部呈银白色，肉质有弹性。

●怎样处理最健康

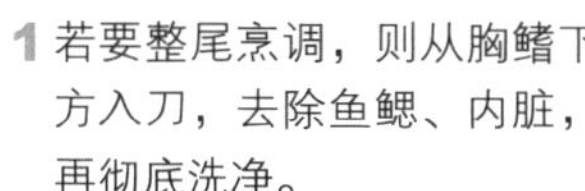

1 若要整尾烹调，则从胸鳍下方入刀，去除鱼鳃、内脏，再彻底洗净。

2 先刮除鱼鳞，切去鱼头，再用利刃沿着鱼体两侧切开至臀鳍前缘，再分离骨肉，即可摘下无刺的虱目鱼肚。

●怎样保存最新鲜

1 未加工的虱目鱼可置放于冷藏库2～3天。

2 加工品如虱目鱼丸、虱目鱼香肠等，则可放置于冷冻库保存半年左右。

Tips 需清除鳝鱼的肠胃

春 夏 秋 冬

鳝鱼 Swamp Eel

●宜食的人 糖尿病、贫血患者

●忌食的人 肠胃不佳、体热者

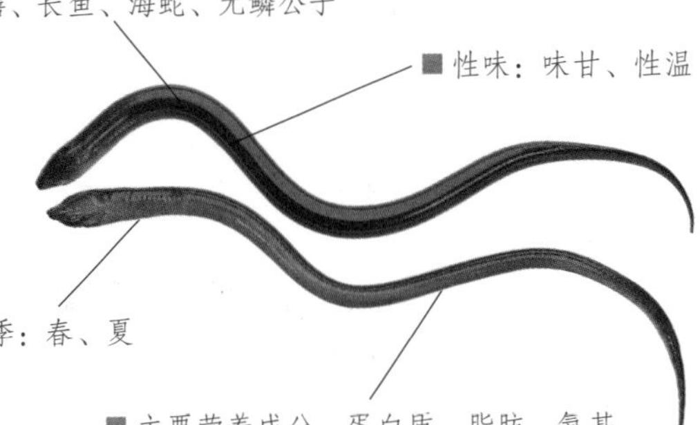

✔YES优质品

● **外观：**

1 外形肥大

2 表皮柔软且呈灰黄色

3 表皮干净没有奇怪的黏液

● **味道：** 没有奇怪的臭味或腥味。

✘NO劣质品

● **外观：**

1 外形瘦小

2 表皮有奇怪的黏液

● **味道：** 闻起来有明显的怪味与腥味。

Health & Safe 安全健康食用法

这样吃最健康

1 鳝鱼的肠胃里可能有大量杂质，如果是买活体宰杀者，切记去掉肠胃部分，彻底清洗鱼身，才不会吃进有害身体健康的废物。

2 鳝鱼可以补血、补气，且含丰富的蛋白质及B族维生素，有益于增强体力。

3 鳝鱼含特有的鳝鱼素，可以调节血糖，糖尿病患者可多吃。

4 食用富含B族维生素及钙的鳝鱼，有助于改善因压力而引起的头痛。

营养小提示

1 鳝鱼现宰后应马上烹饪食用。鳝鱼含有组氨酸，在鳝鱼死后容易发生变化，对人体健康有害。

2 鳝鱼富含各种营养素、矿物质，适量地食用对人体有益，但要控制摄取量。若过量食用鳝鱼，容易消化不良，引发肠胃不适。

3 食用鳝鱼的同时，最好不要吃菠菜。鳝鱼性热、菠菜性寒，两者搭配食用，容易导致腹泻。

●怎样选购最安心

1 挑选鳝鱼时，应选外形肥大、肉质细嫩、表皮柔软且呈灰黄色者。

2 购买鳝鱼的时候，可多注意鳝鱼的活动力，活动力强的较好。

3 新鲜鳝鱼没有异味，挑选时不妨靠近闻一闻。

●怎样处理最健康

将活鳝鱼摔晕，用左手压住鳝鱼头，右手持刀从鳝鱼颈斜切至三角形脊骨的那一侧，将刀从头拉至鱼尾。接着，清除鳝鱼内脏。最后，需将鱼片放入干净容器中沥血，控制在15～30分钟。

●怎样保存最新鲜

清洗干净后，用纸巾、毛巾将鳝鱼擦干，放入保鲜袋中，放进冰箱冷藏或冷冻。

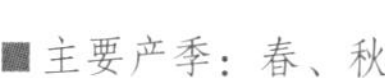

Tips 切记不要食用草鱼胆汁

春 夏 秋 冬

草鱼 Grass Carp

宜食的人
一般人

忌食的人
尿酸过高的人

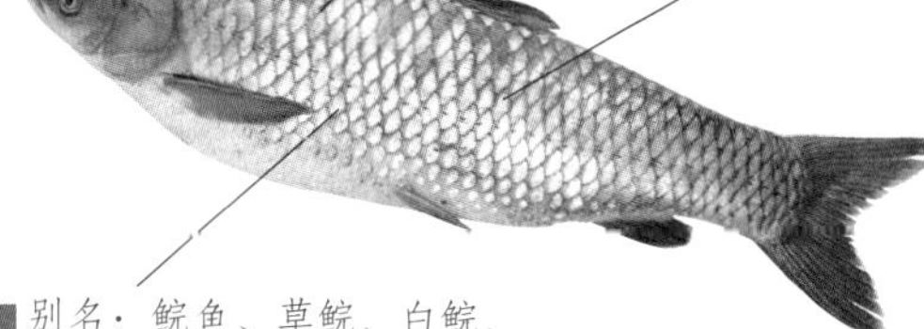

■主要产季：春、秋

■主要营养成分：蛋白质、脂肪、维生素B、核黄素、尼克酸、钙、磷、铁

■性味：味甘、性温

■别名：鲩鱼、草鲩、白鲩、混子、草青

YES优质品

- **外观：**
  1 鱼鳃鲜红
  2 鱼鳞完整且眼睛透明
  3 体型硕大
- **味道：** 没有特殊的臭味，有淡淡的鱼腥味是正常的。

NO劣质品

- **外观：**
  1 体型瘦小
  2 眼睛混浊不透明
- **味道：** 鱼腥味很重。

Health & Safe 安全健康食用法

这样吃最健康

1 民间偏方认为吞食草鱼胆可以治病，但实际上，草鱼胆汁含有一种会损伤肝肾的毒素，服用后会引起中毒，毒素作用于消化系统与泌尿系统，可能会引起肠胃不适、肝肾功能衰竭，严重者会合并心血管与神经病变，导致水肿、中毒性休克，甚至死亡，所以千万别误信偏方。

2 在处理鱼身的过程中，若不小心沾到胆汁，可以用米酒擦拭。

营养小提示

1 建议草鱼一天最佳食用量为60克左右。

2 草鱼土味较重，若能将其放入活水里养1～2天，可以去除土腥味。

3 草鱼富含钾，能调节血压，加速血液循环，高血压患者可以适量摄取。

4 草鱼含有丰富的维生素A，可以促进皮肤角质代谢，同时具有保护眼睛的作用，对肌肤干涩或者长期需要用眼的人来说，是不错的食材。

怎样选购最安心

1 选购活鱼时，以鱼体完整无伤者为佳。

2 采买的时候，不妨用手拿鱼身中段，若鱼头鱼尾都硬挺，表示新鲜。

3 体型大的草鱼口感较好，体型小的肉质偏软。

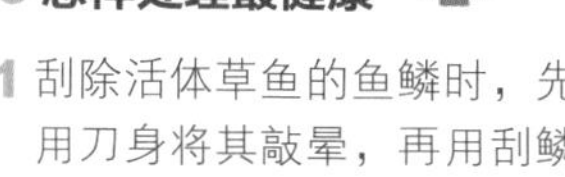

怎样处理最健康

1 刮除活体草鱼的鱼鳞时，先用刀身将其敲晕，再用刮鳞刀由鱼尾往头的方向刮除。

2 刮除鱼鳞后，去除鱼鳃、内脏，用清水洗净，切成小段备用即可。

怎样保存最新鲜

将鱼处理、清洗干净后，切成适当的大小，分装在保鲜袋中，放入冰箱冷冻即可。

Tips 鲳鱼卵有毒，不可食用

●宜食的人
心血管疾病患者

●忌食的人
痛风、尿酸过高者

春 夏 秋 冬

鲳鱼 Pomfret

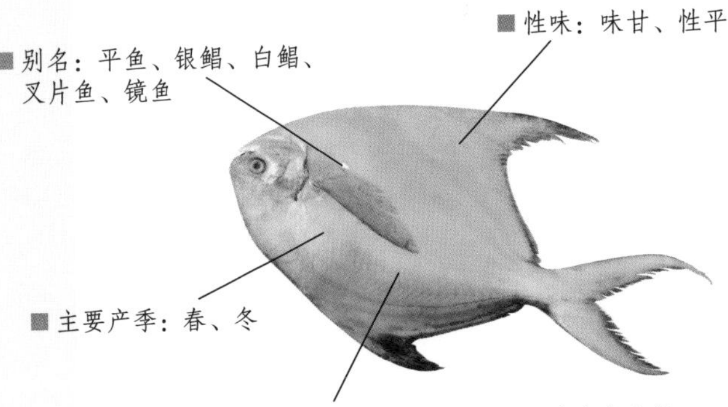

■性味：味甘、性平

■别名：平鱼、银鲳、白鲳、叉片鱼、镜鱼

■主要产季：春、冬

■主要营养成分：蛋白质、碳水化合物、钙、磷、铁、镁、B族维生素

✓ YES优质品

● **外观：**
1 鱼眼清澈透明
2 鱼鳃鲜红、肉质结实
3 尾鳍呈叉形

● **味道：** 有一点淡淡的鱼腥味属正常。

✗ NO劣质品

● **外观：**
1 鱼眼混浊不透明
2 表皮没有光泽且有破损

● **味道：** 闻起来有股明显的鱼腥味或臭味。

Health & Safe 安全健康食用法

这样吃最健康

1 鲳鱼卵有毒，食用之后可能会导致拉肚子，建议不要食用。

2 鲳鱼含有约60%的不饱和脂肪酸，对预防动脉硬化、心血管疾病有帮助。

3 鲳鱼含有丰富的钾，可预防高血压。对高血压病患者来说，能调节血压，不妨适量摄取。

4 中医认为，鲳鱼是发物，慢性病患者食用后可能会使旧病复发或是诱发新病，需谨慎食用。

营养小提示

1 鲳鱼富含Omega-3不饱和脂肪酸，可以降低胆固醇、三酸甘油酯等，对预防中风、心肌梗死等心血管疾病有食疗作用。

2 鲳鱼是嘌呤含量偏高的鱼种，其中白鲳的含量高于黑鲳。尿酸过高或痛风患者不宜食用。

3 鲳鱼属于不可养殖的深海鱼，Omega-3脂肪酸含量丰富，建议采用蒸煮方式，油炸或烧烤容易使脂肪酸产生变质现象。

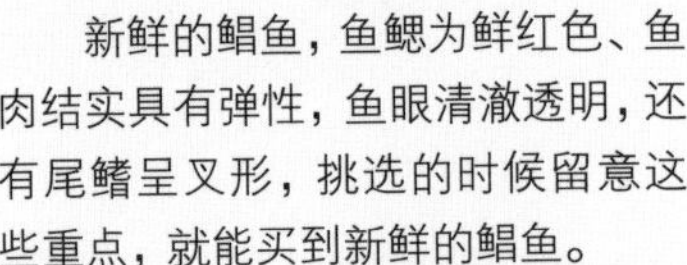

● 怎样选购最安心

新鲜的鲳鱼，鱼鳃为鲜红色、鱼肉结实具有弹性，鱼眼清澈透明，还有尾鳍呈叉形，挑选的时候留意这些重点，就能买到新鲜的鲳鱼。

● 怎样处理最健康

1 先刮除鲳鱼两面的银鳞，再从胸部切上一刀，去除内脏和鱼鳃。接着，刮除鱼腹内的秽物及去除鱼卵，最后在流动的水下洗净。

2 鲳鱼较少受到污染，只要稍加腌制即可安心食用，腌制所剩的酱汁应丢弃，勿再使用。

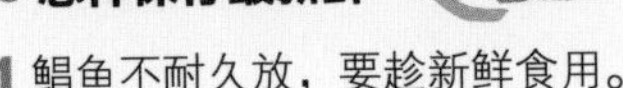

● 怎样保存最新鲜

1 鲳鱼不耐久放，要趁新鲜食用。

2 若不能在24小时内食用，需以保鲜袋包紧再放入冰箱冷藏，保质期2～3天。

鲢鱼 Silver Carp

Tips 鲢鱼胆有毒素，勿食

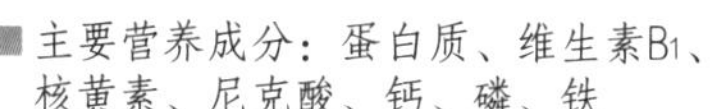

春 夏 秋 冬

●宜食的人
心血管疾病患者
●忌食的人
感冒发热、便秘者

✓ YES优质品

- **外观：**
  1 鱼眼明亮微凸，眼球饱满
  2 鱼头形状较圆、鱼身较短
  3 鱼鳃鲜红
- **味道：** 闻起来没有特别的臭味，有淡淡的土味及腥味是正常的。

✗ NO劣质品

- **外观：**
  1 眼睛混浊不透明
  2 鱼鳃暗红
- **味道：** 闻起来有一股腥臭味。

Health & Safe 安全健康食用法

这样吃最健康

1 鲢鱼富含B族维生素，可以促进血液循环、让消化系统更健康，肠胃不好的人，可以适量摄取。

2 中医认为鲢鱼为发物，容易让旧病复发或诱发新病，有感冒发热或便秘者不宜食用，有慢性病的患者也不适合食用。

3 鲢鱼的胆含有毒素，若不慎食用，会引发中毒现象，对肝、肾所造成的影响尤深，千万不可食用。

营养小提示

1 鲢鱼属高嘌呤食物，痛风患者或尿酸过高者不宜食用。

2 鲢鱼含B族维生素，可有效减缓偏头痛。

3 鲢鱼含有较多的细刺，食用时要特别小心，以免鱼刺卡在喉咙，引起发炎。

4 鲢鱼含有丰富的烟酸，可以治疗口腔和嘴唇发炎，有此症状者，可以多吃。

5 鲢鱼的B族维生素能够降低胆固醇和血压，有心血管疾病的患者可以适量摄取。

●怎样选购最安心

1 新鲜的鲢鱼鱼眼明亮微凸，眼球饱满且鱼鳃鲜红。

2 如果发现鲢鱼鱼骨有脱骨情况，肉质缺乏弹性，可能是腐烂的鱼，绝对不能食用。

3 挑选鲢鱼时，选择鱼头圆、鱼身短者，泥土味较淡。

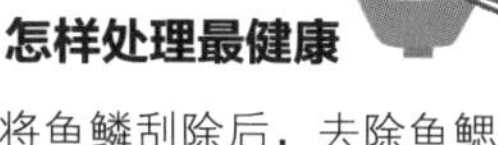

●怎样处理最健康

1 将鱼鳞刮除后，去除鱼鳃和内脏，用清水洗净，最后切小段即可。

2 要去除土味，可把鱼放入温茶水里浸泡5～10分钟；或把鱼剖肚洗净后，泡在加有少量醋与胡椒粉的冷水中。

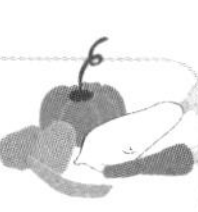

●怎样保存最新鲜

清洗处理并切成小段后，放置于保鲜袋中，置于冰箱冷冻保存即可。

春 夏 秋 冬

三文鱼 Salmon

Tips 生吃前注意鱼肉的处理方式

●宜食的人
心血管疾病患者

●忌食的人
尿酸过高者、痛风患者

■ 别名：鲑鳟鱼、马哈鱼、大马哈鱼

■ 性味：味甘、性温热

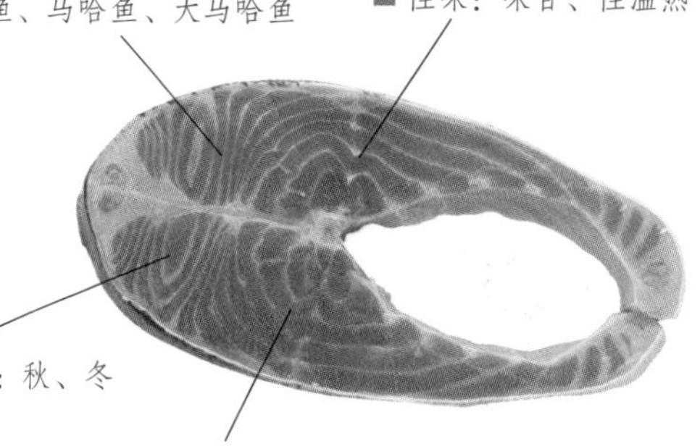

■ 主要产季：秋、冬

■ 主要营养成分：蛋白质、Omega-3、钙、铁、锌、维生素D、维生素E

✓ YES优质品

- **外观：**
  1 鱼皮呈银白色
  2 鱼肉呈鲜橘色
  3 鱼肉上有条状白色脂肪
- **味道：** 没有特殊气味，有淡淡的鱼腥味是正常的。

✗ NO劣质品

- **外观：**
  1 肉色太过鲜艳
  2 鱼肉凹陷，没有弹性
- **味道：** 闻起来有明显的鱼腥味。

Health & Safe 安全健康食用法

这样吃最健康

1 三文鱼最安全的食用方式是煮熟后再吃，不过，三文鱼生鱼片是受大众欢迎的选择，建议购来生吃的三文鱼最好找有信用的店家购买。

2 不要购买肉色特别鲜艳的三文鱼片，因可能被不法商贩用工业染料添色，食用后恐引发身体不适。

3 曾有报道指出，人工养殖的三文鱼可能含有致癌物，但实际上必须大量食用，才会有较高的致癌风险。

营养小提示

1 三文鱼含有丰富的Omega-3脂肪酸，烹饪时不适合用油炸的方式烹饪，以免造成脂肪酸变质。

2 三文鱼富含维生素B_1，可以有效改善肌肉僵硬、酸痛等不适症状，忙碌一天后，来一份三文鱼，有助于减缓行血障碍所造成的僵硬酸痛。

3 三文鱼富含DHA、EPA，能降低胆固醇、活化脑细胞、预防心血管疾病，不论是用脑过度的人，或者有心血管疾病的患者，适量摄取对身体健康状态皆有益处。

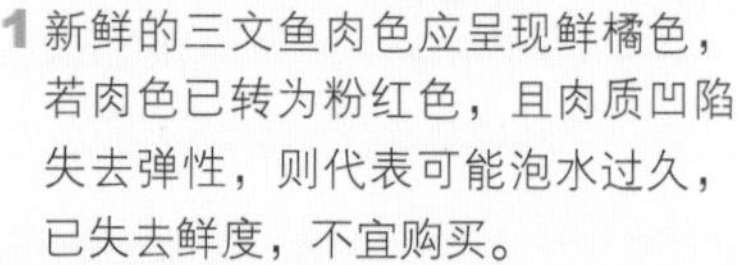

●怎样选购最安心

1 新鲜的三文鱼肉色应呈现鲜橘色，若肉色已转为粉红色，且肉质凹陷失去弹性，则代表可能泡水过久，已失去鲜度，不宜购买。

2 挑选切片三文鱼时，选择鱼肉上有条状白色脂肪者为佳。

●怎样处理最健康

1 三文鱼体型大，市面上多半切成片状来卖，只要用清水将残留的鱼鳞、附着在肉上的脏污冲洗掉即可。

2 三文鱼较少受到海洋污染，可采用腌制方式处理。在腌制后，将腌制酱汁丢弃即可。

●怎样保存最新鲜

急速冷冻的三文鱼可置放于零下20℃的冷冻库内。冷藏保鲜的三文鱼应放置于0～4℃的冷藏库中储存。

春 夏 秋 冬

鲷鱼 Sea Bream

Tips 勿买颜色太过鲜艳的

● 宜食的人
贫血者

● 忌食的人
尿酸过高者、痛风患者

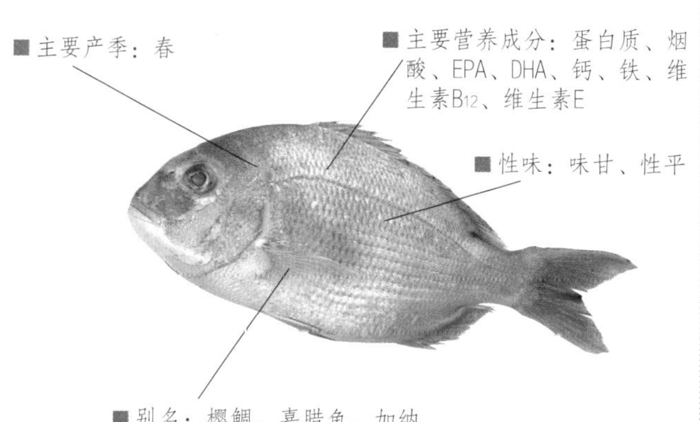

✔ YES优质品

- **外观：**
  1 鱼眼透明、清澈
  2 鱼鳞细小薄软、柔软不刺手
  3 鱼鼻头上有厚软肉包
- **味道：** 闻起来没有特殊的味道，有淡淡的鱼腥味是正常的。

✘ NO劣质品

- **外观：**
  1 鱼眼混浊
  2 鱼鳃暗红
- **味道：** 有明显的鱼腥味或臭味。

Health & Safe 安全健康食用法

这样吃最健康

1 购买鲷鱼时，最好买活鲷。有一些鲷鱼片加工者会使用一氧化碳来增色，让鲷鱼片看起来鲜艳好看。若发现鲷鱼片颜色不自然、过于鲜艳，请勿购买。

2 鲷鱼营养丰富，非常适合大众食用，但市售鲷鱼多为水产养殖，可能有药物残留问题，需多留意。

3 生吃鲷鱼时，可用盐略微刷洗鱼的咽喉处，可去除寄生虫。

营养小提示

1 鲷鱼属高嘌呤鱼类，有痛风病史的患者，或者尿酸过高者应避免食用。

2 鲷鱼含有丰富的烟酸，为合成人体荷尔蒙所不可或缺的营养素之一。摄取充足的烟酸，有助于消除疲劳，帮助维持情绪的稳定。

3 鲷鱼富含蛋白质、维生素B12，多吃能补充体力，还可以预防恶性贫血的发生，且鲷鱼的脂肪含量低，适合多数人食用。

● 怎样选购最安心

1 鱼眼清澈明亮、鱼鳃呈鲜红色是新鲜鱼的共同点。

2 新鲜鲷鱼鱼鳞细小薄软不刺手，挑选时可用手摸一摸。

3 购买时，不妨多留意鲷鱼的鼻头，以鼻头上有一片厚且软的肉包者为佳。

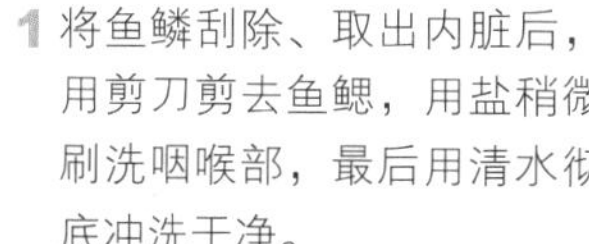

● 怎样处理最健康

1 将鱼鳞刮除、取出内脏后，用剪刀剪去鱼鳃，用盐稍微刷洗咽喉部，最后用清水彻底冲洗干净。

2 烹煮时，可利用调味酱翻面煎煮。

● 怎样保存最新鲜

如果处理鲷鱼后不马上料理，可用少许白醋和酒略为浸泡，取出后沥干，再以保鲜袋包紧放入冰箱冷藏或冷冻保存。

春 夏 秋 冬

鲤鱼 Carp

Tips 鲤鱼胆勿食

●宜食的人
儿童、产妇

●忌食的人
尿酸过高者、痛风患者

■ 别名：鲤子、鲤拐子、赤鲤、穆龙、拐子、桃花脊

■ 性味：味甘、性平

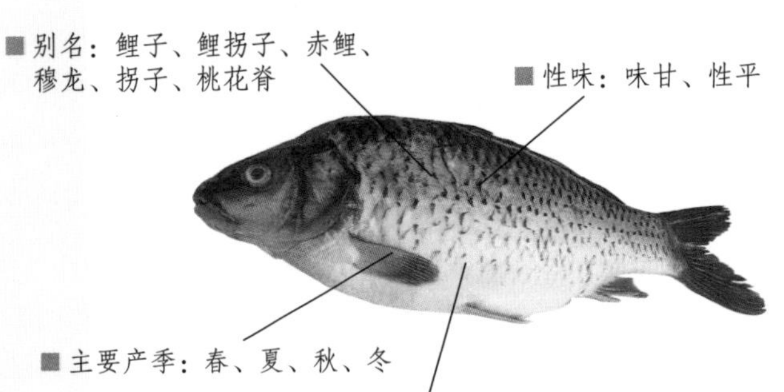

■ 主要产季：春、夏、秋、冬

■ 主要营养成分：蛋白质、脂肪、谷氨酸、甘氨酸、组氨酸、烟酸、钙、磷、铁

✓YES优质品

● **外观：**

1 鱼眼呈现澄净透明

2 鱼鳃鲜红、鱼鳞完整

3 鱼肚完整

● **味道：** 闻起来没有特别的味道，有淡淡的鱼腥味是正常的。

✗NO劣质品

● **外观：**

1 鱼眼混浊不清澈

2 鱼鳞掉落不完整

● **味道：** 有明显的鱼腥味或臭味。

Health & Safe 安全健康食用法

这样吃最健康

1 鲤鱼的胆汁具毒性，且耐高温。所以不论是生食或熟食，鲤鱼的胆都不可以食用。若不慎食用，可能引发中毒，严重者甚至昏迷或死亡。

2 就中医观点而言，鲤鱼为发物，慢性病患者食用后可能会旧病复发，需谨慎食用。

3 雄性鲤鱼腹部内的囊形白浆状物，能促进男性荷尔蒙的分泌，而雌性鲤鱼腹部的鱼卵，则有益女性荷尔蒙的分泌，食用者可以依照需求食用。

营养小提示

1 鲤鱼富含蛋白质，很容易被人体吸收，其化学组织与人体肌肉的化学组织接近，蛋白质的氨基酸组成和人体相近，能供给人体必需的氨基酸，适合发育中的孩童，以及需要补充营养的人食用。

2 鲤鱼所含的维生素与不饱和脂肪酸，能预防心血管疾病。

3 鲤鱼所含的B族维生素，能减缓水肿现象，同时能改善产妇缺乏乳汁分泌的状况。

● 怎样选购最安心

1 新鲜鲤鱼的鱼眼呈现透明，鱼鳃为鲜红色，鱼鳞整齐不易脱落。

2 最好挑选具有完整鱼肚，且以手指按压时有结实感及富弹性的鲤鱼。

● 怎样处理最健康

1 鲤鱼买回家后，去除内脏，剪掉参差的鱼鳍，在流动的水下彻底洗净，特别注意要彻底清除鳃片，以免有沙粒卡在鱼头。

2 河鲤的泥土味较重。买回家后用清水养2～3天，就能去掉泥土味。

3 鲤鱼背上两边各有一条白筋，处理时要把白筋抽掉，煮熟后就不会有鲤鱼独有的腥味。

● 怎样保存最新鲜

洗干净处理完毕后，擦干水分并抹盐，以保鲜袋装好，放冷冻室保存。

春 夏 秋 冬

黄鱼 Yellow Croaker

Tips 食用鱼头可安定神经、缓解失眠

宜食的人：老人、儿童

忌食的人：气喘、皮肤过敏、体质燥热者

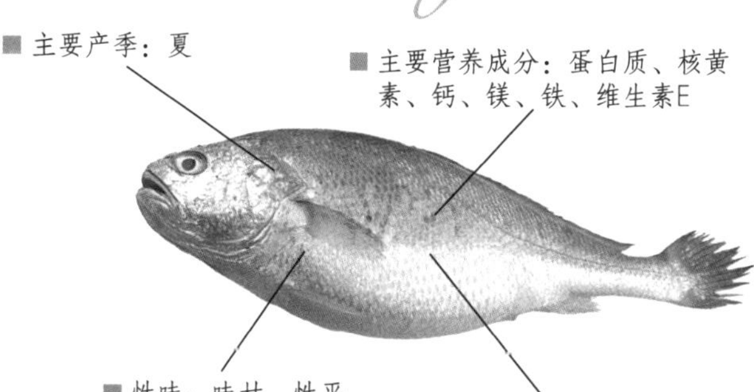

YES优质品

- **外观：**
  1 鱼眼清澈透明
  2 鱼皮有光泽、鱼肚呈自然黄色
  3 鱼鳞无脱落
- **味道：**闻起来没有特殊的味道。

NO劣质品

- **外观：**
  1 鱼鳞脱落
  2 鱼眼混浊、不清澈
  3 鱼皮没有光泽，有奇怪的黏稠物
- **味道：**有明显臭味或鱼腥味。

Health & Safe 安全健康食用法

这样吃最健康

1 黄鱼含有组织胺，容易使过敏患者的病情发作，气喘或是过敏者需慎食黄鱼。容易患麻疹的人也要避免过量摄取。

2 注意黄鱼外表颜色是否为自然金黄且有光泽，有些不良业者会将鱼肚染黄，食入后对健康不利。

3 黄鱼含丰富蛋白质以及钙、磷、铁、碘等，适量多摄取有助于促进新陈代谢，且鱼肉组织柔软，很适合老人、小孩食用。

营养小提示

1 黄鱼的鱼头富含维生素B_1、维生素B_2以及烟酸，能够有效安定神经，缓解失眠，建议食用时不要舍弃鱼头，若害怕腥味，只要处理时将鱼头的鱼皮去掉即可。

2 黄鱼食用过量，容易生痰，体型肥胖或燥热体质者不宜多吃，否则可能会有发疮的现象。建议一天食用量控制在55克以下。

3 黄鱼含丰富的硒，能够清除人体的自由基，有助于延缓老化，预防癌症。

怎样选购最安心

1 新鲜的黄鱼鱼身完整、鱼皮有光泽、鱼鳞无脱落、鱼眼清澈透明、鱼鳃鲜红。

2 选购时用手用力擦拭鱼肚，若不掉色则为真货。如果发现鱼下巴到腹部颜色发白，则代表鱼不新鲜，不宜购买。

怎样处理最健康

1 直接剖开黄鱼肚会流失其油脂，应从鱼鳃处取出所有的内脏。

2 烹饪前先去除黄鱼头顶上的皮，可去腥味。

怎样保存最新鲜

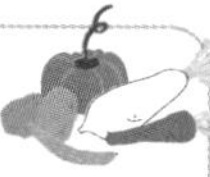

1 黄鱼不耐久放，以当天食用完毕为佳。

2 需要保存时，先将鱼处理干净，擦干水分，抹盐后放入保鲜袋中，再放置于冰箱冷冻或冷藏。如为冷藏，保存时间不宜超过3日。

春 夏 秋 冬

金枪鱼 Tuna

Tips 注意新鲜度

●宜食的人
高血脂患者、体质虚弱的人

●忌食的人
尿酸过高者

■别名：黑鲚串、黑串、油串、短鲔、串仔、卓鲲

■性味：味甘、性温热

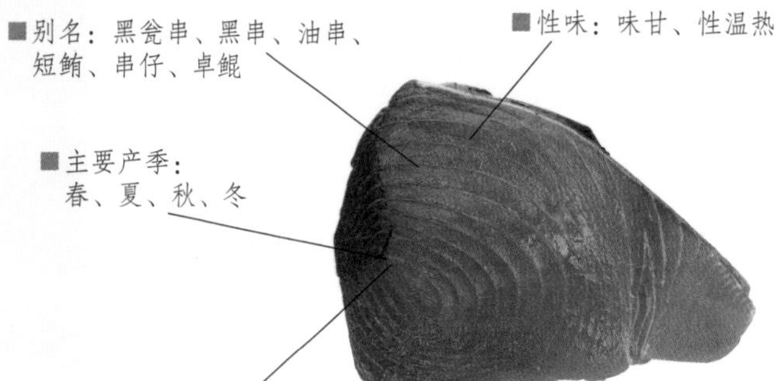

■主要产季：春、夏、秋、冬

■主要营养成分：蛋白质、DHA、EPA、维生素A、维生素E

✓ YES优质品

- **外观：**
  1 鱼肉颜色红润，且白色条纹均匀
  2 鱼肉表面呈油光，富光泽
  3 鱼肉富弹性
- **味道：** 闻起来没有特殊的味道或腥臭味。

✗ NO劣质品

- **外观：**
  1 鱼肉变黄褐色或黑褐色
  2 鱼肉看起来不具弹性
- **味道：** 闻起来有明显的腥臭味。

Health & Safe 安全健康食用法

这样吃最健康

1 易过敏或气喘者须在金枪鱼新鲜时尽快食用，因金枪鱼易产生引发过敏或气喘的组织胺。

2 金枪鱼的瘦肉部分油脂较少，且含高蛋白。金枪鱼油脂较多的部位，含丰富的DHA、EPA，因含有EPA脂肪酸，所以实际上食用者无须过度担心脂肪过多的问题。因为EPA不但不会造成高胆固醇，反而还能保健血管，预防心血管疾病。当然，如果肥胖者，或正在减肥者，应尽量选择瘦的部位食用。

营养小提示

1 脂肪多的肉类较容易氧化，当购买的那块金枪鱼鱼肉为脂肪含量较高的部位时，建议尽快食用完毕，否则肉质容易产生变化，引发过敏。

2 金枪鱼属于高嘌呤的鱼类，尿酸过高或痛风患者不适合过量食用。

3 金枪鱼肚含有大量脂肪，每100克就有344千卡的热量，想要控制体重的人应避免摄取过量。

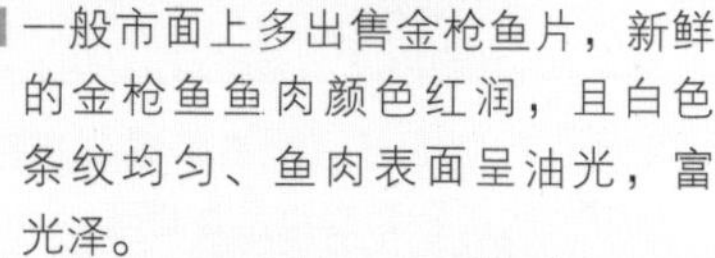

●怎样选购最安心

1 一般市面上多出售金枪鱼片，新鲜的金枪鱼鱼肉颜色红润，且白色条纹均匀、鱼肉表面呈油光，富光泽。

2 若鱼肉变为黄褐色或黑褐色，则代表鱼肉不新鲜，不宜购买。

●怎样处理最健康

1 金枪鱼适合生食，若要煮熟，加热时间不要过长，以免肉质变硬。

2 新鲜的金枪鱼买回来后，用清水稍微冲洗即可。

●怎样保存最新鲜

1 将金枪鱼放入热水中烫至表面呈白色后迅速捞起，放入冰水冷却。待水分沥干，用保鲜膜包好放入冷冻库保存。

2 若购买冷冻金枪鱼未马上食用，冷藏期限也以1星期以内为佳。

不要食用鲨鱼肝脏

春 夏 秋 冬

鲨鱼 Shark

■ 主要产季：春、冬

■ 主要营养成分：蛋白质、胶原蛋白、磷脂质、维生素A、维生素D

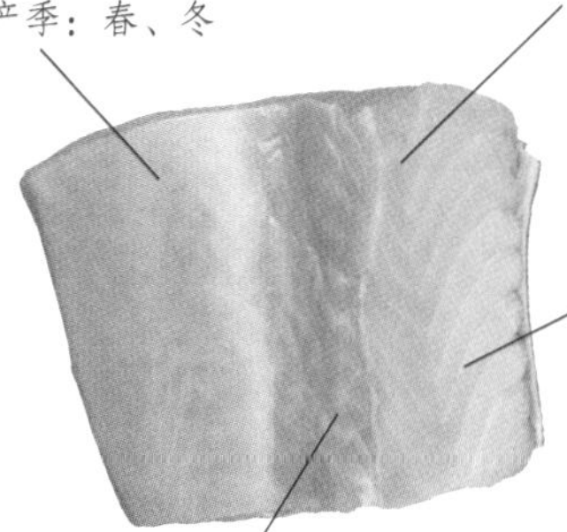

■ 性味：味甘、性平

■ 别名：鲛鱼、鲛鲨、沙鱼、青鲨、阔口真鲨

✓ YES优质品

- **外观：**
  1 肉色自然且透明
  2 肉质看起来有弹性
- **味道：** 鲨鱼肉本身就有一股特殊的味道，但新鲜鲨鱼的味道不重，也不刺鼻。

✗ NO劣质品

- **外观：**
  1 肉色不透明
  2 肉质看来没弹性
- **味道：** 有一股很重的氨气味。

Health & Safe 安全健康食用法

这样吃最健康

1 鲨鱼肝脏含有大量的维生素A、自然毒素以及脂肪。切记不要食用鲨鱼肝脏，以避免中毒。

2 鲨鱼肉的特色是高蛋白质、低脂肪。有补气补血的功效。营养不良、体质较虚弱，或者气血不足的人可以适量摄取。

3 鲨鱼含丰富的维生素A，能够增强抵抗力，维持人体正常发育，延缓细胞老化，保护视力，还能预防呼吸系统的感染。

营养小提示

1 鲨鱼所含的维生素A相当丰富，每100克鲨鱼中，就含有210微克的维生素A。此外，其所含的维生素E也相当丰富。烹煮鲨鱼肉时，可以搭配富含维生素C的食材，能加强维生素A、维生素E的食疗效果。

2 鲨鱼肉是高嘌呤的食物，经过人体代谢后会产生尿酸，食用后人体中的尿酸浓度会升高，因此不适合高尿酸或痛风患者食用，以免加重不适症状。

怎样选购最安心

1 挑选鲨鱼肉时，可以用手按压鱼肉，如果鱼肉没有立即弹起来，则不要购买。

2 鲨鱼肉本身带有特殊味道，但新鲜鲨鱼的味道很淡，甚至无味道，否则不宜购买。

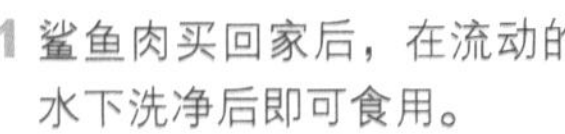

怎样处理最健康

1 鲨鱼肉买回家后，在流动的水下洗净后即可食用。

2 鲨鱼肉的异味较重，想去除腥味，可采用口味较重的方式烹调。烹调时可把大蒜和鲨鱼放在一起混炒，或是撒入白胡椒粉也是不错。

怎样保存最新鲜

新鲜的鲨鱼肉容易变质，必须立刻食用。

Tips 孕妇或备孕女性少吃

春 夏 秋 冬

旗鱼 Sailfish

●宜食的人
儿童

●忌食的人
孕妇、计划怀孕的女性

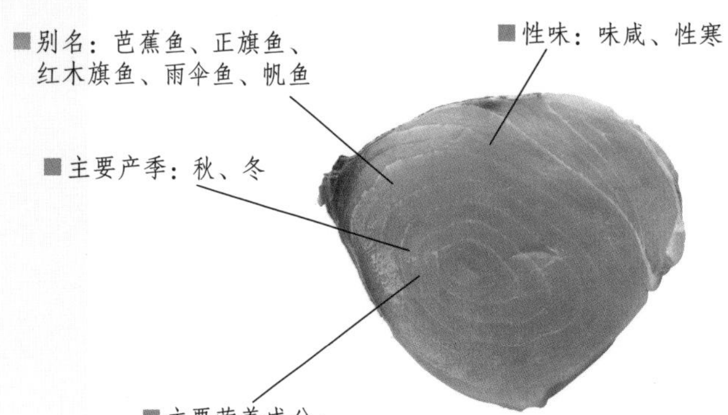

■别名：芭蕉鱼、正旗鱼、红木旗鱼、雨伞鱼、帆鱼

■性味：味咸、性寒

■主要产季：秋、冬

■主要营养成分：
蛋白质、DHA、钙、镁、维生素B_6、维生素D

✓ YES优质品

- **外观：**
  1 肉质结实、富有光泽
  2 鱼肉没有渗水现象
  3 肉质呈现桃红色
- **味道：**没有特殊的臭味或腥味。

✗ NO劣质品

- **外观：**
  1 肉质松散、没有光泽
  2 鱼肉渗水
  3 鱼肉发绿，不透明
- **味道：**闻起来有明显的鱼腥味。

Health & Safe 安全健康食用法

这样吃最健康

1 旗鱼为大型洄游海鱼，这类渔产的含汞量与重金属污染可能性较高，因此孕妇或计划怀孕的女性尽量少吃旗鱼。特别提醒，旗鱼肝脏、眼窝附近是含鱼油较多的部分，重金属残留也较多，食用时应避开。

2 旗鱼含有丰富的烟酸，可以维护消化系统的健康。肠胃功能不佳的人，可以适量摄取。此外，烟酸也能缓和偏头痛，有此困扰者，不妨选择旗鱼作为营养补充的来源。

营养小提示

1 旗鱼能降低血压、促进血液循环，适合高血压患者食用。

2 旗鱼跟金枪鱼一样，属于养分极高的鱼类。旗鱼的特点是含丰富蛋白质，但脂肪含量却低，食用者无须担心肥胖问题。

3 旗鱼富含维生素B_6，维生素B_6属水溶性，建议生吃新鲜的旗鱼，以免水溶性维生素流失。

●怎样选购最安心

旗鱼体型较大，市面上多切片出售。红肉品质最佳，味道最为鲜美。此外，要注意切片旗鱼的肉质，应选择富弹性且没有渗水者。若有渗水现象，代表不新鲜，不宜购买。

●怎样处理最健康

1 购买旗鱼切片，用清水冲洗即可。

2 可用蛋清腌旗鱼，既可去腥也不会影响鱼肉本身的色泽。

●怎样保存最新鲜

1 密闭容器内铺纸巾，将鱼片排放在里面（勿叠放），放入冷藏室可放3~4天。

2 放入冷冻库约可保存1个月，但口感会大受影响。

Tips 细刺多集中在背部

春 夏 秋 冬

鲫鱼 Crucian Carp

●宜食的人
心血管疾病、高血压患者

●忌食的人
体质燥热的人

✓YES优质品

● **外观：**
1 身扁色白
2 鱼鳞发亮
3 背脊厚实

● **味道：** 没有特殊味道，有一点淡淡的鱼腥味是正常的。

✗NO劣质品

● **外观：**
1 鱼眼混浊不透明
2 鱼鳃颜色黯淡

● **味道：** 闻起来有明显的鱼腥味。

Health & Safe 安全健康食用法

这样吃最健康

1 由于鲫鱼的刺多集中在背部，因此吃鲫鱼背部时要特别小心，以免不小心鱼刺卡在喉咙中，引起发炎现象。

2 鲫鱼所含蛋白质容易被人体吸收消化，且其肉质细嫩，适合当做小宝宝的食物。但给小宝宝食用时，最好喂食刺少的鱼腹肉部位。

3 鲫鱼是高蛋白、低脂肪食物，适合一般人。但体质燥热的人应慎食，以免生疮。

营养小提示

1 鲫鱼所含营养素相当全面，且含有不少矿物质，对于想要补充营养、增强体力的人来说，是不错的选择。

2 鲫鱼中的核黄酸具有扩张血管、促进血液循环的功效，动脉硬化、高血压或心血管疾病等患者，可以适量摄取鲫鱼，以改善血管健康状态。

3 鲫鱼忌与芥菜同煮，因为会产生对肺、肾不良作用的物质，还容易引发水肿。

●怎样选购最安心

1 鲫鱼以身扁色白者为上选。

2 喜欢鱼肉口感细嫩者，以体型较小者为宜。喜欢口感有嚼劲者，以体型较大者为佳。

3 选择外观色泽鲜艳、鱼鳞发亮、背脊较厚实的鲫鱼。

●怎样处理最健康

1 去除鲫鱼的内脏、鳃、鳞后，清洗干净。

2 自鱼鳃后鱼身下刀，侧重背部脊肉，一刀2厘米，直接划到鱼尾，另一面亦如此。

3 用酒腌半小时，再油炸到鱼肉微黄，细刺大多会消失。

●怎样保存最新鲜

鲫鱼需要去掉鳃、内脏，洗净放于冰箱内保存。

Tips 勿买颜色过白者

春 夏 秋 冬

魩仔鱼 Larval Fish

■ 别名：鲢、棘银带鲦、红肚魩仔

■ 性味：味甘、性平

■ 主要产季：春、夏、秋

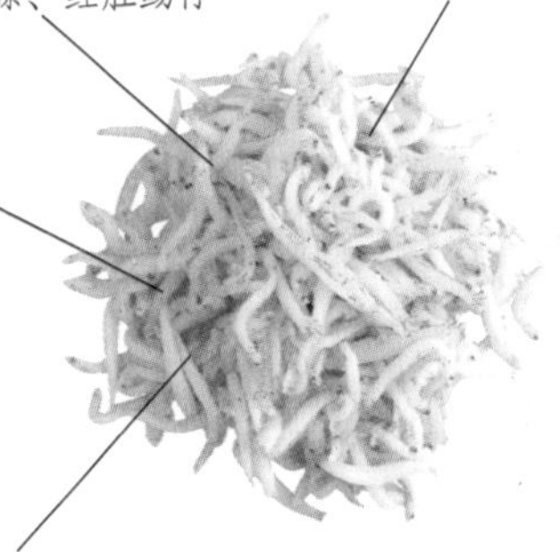

■ 主要营养成分：蛋白质、脂肪、氨基酸、EPA、DHA、钙、铁、磷、钾、镁

✓ YES 优质品

- **外观：**
  1 颜色偏近银白，有透明感
  2 鱼肉外观看起来饱满
- **味道：** 闻起来没有特殊的味道，略有一点点的鱼腥味是正常的。

✗ NO 劣质品

- **外观：**
  1 颜色很白，不具透明感
  2 外观不完整
- **味道：** 有鱼腥味或有异味。

Health & Safe 安全健康食用法

这样吃最健康

1 选购魩仔鱼时，要注意颜色。颜色太白的魩仔鱼，可能经过不良商家用双氧水加以漂白，不宜购买。若有疑虑，烹调前可以多冲洗或用热水烫。若对买来的魩仔鱼有漂白疑虑，可去卫生机关索取免费检验试剂回家测试。

2 魩仔鱼捕捉后，常常采用覆盖盐的方式来保鲜。腌过的魩仔鱼所含盐分较多，烹煮时不要再添加大量盐或其他调味料，同时要注意食用量。

营养小提示

1 魩仔鱼钙质相当丰富，烹煮时若能跟蔬菜或者鸡蛋同煮，可以促进钙质吸收。

2 魩仔鱼很适合跟苋菜一起烹煮。苋菜含镁，可以增加钙质的吸收，且苋菜不含草酸，所以不会有结石的疑虑。再者，苋菜所含铁质相当丰富，对孩童或者妇女来说，如此搭配的菜肴可以多食。

3 魩仔鱼没有脂肪，鱼骨极细软，其所含蛋白质又易被人体消化吸收，适合大多人群食用。

● 怎样选购最安心

1 新鲜魩仔鱼颜色自然、有点透明、略带银白色光泽，外观看来饱满。倘若颜色特别白，就要小心可能是泡过双氧水的魩仔鱼，不宜购买。

2 建议最好选择固定摊位或大卖场购买，可最大程度地避免买到有问题的魩仔鱼，食品安全也较有保障。

● 怎样处理最健康

1 清洗魩仔鱼后需完全沥干，煎煮的鱼肉才不会太过松软。

2 正常的魩仔鱼易煮易熟，漂白过的久煮不烂，若烹调后发现异状，建议不要食用。

● 怎样保存最新鲜

将魩仔鱼洗净且完全沥干后，平铺在塑料袋里，再放入冷冻库内保存，并注意在食用期限前吃完。

春 夏 秋 冬

白带鱼 Silverfish

Tips 煮熟后再食用

●宜食的人
急慢性肠炎患者
●忌食的人
过敏体质、痛风、气喘患者

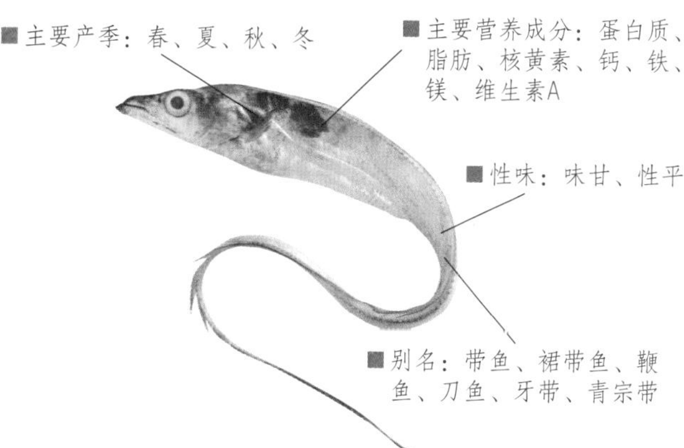

✓ YES优质品

- **外观：**
  1 鱼眼透明清澈且不混浊
  2 体表银白色粉末完整且有光泽
- **味道：** 闻起来没有特殊味道，一点点的鱼腥味是正常的。

✗ NO劣质品

- **外观：**
  1 鱼眼混浊不清澈
  2 鱼体表面银粉脱落，没有光泽
  3 眼球内陷或消失
- **味道：** 闻起来有明显的鱼腥味。

Health & Safe 安全健康食用法

这样吃最健康

1 白带鱼身上会带有寄生虫，最保险的方式就是将内脏全部去除，且煮熟后再吃。

2 白带鱼中含有镁，可以帮助老人增强记忆力，预防老年痴呆，同时还能促进血液循环，对老年人来说是不错的食材。不过，白带鱼的胆固醇含量较高，不宜大量摄取。

3 白带鱼容易诱发皮肤过敏，建议有过敏体质、红斑性狼疮患者、湿疹或荨麻疹患者尽量避免食用。

营养小提示

1 白带鱼属于高嘌呤鱼类，建议尿酸过高或痛风患者避免食用。

2 白带鱼跟牛奶不要交叉食用。白带鱼含有丰富的镁，而牛奶会破坏镁的吸收，一起食用或先后食用会影响营养的吸收。

3 白带鱼富含不饱和脂肪酸，料理时尽量不要用油炸的方式，以免养分流失。

4 白带鱼忌用牛油、羊油等烹调，以免食用后导致血液中胆固醇过高。

怎样选购最安心

1 挑选白带鱼要以鱼眼明亮透明、肉质有弹性、无腥味者佳。若发现眼球内陷或消失，则表示新鲜度不佳。

2 若银粉脱落，失去光泽，且体表转为黄褐色者，代表鱼已经不新鲜。

怎样处理最健康

先用丝瓜瓤把鱼身上的白鳞擦掉，不要太用力，不然鱼肉会糊烂。接着将内脏取出，其内脏不能食用。最后用清水洗净即可。

怎样保存最新鲜

将内脏取出后，用清水洗净，将水分擦干后，装在塑料袋里，依照需求放入冰箱冷藏或冷冻。

Tips 注意是否有合格许可标识

春 夏 秋 冬

石斑 Grouper

●宜食的人
青少年

●忌食的人
尿酸过高的人、痛风患者

■ 别名：青斑、过鱼、白点石斑、蓝点石斑鱼

■ 性味：味甘、性平

■ 主要产季：秋、冬

■ 主要营养成分：蛋白质、胶质、DHA、EPA、钙、铁、磷

✔ YES优质品

● **外观：**

1 眼睛澄澈透明

2 鱼鳃鲜红

3 鱼体完整

● **味道：** 闻起来没有异味，有一点淡淡的鱼腥味是正常的。

✘ NO劣质品

● **外观：**

1 眼球混浊

2 持续渗出血水

● **味道：** 闻起来有明显的腥味。

Health & Safe 安全健康食用法

这样吃最健康

1 香港曾检验出石斑鱼体内残留过高的杀菌剂，台湾则开始研发电子条码，建立石斑鱼完整产销追踪机制，且辅以合格认证标志，是消费者购买合格石斑鱼的保证。为避免吃到残留杀菌剂、孔雀石绿的石斑，建议购买有合格认证标志者。

2 大型石斑本身无毒，但大型鱼在海中需要的食物量大，吞食受污染藻类及动物的机率较高。所以在挑选时，不要迷信大就是好。

营养小提示

1 石斑营养丰富，每日最佳食用量建议为80克。

2 石斑含有丰富的钾，每100克就含有371毫克的钾离子，肾功能不佳者或慢性肾脏病患者无法将体内多余的钾离子排出，每日摄取量建议在35克以下。

3 石斑鱼皮富含可溶性胶质，适合养颜美容。

4 石斑鱼富含EPA与DHA，可以减少血管收缩、降低三酸甘油酯，对心脏血管特别有益，心血管疾病患者可以适量摄取。

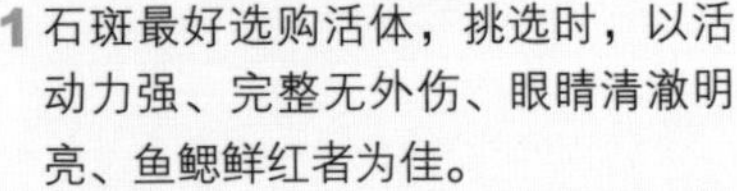

● 怎样选购最安心

1 石斑最好选购活体，挑选时，以活动力强、完整无外伤、眼睛清澈明亮、鱼鳃鲜红者为佳。

2 口感佳的石斑，鱼身一定厚实，挑选时可用手稍微按压鱼肉，以具弹性者为佳。

● 怎样处理最健康

1 将鱼鳞刮除，除去内脏和鱼鳃，用清水洗净即可。特别注意，石斑鱼鳞细小，刮除时应特别仔细。

2 烹调前可先淋一些高粱酒，或用盐揉搓鱼肉，放入些许的葱、姜片，静置10多分钟后再烹调，如此可以去除石斑的腥味。

● 怎样保存最新鲜

洗净处理完后，放入保鲜袋中，置放于冰箱冷藏，可存放2~3天。

Tips 痛风患者少吃

●宜食的人
骨质疏松者

●忌食的人
尿酸过高者、肝硬化患者

■主要产季：春

■主要营养成分：蛋白质、脂肪、EPA、DHA、钙、磷、铁、镁、钾、钠、维生素A、维生素E

■性味：味甘、性平

■别名：萨丁鱼、鳁、鰯、沙尖

✓ YES优质品

- **外观：**
  1 眼部清澈不混浊
  2 腹部白皙、有弹性
  3 体表完整有光泽
- **味道：** 没有特殊异味，有一股淡淡的鱼腥味是正常的。

✗ NO劣质品

- **外观：**
  1 眼部混浊不清澈
  2 体表没有光泽且不完整
- **味道：** 有一股明显的腐臭味。

安全健康食用法

这样吃最健康

1 沙丁鱼罐头营养不输活体沙丁鱼，唯一要注意的就是罐头盐分较高。如果要利用罐装沙丁鱼进行烹饪，切记不要再加盐，以免食用过多盐分。

2 肝硬化者少吃沙丁鱼，因沙丁鱼含有让血液不易凝固之物质，对肝硬化者来说是极危险的。

3 沙丁鱼含大量维生素A，可以强化记忆力，还能缓解焦躁情绪，适合忙碌的上班族食用。

营养小提示

1 沙丁鱼属于高嘌呤的鱼类，痛风患者和尿酸过高的人不适合食用。此外，正在服用药物的肝硬化患者也不宜食用。

2 沙丁鱼的骨头富含钙质，建议烹调时可加入醋一起煮熟，以软化骨头，方便食用。

3 沙丁鱼富含蛋白质、EPA、DHA，能减少胆固醇和三酸甘油酯的累积，对预防血管方面的慢性病有不错的食疗功效。有动脉硬化或心血管疾病的人，可以适量摄取。

●怎样选购最安心

1 购买沙丁鱼时，要挑选眼睛清澈、腹部白皙且有弹性、体表有光泽者。

2 沙丁鱼的种类众多，外形略有不同，优先挑选体表有光泽者。

●怎样处理最健康

1 事先在砧板上铺干净白纸，便于事后处理。

2 沙丁鱼的鳞片、内脏要去除。鱼头易产生异味，若不马上食用，建议去除。

3 用大量的醋腌制沙丁鱼可以去腥。

●怎样保存最新鲜

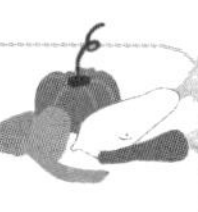

1 沙丁鱼不宜久放，买回来后应尽快吃完。

2 若要存放，要将鱼头去除，否则易有异味。放入冰箱冷藏或冷冻前，要确定鱼体是干燥的，若有水分残留，会产生腥臭味。

Tips 容易过敏者少食用鲭鱼

春 夏 秋 冬

鲭鱼 Mackerel

●宜食的人
一般人
●忌食的人
孕妇、过敏体质者

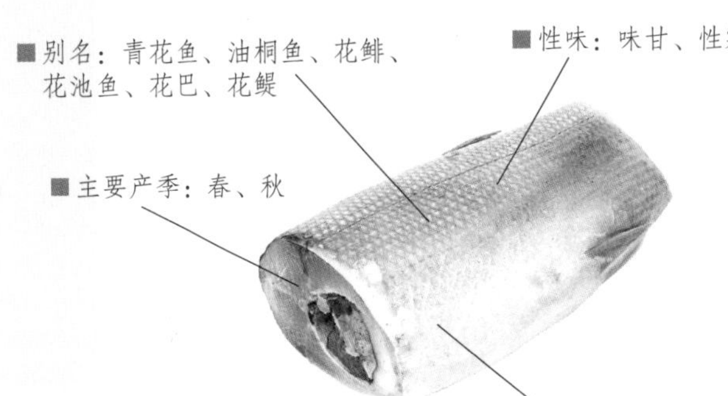

✓YES优质品

● 外观：
1 鱼身完整、鳞片没有脱落
2 体背侧呈蓝绿色
3 肉质有弹性

● **味道**：无特别臭味，有淡淡的鱼腥味是正常的。

✗NO劣质品

● 外观：
1 鳞片脱落
2 鱼身不完整、有破损

● **味道**：闻起来有明显的腥味。

Health & Safe 安全健康食用法

这样吃最健康

1 鲭鱼带有较高含量的组织胺，容易诱发过敏或气喘，过敏或气喘者尽量少食用。若要食用，也应先行确认鲭鱼的新鲜度，越是不新鲜的鲭鱼，越容易引发气喘或过敏。

2 鲭鱼的头部和内脏较易有污染物质残留，切掉勿食用，烹调前应彻底将腹部洗净。

3 鲭鱼富含DHA与EPA，具有降低胆固醇、血脂肪、预防心血管疾病等功能，有血管方面疾病的人，可以适量摄取。

营养小提示

1 鲭鱼所含的蛋白质容易被人体吸收消化，是补充营养很好的来源。再者，鲭鱼的热量、脂肪皆低，食用时不需太过担心肥胖问题。

2 鲭鱼平价且营养丰富，常被制成罐头等加工制品。消费者食用时，要注意盐分的摄取量。

3 为了预防鲭鱼所含油脂酸化，烹调时可以加入富含维生素C、维生素E的蔬菜。

● 怎样选购最安心

市面上可以看到扁身鲭鱼与圆身鲭鱼，扁身鲭鱼属白腹鲭，又称日本鲭，其体型比较大；圆身鲭鱼又称澳洲鲭，其肥美度略逊于扁身鲭鱼。扁身鲭鱼的口感与风味较佳。

● 怎样处理最健康

1 用清水先将整尾鲭鱼清洗过，切掉鱼头，取出内脏，再用清水洗净。

2 想要去除鲭鱼的腥味，可在鱼身涂抹酱油、雪梨酒、菜籽油、生姜末及大蒜等调味料。

● 怎样保存最新鲜

1 购买整条鲭鱼后要立即冷冻，尽量在当天烹调食用，以保证新鲜。

2 若想保存久一点，清洗处理完后，可以在鱼身上抹盐，再将鱼放入保鲜袋中，放置冰箱冷藏。

Tips 能促进手术伤口愈合

春 夏 秋 冬

龙虾 Lobster

●宜食的人
一般人
●忌食的人
皮肤病、气喘、过敏体质者

■ 主要营养成分：蛋白质、脂肪、烟酸、牛磺酸、钙、磷、铁、锌、维生素A、维生素B_1、维生素B_2

■ 性味：味甘咸、性温

■ 主要产季：秋、冬

■ 别名：大头仔龙虾、大沙虾

✓ YES优质品

● **外观：**
1 头部与身体比例匀称
2 头胸甲跟壳甲间的空隙连结完整
3 虾壳薄且滑

● **味道：** 闻起来没有特殊味道。

✗ NO劣质品

● **外观：**
1 身上有肉芽凸出
2 头部与身体的接缝不吻合

● **味道：** 有明显的腥味或怪味。

Health & Safe 安全健康食用法

这样吃最健康

1 野生龙虾产量不高，养殖又很困难，因而价格居高不下。活龙虾生猛鲜美，可生食，或煮熟做沙拉，虾头虾壳则可煮汤，是饕客的最爱。而且龙虾有化痰止咳、促进手术伤口愈合的疗效。

2 龙虾富含牛磺酸，能降低血液中的胆固醇，预防高血压、心血管疾病、脑中风等，同时还具提升肝脏功能的效用。

营养小提示

1 龙虾含有多种矿物质，能够保健身体，维持神经系统的稳定，减缓压力。很多人以为虾类胆固醇都很高，实际上，胆固醇只集中在头、卵，虾肉以蛋白质为主。

2 龙虾的营养与大小无关，只要新鲜即可，不需特意挑选大只龙虾。

3 龙虾与果汁不宜搭配食用，果汁属酸性食物，两者一起吃，容易引起腹胀、腹痛。

● 怎样选购最安心

1 选购龙虾时，有坚硬外壳的为佳，且头部与身体的接缝应连结完整。身上有肉芽凸出，代表肉质较差。

2 若要挑选雌虾，可注意胸腹之前的第一对爪末端，应呈现开叉状。

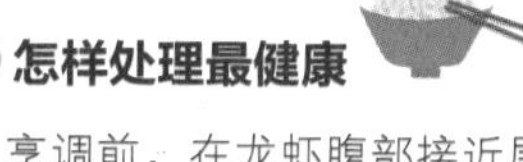

● 怎样处理最健康

1 烹调前，在龙虾腹部接近尾巴底端有根黑色分泌线，须用刀挑出，否则会有异味。

2 要取出虾肉，可以先扭转取下虾头，用剪刀剪开腹部两边薄壳，剥掉相连的腹膜，再用汤匙将虾肉刮下。

● 怎样保存最新鲜

龙虾当日食用完毕最佳，若置放于冰箱冷冻，不宜超过3天。

虾

● 宜食的人
一般人

● 忌食的人
过敏体质者、皮肤病患者

■ 别名：河虾、虾米、长须公、开洋

■ 性味：味甘咸、性温

■ 主要产季：春、夏、秋、冬

■ 主要营养成分：蛋白质、脂肪、烟酸、牛磺酸、钙、磷、铁、锌、维生素A、维生素B_1、维生素B_2

✓ YES优质品

- **外观：**
  1 头尾完整，虾壳透明且无黏稠物
  2 外壳具有光泽且有硬度
- **味道：** 闻起来没有特殊味道，有一点淡淡的腥味是正常的。

✗ NO劣质品

- **外观：**
  1 头尾不完整
  2 虾壳不透明且有黏稠物
  3 外壳软且没有光泽
- **味道：** 闻起来有股明显的腥味。

Health & Safe 安全健康食用法

这样吃最健康

1 虾背上的虾线，是虾尚未排泄完的废物。虾最令人担心的是汞的残留，烹煮前一定要先抽掉背部的虾线，才可避免将汞吃进肚子里。

2 多食用虾可以增强体力，而且还有排毒效果，虾壳也具有镇静神经的功能。但有过敏体质的人，尽量不要吃虾壳，以免引发过敏症状。

3 虾肉富含营养素，可消除疲劳、保护心血管系统，防止动脉硬化，还能预防贫血。

营养小提示

1 虾与茶叶一起食用，会消化不良，肠胃虚弱者应避免。

2 虾头、内脏及虾卵的胆固醇含量高，高脂血症患者应避免食用，以防血液中的胆固醇含量过高。

3 虾嘌呤含量不低，尿酸偏高或者痛风患者食用时，应该多留意摄取量。建议一天的摄取量不超过6只。

4 建议虾与猕猴桃搭配食用。猕猴桃富含酶，有助于吸收虾中的蛋白质。

虾怎样选购最安心

1 一般说来，新鲜的虾没有异味。购买时，若发现腥味很重，则不宜购买。

2 超市贩卖的虾多为冷藏或冷冻，在市场上购买的虾则较新鲜。

3 挑选虾时，要留意虾身的完整性，头部已折掉或易折断的虾表示不新鲜。

4 若购买的虾为带壳虾，应选择完整没有脱节、外壳有光泽、没有变色且有硬度者。挑选时，不妨触摸一下虾，确认虾壳的硬度。另外，虾壳环节处若出现白色带状，则表示新鲜度不足。

5 虾肥美，口感才会良好。挑选虾的时候，建议挑选体型肥满、有一定弯曲度的虾，若发现虾外形不自然、瘦小，则不宜购买。

6 若虾存放太久或者保存不当时，虾壳容易带有黏液，体色也会较黯淡，不宜购买。

虾怎样处理最健康

1 用流动的清水冲洗虾，接着将虾泡在干净的水中，用指腹搓洗干净。

2 去头、去壳的虾如果没有马上食用，可以用盐抓拌，接着用干布擦干，再稍用蛋清浸泡挂浆，最后放入冰箱，等要烹调时再拿出来。

3 若虾没有立即食用，也可以不要先剥壳。先用盘子装水，加点盐浸泡虾，再用布或纸巾擦干，放入保鲜袋中，置于冰箱冷冻。用盐水浸泡，可以保持虾新鲜不变质，虾壳也会保有漂亮的色泽。

4 连同虾头一起煮。挑虾线的方法：稍微弯曲虾的身体，拱起虾的背部，从头部开始算起，拿牙签在第2～3节的壳与壳中间插入，慢慢将虾线挑起即可。

5 先将虾头去除。挑虾线的方法：可以从虾头断除部位轻轻将虾线拉出，或者先用牙签在虾背上沿着虾线轻轻划一道开口，再用牙签把虾线挑出来。

6 可与猕猴桃一起搭配食用。

7 避免与茶叶一同食用。

虾怎样保存最新鲜

1 虾处理好后，如不食用，尽快放入保鲜袋中，放置于冰箱冷冻保存。时间以不超过3天为佳。

2 勿重复退冰冷冻，以免虾肉变质。

虾的饮食宜忌 O＋✗

宜→O 对什么人有帮助

O 手脚冰冷的人可以多吃

O 营养不良、精力衰退的人宜食

O 骨质疏松患者可连虾壳一同食用

忌→✗ 哪些人不宜吃

✗ 心血管疾病患者勿食虾头、虾卵

✗ 尿酸偏高或者痛风患者要少吃

✗ 过敏体质、皮肤病患者不宜多吃

Tips 虾头与柠檬不能同食

春 夏 秋 冬

沙虾 Sand Shrimp

●宜食的人
产妇、手脚冰冷者
●忌食的人
过敏体质者、皮肤病患者

■别名：芦虾、麻虾、基围虾

■性味：味甘咸、性温

■主要产季：6月~8月

■主要营养成分：蛋白质、脂肪、烟酸、牛磺酸、钙、磷、铁、锌、维生素A、维生素B_1、维生素B_2

✔ YES优质品

- **外观：**
  1 体色透明中带有灰绿色
  2 深绿色细斑点均匀分布于全身
  3 虾体头尾完整
- **味道：** 闻起来没有特殊味道，有一点淡淡的腥味是正常的。

✘ NO劣质品

- **外观：**
  1 体色不透明
  2 虾体不完整
- **味道：** 闻起来有明显的腥味。

Health & Safe 安全健康食用法

这样吃最健康

1 为了怕影响卖相，不良商家可能会使用化学药剂来防范沙虾变黑或出现白斑。因此，如果触摸沙虾时，触感有如肥皂般滑腻，或颜色太过鲜艳，都应避免购买或食用，以免影响健康。

2 沙虾富含锌，锌是人体内许多酶的重要成分，可以使荷尔蒙正常运作，还能维持血糖平衡、舒缓情绪、解除压力，同时还具有活化大脑功能的功效。适量摄取，有助于维持身体功能健康运作。

营养小提示

1 沙虾的B族维生素含量相当丰富，其中以维生素B_{12}含量最高。建议食用沙虾的时候，可以同时搭配新鲜蔬果，彼此之间有相辅相成的作用。

2 沙虾营养成分丰富，但虾头的胆固醇含量高，建议食用时直接去除虾头。

3 手脚冰冷者或产妇，可以适量摄取，以补充营养，增强生理功能。

●怎样选购最安心

沙虾以养殖为主，特点是能以活虾上市贩卖，广受消费者的喜爱。选购时应注意虾头要完整，不能有脱落，外壳要光滑，应呈现透明灰绿色。颜色过于暗沉、虾体有脱节，或体型太小，都是次等货。

●怎样处理最健康

1 活沙虾可以放置在冰水中保持新鲜度，食用前应洗干净、抽虾线。

2 沙虾烹煮时间不宜过长，否则肉质会变硬，口感不好。

●怎样保存最新鲜

1 沙虾不宜久放，能在购买当日食用完毕最好。

2 洗净处理完毕后，将虾放入保鲜袋中，置放于冰箱冷冻，时间不宜超过3天。

Tips 公花蟹的肉质更胜母蟹

春 夏 秋 冬

花蟹 Coral Crab

●宜食的人
一般人
●忌食的人
过敏体质者、皮肤病患者

■ 主要营养成分：碳水化合物、蛋白质、脂肪、烟酸、铁、磷、维生素A、维生素B_{12}、维生素C

■ 性味：味甘咸、性寒

■ 别名：石纹斑蟹

■ 主要产季：9月上旬～10月

✓ YES优质品

● **外观：**

1 螃蟹背甲上凸出物密生

2 外壳硬实、有光泽

3 四肢完整没有脱落

● **味道：** 闻起来没有特殊的臭味。

✗ NO劣质品

● **外观：**

1 外壳软、没有光泽，四肢不完整

2 活动力差，嘴巴开合速度慢

● **味道：** 有明显的腥臭味，或有氨气味道。

Health & Safe 安全健康食用法

这样吃最健康

1 花蟹的肉质细嫩结实，滋味香鲜，适合佐以姜葱红烧或清蒸。但螃蟹沙囊藏有大量细菌及杂质，食用前一定要将沙囊去除。

2 蟹膏及蟹黄虽然美味，不过因含较高脂肪，胆固醇含量颇高，吃多了恐成负担，建议有心血管疾病、高血脂病患者或者老人食用螃蟹时，避开蟹膏及蟹黄。

3 死掉的花蟹会产生组织胺，食用过量易引发中毒，若煮熟后仍有异味，千万别吃。

营养小提示

1 花蟹性寒，食用前后不宜搭配凉性水果（如柿子），以免引起肠胃不适。

2 花蟹可以和豆腐一起食用，对女性尤其好，可以预防更年期综合征。

3 个儿大肉实的一等花蟹通常被送至餐厅，一般市场中贩卖的，大多是级数次等的花蟹。小花蟹因为肉少，且缺少蟹黄、蟹膏，宜选用腌、炸的烹炒方式。

●怎样选购最安心

1 蟹壳较硬者表示正处于扩充躯体、再行脱壳前夕，此时的蟹肉最为结实、鲜美。

2 花蟹最好挑选重量在5两以上的。挑选母蟹时，注意腹部是否呈淡黄色且饱满，可借由轻压底部来测知。

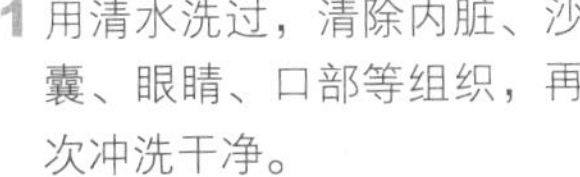

●怎样处理最健康

1 用清水洗过，清除内脏、沙囊、眼睛、口部等组织，再次冲洗干净。

2 花蟹含水量高，适用于汤汁烹煮。

●怎样保存最新鲜

生鲜花蟹易变质，若不马上食用，处理完后，应用滚水烫过，切块分装至保鲜袋中，冷冻保存。

Tips 食用螃蟹前后，忌吃柿子

春 夏 秋 冬

螃蟹 Crab

●宜食的人
儿童

●忌食的人
皮肤病患者、过敏体质者

■别名：黄伯、郭素、青壳蟹

■主要产季：9月上旬～10月底

■性味：味甘咸、性寒

■主要营养成分：钾、钙、铁、碘、锌、硒、维生素A、B族维生素、维生素D、维生素E

✓ YES优质品

- **外观：**
  1 四肢完整没缺陷
  2 外壳有光泽
  3 口吐水泡不断
- **味道：**闻起来没有特殊臭味。

✗ NO劣质品

- **外观：**
  1 四肢不完整，关节处发黑
  2 活动力差
- **味道：**有明显的腥臭味，或有氨气味道。

Health & Safe 安全健康食用法

这样吃最健康

1 螃蟹性寒味甘咸，无论烹煮或食用皆存在许多禁忌，值得注意。由于螃蟹是食腐动物，其胃肠累积了众多杂质，故烹煮时必须先洗净蒸透。

2 美味的蟹黄，其胆固醇含量颇高，感冒、高血压、皮肤病患者、消化不良者、过敏或寒性体质、糖尿病患者皆应避免食用，蟹肉也不宜多吃。

3 螃蟹含丰富的烟酸，可以促进血液循环，加速脂肪的新陈代谢。

营养小提示

1 吃螃蟹的前后不可以吃柿子，这是因为柿子含有鞣酸，同时食用会使蟹肉中的蛋白质凝固，易引起肠胃不适。

2 食用螃蟹时，要剔除沙囊（沙囊是揭开蟹壳后，在前部近口器处的灰色小囊），以免吃进细菌及杂质。螃蟹性寒，食用时可以蘸姜末醋汁以驱寒杀菌。

3 螃蟹适合浅尝，忌过量，以免血脂过高。此外，螃蟹属高嘌呤食物，尿酸过高或痛风病患不宜食用。

螃蟹怎样选购最安心

1 挑选螃蟹时，应挑选四肢完整没缺陷、蟹脚能够有力拍动、茸毛平顶、外壳带有光泽、体型饱满、不断吐泡者。挑选的时候，可以擒壳提起，若发现螃蟹四肢下垂，反应呆滞没活动力，则代表螃蟹不够新鲜，不宜购买。

2 如果买的是熟蟹，要注意拿起时是否有重量感，若感觉沉甸甸，则代表蟹肉多且结实。此外，也要留意蟹壳及关节颜色，蟹壳鲜艳、关节不黑的螃蟹，较为新鲜。

3 如果所要挑选的螃蟹被绳子捆绑，无法分辨其活动力，则以甲壳坚硬且重量较重者为挑选依据。

4 蟹类死亡后，其体内的组胺酸会在脱酸酶的作用下，迅速分解成组织胺和类组织胺。由于组织胺为有毒物质，当它在人体内累积至一定数量时，就会引起中毒，所以死亡过久的螃蟹不可购买、食用。

螃蟹怎样处理最健康

1 如果所购买的是鲜活螃蟹，可以先把螃蟹直接放冰箱冷藏，待其进入冬眠状态再取出处理，以免被蟹脚夹伤。

2 处理螃蟹时，先用刷子刷洗外壳，用清水冲干净后，以手或剪刀掀开蟹盖，挖除胃袋和腮、肺等内脏，剥除脐盖，再用水冲洗干净。接着，掏除螃蟹眼睛、嘴部的组织，最后再一次刷洗螃蟹外壳，用毛巾、干布拭干水分备用。

3 螃蟹的烹调方式多样，不论是烤、炒、炸、烧、烩皆适合。不过，如果是新鲜螃蟹，太过繁杂的烹调，反而会掩盖自然鲜甜，清蒸最能表现出蟹肉的鲜美味道。

4 煮过的蟹若闻到氨水的味道，表示已经腐坏，绝不能吃。

螃蟹怎样保存最新鲜

新鲜的螃蟹容易变质，买回后如果不准备马上吃，应该先将螃蟹洗净，用滚水煮过，将螃蟹分成数块擦干水分，放入冷冻库冷冻。

螃蟹的饮食宜忌 O+✗

宜→O 对什么人有帮助

O骨质疏松患者可多食用蟹壳

O营养不良、需补充体力者可多吃

O正在发育中的青少年可多吃

忌→✗ 哪些人不宜吃

✗ 皮肤病患、过敏体质者不宜多吃

✗ 尿酸过高、痛风患者忌吃

✗ 心血管疾病患者勿食用蟹膏、蟹黄

春 夏 秋 冬

大闸蟹 Hairy Crab

Tips 以蟹螯、蟹黄为品尝重点

●宜食的人
一般人
●忌食的人
过敏体质者、皮肤病患者

■ 别名：中华绒螯蟹、河蟹、毛蟹

■ 性味：味甘咸、性寒

■ 主要产季：9月上旬~11月

■ 主要营养成分：蛋白质、脂肪、碳水化合物、维生素A

✓ YES优质品

● **外观：**

1 头胸甲近圆方形

2 蟹壳呈墨绿色，且带有光泽

3 爪毛呈黄金色且密生

● **味道：** 没有特殊的味道或臭味。

✗ NO劣质品

● **外观：**

1 四肢不完整

2 蟹壳不具光泽，爪毛稀疏色淡

● **味道：** 有明显的腥臭味，或有氨气味道。

Health & Safe 安全健康食用法

这样吃最健康

1 死蟹会产生组织胺，多食恐有中毒之忧。

2 曾传闻部分蟹农为牟取暴利，使用大量抗生素来喂养大闸蟹，吃多了不但危害健康，还可能会导致孕妇流产，不可不慎。

3 江苏阳澄湖大闸蟹名闻遐迩。其四大外部特征：青背、白肚、金爪、黄毛。属于淡水蟹，寿命在3年左右。

营养小提示

1 吃蟹时，不宜同吃富含鞣酸的水果（如：柿子、葡萄、番石榴、山楂等），以免腹泻。

2 每年秋天，大约是9~11月，是大闸蟹盛产季节，此时蟹肉鲜美，膏黄丰富，佐以菊花茶、柠檬汁或茶等饮料，堪称一绝。

3 大闸蟹口感绵密且细致，但一般人食用时着重于蟹黄与蟹膏，这两者为高胆固醇食物，心血管疾病患者或高血脂患者应避免食用，即便是一般人也不应过量食用。

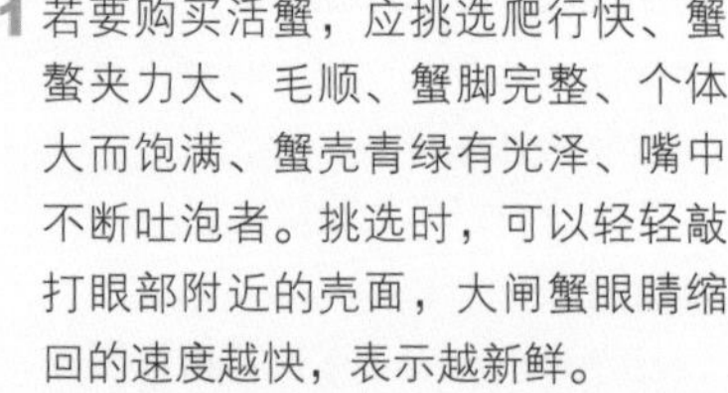

● 怎样选购最安心

1 若要购买活蟹，应挑选爬行快、蟹螯夹力大、毛顺、蟹脚完整、个体大而饱满、蟹壳青绿有光泽、嘴中不断吐泡者。挑选时，可以轻轻敲打眼部附近的壳面，大闸蟹眼睛缩回的速度越快，表示越新鲜。

2 大闸蟹越重越好，以6～8两为最佳。宜选择具商誉的卖场或店家。

● 怎样处理最健康

大闸蟹肉质鲜嫩，适合清蒸。蒸煮时不要解开草绳，以免大闸蟹为求生而自断蟹脚。

● 怎样保存最新鲜

生鲜螃蟹易变质，若不马上食用，处理完后应用滚水烫过，切块分装至保鲜袋中再冷冻。

蚌 Freshwater Clam

●宜食的人
一般人

●忌食的人
尿酸过高者、痛风患者

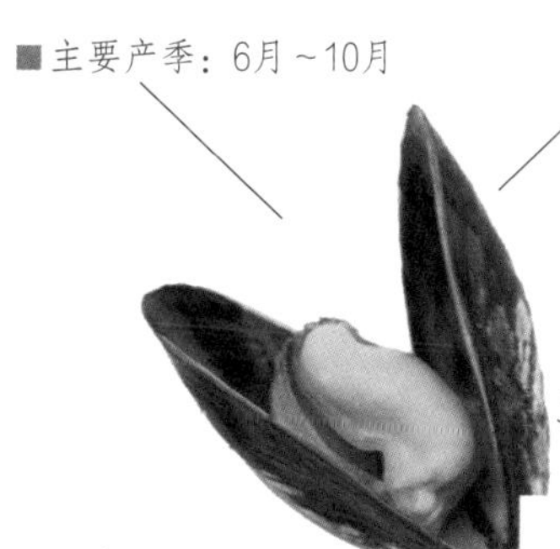

■主要产季：6月~10月

■主要营养成分：蛋白质、碳水化合物、脂肪、矿物质、维生素B12

■性味：味甘咸、性平

■别名：河蚌、蚬

✓YES优质品

●**外观：**

1 外壳色泽较亮

2 外形硕大饱满

3 外壳薄

●**味道：**闻起来没有特殊气味。

✗NO劣质品

●**外观：**

1 外壳颜色较黑

2 外形瘦小且壳厚

●**味道：**闻起来有明显的腥臭味。

Health & Safe 安全健康食用法

这样吃最健康

1 蚌在生长过程中，容易受到污染影响，食用时应特别小心品质，不新鲜的蚌，不仅口味不佳、味道也不好，应避免食用。

2 蚌所含的营养素，能有效修补受损的肝脏细胞，但注意，严重肝硬化、肝昏迷的病人，最好不要食用。因为蚌富含蛋白质，食用后容易让病情加重。

3 蚌是高嘌呤食物，尿酸过高或者痛风患者不适合摄取，以免加重不适症状。

营养小提示

1 烹调贝类食物时，用醋腌渍浸泡后再食用是较令人安心的烹调法。腌渍过的醋勿再使用。

2 蚌的营养可协助婴幼儿神经系统的发育，建议将蚌煮成汤，方便幼童食用。

3 生蚌很容易藏有细菌以及卷棘口吸虫，虽然腌制品开胃可口，但建议不要多食，以免引发肠胃不适等症状。

●怎样选购最安心

1 蚌应尽量挑选大个的。

2 新鲜的蚌会有开合动作并冒出气泡，而且一旦触碰外壳就会马上紧闭。外壳没有闭合或是已经开启露出蚌肉的，表示已经死亡，不宜再购买。

●怎样处理最健康

在食用蚌之前，要用清水浸泡一夜，让蚌吐沙。水不需要太多，只要淹盖过蚌就可以了。

●怎样保存最新鲜

1 蚌买回要经吐沙处理，并且趁新鲜尽快食用。

2 若不马上食用，应去除外壳，取出蚌肉用密封盒或袋装好冷冻保存。

Tips 有“海洋牛奶”之称

春 夏 秋 冬

牡蛎 Oyster

●宜食的人
贫血者

●忌食的人
体质虚寒者

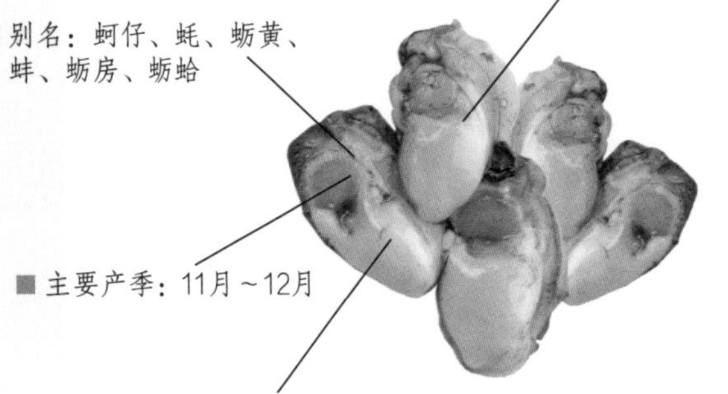

■ 性味：味甘咸、性微寒

■ 别名：蚵仔、蚝、蛎黄、蚌、蛎房、蛎蛤

■ 主要产季：11月～12月

■ 主要营养成分：氨基酸、牛磺酸、EPA、DHA、锌、硒、铁、磷、铜、钙、锰、维生素B_2

✓ YES优质品

- **外观：**
  1 带壳牡蛎黑白明显
  2 去壳牡蛎完整丰满
  3 肉质有弹性、带光泽
- **味道：** 闻起来没有特殊味道，有一点淡淡的腥味是正常的。

✗ NO劣质品

- **外观：**
  1 牡蛎韧带处泛黄色
  2 肉质没弹性、不带光泽
- **味道：** 有明显的腥味或刺鼻异味。

Health & Safe 安全健康食用法

这样吃最健康

1 牡蛎易受重金属污染，肠胃虚弱者应避免生食，以免细菌感染。

2 生食牡蛎容易食物中毒，除了标明“可以生食”之外的牡蛎，其余绝对不可生食，要加热后才能食用。自行捕捉到的牡蛎，也不要生吃，因为它可能含有细菌，要充分加热烹煮后再吃才安心。

3 牡蛎性寒，体寒者不宜过量食用，以免造成肠胃不适。

4 牡蛎营养丰富，成长中的青少年可多食用。

营养小提示

1 牡蛎与蚕豆不能同食。牡蛎含锌量丰富，但若同时进食蚕豆，会影响锌的吸收。

2 牡蛎所含的胆固醇是海鲜里面较低的，所含的糖类也以肝糖为主，很适合作为一般大众补充营养、增强体力、强化肝脏功能的食材。

3 牡蛎的牛磺酸可降低胆固醇、预防动脉硬化，有心血管疾病的患者可适量摄取。

4 牡蛎含有丰富的铁质，生吃牡蛎时，可滴几滴柠檬汁，促进铁质的吸收。

● 牡蛎怎样选购最安心

1 牡蛎的烹调方式多样，若要生食，首先要先了解产地状况。有些产地的养殖海域可能受到污染，若牡蛎来自于这些产地，则不宜购买。

2 要购买生食的牡蛎，挑选时应选择带壳牡蛎，以确保新鲜度。另外要注意，带壳牡蛎的肉质应饱满肥美、黑白分明，若变色，则可能已变质或受污染。

3 若要购买去壳的牡蛎，则应挑选没有异味、肉质浑圆丰满、颜色自然，边缘乌黑有光泽，汁液澄清者。若颜色太白可能不够新鲜或浸泡过漂白水，不宜购买。

4 因为牡蛎容易受到重金属污染，慎选食材来源，远比价格的高低重要。购买的时候，不应以价格为首要参考标准。

● 牡蛎怎样处理最健康

1 如果购买带壳牡蛎生吃，建议先用热水烫过，再放入放满冰块的水中，可以留住牡蛎的鲜味。至于蘸酱料则可依照各人喜好任意选择，建议滴几滴柠檬汁，除了能提升美味外，还能促进铁质吸收。

2 若是购买去壳牡蛎，买回家后则可先用盐巴轻轻搓洗，将残留的碎壳洗掉，再用清水轻冲，洗净牡蛎。

3 将壳、肉分离后，可以使用浓度较高的盐水冲洗，将泥沙、黑色黏液组织冲掉。最后，再用清水多捞洗几次即可备用。

4 如果担心牡蛎受到重金属污染，可将牡蛎放进萝卜泥中搓洗，再用滤网捞起牡蛎，用清水冲洗2～3次，将萝卜泥冲洗干净后即可。

5 正规市场上购买的袋装牡蛎应直接冷藏，不需用淡水清洗，食用前再用盐巴搓洗。

6 若想要熟食时，加热过程不宜过久，温度不宜过高，否则牡蛎肉质会变硬，失去鲜美的滋味。

7 牡蛎依大肠杆菌含量不同而分为“可生食”和“加热用”，可生食不表示比较新鲜，标示为“可生食”的牡蛎一旦不新鲜，也得加热后才能食用。

● 牡蛎怎样保存最新鲜

1 牡蛎最好新鲜食用。

2 如果不马上吃，建议先将牡蛎煮熟后再冷藏较好。时间最好不要超过2天。

3 尚未处理过的带壳牡蛎，最好连壳放置于冷冻库保存。

牡蛎的饮食宜忌 O+✗

宜→O 对什么人有帮助

O 贫血的人可以多食用

O 营养不良或需补充体力者宜吃

O 正在发育中的青少年适合多吃

忌→✗ 哪些人不宜吃

✗ 体质虚寒的人不宜多吃

✗ 尿酸过高或痛风患者忌吃

Tips 应使其充分吐沙除味

春 夏 秋 冬

蛤蜊 Clam

●宜食的人
心血管疾病患者

●忌食的人
容易腹泻者、产妇

■别名：蚶仔、文蛤

■性味：味甘咸、性寒

■主要产季：6月～8月

■主要营养成分：蛋白质、牛磺酸、钙、磷、铁、镁、铜、维生素A、维生素B_{12}

✓ YES优质品

- **外观：**
  1 外壳呈淡黄褐色
  2 外壳厚实饱满
  3 形状完整
- **味道：** 没有特殊味道，有淡淡的腥味是正常的。

✗ NO劣质品

- **外观：**
  1 外壳呈深褐色
  2 外壳破裂、有损伤
- **味道：** 闻起来有明显的腥臭味。

Health & Safe 安全健康食用法

这样吃最健康

1 蛤蜊属于高嘌呤食物，尿酸过高或痛风患者，不宜过量摄取，以免加重不适症状。

2 蛤蜊富含牛磺酸，具有保护肝脏和眼睛的功效。平日用眼过度的人，或者肝功能较差的人，可以适量摄取。

3 蛤蜊外壳较脏，去沙之后，要用清水彻底搓洗干净；若是已去壳，则可用盐水搓洗后再烹调。

4 蛤蜊富含铁质，适量摄取可以预防缺铁性贫血，同时能使肤色看来更红润。

营养小提示

1 蛤蜊富含维生素B_{12}，若采用煮汤方式来烹煮蛤蜊，千万别只拣肉吃，一定要喝汤才能充分吸收营养。

2 蛤蜊加姜丝煮汤，可以增进胶质吸收，还能退火解热。

3 蛤蜊不耐久放，肉质很容易腐败，不新鲜的蛤蜊，不仅味道不好，还会产生毒素。建议烹煮前应仔细清洗，烹煮时要大火彻底煮熟。

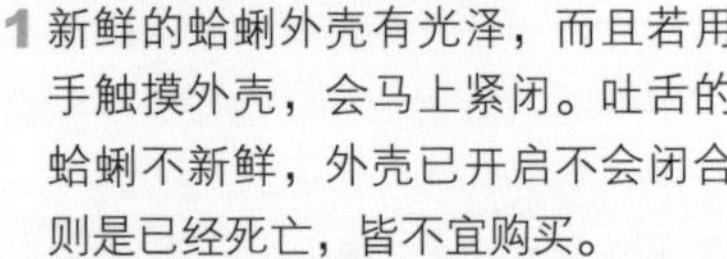

●怎样选购最安心

1 新鲜的蛤蜊外壳有光泽，而且若用手触摸外壳，会马上紧闭。吐舌的蛤蜊不新鲜，外壳已开启不会闭合则是已经死亡，皆不宜购买。

2 蛤蜊壳颜色较淡，表示栖息的水域较干净，含沙量较少。

3 购买蛤蜊时，可以轻敲外壳，声音越响亮越好。

●怎样处理最健康

1 食用前，放置于阴暗处，浸泡盐水一晚，如此可去除泥臭味及杂质。

2 新鲜蛤蜊可以撒盐烧烤，鲜度较差者可大火快煮。

●怎样保存最新鲜

新鲜食用最佳。若要保存，可将蛤蜊吐沙洗净后擦干，放入保鲜袋中，放置于冷冻库。

Tips 不宜与橘子同食

春夏秋冬

鲍鱼 Abalone

●宜食的人
眼睛容易干涩者
●忌食的人
痛风、尿酸过高者、感冒发烧者

■ 主要产季：6月～12月

■ 主要营养成分：蛋白质、钙、磷、钾、铁、钠

■ 性味：味咸、性微寒

■ 别名：海耳、鳆鱼、镜面鱼、九孔螺

✓ YES优质品

● **外观：**

1 肉块肥厚且表面无杂质

2 肉呈淡青色且带有珍珠光泽

● **味道：** 闻起来没有特殊的味道或是臭味。

✗ NO劣质品

● **外观：**

1 肉块干扁

2 肉块表面有奇怪的黏稠物

3 肉色黯淡，没有光泽

● **味道：** 闻起来有股腥臭味。

Health & Safe 安全健康食用法

这样吃最健康

1 鲍鱼富含钙质，对骨骼发展有帮助，成长中的孩童可以适量摄取。

2 鲍鱼富含铁质，可预防缺铁性贫血，女性朋友可以适量摄取，以改善贫血。

3 鲍鱼中的鲍素，为破坏癌细胞必需的代谢物质，对预防癌症有功效，是身体保健的好食材。

4 鲍鱼属于高嘌呤食物，有痛风病史或尿酸过高者不宜食用，以免加重不适症状。

营养小提示

1 鲍鱼与橘子不适合同时食用。鲍鱼含有丰富的钙，橘子中的单宁酸会与钙产生凝结作用，易引起胃肠道的不适。

2 鲍鱼中的高蛋白质不易被吸收消化，食用过量会引发胃痛。

3 鲍鱼不能生食，但加热过久容易使肉质老化，口感不佳。建议用滚水烫煮2分钟后，捞起放入冰水中。

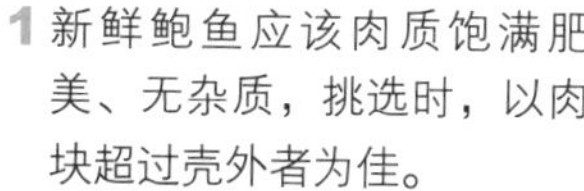

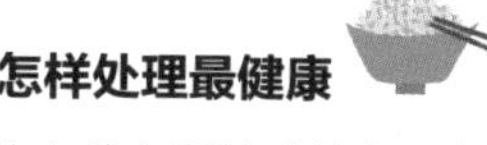

● 怎样选购最安心

1 新鲜鲍鱼应该肉质饱满肥美、无杂质，挑选时，以肉块超过壳外者为佳。

2 新鲜的鲍鱼腹足吸附力强，轻触肉身时，还会活动。若有黏糊状、腹足呈白色，表示不够新鲜，不宜购买。

● 怎样处理最健康

1 鲍鱼的壳面纹路较多，容易藏有微生物，清洗鲍鱼时，应以刷子去除壳上的杂质及微生物。

2 若要去壳，则用盐巴搓洗，再用少量的水清蒸即可。

3 鲍鱼不适合生食。

● 怎样保存最新鲜

1 鲍鱼不耐久放，趁新鲜食用完毕最佳。

2 如果不马上食用，可以用容器盛装鲍鱼，并加入盐水，放置于冰箱内冷藏，或者直接放入冷冻库。

Tips 可煮汤以增添鲜味

春 夏 秋 冬

干贝 Scallop

●宜食的人
体质虚弱者
●忌食的人
尿酸过高者
痛风患者

■性味：味甘咸、性温平

■别名：元贝、带子、瑶柱、江瑶柱、干瑶柱

■主要产季：12月～次年5月

■主要营养成分：蛋白质、牛磺酸、碘、钙、磷、铁、锌、维生素B_2

✓ YES优质品

● **外观：**

1 肉质肥厚有弹性

2 颜色透明白皙

3 形状圆而完整

● **味道：** 闻起来没有特殊味道。

✗ NO劣质品

● **外观：**

1 肉质干扁不具弹性

2 颜色缺乏透明感

3 形状不完整，也不圆

● **味道：** 闻起来有一股腥臭味。

Health & Safe 安全健康食用法

这样吃最健康

1 干贝中的牛磺酸，可以保护血管、降血脂、防止动脉硬化，且具有降血压的功效。

2 跟蚌和蛤蜊一样，干贝也具有保护肝脏的效用，一般人皆适量食用。

3 干贝富含矿物质，钙、磷有助于骨骼成长、牙齿发育，铁能补血造血，镁能促进细胞代谢，调节血糖，还能保护神经，很适合成长中的儿童及青少年食用。

营养小提示

1 新鲜的干贝可做成生鱼片，而干贝肉质以外的部分通常不食用。

2 干贝所含的锌仅次于牡蛎，锌是重要的矿物质，具强化人体免疫功能、维持味觉功能、促进食欲、促进伤口愈合等多种功能，是保健身体的好食材。

3 干贝含有较多的嘌呤，有痛风病史或尿酸过高的患者，不宜食用。

● 怎样选购最安心

1 若是挑选带壳的干贝，应选择用手稍微轻碰就会马上紧闭者。

2 若干贝肉已经取出，应该要选择透明度高、肉质饱满有弹性的，当然肉柱越大越好。如果肉柱为混浊白色，代表干贝已经不新鲜。

● 怎样处理最健康

1 若干贝肉已取出，用水冲洗即可。

2 若要取出贝肉，则先将平的一面朝上，再从贝壳隙缝中将刀子插入，沿着上壳将贝柱切进取出。干贝的肠有毒，除贝柱、贝肉外，其他部分都不宜食用。

● 怎样保存最新鲜

1 趁新鲜食用完毕最佳。

2 若要保存，则先过滚水，待凉之后装入保鲜袋放入冰箱冷冻保存。

春 夏 秋 冬

海瓜子 Variegate Venus

Tips 适合大火快炒

●宜食的人
营养不良者

●忌食的人
尿酸过高者、痛风患者

■ 主要营养成分：蛋白质、牛磺酸、肝糖、天然钙、EPA、DHA

■ 主要产季：3月～10月

■ 性味：味甘咸、性寒

■ 别名：花蛤、砂蚌仔、小眼花帘蛤

✓ YES优质品

● **外观：**

1 外壳完整、没有破损

2 外壳颜色有光泽

3 外壳上的成长轮明显

● **味道：** 闻起来没有特殊的味道。

✗ NO劣质品

● **外观：**

1 贝肉外露

2 外壳不完整、有破损

● **味道：** 闻起来有很明显的臭味或者异味。

Health & Safe 安全健康食用法

这样吃最健康

1 刚从潮间带被捡拾来的海瓜子体内有很多沙子，购买回家后，记得用盐水让海瓜子吐沙，再进行烹煮。

2 海瓜子含丰富的牛磺酸，可以保护肝脏、眼睛，同时对婴儿脑部发育有助益，大人、小孩都适合食用。

3 海瓜子富含蛋白质，可补充人体所需能量，可强健体魄。再者，海瓜子属于低脂肪食物，无须太担心胆固醇升高的问题。

营养小提示

1 海瓜子含DHA，可以预防痴呆，中老年人不妨适量摄取。此外，DHA能预防动脉粥样硬化，防止血栓形成，使血液循环顺畅，避免心血管疾病发生。不论是糖尿病或心血管疾病患者，都可适量摄取。

2 烹调前可先过油，再用热水清洗，放置备用，可使海瓜子肉质肥美，而甜分不会流失，但油温应控制在120℃左右，不可过高，以免外壳爆开。

● 怎样选购最安心

1 将海瓜子外壳互相碰撞，若发出清脆的响声，则是活的；若是声音混浊、闷闷的，则可能已经死亡。

2 挑选海瓜子时，注意外壳应完整无破损，也不应贝肉外露，否则就不够新鲜。

● 怎样处理最健康

用清水将外壳洗净，并用盐水进行吐沙处理。吐沙时请勿任意摇晃容器。

● 怎样保存最新鲜

新鲜品尽快食用完毕最佳。若要保存，则在其吐完沙后，放入冰箱冷藏。

Tips 外观美、肉质鲜

春 夏 秋 冬

凤螺 Taiwanese babylon

●宜食的人
体质虚弱的女性
●忌食的人
感冒、腹泻者
过敏体质者

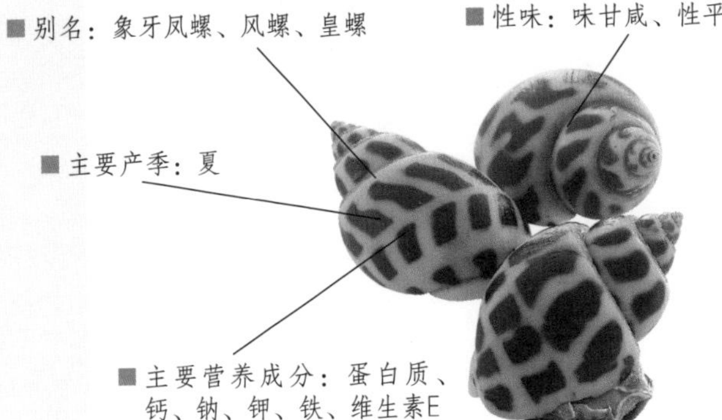

■别名：象牙凤螺、凤螺、皇螺

■性味：味甘咸、性平和

■主要产季：夏

■主要营养成分：蛋白质、钙、钠、钾、铁、维生素E

✓ YES优质品

- **外观：**
  1 外壳完整无破损，壳表光滑呈白色，且散布不规则之红褐色斑纹
  2 螺蒂蒂末没有掉落
- **味道：** 没有特殊味道，有一点淡淡的腥味是正常的。

✗ NO劣质品

- **外观：**
  1 外壳不完整、有破损
  2 螺蒂蒂末掉落
- **味道：** 闻起来有股明显的腥臭味。

Health & Safe 安全健康食用法

这样吃最健康

1 凤螺因容易养殖且经济价值高，是十分常见的食用螺类。凤螺的外壳厚，烹调时建议延长时间，让螺肉可以熟透，如此才能有良好的杀菌效果。不要吃没有熟透的凤螺，以避免食物中毒。

2 凤螺含丰富铁质，气血虚弱或贫血的人可多吃。

3 凤螺所含的营养素，可以保护眼睛，减缓眼睛的不适，对依赖电脑的现代人来说，是美味可口又富营养的食材。

营养小提示

1 凤螺与橘子不能同食。凤螺含钙量高，橘子含单宁酸，若一起食用，容易产生结石，影响消化。

2 凤螺和蛤蜊不适合一起食用，因为两者皆属于偏寒性食物，若同时食用，容易对肠胃造成刺激与负担，进而导致胀气、腹痛或拉肚子。

3 死掉的凤螺会因为腐败而产生有毒物质，容易引起食物中毒、拉肚子等症状，千万不要食用，以免损害身体健康。

● 怎样选购最安心

1 新鲜的凤螺，养在水里时，会伸出螺肉来，若螺肉不会向外伸出，则凤螺可能已死亡，不要购买。

2 注意外壳是否完整具光泽，活动力是否强健，螺蒂蒂末是否掉落。

3 螺壳颜色较深者，螺肉较肥厚；螺壳颜色较浅者，其螺肉较少。

● 怎样处理最健康

1 购买回家后，放置于盐水中吐沙，吐干净后，用清水冲洗即可备用。

2 用盐干烤凤螺，可以保留凤螺的鲜美滋味，是常见的烹调方法。另外将凤螺蒸熟后挑出切片，加入配料快炒，也颇受欢迎。

● 怎样保存最新鲜

新鲜品尽快食用完毕最佳。若要保存,则在吐完沙后，放入冰箱中冷藏。

春 夏 秋 冬

雪螺 Snow Snail

Tips 为福寿螺的白化种

●宜食的人
一般人

●忌食的人
容易拉肚子的人、肠胃虚弱者

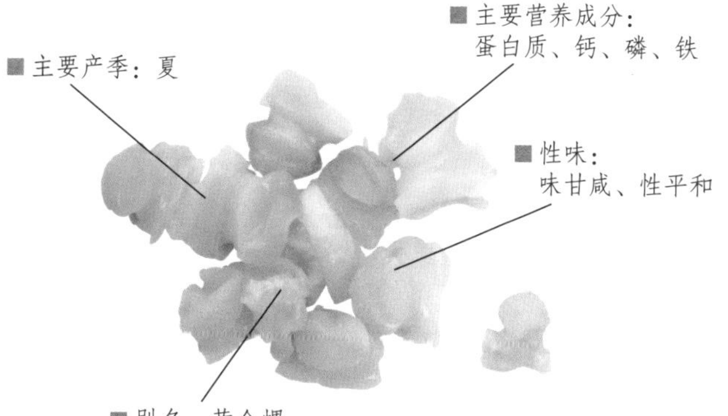

✓ YES优质品

- **外观：**
  1 外壳完整无破损
  2 外壳光滑且具光泽
- **味道：** 闻起来没有特殊味道，有一点淡淡的腥味是正常的。

✗ NO劣质品

- **外观：**
  1 外壳破损、不完整
  2 螺肉没有向外伸出
- **味道：** 闻起来有股明显的腥臭味。

Health & Safe 安全健康食用法

这样吃最健康

1 有些不良卖家，为了让雪螺的卖相更好，会用双氧水浸泡雪螺，而已经挑出的螺肉甚至会添加防腐剂，对身体不利。建议选择有信誉的店家购买。

2 雪螺容易含有大量细菌，烹煮时一定要熟透才能食用。食用未熟的雪螺，可能会导致拉肚子、食物中毒等症状。

3 雪螺有利尿作用，水肿、痔疮或黄疸等患者，可以适量摄取以减轻不适症状。

营养小提示

1 雪螺属于偏寒性食物，容易拉肚子或肠胃功能不佳的人，不适合多食，否则可能会加重不适症状。

2 烹调前用盐搓洗雪螺，再用清水洗净，不但可以充分去除杂质和黏液，还可以使螺肉口感更为爽脆结实。

3 雪螺和所有性偏寒的食物都不适合一起食用，寒性食物较容易引发消化不良症状，对胃肠的负担较大。

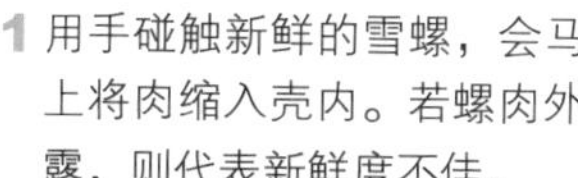

怎样选购最安心

1 用手碰触新鲜的雪螺，会马上将肉缩入壳内。若螺肉外露，则代表新鲜度不佳。

2 购买时，注意螺壳是否完整，敲击时应该铿锵有声。

3 若要购买已处理的螺肉，则应选择有信誉的店家。

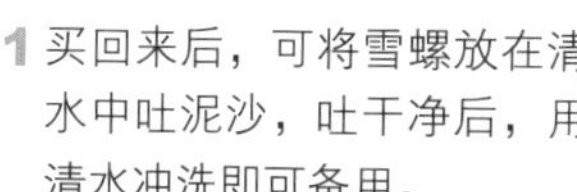

怎样处理最健康

1 买回来后，可将雪螺放在清水中吐泥沙，吐干净后，用清水冲洗即可备用。

2 雪螺若烹调时间过长，螺肉容易老硬。处理新鲜雪螺，可先汆烫，再泡到冰水中降温，可保持肉质鲜度。

怎样保存最新鲜

1 新鲜品尽快食用完毕为佳。

2 如要保存，可取出螺肉，去除外壳，将螺肉放入保鲜袋中冷冻。

Tips 重要的中药食材

春 夏 秋 冬

墨鱼 Cuttlefish

●宜食的人
妇女
●忌食的人
尿酸过高者
痛风病患者

■ 别名：乌贼、金乌贼、乌鲗、墨斗鱼、目鱼

■ 性味：味甘咸、性平

■ 主要产季：4月～5月产卵期间，风味最佳

■ 主要营养成分：蛋白质、牛磺酸、钙、铁、维生素A、维生素E

✓ YES优质品

- **外观：**
  1 眼睛明亮凸出
  2 外套膜完整且具光泽
  3 足部吸盘完整、没有断裂
- **味道：**没有特殊的臭味。

✗ NO劣质品

- **外观：**
  1 外套膜有破损
  2 颜色变白、不透明
- **味道：**闻起来有明显的腥臭味。

这样吃最健康

1 墨鱼是中医界常用的药材。中医认为，墨鱼肉可抗病毒、抗放射线；墨鱼壳富含碳酸钙，可用来抑制酸性；墨鱼骨则有和胃制酸、收敛止血的疗效。

2 富含优质蛋白质、钾和氨基酸的墨鱼汁能有效预防动脉硬化、脑中风、高血脂等疾病。目前，虽然接受度不高，但黑黑的墨鱼汁的确是极理想的保健食品，值得一试。

3 墨鱼肉比较难消化，肠胃机能不佳的人最好以喝汤为主，肉酌量食用即可。

营养小提示

1 墨鱼富含牛磺酸，能保护肝脏、维持眼睛健康、降低胆固醇、稳定血压，建议在烹煮搭配上，可以选择富含维生素C的食材（例如辣椒），不但能增加风味，同时营养成分相互搭配，有加分效果。

2 墨鱼是一种营养高且热量低的食物，即便有肥胖问题的人，都不用害怕摄取后会增加负担。

3 女性月经量过少或产妇乳汁缺乏，可以尝试墨鱼拌姜片，食用后有补益作用。

墨鱼怎样选购最安心

1 挑选新鲜的墨鱼，可以先看眼睛，新鲜的墨鱼眼睛清澈明亮且凸出，如果眼形不佳，则表示新鲜度不足，不宜购买。

2 新鲜的墨鱼身上有很多小斑点，隐约透出光泽，包膜完整，体内的肉骨硬壳硬挺，身体后端带浅黄色或浅红色，颜色不会变白，有透明感。倘若墨鱼颜色发白，没有透明感，则代表墨鱼已经不新鲜了。

3 挑选墨鱼时，有三个部分要特别注意。第一是墨鱼的触角。完整没有断裂或损坏的触角代表墨鱼新鲜度较佳；第二是墨鱼的包膜。新鲜的墨鱼包膜是完整、没有破损的；第三是肉质。挑选的时候可以用手轻轻按压，新鲜的墨鱼肉质相当有弹性。如果觉得肉质缺乏弹性，代表墨鱼不新鲜或者是冷冻过的，不宜购买。

墨鱼怎样处理最健康

1 墨鱼原本的外表为黑褐色，市面所出售的白色墨鱼，是鱼贩先将头、肚子去掉了。

2 墨鱼易变质，买回来后应尽快处理。处理时先洗净，从背部划刀，将皮、膜切开。接着，取出腹部的硬壳、内脏，别弄破墨囊，去掉墨鱼头，最后用水清洗干净。

3 要去除包膜时，可以将拇指伸入肉身和外皮之间，压住肉身，慢慢撕掉外皮，再将肉身切开，用刀背用力将内侧脏物刮除干净后再食用较安心。

4 想要维持墨鱼的新鲜，可以在去除包膜后，先用干布将肉身擦干，接着撒盐擦过之后，以清水冲洗干净，这样就可以保持墨鱼的新鲜度。

5 墨鱼烹饪方式多样，无论生食、油炸、蒸煮或煎炒均佳。若要用来当腌渍小菜，可切条状后烫过再腌，切条状有助于在氽烫时溶解掉残留物质。

墨鱼怎样保存最新鲜

1 新鲜品尽快食用完毕最佳。

2 若要保存，则应该先将内脏、内壳及包膜全都去除。墨鱼的内脏如果没有处理掉，会加速腐坏的速度。然后，用清水洗净，将水分擦干，包上保鲜膜，放入冰箱冷藏，可以放置3～5天。

3 如果要冷冻，可把墨鱼的身体各部位切开，头归头，身体归身体，分开包装再放进冰箱冷冻，保存效果会更好。

墨鱼的饮食宜忌 O+✗

宜→O 对什么人有帮助

O 动脉硬化、脑中风或高血脂患者患者可多食用墨鱼汁

O 月经量过少的女性可多补充

O 乳汁缺乏的产妇宜多食用

忌→✗ 哪些人不宜吃

✗ 尿酸过高或痛风病患者不宜多吃

✗ 肠胃机能不佳的人少吃

✗ 过敏体质或皮肤病患者不宜多吃

Tips 干品热量是鲜品的数倍

春 夏 秋 冬

鱿鱼 Squid

●宜食的人
缺铁性贫血患者
●忌食的人
皮肤过敏者、肠胃消化不佳者

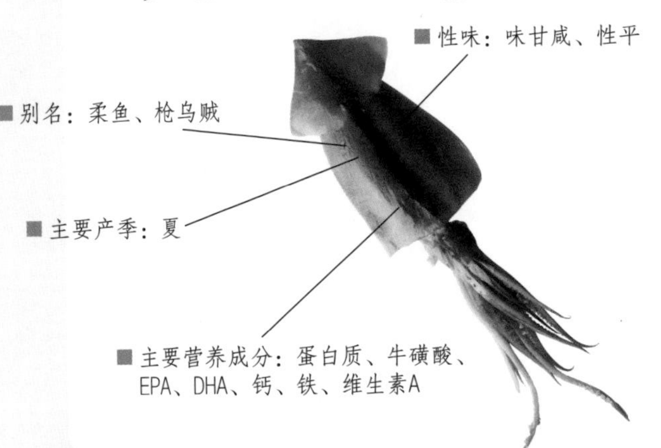

■性味：味甘咸、性平

■别名：柔鱼、枪乌贼

■主要产季：夏

■主要营养成分：蛋白质、牛磺酸、EPA、DHA、钙、铁、维生素A

✓YES优质品

● **外观：**

1 肉色接近透明，充满光泽

2 体腔呈圆滚状，外套膜完整

3 眼睛清晰明亮

● **味道：** 没有特殊的味道，有一点淡淡的腥味是正常的。

✗NO劣质品

● **外观：**

1 肉色不具透明性与光泽

2 外套膜不完整、有破损

● **味道：** 有股明显的腥臭味。

Health & Safe 安全健康食用法

这样吃最健康

1 生鱿鱼中含有一种多肽的成分，多肽会影响肠胃蠕动，若生吃的话，恐怕会造成肠胃的负担。建议把鱿鱼煮熟后再食用较好。

2 鱿鱼含有丰富的维生素B_6、维生素B_{12}与铁，可以帮助代谢，调整生理机能，改善贫血症状。

3 鱿鱼富含牛磺酸，牛磺酸可以保护肝脏、增强体力，加上EPA与DHA的协同作用，可以减少血管壁内的胆固醇，达到保护血管的功效。此外，这些营养成分还能预防痴呆。

营养小提示

1 鱿鱼含有会诱发皮肤瘙痒的过敏物质，有过敏体质的人不适合食用。

2 有些人食用鱿鱼时，会害怕同时吃进过多的胆固醇。实际上，鱿鱼的胆固醇多含在内脏里，且因鱿鱼含有高量的牛磺酸，比胆固醇含量还要高出22倍，所以食用鱿鱼后，鱿鱼中的胆固醇会被人体利用，不会累积在血液中。

●怎样选购最安心

1 挑选鱿鱼时，以肉色接近透明，躯体直挺，眼部清晰明亮，且无腥臭异味者为佳。

2 新鲜度佳的鱿鱼，肉质具有弹性，挑选时可以用手轻轻触摸，同时注意表皮部分不可剥落。

3 鱿鱼常常被处理成干货出售，挑选鱿鱼干时，应选择颜色橙黄、香味浓郁，且带有大量白粉者。

●怎样处理最健康

1 新鲜鱿鱼买回家后，去除内脏，外套膜洗净，最后沥干水分即可。

2 若是购买水发鱿鱼或者干鱿鱼，则需要用水泡发。

●怎样保存最新鲜

鱿鱼清洗处理好后，装在密封袋放入冰箱冷冻，可保存2～3周。

春 夏 秋 冬

透抽 Neritic Squid

Tips 外观又红又硬者慎选

●宜食的人
心血管疾病患者
●忌食的人
尿酸过高者、痛风患者

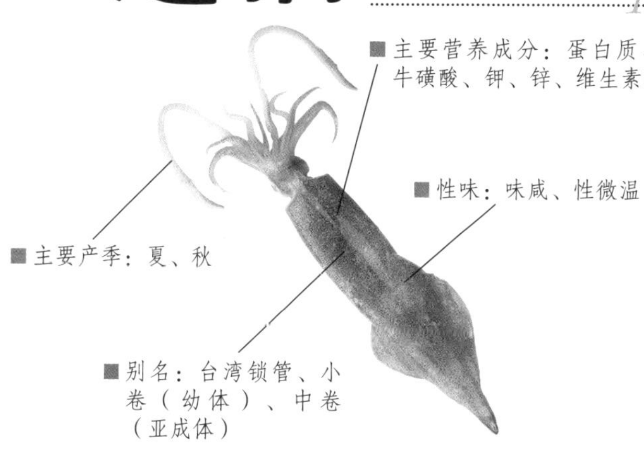

✓YES优质品

● **外观：**
1 体型成细长筒状、尾端收尖
2 外皮光亮透明、外套膜完整
3 头部、躯干紧密相连

● **味道：** 没有奇怪的味道或臭味。

✗NO劣质品

● **外观：**
1 头部、躯干分离
2 外套膜破损、不完整

● **味道：** 闻起来有明显的腥臭味。

Health & Safe 安全健康食用法

这样吃最健康

1 活体透抽实际上是透明的，死后才会慢慢变红、变软。但因为消费者喜欢挑身体较硬者，所以有些商贩会添加碱，使透抽呈现硬直状态。如果在市场上看到又红又硬的透抽，不代表它很新鲜，有可能是加碱处理所致，消费者在挑选时应多加留意。

2 透抽含有丰富的维生素E，能够有效延缓细胞老化，同时具有预防老年痴呆的功效，中老年人不妨适量摄取。

营养小提示

1 透抽所含牛磺酸，能够减少沉积在血管壁的胆固醇，具有降血压、强化肝脏的效果。此外，还能保护视力，维护眼睛健康。心血管疾病患者或用眼过度的人可适量摄取。

2 吃透抽的同时，不适合搭配酸性饮料，例如可乐、柠檬汁等，因为果汁中的酸性成分会影响蛋白质的吸收。

3 透抽蛋白质含量丰富，也不会有重金属污染。对孕妇来说，透抽是很好的营养品。

怎样选购最安心

1 活体透抽是透明的，死后才会变红、变软。因此，挑选的时候，尽量选择透明度较高的透抽。

2 新鲜透抽外皮光亮透明，无浑浊、黯淡；身体有弹性，无腥臭味；足部无断裂。

怎样处理最健康

1 用刀将表面切开，先不要连头拔起，否则内脏容易破裂，流出脏水。

2 连同薄膜拿掉内脏，再把头去掉。

3 剥除外膜，最后用水清洗干净，即可备用。

怎样保存最新鲜

1 新鲜品尽快食用完毕最佳。

2 处理洗净后，将水分擦干，放进保鲜袋中，放入冰箱冷冻，可以保存2～3周。

Tips 头足类海鲜食材明星

春 夏 秋 冬

小墨鱼 Bigfin Reef Squid

●宜食的人
体质虚弱者
●忌食的人
尿酸过高者、痛风患者

■ 别名：软翅仔、软丝锁管、莱氏拟透抽、扇鱿、软丝

■ 性味：味咸、性平

■ 主要产季：春、秋

■ 主要营养成分：蛋白质、牛磺酸、维生素B12、钠、钾、铁

✓ YES优质品

- **外观：**
  1 躯干尾端呈椭圆形
  2 头部、躯干紧密相连
  3 外皮光滑、外套膜完整
- **味道：**没有特殊的味道。

✗ NO劣质品

- **外观：**
  1 外套膜不完整、有破损
  2 眼睛没有凸出
- **味道：**闻起来有明显的腥臭味。

Health & Safe 安全健康食用法

这样吃最健康

1 由于小墨鱼肉质较厚、较甜，咬起来非常有嚼劲，所以，身形较大的小墨鱼常被拿来做成生鱼片，但食用前，最好先确定新鲜度及来源，若吃到不新鲜的小墨鱼，可能会引发腹泻、食物中毒。

2 小墨鱼富含各种营养成分，适合一般大众食用。尤其小墨鱼富含蛋白质、牛磺酸，对老年人、成长中的孩童以及青少年来说，是良好的营养品。

营养小提示

1 小墨鱼所含牛磺酸，能够维持血管壁的健康，减少胆固醇的累积，而且还能预防老年痴呆，中老年人不妨适量摄取。

2 小墨鱼属于低热量食物，如果能用凉拌的方式烹饪，更能发挥其特色，营养丰富，还能轻松维持体重。

3 小墨鱼所含的嘌呤不低，嘌呤经过人体代谢后会产生尿酸，建议有尿酸过高或有痛风病史的患者食用时要小心，不要过量。建议一天不要超过60克。

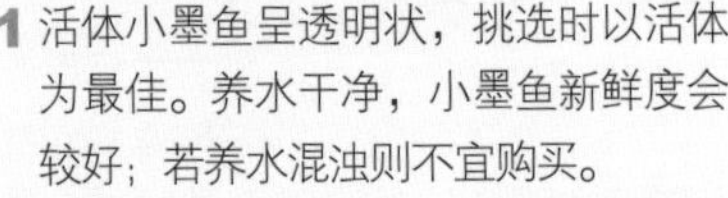

● 怎样选购最安心

1 活体小墨鱼呈透明状，挑选时以活体为最佳。养水干净，小墨鱼新鲜度会较好；若养水混浊则不宜购买。

2 新鲜小墨鱼眼睛凸出，身体尾端呈椭圆状，头至尾有两片宽大肉鳍，肉身光滑，外套膜薄且完整。

3 新鲜的小墨鱼肉质具有相当的弹性，如果触感不佳，不宜购买。

● 怎样处理最健康

买回家后，先将表面切开，再去内脏、头、包膜、软骨等。洗净后放入冰水浸泡以备用。

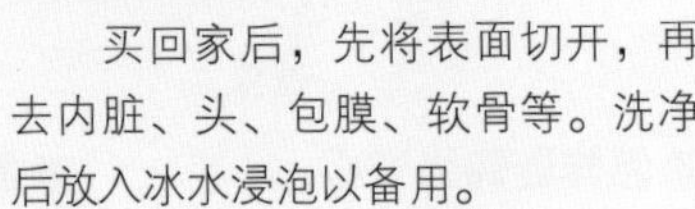

● 怎样保存最新鲜

1 新鲜品尽快食用完毕最佳。

2 处理洗净后，将水分擦干，放进保鲜袋中，放入冰箱冷冻，可以保存2~3周。

Tips 中式菜肴食材典范

春 夏 秋 冬

海参 Sea Cucumber

●宜食的人
高胆固醇者

●忌食的人
经常排软便者
发热咳嗽者

■主要产季：春、秋、冬

■主要营养成分：蛋白质、脂肪、糖类、海参素、钙、磷、铁、碘、维生素B_1、维生素B_2

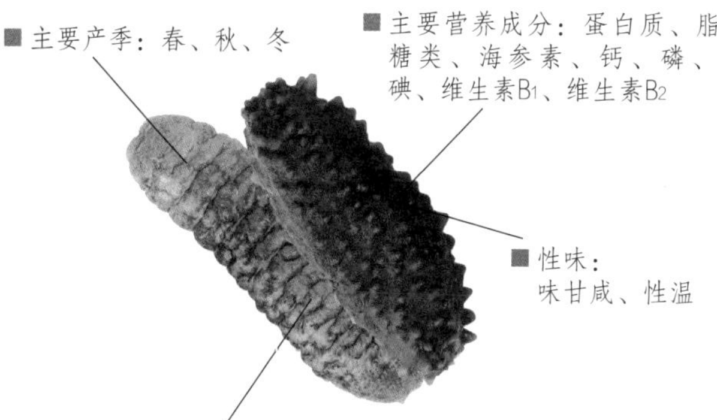

■性味：味甘咸、性温

■别名：刺参、光参、海鼠

YES优质品

- **外观：**
  1 外形短胖、结实
  2 表面肉刺又长又尖
  3 形状完整、有弹性
- **味道：**没有特殊味道，有一点淡淡的腥味是正常的。

NO劣质品

- **外观：**
  1 肉刺不完整有缺损
  2 形状不完整且软黏
- **味道：**闻起来有明显的腥味及怪味。

Health & Safe 安全健康食用法

这样吃最健康

1 海参营养价值非常高，是一种高蛋白、低脂肪、低胆固醇的食物，平均每100克海参只含28千卡，对肥胖者或胆固醇过高的人来说，是补充营养的最佳食品。

2 海参含丰富的胶质，不但有益健康，对皮肤、筋骨都具有保健的功效，更能改善便秘症状。

3 海参有通便效果，经常排软便或急性肠炎患者，不宜食用。

营养小提示

1 市面上所出售的海参，有干货也有水发的。若所购买的海参为先发制好的，建议烹煮前，用水反复冲洗。

2 海参中的糖氨聚醣，可以降低血液的黏稠度，促进血管的修复，有益于预防和治疗血栓疾病，血栓患者可以多吃。

3 海参零胆固醇、低脂肪的特性，适合心血管疾病或高血脂患者食用。此外，海参钾含量低，也适合肾脏疾病患者。

●怎样选购最安心

1 挑选水发海参，以肉厚、外形短胖、表面肉刺尖长且明显、身体结实具有弹性、无泥沙者为佳。

2 干海参以表面完整干燥、无烂口者佳；刺参则应选择表面刺状物多的。

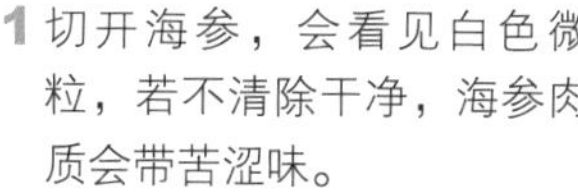

●怎样处理最健康

1 切开海参，会看见白色微粒，若不清除干净，海参肉质会带苦涩味。

2 处理时先将内脏去除，用盐抓拌一下后，再以清水冲洗干净。

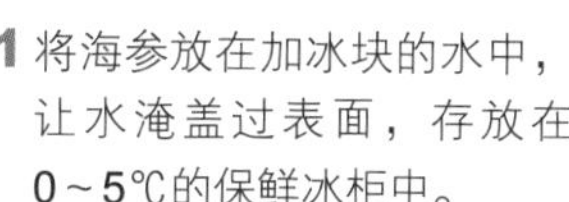

●怎样保存最新鲜

1 将海参放在加冰块的水中，让水淹盖过表面，存放在0～5℃的保鲜冰柜中。

2 干海参涨发后，建议不要冷冻，否则弹性会变差。

Tips 常食菜肴：三杯田鸡

春 夏 秋 冬

田鸡 Frog

● 宜食的人
水肿、神经衰弱者

● 忌食的人
拉肚子者、体质畏寒的人

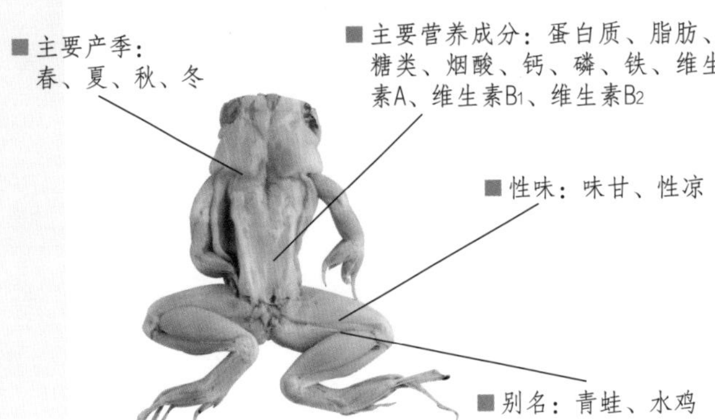

✓ YES优质品

- **外观：**
  1 体型壮硕、肥美多肉
  2 外形完整，没有奇怪的黏稠物
- **味道：** 没有特殊味道，有一点淡淡的腥味是正常的。

✗ NO劣质品

- **外观：**
  1 体型瘦小、干扁没肉
  2 表皮上有奇怪的黏稠物
- **味道：** 闻起来有明显的腥臭味。

Health & Safe 安全健康食用法

这样吃最健康

1 田鸡肉富含高蛋白质与许多人体必需的氨基酸和微量元素，加上脂肪含量少，烹调后食用，口感十分鲜美。

2 田鸡具有滋阴降火、补虚利尿的效用，有水肿困扰的人，不妨适量摄取。

3 田鸡一定要彻底煮熟才能吃，生的田鸡肉容易藏有寄生虫卵，吃了之后容易引起不适，食用时一定要确认全熟、没血丝。

营养小提示

1 田鸡属于高蛋白、低脂肪食物，每100克田鸡含蛋白质211克、脂肪0.6克，胆固醇52毫克，对动脉硬化、心血管疾病患者来说，是既不会加重负担、又能强化生理机能的营养补给品。

2 田鸡不适合和柠檬一起前后食用。田鸡的蛋白质与柠檬的柠檬果酸相遇后，会产生凝固，影响蛋白质的消化与吸收，易造成消化不良、肠胃不适。

● 怎样选购最安心

1 目前市场所贩卖的，大多为体型较大的牛蛙及虎皮蛙。购买田鸡时，要选择活动力旺盛、体型壮硕且肥美多肉的，这样的田鸡，肉质会较细嫩，口感会比较好。

2 如果所购买的田鸡并非活体，以颜色透明、肉质结实者为佳。

● 怎样处理最健康

1 将田鸡购买回家后，将内脏洗净、去膜、剥皮、切块，用清水洗净即可备用。

2 也可以购买已经处理过的田鸡，用清水洗净即可。

● 怎样保存最新鲜

1 新鲜品尽快食用完毕最佳。

2 将处理洗净过的田鸡装入保鲜袋中，放入冰箱冷藏。

海蜇皮 Jellyfish

春夏秋冬

Tips 口感清脆

● 宜食的人
便秘患者

● 忌食的人
肾脏病、高血压患者

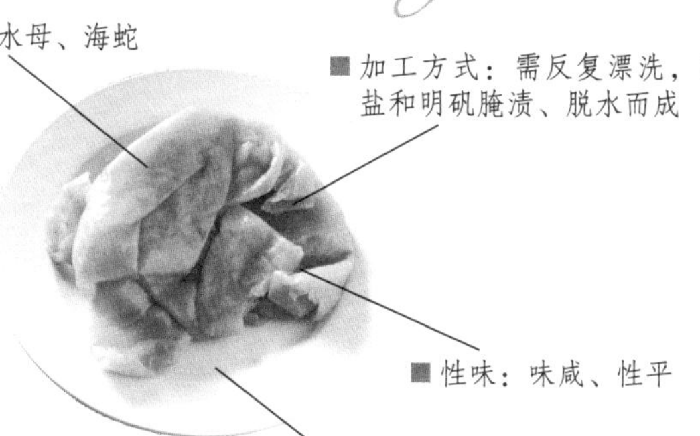

■ 别名：水母、海蛇

■ 加工方式：需反复漂洗，以盐和明矾腌渍、脱水而成

■ 性味：味咸、性平

■ 主要营养成分：蛋白质、脂肪、糖类、烟酸、胆碱、灰分、钙、磷、铁、碘、钠、维生素A、维生素B_1、维生素B_2

✓ YES优质品

● **外观：**

1 片大且平整，表面湿润有光泽

2 颜色淡白或淡黄，没有杂色黑斑

3 肉厚且有韧性

● **味道：** 闻起来有一点海盐味，不会有刺鼻的臭味。

✗ NO劣质品

● **外观：**

1 形状不整，肉薄且肉层有损伤

2 颜色深浅不均，表面呈现暗灰色

● **味道：** 闻起来有刺鼻的臭味。

Health & Safe 安全健康食用法

这样吃最健康

1 食用海蜇皮可扩张血管，促使血压下降，促进血液循环，用于预防及治疗高血压的效果已获得肯定。没有高血压的人可以适量摄取海蜇皮，以稳定血压。

2 100克海蜇皮含有8克以上的钠离子，建议肾脏病患者或心脏病患者避免摄取。

3 海蜇皮含丰富的胶质，可以改善便秘的症状，有此困扰的人，可以适量摄取，以减缓不适。

营养小提示

1 海蜇皮不含胆固醇、脂肪，适合一般大众食用，但脾胃虚寒者要慎食，以免导致肠胃不适或拉肚子。

2 海蜇皮含丰富的胶质、矿物质，营养价值极高，且它的热量低，建议与西瓜皮做成凉拌西瓜丝，可以消除水肿、降低血糖。

3 处理海蜇皮时，千万别用太热的水滚烫，否则海蜇皮会迅速收缩，口感大打折扣。

● 怎样选购最安心

1 购买海蜇皮，应该要挑选颜色淡白或稍有黄色、片大平整、无杂色黑斑、肉厚且有韧性者。否则不宜购买。

2 新鲜的海蜇皮为淡白色或淡黄，太白的可能添加化学药剂，应避免购买。

● 怎样处理最健康

1 用冷水清洗数次，去泥沙、盐分。将海蜇皮切成丝后，再用盐水冲洗数次后放在冷水中泡一夜，中间要换水。

2 涨发海蜇皮先用60～70℃的水烫过，再另以水过凉即可。

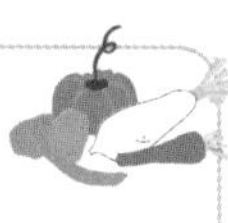

● 怎样保存最新鲜

1 放在容器内，用保鲜膜彻底封好，放入冰箱内冷藏。

2 也可浸在浓度20%～25%的盐水中。

Chapter 1 生鲜食材馆

五谷杂粮吃得安心

随着健康养生的观念兴起，人们对饮食的要求也随之提高，有别于以往“能吃就是福”的观念，现代人多强调生机饮食与保健强身，已对大鱼大肉厌倦的我们，是否也能从简单的幸福着手，强调营养健康的重要？

五谷杂粮就是我们常说的基础养生食品，究竟有哪些食物是五谷杂粮？举凡我们所吃的米食、面食、种子坚果类大多属于五谷杂粮的范围，人们其实常常食用，不论是直接食用还是间接从加工品中摄取。我们都说天然的最好，那天然的五谷杂粮具备哪些好处？

五谷杂粮为健康加分

对老年人或是发育中的孩童，五谷杂粮的均衡摄取，确实对健康大有益处。

五谷杂粮对身体的好处

营养素	对身体的好处
蛋白质	● 维持人体基本构造的健康，发育中的孩童要适度摄取
脂肪	● 提供热能，是人体动力的来源
维生素A	● 帮助骨骼成长
B族维生素	● 促进肠胃机能
维生素C	● 帮助伤口愈合
维生素E	● 协助身体抗氧化
钙	● 强化神经及骨骼
铁	● 增强人体抵抗力并协助合成红细胞
膳食纤维	● 帮助排便消化
糖类	● 调理脂肪与蛋白质的代谢
不饱和脂肪酸	● 帮助细胞成长且具有弹性

保持最佳食用状态，小心过期

一般我们在选购五谷杂粮时，通常是在超市的包装商品中拣选，除了判断是否超过保质期外，对商品的优劣，我们也要有适度的认识。

五谷杂粮最忌潮湿与阳光直射，通常摆放的地点要避免受潮直晒。刚买回的粮食如果需要保存，最好配合密封加盖的保鲜盒储放，并在保质期之内食用完毕，以免变质。

通常我们对五谷杂粮的摄取是于正餐上，其实还可将一些杂粮类的食品还当做甜点零食来食用，建议将各类五谷杂粮适度纳入菜单之中，不定时地轮流更替，对需要特别补充的营养，可以用不同的方式烹调。

让生活充满健康与乐趣，既符合现在流行的慢活概念，也可以优雅地活出美丽人生。

春 夏 秋 冬

糙米 Brown Rice

Tips 微量元素含量较高

●宜食的人
糖尿病、动脉硬化、大肠癌患者

●忌食的人
消化功能不好者

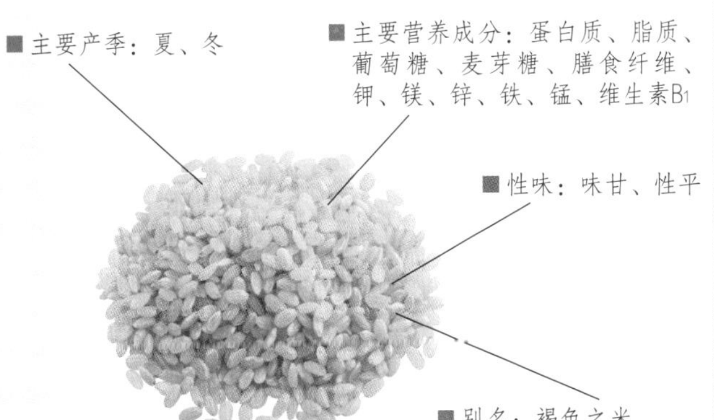

✓ YES优质品

- **外观：**
  1 外观完整结实
  2 颜色偏向浅褐色、富有光泽
  3 米粒饱满肥大、大小均一
- **味道：** 闻起来有淡淡的稻香味。

✗ NO劣质品

- **外观：**
  1 米粒颜色偏向青色
  2 米粒出现裂痕或破碎的现象
- **味道：** 闻起来没有味道，或有刺鼻的香味或发霉的味道。

Health & Safe 安全健康食用法

这样吃最健康

1 糙米的皮含植酸，会影响人体对钙、镁、铁等的消化吸收，洗米后要用40～60℃的温水浸泡，溶解大部分植酸。

2 糙米中所保留的外层组织（米糠和胚芽部分），含有丰富的维生素B_1、维生素B_2、维生素B_6、维生素B_{12}和泛酸、叶酸等，有助于糖类的代谢，可以提高免疫功能，促进血液循环。

3 糙米的膳食纤维可以促进胆固醇的排出，有辅助高血压患者降低血脂的作用。

营养小提示

1 颜色偏向青色的糙米，表示未成熟，煮出来的饭较软。若喜欢较软的口感，可以选择偏青色的糙米。

2 糙米熬成粥之后较容易被吸收，口感也更滑顺，对老弱妇孺的营养摄取有相当大的助益。

3 糙米不容易被消化，食用时一定要细嚼慢咽，以免影响营养成分的吸收，甚至消化不良，造成肠胃负担。

●怎样选购最安心

1 挑选糙米的时候，以米粒饱满肥大、大小均一、富有光泽，颜色呈现浅褐色，外观完整结实，闻起来有淡淡的稻香味者为佳。

2 有裂痕或严重破碎的糙米品质较差，不宜购买。

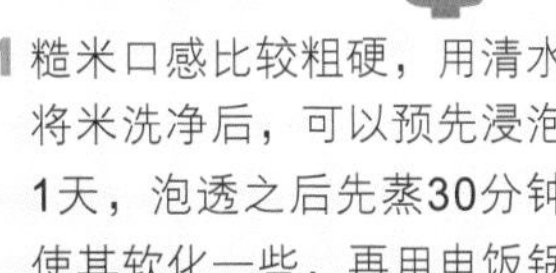

●怎样处理最健康

1 糙米口感比较粗硬，用清水将米洗净后，可以预先浸泡1天，泡透之后先蒸30分钟使其软化一些，再用电饭锅煮成糙米饭。

2 煮糙米的时候，加入的水要比煮大米时多一些。

●怎样保存最新鲜

1 存在密闭的容器备用即可。

2 如果担心虫蛀，可以存放于冰箱的储藏室。

Tips 每种米的膳食纤维含量不同

春 夏 秋 冬

大米 Rice

●宜食的人

一般人

●忌食的人

糖尿病、大肠癌患者、胃肠功能不佳者

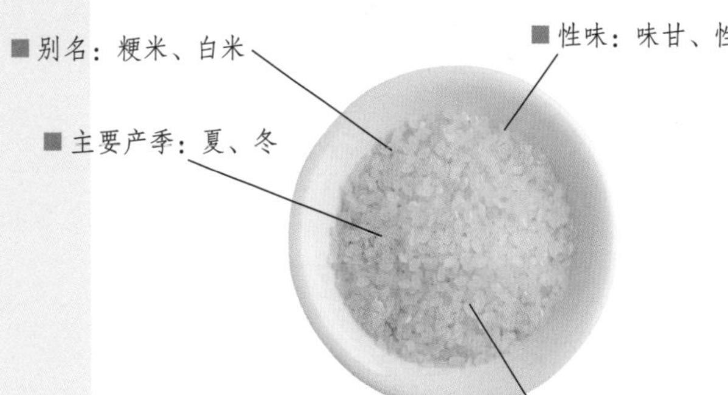

■别名：粳米、白米

■性味：味甘、性平

■主要产季：夏、冬

■主要营养成分：蛋白质、糖类、葡萄糖、麦芽糖、B族维生素

✓YES优质品

● **外观：**

1 米粒充实饱满，形状大小匀称

2 色泽晶莹剔透

● **味道：** 闻起来有淡淡的米香。

✗NO劣质品

● **外观：**

1 米粒呈现异样颜色，如黄色

2 表面有非白色的粉质，如灰色

3 断裂破碎相当严重

4 米粒表面出现横裂纹

● **味道：** 闻起来有发霉的味道。

Health & Safe 安全健康食用法

这样吃最健康

1 大米的淀粉含量在贮藏期间变化不大，但结构会改变，糖类含量也会跟着变化，新米吃起来较旧米甜，若喜欢大米的香甜味，建议选购新米，并且不要放太久。

2 大米腹部通常有一个不透明的白斑，这部分蛋白质含量较低，淀粉含量较多。如果希望吸收较多营养成分，建议不要选购与食用腹白较大的大米。

3 大米饭的淀粉黏性较强且无膳食纤维，不建议食用过量，以免增加肠胃的负担。

营养小提示

1 大米在被加工精制的过程中，已被除去米的外皮和胚芽，少了大部分的维生素B_1、维生素E及膳食纤维。如果要丰富大米的营养价值，改善其精制后的缺点，可以加入些许豆类谷物一同蒸煮，以增加食用价值。

2 用温水或处于保温下的电饭锅浸泡大米20～30分钟之后，按下按钮开始煮饭。按钮跳起来后，焖5～10分钟，将米饭充分搅拌后再焖5分钟，就可以煮出一锅香喷喷的米饭。

大米怎样选购最安心

1 目前国内市场一般以真空或充氮的包装米较多，售价较高也较普遍。不过，不管包装米或是批发米，都应检视米粒是不是充实饱满，大小形状是否匀称，色泽是不是晶莹剔透。

2 购买大米的时候，选择新米比陈米好，因为陈米可能会有脂肪酸化的现象。

3 如果米粒呈现异样颜色，例如黄色，附有非白色的粉质，或者米粒断裂破损，就表示品质状况不佳，不宜选购。

4 米粒的表面出现一条或更多条横裂纹，是因为干燥过程中发生急热现象后，米粒内外失去平衡所造成。这种被称为“爆腰米”的大米食用起来外烂里生，营养价值较低，不宜选购。

5 购买批发米的时候，除了观察米粒的外观之外，也别忘了捧起大米闻一闻气味是否正常，若有发霉的气味，就不能选购。

6 购买批发米的时候，可以稍微搅动一下大米，看看有无虫蚀粒或虫尸，有的话表示是陈米，不建议购买。

7 购买包装米时要注意包装上标注的内容，如产品名称、净含量、生产日期、保质期、QS标识与编号等。

大米怎样处理最健康

1 大米未加入任何防腐剂，农药使用标准也有规定，检查相当严格，可安心食用。

2 食用前洗米不要超过3次，以防营养流失。倒掉水后，再重新加水烹煮即可。

大米怎样保存最新鲜

1 存在密闭的容器备用即可。

2 加工处理过的大米比结构完整的稻谷容易变质，建议一次不要买太多。

3 湿热的环境会加速米质变差或长虫，米桶应该放在干燥、温度低的地方，若能放在冰箱里是最理想的。

4 米桶不要直接接触地面，这样才能保持大米的新鲜。

5 如果担心有米虫的问题，在米买回来的时候，先放进冰箱里冰存2～3天，就可以避免生出米虫。

6 可放入15℃以下的环境中保存，以防接触空气后变硬。若放在室温下保存，夏天最好在2星期内、冬天约在4星期内食用完毕为佳。

大米的饮食宜忌 O+X

宜→O 对什么人有帮助

O 不论大人还是孩童，都应适量摄取，因大米能提供人体所需的热量

忌→X 哪些人不宜吃

X 大米缺乏纤维素，经常便秘者应控制食用量

X 糖尿病、心血管疾病或大肠癌患者应控制食用量

Tips 糯米醋可以改变人体酸碱值

●宜食的人
贫血、腹泻或病后恢复者
●忌食的人
肠胃功能不佳的人

春 夏 秋 冬

糯米 Glutinous Rice

■别名：江米、元米

■性味：味甘、性温

■主要产季：夏、冬

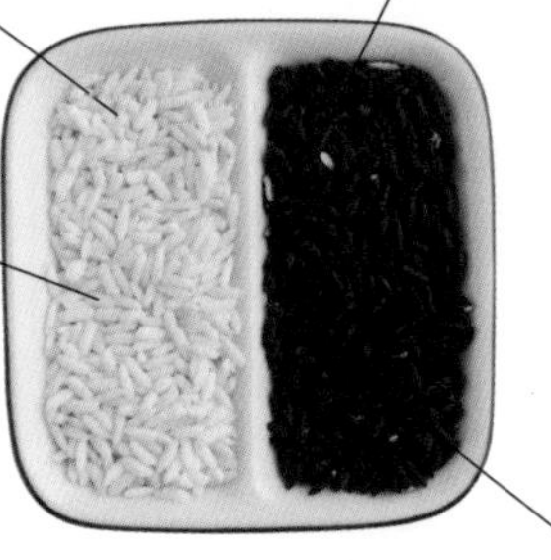

■主要营养成分：蛋白质、糖类、烟酸、矿物质、B族维生素

✓ YES优质品

- **外观：**
  1 米粒饱满，呈不透明状
  2 白糯米颜色洁白
  3 黑糯米颜色深黑
- **味道：** 闻起来没有异味。

✗ NO劣质品

- **外观：**
  1 米粒出现虫蛀与杂质
  2 米粒严重破碎
- **味道：** 闻起来有发霉的味道。

Health & Safe 安全健康食用法

这样吃最健康

1 糯米富含磷和B族维生素，可以提供能量，对骨骼健康有益处，还有补血、止泻、明目等功效，时常感到疲累者、产妇、有尿频症状的人适合吃。

2 黑糯米外层是坚韧的种皮，若没有煮到熟烂，不但无法溶解出大部分的营养素，还可能导致肠胃不适，甚至引发急性肠胃炎，对消化力差的幼儿和老年人尤其不好，烹煮前建议先浸泡一夜。

营养小提示

1 不要以冷自来水煮糯米，否则氯气会在蒸煮的过程中破坏糯米的维生素B_1，建议用烧开的水煮，以避免营养成分的流失。

2 糯米与莲子、百合一起熬煮，不但可以加强骨骼发育、改善气色和缓解疲劳，更能改善糯米黏滞难消化的问题。

3 糯米不可与苹果一起食用，糯米中的矿物质碰到苹果的果酸，会产生不易消化的物质，导致恶心、呕吐或肚子疼痛的现象。

● 怎样选购最安心

以米粒饱满，呈不透明状，白糯米颜色洁白，黑糯米颜色深黑，无虫蛀与杂质，无严重破碎为选购原则。

● 怎样处理最健康

1 长糯米煮起来口感较硬，不易黏糊；圆糯米煮起来口感比较软，易黏糊。包粽子、焖油饭以长糯米为主；制作汤圆、元宵、麻糬和芝麻球则以圆糯米为主。

2 糯米经煮熟后黏性较大，正常人也难消化，所以最好能配上多种蔬菜以增加停留在胃部的时间，让糯米完全消化。

● 怎样保存最新鲜

1 可以存在密封的筒罐中。

2 如果担心虫蛀或发霉，可以存入冰箱冷藏。

春 夏 秋 冬

燕麦 Oat

Tips 能有效预防心血管疾病

●宜食的人
患习惯性便秘、糖尿病、脂肪肝或贫血的人

●忌食的人
对麸质过敏的人

■主要产季：夏、秋

■主要营养成分：膳食纤维、钙、磷、铁、锌、锰、铜、B族维生素

■性味：味甘、性温

■别名：野麦、雀麦、油麦、玉麦

✓YES优质品

● **外观：**
1 颗粒整齐，饱实完整
2 颜色呈现黄褐色

● **味道：** 闻起来有淡淡的香味，没有异味。

✗NO劣质品

● **外观：**
1 颗粒严重破碎
2 颗粒里面有杂质

● **味道：** 闻起来没有香味，有发霉的味道。

Health & Safe 安全健康食用法

这样吃最健康

1 燕麦常做成各种加工品，如麦精、燕麦片、燕麦粥、面包与馒头，或是与米饭共煮燕麦粒等。其中β-聚葡萄糖的膳食纤维已被中外研究证实，能够降胆固醇，减少罹患心血管疾病的几率。

2 燕麦的蛋白质和膳食纤维丰富，氨基酸含量均衡，并有抗癌作用的植物生化素，是预防和改善癌症的理想食材。

3 燕麦有助于预防贫血、促进伤口愈合。

营养小提示

1 燕麦的植酸含量高，吃太多会阻碍人体对钙、铁、磷等矿物质的吸收，并影响肠道中矿物质的代谢平衡，应注意摄取量。

2 食用过量燕麦，容易造成腹胀或胃痉挛，一餐最好控制在75克左右。

3 燕麦与富含维生素C与维生素A的蔬菜搭配食用，能发挥抗癌的最大效果。

4 燕麦含有丰富的B族维生素，可促进皮肤健康，是天然的美容圣品。

●怎样选购最安心

1 购买燕麦的时候，以颗粒颜色呈现黄褐色，形体整齐，饱实完整，闻起来有淡淡的香味者为佳。

2 燕麦颗粒里面有杂质或严重破碎，且闻起来有发霉味，表示品质不佳，不宜选购。

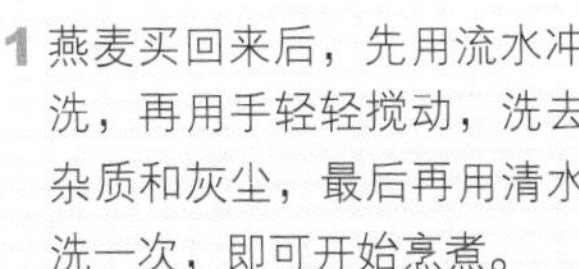

●怎样处理最健康

1 燕麦买回来后，先用流水冲洗，再用手轻轻搅动，洗去杂质和灰尘，最后再用清水洗一次，即可开始烹煮。

2 烹煮燕麦之前，建议先浸泡1个小时。

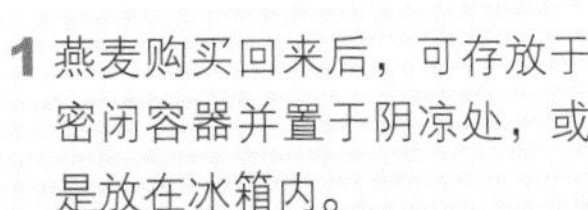

●怎样保存最新鲜

1 燕麦购买回来后，可存放于密闭容器并置于阴凉处，或是放在冰箱内。

2 燕麦最好尽早食用完毕，以免变质。

Tips 营养价值很高

春 夏 秋 冬

荞麦 Buckwheat

●宜食的人
心血管疾病患者
●忌食的人
脾胃虚弱的人
过敏体质者

■主要营养成分：氨基酸、亚油酸、烟酸、钙、磷、铁、B族维生素、维生素E

■性味：味甘、性凉

■主要产季：冬

■别名：甜荞、荞子、花荞、乌麦

✓ YES优质品

- **外观：**
  1 颗粒完整饱满
  2 颗粒形状呈三角形
  3 颗粒颜色呈现棕黄色
- **味道：** 闻起来有淡淡的清香味。

✗ NO劣质品

- **外观：**
  1 颗粒碎裂，形状不完整
  2 颗粒出现虫蛀与杂质
- **味道：** 闻起来没有味道，或有发霉的味道。

Health & Safe 安全健康食用法

这样吃最健康

1 荞麦含有油酸、亚油酸、维生素P、芸香素、镁等营养素，能降低体内的胆固醇和血脂肪，强化微血管，预防高血压与动脉硬化，促进纤维蛋白溶解、对抗血栓，是很不错的健康保健食品。

2 荞麦含有一些容易引起过敏的物质，其过敏原比尘螨高出5倍，容易引发全身红疹、皮肤发痒等过敏反应，甚至出现呼吸困难、休克等严重症状，对荞麦过敏者，千万不能食用。

营养小提示

1 荞麦食用过量，容易出现消化不良的情形，建议每餐食用量控制在60克左右。

2 荞麦富含的维生素P和芸香素都是水溶性物质，因此荞麦制品很适合煮成汤，食用时连同汤一起喝下去，能摄取最完整的营养成分。

3 芝麻的B族维生素可以促进人体对荞麦中蛋白质的利用，使强化血管和阻止脂肪堆积的功能更明显。老年人和想要保养血管的人可以适量多吃。

●怎样选购最安心

购买荞麦时，以颗粒完整饱满不碎裂，呈三角形，颜色棕黄色，没有虫蛀与杂质，闻起来有淡淡的清香味为基本原则。

●怎样处理最健康

1 买回来的荞麦，只要用清水洗一洗，就可以烹煮了。

2 荞麦可以混入米饭中一起烹煮食用，也可以磨成粉，做成面条、饺子皮、馒头，是生机饮食（“生食”与“有机”的健康饮食方式）者相当喜爱的一种食材。

●怎样保存最新鲜

1 荞麦要保持干燥，可存入密闭容器里，置于阴凉处，或是放进冰箱内。

2 如果担心买回来的荞麦带有虫卵，可以将荞麦放进微波炉里加热30秒~1分钟，这样就能杀死虫卵。

容易感染黄曲霉素

春 夏 秋 冬

花生 Peanut

● 宜食的人
食欲不振、营养不良者、孕妇

● 忌食的人
胆病患者

■ 主要产季：春、秋、冬

■ 主要营养成分：蛋白质、糖类、卵磷脂、氨基酸、铁、钙、B族维生素

■ 性味：味甘、性平

■ 别名：长生果、落花生、番豆、地豆

✓ YES优质品

● **外观：**

1 形状圆满饱实

2 颗粒大小均匀

3 表面完整光滑

● **味道：** 闻起来有花生特有的香味。

✗ NO劣质品

● **外观：**

1 出现霉斑或虫蛀

2 形状干扁或软烂

● **味道：** 闻起来没有花生的香味，或有发霉的味道。

安全健康食用法

这样吃最健康

1 花生含多元不饱和脂肪酸、多酚类物质、赖氨酸、B族维生素等，有降低胆固醇、预防高血压、动脉硬化、促进血液循环、抗衰老、改善口唇干裂等多种功能。

2 花生炒过或经油炸过后，会转为燥热性质，不宜多吃。此外，油炸会破坏花生的维生素等营养成分，不建议油炸处理。

3 花生很容易滋生黄曲霉菌，会提高罹癌几率，因此长霉的花生不能食用。

营养小提示

1 花生仁在烹煮前可以用温水浸泡5分钟，可缩短烹调时间，避免营养素遭到破坏。

2 花生热量高，一小把的热量和一碗饭相当，每天的食用量建议在20克以下。

3 花生不易消化，食用时要细嚼慢咽，以免增加肠胃负担。唾液中的酶可以破坏黄曲霉菌产生的黄曲毒素，降低罹癌几率。

4 花生的包膜富含许多营养素，食用时建议与花生仁一同食用。

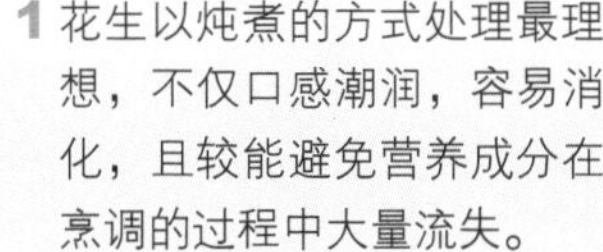

● 怎样选购最安心

选购花生的时候，以颗粒饱满，果粒大小均匀，表面完整光滑，没有霉斑或虫蛀，闻起来有花生特有的香味为基本原则。

● 怎样处理最健康

1 花生以炖煮的方式处理最理想，不仅口感潮润，容易消化，且较能避免营养成分在烹调的过程中大量流失。

2 可将干花生辗成花生粉，撒在菜肴上，增加风味和营养价值。

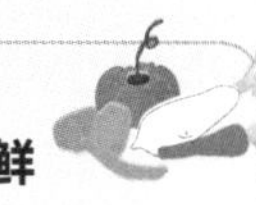

● 怎样保存最新鲜

1 将买回的花生泡在水里，挑出不良品，倒掉脏水后反复清洗几次，然后晒干，并存放于低温、干燥的地方。

2 如果担心花生感染黄曲霉菌，可以存放于冰箱内。

3 带壳花生更易保存。

Tips 能有效改善血液循环

春 夏 秋 冬

红豆 Red Bean

●宜食的人
贫血、水肿患者、产妇、哺乳期的女性

●忌食的人
身体燥热者

■别名：赤豆、红小豆、相思豆、米赤豆

■性味：味甘、性温

■主要产季：春、夏、秋、冬

■主要营养成分：蛋白质、脂肪、糖类、铁、钾、磷、B族维生素

✓ YES优质品

●**外观：**

1 颜色呈现深红色

2 果粒外皮薄，富有光泽

3 颗粒完整饱满

●**味道：**闻起来没有异味。

✗ NO劣质品

●**外观：**

1 表皮黯淡，没有光泽

2 果粒碎裂，不完整

●**味道：**闻起来有发霉的味道。

Health & Safe 安全健康食用法

这样吃最健康

1 红豆富含膳食纤维、皂苷、B族维生素、铁、钙、钾等多种营养成分，有刺激肠胃蠕动、改善宿醉、排除宿便、消除疲劳、改善贫血、强化骨骼与牙齿健康等功效，是营养价值相当高的谷类。

2 红豆脂肪含量低，蛋白质含量高，有助于消肿、解毒和利尿，有尿频困扰的人要控制食用量。

3 红豆有抑制金黄色葡萄球菌和伤寒杆菌的功能，定期补充，有益身体健康。

营养小提示

1 煮红豆时不能使用铁锅，因红豆的花色素和铁结合，会使颜色变黑，卖相不好，进而影响食欲。

2 红豆有补充气血的功效，是女性经期或产后十分理想的保养食材，不过红豆的嘌呤含量不低，食用时要适量，若大量食用容易导致体质燥热。

3 红豆含有丰富的铁质，不要与茶、咖啡或维生素E和锌含量较高的食物一起吃，以免阻碍人体对铁质的吸收。

●怎样选购最安心

1 购买红豆的时候，以颗粒完整饱满，外皮薄，富有光泽，颜色深红为基本原则。

2 红豆颜色越呈深红色，表示铁质含量越多，营养价值也就越高。红豆是补血的良品。

●怎样处理最健康

1 烹调时先将红豆浸泡3个小时，沥干后即可进行烹调。

2 煮红豆汤、做甜点馅、冰品，是红豆最常见的吃法，连含皂苷的外皮和汤汁一起食用，可以促进排便利尿。

●怎样保存最新鲜

红豆买回来之后，可以封存在保鲜罐中，或装在布袋中，并置于通风阴凉处保存，避免阳光直射。

绿豆 Mung Bean

Tips 利尿消肿、消暑解毒圣品

●宜食的人
身体燥热、火气大者、高血压、中暑的人

●忌食的人
易腹泻、尿频者

■ 主要产季：春、夏、秋、冬

■ 主要营养成分：蛋白质、糖类、膳食纤维、钙、铁、B族维生素

■ 性味：味甘、性寒

■ 别名：青小豆、菉豆、文豆、青豆子

✓ YES优质品

- **外观：**
  1 豆粒大小均匀，颜色鲜绿
  2 表皮细致有光泽
  3 颗粒饱满、没有虫蛀
- **味道：** 闻起来没有异味。

✗ NO劣质品

- **外观：**
  1 豆粒色泽暗淡
  2 豆粒表皮干皱
  3 豆粒出现虫蛀现象
- **味道：** 闻起来有发霉的味道。

Health & Safe 安全健康食用法

这样吃最健康

1 绿豆富含膳食纤维、维生素A、B族维生素、维生素C、维生素E等，能降低胆固醇和血脂肪，帮助肠道蠕动，促进排便顺畅，帮助身体排除多余水分，有抗衰老、养颜美容的功效。胆固醇较高、便秘、水肿的人和爱美的女性宜多吃。

2 绿豆是碱性食物，能平衡体内酸碱质，经常吃肉者多为酸性体质，可多加摄取。

3 绿豆性寒，体质虚冷、容易拉肚子的人不宜食用过量。

营养小提示

1 绿豆具有清热解毒的功效，是消暑解渴的圣品，非常适合夏天食用。

2 绿豆若加热时间过长，会破坏其中的有机酸和维生素。为了不让绿豆的功效大打折扣，煮绿豆汤的时候，最好使用热水快煮。

3 烹煮前先将绿豆浸泡在水中1个小时，可加快绿豆煮熟的速度，保留较多营养素。

4 绿豆具解毒功效，正在服用温补类药品的人，最好不要吃，以免降低药效。

●怎样选购最安心

1 挑选绿豆时，以豆粒颜色鲜绿，结实饱满，大小均匀，表皮细致有光泽，没有虫蛀现象为基本原则。

2 绿豆出现色泽暗淡、表皮干皱的情形，表示存放过久，较无营养价值，不宜选购。

●怎样处理最健康

1 绿豆的清洗很简单，用清水洗去表面灰尘就可以。

2 绿豆可以搭配薏仁、燕麦一起烹煮食用，有降低血脂的功效。

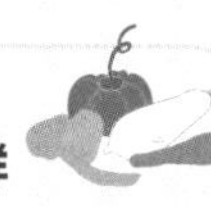

●怎样保存最新鲜

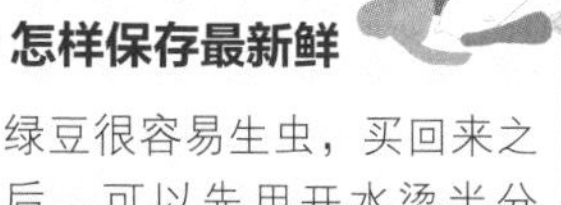

1 绿豆很容易生虫，买回来之后，可以先用开水烫半分钟，再晒干保存。

2 保存时，要将绿豆放在密闭的容器里或布袋中，放在阴凉通风处，避免潮湿与阳光直射。

Tips 营养价值最高的豆类

春 夏 秋 冬

黄豆 Soybean

●宜食的人
骨质疏松者、更年期妇女、缺铁性贫血患者

●忌食的人
尿酸过多者

■别名：大豆、黄大豆

■性味：味甘、性平

■主要产季：春、夏、秋、冬

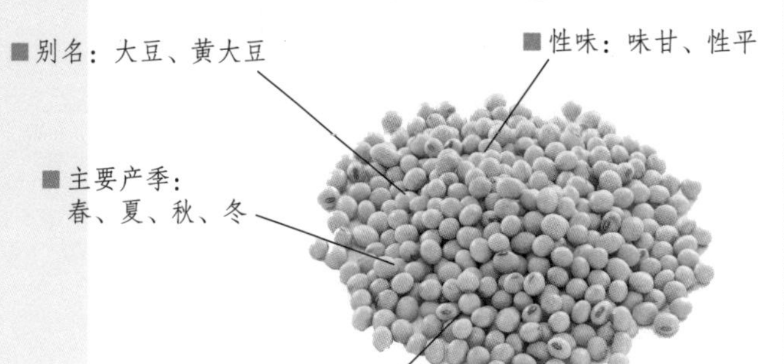

■主要营养成分：蛋白质、糖类、膳食纤维、卵磷脂、异黄酮素、钙、铁、磷

✔ YES优质品

● **外观：**

1 豆仁结实丰满、颗粒大

2 豆仁表皮有光泽

3 豆仁颜色偏金黄色

● **味道：** 闻起来没有异味。

✘ NO劣质品

● **外观：**

1 豆仁颜色暗浊

2 豆仁外表有霉斑

3 豆仁干扁

● **味道：** 闻起来有发霉的味道。

Health & Safe 安全健康食用法

这样吃最健康

1 黄豆富含多种人体所需的氨基酸、异黄酮素、膳食纤维和卵磷脂，能加强脑细胞发育，预防癌症，改善妇女更年期症状，并有助于降低胆固醇，是适合一般人食用的养生食材。

2 黄豆是营养价值最高的豆类，但不容易被肠胃吸收，容易有饱腹感，所以应当酌量食用。

3 黄豆的嘌呤含量比较高，痛风或尿酸过高的患者不宜过量食用，以免引发病情或让病况恶化。

营养小提示

1 煮黄豆时，不要先加入调味料，待豆子煮熟之后再调味比较好，以免久煮不烂。

2 黄豆的吃法有很多，可和米饭一起煮，也常被加工制成豆腐、豆干、豆浆、豆花等。不过，黄豆富含的水溶性维生素，在加工过程中容易流失，直接摄食黄豆比较有营养。

3 生黄豆中含有会抑制蛋白质消化的胰蛋白酶，食用黄豆前一定要先加热，破坏胰蛋白酶。

●怎样选购最安心

1 挑选黄豆以豆仁结实丰满，颗粒大，表皮有光泽，颜色偏金黄色为原则。

2 颜色暗浊，外表出现霉斑，果仁干扁的黄豆不宜选购。

●怎样处理最健康

1 黄豆买回来之后，只要用清水洗去表面灰尘就可以烹煮了。

2 黄豆烹煮之前，可先浸泡在水里泡发。浸泡时，水一定要淹盖过黄豆，以免水分被吸干而不容易煮烂。

3 泡发后的黄豆，先蒸熟再水煮，能加快熟烂的速度。

●怎样保存最新鲜

1 黄豆买回后，要用密闭加盖的器皿封存，并置于干燥的地点。

2 黄豆最怕虫蚀，一次不宜购买太多，且应尽早食用完毕。

春 夏 秋 冬

黑豆 Black Soybean

Tips 对抗老化有奇效

●宜食的人
高血压、胆固醇过高者、骨质疏松、水肿患者

●忌食的人
消化不良的人

■主要营养成分：蛋白质、糖类、膳食纤维、不饱和脂肪酸、花青素、异黄酮素、钙、磷、铁、B族维生素

■主要产季：春、夏、秋、冬

■性味：味甘、性平

■别名：乌豆、黑大豆

✓YES优质品

- **外观：**
  1 豆粒完整，结实饱满
  2 豆粒大小均匀
  3 豆粒颜色乌黑，有光泽
- **味道：**闻起来没有异味。

✗NO劣质品

- **外观：**
  1 豆粒干扁、碎裂
  2 豆粒表皮暗沉
  3 豆粒出现虫蛀的现象
- **味道：**闻起来有发霉的味道。

Health & Safe 安全健康食用法

这样吃最健康

1 黑豆有丰富的蛋白质、维生素A和维生素E、钙、钾、铁，可强化骨骼、牙齿，嫩白皮肤，促进代谢，并有降低血压、改善缺铁性贫血的作用，适合发育中的孩童、青少年，以及贫血、高血压或骨质疏松症患者食用。

2 黑豆嘌呤含量高，尿酸过高的人不宜食用。

3 黑豆可减少人体对脂肪、胆固醇的摄取，所含的膳食纤维更能促进肠胃蠕动，帮助消化与排便，是天然的养生食材。

营养小提示

1 黑豆含有丰富的铁质，如果搭配维生素C丰富的绿色蔬菜，可提高人体对铁质的吸收率，让防止老化、养颜美容、增强免疫力的效果变得更好。

2 黑豆吃多了容易胀气，肠胃不佳、消化不良的人，应控制食用量。

3 发酵过的黑豆烹调方法十分多样化，可以炖汤，也可以干炒后当零食。

●怎样选购最安心

1 购买黑豆时，要先看豆粒是否完整，大小是不是均匀，颜色是不是又黑又亮。

2 若黑豆表皮暗沉、没有光泽，甚至出现裂痕或虫蛀的痕迹，表示黑豆保存状况不佳，不宜购买。

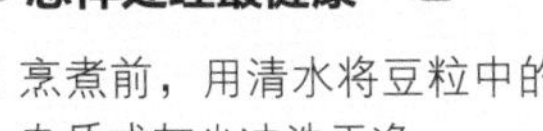

●怎样处理最健康

1 烹煮前，用清水将豆粒中的杂质或灰尘冲洗干净。

2 烹煮前建议先在清水中浸泡数小时。

3 可以自行用果汁机打成黑豆浆饮用，卫生又健康。

●怎样保存最新鲜

1 以密封瓶罐保存，放在干燥无尘、通风阴凉处即可。

2 避免在阳光下曝晒，以免豆粒变质。

Tips 对心脏功能有强化效果

●宜食的人
习惯性便秘、胆固醇偏高、水肿的人
●忌食的人
肾脏病患者

春 夏 秋 冬

花豆 Runner Bean

■别名：相思豆、红花菜豆、老虎豆、肾豆、大红豆

■性味：味甘、性平

■主要产季：春、夏、秋、冬

■主要营养成分：糖类、蛋白质、磷、铁、钙、B族维生素

✓ YES优质品

- **外观：**
  1 豆仁硕大，饱实坚硬
  2 豆仁表皮富含光泽
  3 豆仁具有褐色或白色条纹
- **味道：** 闻起来没有异味。

✗ NO劣质品

- **外观：**
  1 豆仁干扁
  2 豆仁表皮暗沉
- **味道：** 闻起来有发霉的味道。

Health & Safe 安全健康食用法

这样吃最健康

1 花豆富含膳食纤维和维生素B_1，可以促进肠胃蠕动，预防改善便秘，也有强化心脏和神经系统的功效，并可降低胆固醇，预防心血管疾病，习惯性便秘或胆固醇偏高的人可以多吃。

2 花豆的嘌呤含量虽然不如黄豆高，但吃多了仍会增加血中的尿酸浓度，痛风和尿酸过高的患者，最好少吃或不要吃。

3 花豆含钾量高，肾脏病患者不宜吃太多，以免增加肾脏负担。

营养小提示

1 花豆含有丰富的钾元素，尽量不要和含钠量高的食物一同食用，例如鱼松、面线等，以免造成钾元素的流失，降低其营养价值。

2 花豆仁含有丰富的蛋白质、淀粉质及糖类，属于高热量食物，有意减重者不适合多吃。

3 花豆与咖啡不建议一起搭配食用，咖啡因会破坏花豆中维生素B_1的营养价值。

●怎样选购最安心

购买花豆的时候，以豆仁硕大，饱实坚硬，表皮具有褐色或白色条纹，并且富含光泽者为首要之选。

●怎样处理最健康

1 花豆买回来之后，在水龙头下用手轻轻搓洗几次，可将杂质去除。

2 一般花豆表皮干燥坚硬，久煮不烂，所以干花豆用清水搓揉洗净后，应先浸泡一天，待其软化并沥干之后再进行烹煮。若是新鲜花豆，则可直接烹煮。

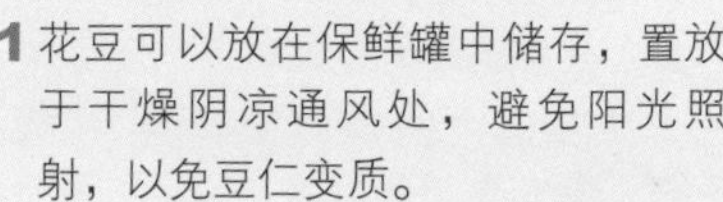

●怎样保存最新鲜

1 花豆可以放在保鲜罐中储存，置放于干燥阴凉通风处，避免阳光照射，以免豆仁变质。

2 花豆可以放入密封罐中，再置于冰箱储藏，但应尽早食用完毕。

春 夏 秋 冬

薏仁 Coix Seed

Tips 天然美容圣品

●宜食的人
水肿、癌症患者、糖尿病、胆结石患者
●忌食的人
孕妇及经期女性

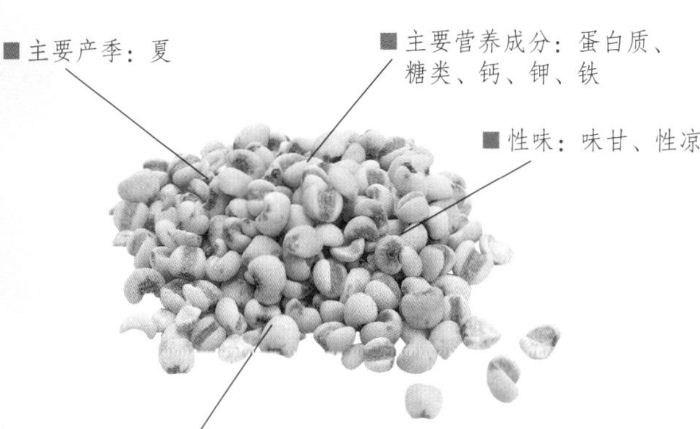

■主要产季：夏

■主要营养成分：蛋白质、糖类、钙、钾、铁

■性味：味甘、性凉

■别名：薏米、苡仁、薏苡仁、药玉米、菩提珠

✓ YES优质品

● **外观：**

1 豆仁外观完整而饱满

2 豆仁大小均匀

3 豆仁颜色洁白，没有杂质

● **味道：** 闻起来有清新的气味。

✗ NO劣质品

● **外观：**

1 豆仁碎裂，不完整

2 豆仁出现虫蛀的现象

● **味道：** 闻起来没有清新的气味，或有发霉的味道。

Health & Safe 安全健康食用法

这样吃最健康

1 薏仁可以降低高脂血症患者的血浆胆固醇、血浆总脂质、三酸甘油酯、坏胆固醇及血糖浓度，也可以增加好胆固醇的浓度并促进体内血液和水分的新陈代谢，有利尿、消肿的作用。

2 薏仁的利尿功效，会让人体排出较多水分，如果一次吃太多，容易造成体内钾、钠离子的失衡，食用时要稍加留意。尤其小便多的人更要严格控制食用量。

营养小提示

1 薏仁所含的维生素B_1对皮肤有很多益处，可改善粗糙、粉刺、黑斑、雀斑等问题，是天然的美容圣品，爱美女性可以多吃。

2 孕妇食用薏仁，容易导致羊水量减少，因此不宜多吃。

3 没有去除麸皮的薏仁称为红薏仁，口感较去皮的白薏仁差一些，不过营养价值却比较高，可增强免疫系统功能，对容易过敏的人有帮助，是很不错的养生食品。

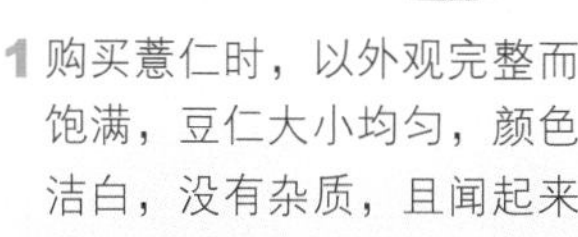

●怎样选购最安心

1 购买薏仁时，以外观完整而饱满，豆仁大小均匀，颜色洁白，没有杂质，且闻起来有清新的气味为挑选原则。

2 薏仁若外观不完整，有严重碎裂，或出现虫蛀的现象，表示不新鲜，不宜选购。

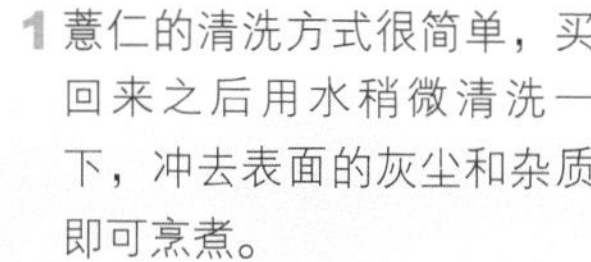

●怎样处理最健康

1 薏仁的清洗方式很简单，买回来之后用水稍微清洗一下，冲去表面的灰尘和杂质即可烹煮。

2 将薏仁加水浸泡一段时间，再以小火熬煮至软，最后加入蜂蜜或冰糖即可。

●怎样保存最新鲜

1 将薏仁装在干燥的容器中，放在阴凉干燥处保存。

2 薏仁可以放入密封罐中，放置于冰箱的冷藏室保存。

Tips 体质燥热者不宜多吃

春 夏 秋 冬

芝麻 Sesame

●宜食的人
发质干燥、容易掉发者、贫血、便秘的人

●忌食的人
皮肤病、腹泻者

■ 别名：胡麻、脂麻、油麻、巨胜

■ 性味：味甘、性平

■ 主要产季：夏、秋

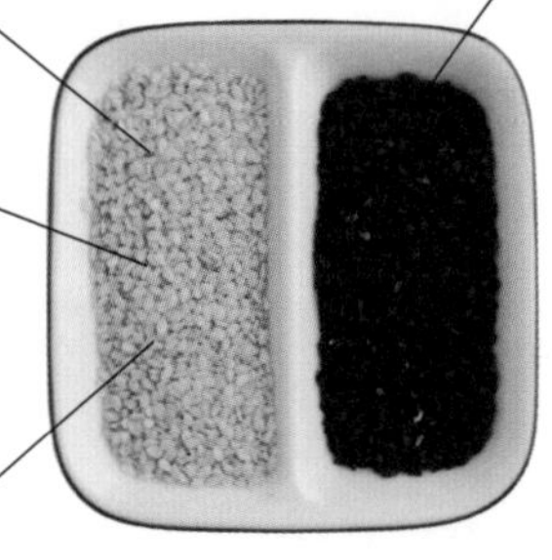

■ 主要营养成分：蛋白质、糖类、亚油酸、芝麻素、卵磷脂、芝麻酚、钙、磷、铁、维生素A、B族维生素、维生素D、维生素E

✔ YES 优质品

● **外观：**

1 颗粒完整

2 色泽均匀

3 颗粒干燥

● **味道：** 闻起来有芝麻特有的芳香味，没有异味。

✘ NO 劣质品

● **外观：**

1 颗粒湿湿的

2 颗粒呈现油光

● **味道：** 有发霉的味道或有油馊味。

这样吃最健康

1 芝麻富含维生素B_1和维生素E、钙、亚油酸、花生油酸、芝麻木质素和卵磷脂，有帮助糖类代谢、强化骨骼与牙齿、延缓衰老、降低血脂肪与胆固醇、抗癌以及使肌肤滑嫩等多种功效。

2 芝麻连皮一起吃很不容易消化，建议将芝麻磨碎，提高人体对芝麻营养素的吸收率，使其功效发挥得更好、更明显。

营养小提示

1 体质燥热、容易嘴破皮的人不适合吃太多芝麻，尤其炒过的芝麻更不宜多吃，以免使症状更严重。

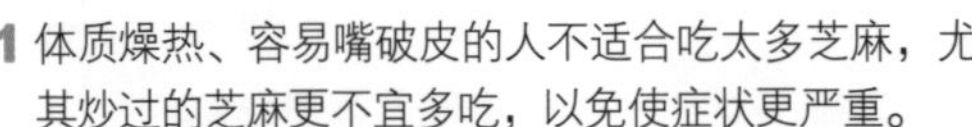

2 吃芝麻若不细嚼慢咽，很容易让芝麻粘在胃壁上，引发胃痛，要注意。

3 芝麻的使用很广泛，可以做成芝麻糊、芝麻酱、芝麻油，也可以做成点心馅。

4 富含铁质的芝麻与富含维生素C的食材搭配（如猕猴桃），可加强人体对铁质的吸收，使预防贫血、促进脸色红润的效果更好。

● 怎样选购最安心

1 购买芝麻的时候，以色泽均匀、颗粒完整且干燥，闻起来有芝麻特有的芳香味为主要原则。

2 芝麻若看起来油腻潮湿，甚至散发油馊味，表示已经受潮，不宜购买，也不宜食用。

● 怎样处理最健康

1 芝麻买回来之后，清洗时以洗去杂质、滤去水分为主。

2 饭前可以在米饭上撒上少许芝麻，以增加风味与营养价值。

3 将芝麻磨碎，以开水冲泡芝麻粉，对肠胃消化有所助益，亦有保养头发、乌黑发色的功能。

● 怎样保存最新鲜

芝麻可以存放在密封罐或夹链袋中，放入冰箱以避免受潮、虫蛀以及泛油。

春 夏 秋 冬

莲子

Tips 莲子心可强化心脏机能

Lotus Seed

●宜食的人
中老年人、癌症患者、失眠、体虚的人

●忌食的人
容易便秘的人

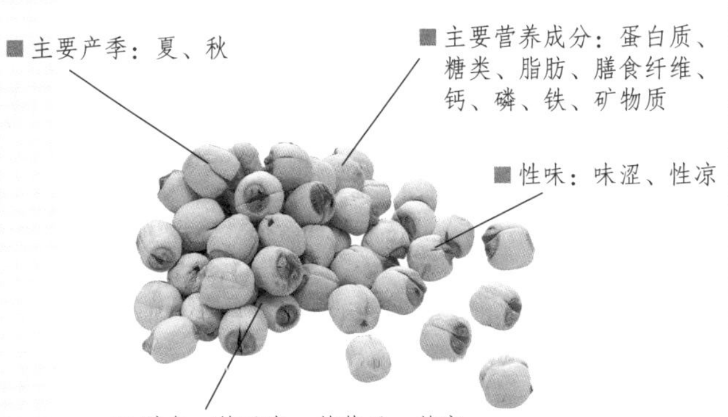

YES优质品

● **外观：**

1 干燥莲子颗粒大且均匀

2 干燥莲子颗粒完整、饱满结实

3 新鲜莲子颜色为象牙黄

● **味道：** 新鲜莲子略带清香味。

NO劣质品

● **外观：**

1 干燥莲子体积小、颗粒干扁

2 干燥莲子颜色变黄

3 干燥莲子出现虫蛀或发霉

● **味道：** 闻起来有发霉的味道。

Health & Safe 安全健康食用法

这样吃最健康

1 莲子含有丰富的钙、磷、钾、氧化黄心树碱及β-谷甾醇等成分，有助于牙齿和骨骼发育，能降低血压，还可以抑制鼻咽癌，调节肠胃功能，并能养心安神和安胎，适合青少年、高血压、孕妇食用。

2 莲子心具清心、止血和降火的功能，常作为药用。一般可用开水冲泡，取代茶叶。

3 莲子发黄或发霉会产生黄曲毒素，不慎食用会提高罹患肝癌的风险。

营养小提示

1 莲子经常被拿来作为甜品，洗净后可先放入沸水中煮1分钟，捞起来放入碗中后，加盖焖10分钟，等焖熟之后再加入糖调味，就是一碗又软又绵、健康又养生的甜点。

2 莲子不容易被消化，食用过量可能会引起大肠燥结、便秘等不适症状，一般人每次食用量以30～50克最为恰当，有排便困扰者应减少摄取量。

3 莲子最好不要生吃，以免影响脾胃功能。

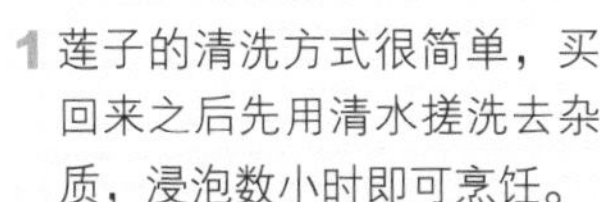

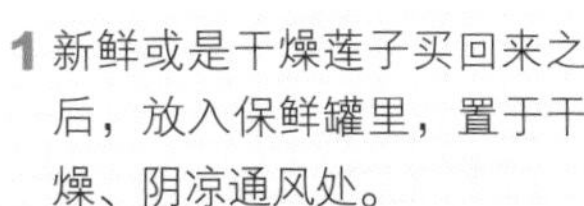

●怎样选购最安心

1 干燥莲子以颗粒大且均匀，形状完整，饱满结实为基本挑选原则。体积小，颗粒干扁，颜色变黄或出现虫蛀、发霉的莲子不宜选购。

2 新鲜的莲子是象牙黄色泽，闻起来有一点点清香味。

●怎样处理最健康

1 莲子的清洗方式很简单，买回来之后先用清水搓洗去杂质，浸泡数小时即可烹饪。

2 民间认为莲子具养心安神的效果，可和芡实、山药一同煮食，有养神之效。

●怎样保存最新鲜

1 新鲜或是干燥莲子买回来之后，放入保鲜罐里，置于干燥、阴凉通风处。

2 将莲子放入密封罐，置于冰箱冷藏，以免受潮、虫蛀或发霉。

春 夏 秋 冬

杏仁 Almond

Tips 可改善肤质与血液状态

●宜食的人
高血压、心脏病患者

●忌食的人
孕妇、幼儿与减肥的人

■别名：杏子、甜杏仁、杏仁果

■性味：味甘、性平

■主要产季：夏

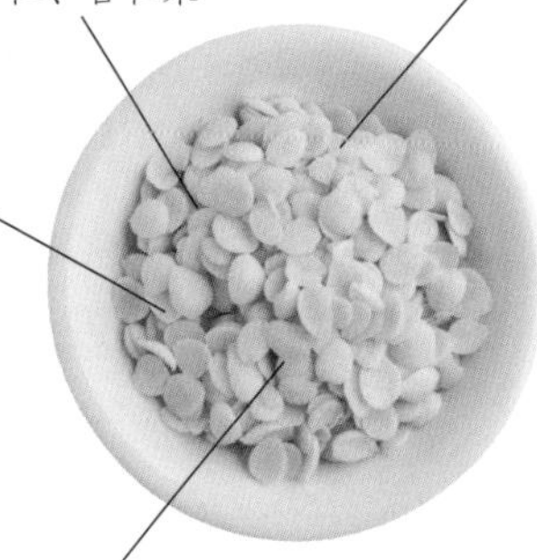

■主要营养成分：蛋白质、钙、磷、胡萝卜素、维生素A、维生素C

✓YES优质品

● **外观：**

1 外观完整，大小一致

2 颜色棕黄

● **味道：** 闻起来有杏仁淡淡的清香气味，没有异味。

✗NO劣质品

● **外观：**

1 颜色青绿

2 外观干扁，表面有皱褶

● **味道：** 闻起来没有杏仁淡淡的清香气味或有臭味。

Health & Safe 安全健康食用法

这样吃最健康

1 杏仁含有维生素E、精氨酸、维生素B_2和烟酸等营养成分，能抑制体内细胞氧化，具抗老、防癌的功效，也可舒缓情绪，预防高血压，还能使血管流通顺畅，对心血管疾病十分有益。

2 被归类为油脂类的杏仁，主要成分是不饱和脂肪酸，对动脉硬化的预防有帮助。

3 民间公认杏仁油对呼吸系统有益，可止咳治喘、润肺祛痰。

营养小提示

1 杏仁属于植物性蛋白质，加入豆类和谷类一同烹煮，可以弥补氨基酸组成不完整的缺点。

2 杏仁虽然含有丰富的营养成分，但热量却不低，一天的摄取量不宜超过30克，尤其是肥胖者或想减肥的人，更应该减少食用量。

3 切碎的杏仁，可以搭配富含β-胡萝卜素，或维生素C的食材，以提升免疫力。

4 杏仁搭配肉类或海鲜食用，可促进人体对蛋白质的吸收，提高其营养价值。

●怎样选购最安心

1 挑选杏仁以颜色棕黄，外观完整，大小一致，有淡淡清香味为原则。

2 颜色偏绿，表面有皱褶，外观干扁的杏仁，不建议购买。

●怎样处理最健康

1 购买新鲜杏仁后，要先用水清洗再剥除外壳才能食用。熟的杏仁则不需清洗就可食用。

2 杏仁分为苦、甜两种。甜杏仁多半作为日常入菜、泡茶饮之用；苦杏仁多半以入药为主。

●怎样保存最新鲜

1 购买杏仁后，要用密封罐装起来，置于阴凉通风且干燥之处。

2 若是购买生鲜杏仁，最好不要先剥掉外壳，带壳的杏仁氧化速度比较慢，可以保存久一点。

春 夏 秋 冬

松子 Pine Nut

Tips 自古有“长寿果”的美名

●宜食的人
贫血患者、老年人
●忌食的人
肾衰竭、洗肾者、肥胖的人

■主要营养成分：不饱和脂肪酸、蛋白质、胡萝卜素、核黄素、尼克酸、钙、磷、铁、钾、钠、镁、锰、锌、铜、硒、维生素E

■别名：松实、果松子、海松子、松子仁、松米

■主要产季：秋

■性味：味甘、性热

YES优质品

● **外观：**

1 颗粒大而饱满

2 颜色白净

3 干燥不油腻

● **味道：** 闻起来有淡淡的香味。

NO劣质品

● **外观：**

1 颗粒小而多碎裂

2 果仁潮湿且油腻

● **味道：** 闻起来没有淡淡的香味，或有发霉的味道。

Health & Safe 安全健康食用法

这样吃最健康

1 松子虽然含丰富的油脂，但组成中大部分为多元不饱和脂肪酸，可以降低血液中的胆固醇，有效预防血栓、动脉硬化、心肌梗死和脑溢血等疾病。

2 松子可以增强呼吸系统的抵抗力，缓和气管痉挛与咳痰的症状，呼吸系统比较弱的人，适合多吃。

3 松子的油脂有润肠通便的效果，习惯性拉肚子、洗肾或肾衰竭患者要留意食用量。

营养小提示

1 松子单位热量高，减肥者应计量食用。一般人每次食用量建议不要超过200克。

2 松子不能生吃，食用前可利用加热的方式，进行简单烹调。松子受潮后会产生黄曲毒素，增加人体致癌率。

3 富含维生素A与维生素E的松子，若能搭配富含维生素C的食材一起吃，例如蔬菜沙拉，能有效发挥抗氧化作用，提高对抗老化与癌症的功效。

●怎样选购最安心

1 购买松子的时候，以颗粒大而饱满，颜色白净，摸起来干燥不油腻，闻起来有淡淡的香味为挑选原则。

2 若松子摸起来略湿而且油腻，闻起来有发霉味，表示品质不佳，应该避免购买。

●怎样处理最健康

清洗时将松子轻轻搓揉，去除杂质并且沥干水分之后再行烹调。

●怎样保存最新鲜

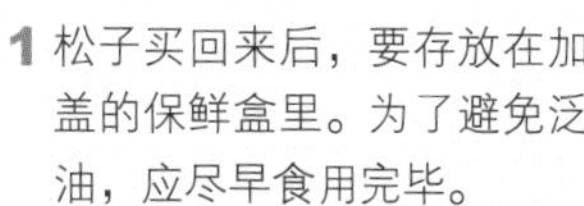

1 松子买回来后，要存放在加盖的保鲜盒里。为了避免泛油，应尽早食用完毕。

2 如果担心受潮，可以将买松子存放在冰箱内冷藏。

Tips 具延缓衰老的功效

春 夏 秋 冬

栗子 Chestnut

●宜食的人
老年人、频尿的人
●忌食的人
减肥、便秘的人、幼童、产妇

■别名：板栗、栗果、毛栗、大栗

■性味：味甘、性温

■主要产季：秋

■主要营养成分：蛋白质、脂肪、胡萝卜素、钙、磷、铁、B族维生素、维生素C

✓YES优质品

● **外观：**

1 带壳栗子果壳坚硬，完整无缺

2 带壳栗子外形圆胖

3 剥壳栗子带有金黄色光泽

● **味道：** 闻起来有些许香甜的味道。

✗NO劣质品

● **外观：**

1 带壳栗子外壳出现皱纹

2 带壳栗子表面没有光泽

● **味道：** 闻起来没有香甜味，或有发霉的味道。

Health & Safe 安全健康食用法

这样吃最健康

1 栗子含有多种维生素、类胡萝卜素、糖类和不饱和脂肪酸等营养成分，有缓解疲劳、恢复体力、预防癌症、血栓、降低胆固醇、延缓衰老等功效，对高血压、心脏病和动脉硬化的人有益。

2 食入不新鲜的栗子后，可能会引起食物中毒，若栗子已有虫蛀或受热变质的迹象，就要丢掉，不可食用。

3 栗子去壳、晒干之后磨成粉，加入清水煮熟后再加白糖，可有效改善腹泻。

营养小提示

1 栗子较难被消化，一次不要食用过多，以免引起腹胀等不适状况，幼童与老人尤其需要特别注意。

2 栗子的淀粉含量较高，最好在两餐之间食用，若用餐过后马上吃，反而容易摄入过多的热量，造成体重增加，有减肥计划的人要注意。

3 栗子含糖量高，糖尿病患者要特别注意食用量，以免血糖升高。

●怎样选购最安心

1 若是购买带壳栗子，以果粒外形圆胖、果壳坚硬、完整无缺为佳。

2 若是购买剥壳栗子，则要挑选颜色呈现金黄色、带有光泽者。

3 带壳栗子的外壳若出现皱纹，且看起来没有光泽，表示已经不新鲜，容易发霉，不宜选购。

●怎样处理最健康

带壳栗子在清洗之后用清水浸泡一天，待其膨胀再将栗子果肉挖出，果肉就可以直接食用。

●怎样保存最新鲜

1 可将栗子放在密闭容器中，摆放于干燥无虫、通风阴凉处。

2 若担心栗子变质，可以先将其加热，放冷之后再置于冰箱的冷冻库冰存。

春 夏 秋 冬

核桃 Walnut

Tips 核桃油可提高胆固醇的代谢

●宜食的人
心血管疾病、骨质疏松症患者
●忌食的人
消化性溃疡的人

■主要产季：秋

■主要营养成分：蛋白质、脂肪、不饱和脂肪酸、钙、磷、铁、锌、镁、维生素A、B族维生素、维生素C、维生素D、维生素E

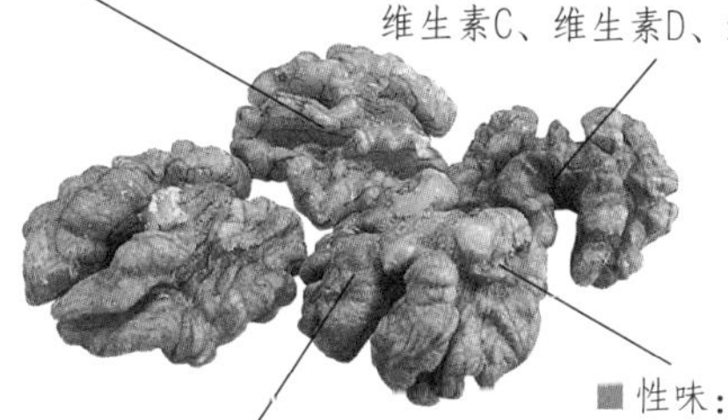

■性味：味甘、性温

■别名：胡桃仁、核桃仁、羌桃

✓ YES优质品

- 外观：
  1 果仁大而饱满
  2 果仁颜色黄白
  3 握在手上有沉重感
- 味道：闻起来有淡淡的清香味，没有异味。

✗ NO劣质品

- 外观：果仁出现虫蛀
- 味道：闻起来没有淡淡的清香味，有油脂臭味或发霉的味道。

Health & Safe 安全健康食用法

这样吃最健康

1 核桃中的多元不饱和脂肪酸能降低血液中的总胆固醇，达到清洁血液的作用，减少血栓的发生，可有效预防脑溢血、动脉硬化等状况，对心血管疾病患者十分有益。

2 核桃含有磷脂质、B族维生素、维生素E及钙、铁等营养成分，具有调理体质、改善记忆力、维持内分泌正常、延缓老化、强健牙齿与骨骼、预防贫血等多种功能，建议一般人一天摄取3颗左右。

营养小提示

1 烹调核桃时，可以先去除带有涩味的内皮，以增加口感和美味。

2 将核桃切碎后加入凉拌菜肴，最后再撒上黑芝麻，可以提高人体对养分的吸收。

3 核桃除了当坚果零食食用之外，还可以利用煮、蒸、炒、炖等方式烹调，或是做成甜点食材，应用相当广泛。

4 大蒜和葱里面的蒜素，能促进身体对核桃B族维生素的吸收。

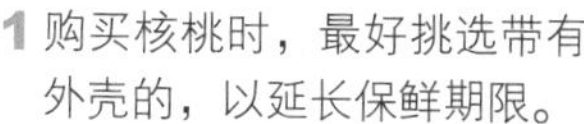

怎样选购最安心

1 购买核桃时，最好挑选带有外壳的，以延长保鲜期限。

2 购买不带壳的核桃时，以果仁大而饱满，颜色黄白，握在手上有沉重感，闻起来有淡淡清香味为挑选原则。

怎样处理最健康

带壳的核桃在进行烹调前，要先去壳，再用清水冲洗。

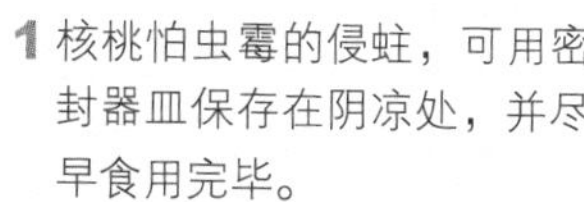

怎样保存最新鲜

1 核桃怕虫霉的侵蛀，可用密封器皿保存在阴凉处，并尽早食用完毕。

2 核桃中含有大量油脂，容易氧化，若担心变质，买回来之后可装在密闭容器里，并放置冰箱内冷藏。

Tips 可以预防心血管疾病

春 夏 秋 冬

腰果 Cashew Nut

●宜食的人

心血管疾病患者、癌症患者

●忌食的人

肠炎腹泻者

■别名：腰果仁、文鸟腰果

■性味：味甘、性热

■主要产季：春、夏

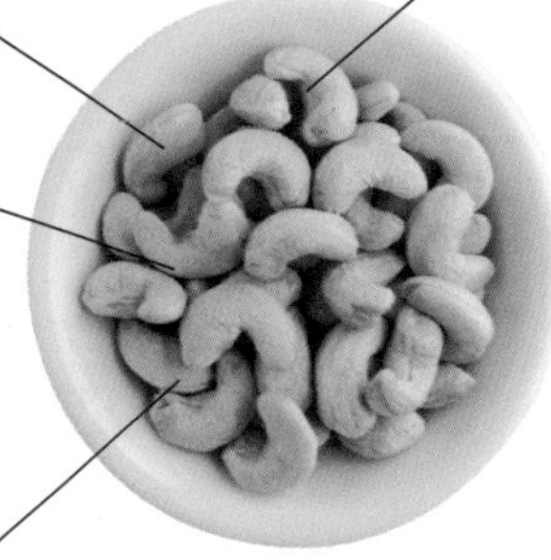

■主要营养成分：脂肪、氨基酸、蛋白质、油酸、亚麻油酸、磷、铁、钙、多种维生素

✔ YES优质品

●**外观：**

1 果仁色泽白皙

2 果仁结实饱满

●**味道：**闻起来有腰果的芬芳气味。

✗ NO劣质品

●**外观：**

1 果仁干扁

2 果仁外表有虫蛀的痕迹

3 果仁表皮出现黑斑

●**味道：**闻起来没有芬芳气味，或有发霉的味道。

Health & Safe 安全健康食用法

这样吃最健康

1 腰果可以预防心血管疾病，对产妇产后催乳也有帮助，但因为富含油脂，肠胃不好的人应当避免食用过多。

2 腰果含有多种过敏原，有过敏体质或容易对食物过敏的人，吃了腰果，可能会出现嘴巴刺痒、流口水、打喷嚏等情况，严重者还可能引发过敏性休克。有上述体质者要多加注意。

3 酒中的乙醇会促使腰果中的脂肪氧化，使得脂肪蓄积在肝脏中，增加肝脏的脂肪量，对肝脏造成较大的负担，两者不宜一起食用。

营养小提示

1 腰果属于高脂肪食物，而且热量也相当高，吃多容易造成体重增加，所以尽量不要食用过量，尤其有减重计划者，更应严格控制食用量。一般人每次的食用量以10～15颗或30～50克最为适当。

2 富含维生素B_1的腰果与富含蒜素的大蒜一起搭配食用，能有效缓解疲劳，还有护肤的功效。

●怎样选购最安心

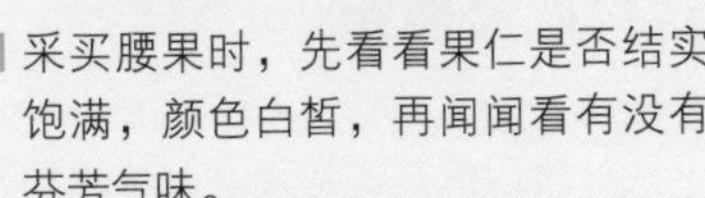

1 采买腰果时，先看看果仁是否结实饱满，颜色白皙，再闻闻看有没有芬芳气味。

2 腰果果仁看起来干干扁扁，外表有虫蛀的痕迹，甚至出现黑斑，表示已经不新鲜，不宜购买。

●怎样处理最健康

1 腰果清洗去掉杂质之后，浸泡清水即可备用。

2 在米饭、沙拉、面食或是蔬菜中添加腰果，可增加食品的美味。

●怎样保存最新鲜

1 腰果要储放在密封器皿中，放置于阴凉干燥通风之处。

2 若要延长腰果的保鲜期限，可放入密封容器后，放冰箱冷藏室保存。

Chapter 2 加工食品馆

加工食品吃得安心

食品加工最主要的目的是可以借由人力，抑制食物腐败，让新鲜的食材保存更久。现常用的加工法有：低温冷冻法、高温杀菌法、低温杀菌法、干燥法、腌渍法、发酵法、添加防腐剂，或是利用放射线等。

各种加工法的特点不同，有的保存期限长，有的会损坏食材原味，有的仍须以冷冻、冷藏或不同包装方式配合，有的使用不当甚至还可能对人体造成负担。因此必须依食材特性选择适用的加工方法。

小心加工食品危害健康

腌渍法、发酵法、添加防腐剂都必须另外使用添加物增加食材的保存期限。腌渍法是以加盐或糖使食材的浓度提高，让微生物无法生长而防腐，如咸蛋、香肠、火腿等。

而发酵法则是以强碱或菌群改变食材属性，如使用强碱的皮蛋、豆腐乳，或是使用菌群的酸奶、优酪乳等。

添加防腐剂则是以化学药剂来帮助食材保存，只是剂量必须符合相关规定。这三种加工法特别需要谨慎使用，以免对人体健康造成危害。

食品添加物需经过认证

为了增加香味、美观、营养等，食品加工过程中也有可能添加色素、调味料、维生素等，但不管使用的食品添加物为何，都应是经过国家食品主管部门审核登记并领有许可证才能使用，并且符合“食品添加物使用范围及用量标准”规定。

选购加工食品注意事项

选购加工食品时应注意包装标示内容是否清楚，应包含有：品名、内容物名称、重量、容量或数量、食品添加剂名称、制造厂商名称、地址、制造日期、保存期限、保存条件等。

此外，依照不同的包装又有分别该注意的事项，如：罐头食品的包装是否正常，不能有膨胀、变形、生锈、凹痕、刮伤等现象；冷冻食品应选择包装完整、标示清楚、产品外表没有结霜（结霜表示冷冻时温差过大或包装不良）；干燥食品则包装应无损坏，且产品不能够变色、发霉；腌渍产品则应该色泽自然，汁液清澈并盖过食物。

保存加工食品的方式

加工食品应依照产品的规定保存，或是存放在阴凉、干燥的地方，若是冷藏（冻）食品要避免反复改变储藏温度，且冰箱温度应足够低，在保存期限前尽快食用完毕，开封或开罐后也应尽快吃完。

Tips 容易掉屑的吐司较不新鲜

春 夏 秋 冬

吐司 Toast

●宜食的人
儿童与青少年
●忌食的人
减肥者

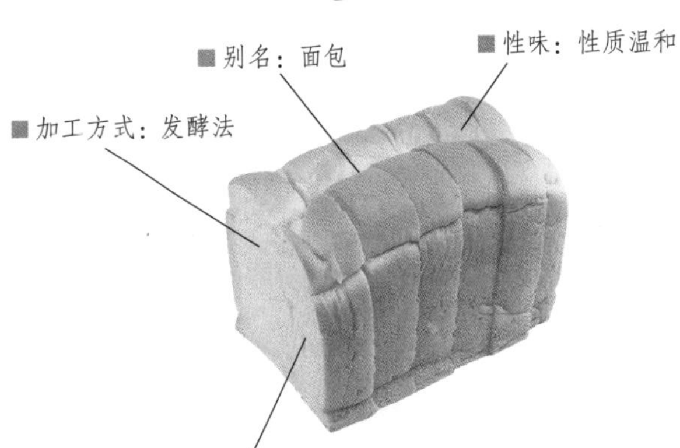

✓ YES优质品

- **外观：**
  1 吐司四个角稍微有弧度
  2 不易掉屑，纹路细致
  3 轻压吐司表面，立刻恢复原状
- **味道：** 淡淡吐司香味，没有异味。

✗ NO劣质品

- **外观：**
  1 吐司四个角呈现直角90度
  2 纹路比较粗糙，容易掉屑
  3 用手轻压吐司表面，呈现凹陷状
- **味道：** 闻起来有异味。

Health & Safe 安全健康食用法

这样吃最健康

1 白吐司原料来自于去除胚芽和麸皮的小麦，许多营养已流失，所含维生素与矿物质少之又少，除了提供些许膳食纤维外，几乎就只是淀粉。人体代谢淀粉又需要维生素和矿物质作用，食用过量反而会消耗身体的微量元素，因此不建议多吃。

2 全麦吐司保留了小麦原有的营养，例如膳食纤维、B族维生素、铁、叶酸等，营养价值高且热量低，是较为营养健康的选择。

营养小提示

1 吃白吐司时，建议与富含维生素A、维生素C、维生素E的蔬菜或富含铁、钙的鸡蛋搭配食用，增加营养价值。

2 家中剩余的吐司，可以绞碎成粉末状当面包粉，但因粘性较差，在使用时可先裹上面糊或蛋黄增加粘性，如此油炸出的食物颜色金黄，酥脆可口，但油温不可太高，以免焦黑。

3 吐司在烘焙前，会于表面涂上油脂或蛋黄液，因此吐司边热量较高，减肥者不宜多吃。

●怎样选购最安心

1 选购吐司时可以观察吐司四个角应稍微有弧度，若呈现直角90度表示发酵过度。

2 新鲜的吐司含水分高，不易掉屑，纹路细致，轻压时弹性好，则口感较扎实。

3 若吐司看起来纹路比较粗糙，则较不新鲜，不宜购买。

4 放置过久仍未发霉的吐司，代表可能添加防腐剂，往后应拒绝向相关店家购买。

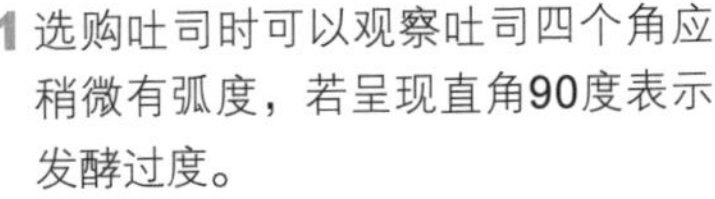

●怎样保存最新鲜

1 吐司在室温下，一般可以保存三天，建议一次不要购买太多。

2 若想要延长吐司的食用期限，可以在吐司袋子外加一层报纸后再放入冰箱冷冻保存，防止水分流失，要吃的时候再拿出来烤一下。

Tips “又称人造果实”

春 夏 秋 冬

面包 Bread

●宜食的人
儿童

●忌食的人
减肥者、
心血管疾病患者

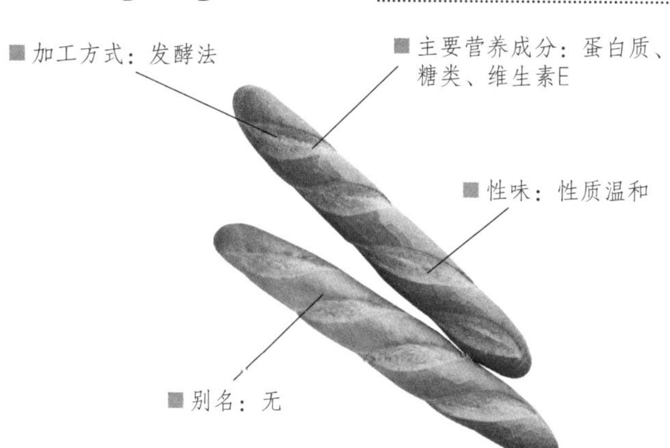

YES优质品

- **外观：**
  1 外观蓬松，有弹性
  2 摸起来有温度
- **味道：** 闻起来有面包香香的味道，没有异味。

NO劣质品

- **外观：**
  1 看起来干燥，没有水分
  2 摸起来硬邦邦，没有弹性
  3 表面出现黑绿色斑点
- **味道：** 闻起来有异味。

Health & Safe 安全健康食用法

这样吃最健康

1 面包富含糖类，可提供人体能量，其中蛋白质能调节生理机能，提高免疫力。

2 面包含有5－羟色氨酸，能改善忧郁的情绪，情绪低落时，不妨适量食用。

3 香喷喷的面包通常油脂含量颇高，热量也不低，建议当早餐吃。一般人不宜吃过量，减肥者更需控制食用量。

4 面包所含的胆固醇会提高血管硬化的可能性，心血管疾病患者不宜多吃。

营养小提示

1 面包是以面粉为原料，加上酵母发酵后烘焙制成的食品。主要可以分为样式多、口感细腻的软式面包，与着重烘焙、有嚼劲儿的硬式面包。

2 欲解冻面包时，可先在室温自然解冻后再烘烤，或是将纸巾弄湿包裹面包再烘烤，即可补充水分，烤出的面包就不会干硬。

3 吃面包时，建议搭配蔬菜、肉类或坚果类食用，增加矿物质与维生素的营养价值。

●怎样选购最安心

1 刚出炉的面包温度高，最为松软好吃，放置过久或温度低则会变硬，口感较差。

2 面包是高热量的食品，虽有多种口味，营养价值高，且油脂让面团更柔软顺口。然而为增添美味，在制作面包时大多加入糖分、膨松剂等，食用过量容易过胖，对健康无益。

●怎样保存最新鲜

1 烘焙面包的油脂，因含抗氧化剂，可增加保存期限，但还是建议尽早食用较新鲜。

2 放冰箱冷藏的面包容易走味，若想要增加保存期限，可用塑料袋或密封盒将面包冷冻，冷冻时尽量将塑料袋内的空气挤出，减少和空气接触，可避免干硬。

Tips 保质期短，应尽快食用

春 夏 秋 冬

蛋糕 Cake

●宜食的人
儿童

●忌食的人
减肥者、高血脂患者、糖尿病患者

✔YES优质品

- **外观：**
  1 表面新鲜无黑绿色斑点
  2 整体形状立体完整
- **味道：** 闻起来没有异味。

✘NO劣质品

- **外观：**
  1 表面出现黑绿色斑点
  2 整体形状塌陷
- **味道：** 闻起来有异味。

Health & Safe 安全健康食用法

这样吃最健康

1 蛋糕主要材料为面粉、鸡蛋加上奶油的装饰，是节日或庆祝活动中常见的甜食。但热量高，食用过量不仅容易造成体重增加，其中的胆固醇还会提高血管硬化的几率，对健康无益，对减肥者和心血管疾病患者来说更是负担。

2 蛋糕多是由面粉与奶油或植物奶油制作，属于高热量的食物，近来有店家研发低糖或代糖蛋糕，口感或许没有普通蛋糕好，但仍是另一种健康的选择。

营养小提示

1 蛋糕可分为奶油蛋糕与乳沫蛋糕。奶油蛋糕是以奶油加上糖打发后，再加其他配料的蛋糕；乳沫蛋糕是打发蛋类后再加面粉的蛋糕。不管是哪一种，营养价值都不高，建议少量品尝，或选择以新鲜水果装饰的蛋糕，也能稍稍增加营养价值。

2 蛋糕容易吸收异味，放在冰箱冷藏时，要记得先用保鲜膜包覆起来。

3 乳沫蛋糕冷藏后容易变得干硬，冷冻则可避免。

4 目前大多数蛋糕使用植物奶油，含反式脂肪酸，对健康不利。

● 怎样选购最安心

1 蛋糕容易腐坏，建议最好购买当天出炉的，且选择可靠的店家，使用材料的来源也较能让人安心。

2 店里面所制作的蛋糕通常都没有标识，如果有疑虑时，可以向店员仔细询问清楚再选购。

● 怎样处理最健康

若蛋糕盒内放置干冰，则放进冰箱冷藏前，要先将干冰取出，以免干冰气化后，渗入蛋糕，食用时将会有酸味和刺激感。

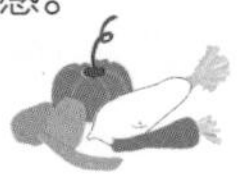

● 怎样保存最新鲜

1 奶油蛋糕可保存3天，乳沫蛋糕则可保存7天左右，但都应冷藏。

2 吃不完的蛋糕，可并排放在密封盒的盖子上，再把盒子盖上，食用时再取出会较为方便。

春夏秋冬

面条 Noodle

Tips 用冰水冷却，可增加弹度

●宜食的人
消化功能不佳者、胃酸过多者

●忌食的人
怕湿热的人

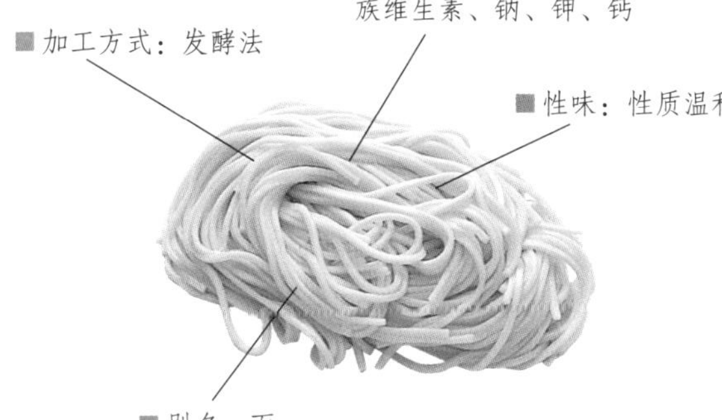

✔YES优质品

- **外观：** 颜色呈现淡黄色
- **味道：** 闻起来有清香的面粉味，没有刺鼻的异味。

✘NO劣质品

- **外观：**
  1 颜色非常白
  2 表面出现黑色斑点
- **味道：** 闻起来没有面粉的清香味。

Health & Safe 安全健康食用法

这样吃最健康

1 各式的面条形状不一，但基本上都是用面粉加水后和成面团，再制成条状。烹调时以煮、炒、烩、炸皆可，是除了米食外最常见的主食。一般面条含有丰富的糖类，可提供人体所需热量，也含有少量B族维生素、叶酸，能促进成长发育、消除疲劳。

2 汤面里常添加不少调味料，汤汁中的钠含量通常相当高，吃面时尽量少喝汤，以免摄入过多的钠，增加罹患高血压的风险。

营养小提示

1 大家常吃的油面，如有变硬、中空、颜色变淡等现象，都有可能是商家为延长保存期限、增加面条重量，添加双氧水等添加物，食用过量有害健康，要小心。

2 常温放置过久都没有变质的面条，可能含有防腐剂，不宜吃太多。

3 新鲜面条如果没有保存好，导致潮湿发霉，食用后可能会引起急性肠胃炎，因此发现面条有异状时，就要扔掉，不可食用。

怎样选购最安心

选购面条的时候，以颜色呈现淡黄色，没有黑色斑点，闻起来有清香的面粉味为挑选原则。颜色太白的面条不宜选购。

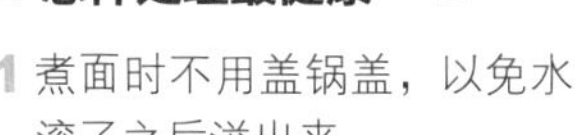

怎样处理最健康

1 煮面时不用盖锅盖，以免水滚了之后溢出来。

2 面条刚放下去煮的时候，要用筷子稍微搅动一下，避免面条粘在一起。

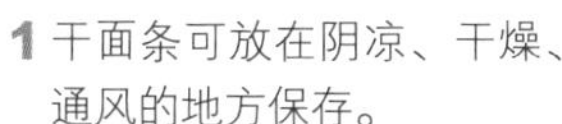

怎样保存最新鲜

1 干面条可放在阴凉、干燥、通风的地方保存。

2 手工湿生面要放在冰箱的冷藏室保存，冷藏后颜色会稍微变暗，可保存5～7天，若冷冻可放1个月左右。

Tips 热量高，应适度食用

●宜食的人
一般人
●忌食的人
高血压、高血脂患者、高胆固醇患者

春 夏 秋 冬

方便面 Instant Noodle

■别名：快餐面、速食面、泡面

■性味：性质温和

■主要营养成分：淀粉

■加工方式：以面条硬化调味加工而成

✔YES优质品

● **外观：**

1 包装完整良好

2 选择可靠的厂商，以免人工添加物过多，或加入防腐剂影响健康

● **味道：** 闻起来没有异味。

✘NO劣质品

● **外观：**

1 包装不完整，有毁损

2 标有磷酸盐添加物

3 面条硬邦邦，无法冲泡

● **味道：** 闻起来有发霉的味道。

Health & Safe 安全健康食用法

这样吃最健康

1 方便面是将面条硬化成面块后，食用前加调味包，用热水冲泡，使面条软化后即可食用的面制品。几乎没有营养成分，只有热量，不建议过多食用。

2 方便面通常添加许多调味料，汤汁中的钠含量相当高，吃泡面时建议少喝汤，以免摄取太多的钠，增加血压上升的风险。

3 方便面都会添加维生素E抗氧化剂，取代过去用防腐剂延长保存期限的做法。

营养小提示

1 方便面除了热量，几乎不含任何营养成分，烹调时建议加入青菜、蛋等食材，以增加营养价值。

2 聚苯乙烯材质的碗方便面包装材质，在高温下容易产生有害物质，现在多已被纸碗和聚丙烯材质碗取代。

3 烹煮方便面时，建议在汤中适量加入调味包，最好只放一半，且不要用油包，降低汤中钠和脂肪的含量。

4 “泡菜”“麻辣”或“葱烧”等重口味方便面，盐分含量更高，高血压患者最好不要食用。

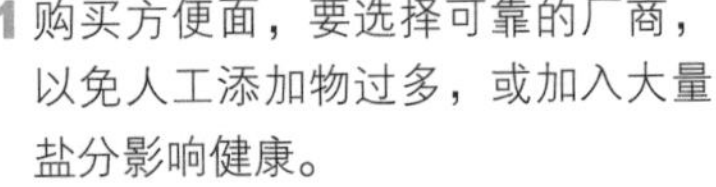

●怎样选购最安心

1 购买方便面，要选择可靠的厂商，以免人工添加物过多，或加入大量盐分影响健康。

2 未标明添加物的方便面可能对身体有害，勿选购。

●怎样处理最健康

1 若为纸碗包装方便面，冲泡前先将调味料取出，注入热水1分钟后，将热水倒掉，之后再重新注入热水，加入调味料，待数分钟后即可食用。

2 若为聚苯乙烯材质的包装方便面，不宜用热水冲泡，最好放入瓷碗冲泡，以免聚苯乙烯材质的碗中的化学物质溶出，食用后对身体有害。

●怎样保存最新鲜

方便面保质期依种类而有差异，通常袋装方便面半年，碗面约5个月。

春 夏 秋 冬

腊肉

Preserved Pork

Tips 不宜生食

●宜食的人
一般人

●忌食的人
儿童、
心血管疾病患者

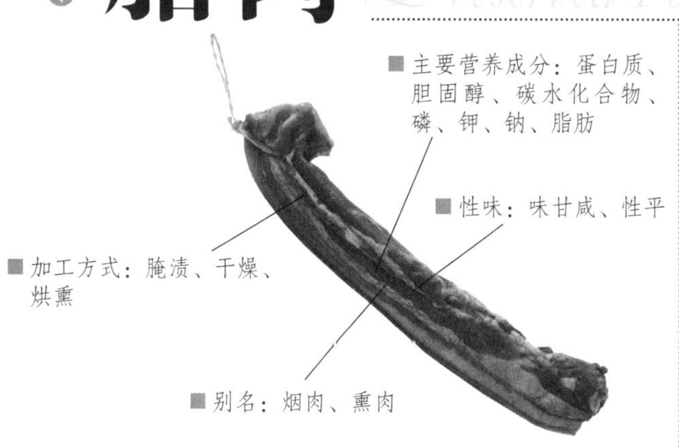

✓ YES优质品

- **外观：**
  1 表面干燥
  2 肌肉呈鲜红色或暗红色
  3 肉结实有弹性，压后无明显凹痕
- **味道：** 闻起来有烟熏味，无异味。

✗ NO劣质品

- **外观：**
  1 肥瘦比例不均
  2 色泽灰暗无光
  3 表面有霉点、霉斑
- **味道：** 闻起来有酸败味或发霉味。

Health & Safe 安全健康食用法

这样吃最健康

1 腊肉在制作过程中，肉中的维生素B_1、维生素B_2、维生素C等营养素会大量流失，且脂肪和胆固醇含量又相当高，不建议多吃。

2 腊肉在腌制的过程中，常以盐、硝酸盐、亚硝酸盐、糖和酒作为腌料。虽然硝酸盐和亚硝酸盐可防止细菌滋生，并抑制腐败，但对人体健康影响不小，若与食物消化时产生的胺化合，会形成亚硝胺，增加致癌的风险。

营养小提示

1 食用腊肉的时候，建议与含有维生素C的食物搭配食用，如猕猴桃，以防止腊肉中的亚硝酸盐和胺化合，形成亚硝胺。

2 质地太软、出油或滴油的腊肉，可能是硝酸盐过量，而颜色过于鲜艳的腊肉，可能添加过量色素，最好都不要过量食用。

3 腊肉最好不要直接吃，要煮熟或炒熟再食用。

● 怎样选购最安心

1 选购腊肉的时候，以表面干燥，肌肉呈鲜红或暗红色，肉身结实有弹性，指压后无明显凹痕者为选购原则。

2 选择真空包装无污染的腊肉。

3 购买腊肉时以有冷藏或冷冻设备者较佳。

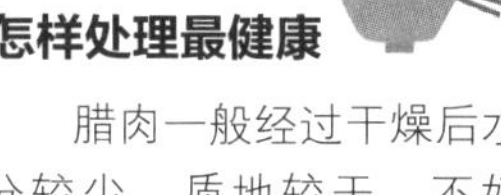

● 怎样处理最健康

腊肉一般经过干燥后水分较少，质地较干，不好切，烹煮前可先用温水泡软，较容易切煮烹调。

● 怎样保存最新鲜

以一次食用分量为基本单位，分装于密封袋中，再置于冰箱，可保存约1年，但仍应尽早食用。

Tips 冷冻保存，避免细菌滋生

春 夏 秋 冬

香肠 Sausage

●宜食的人
一般人

●忌食的人
肝病、急慢性肾炎患者、心血管疾病患者

■ 别名：灌肠、烟肠

■ 性味：味咸、性质温和

■ 加工方式：调味腌制

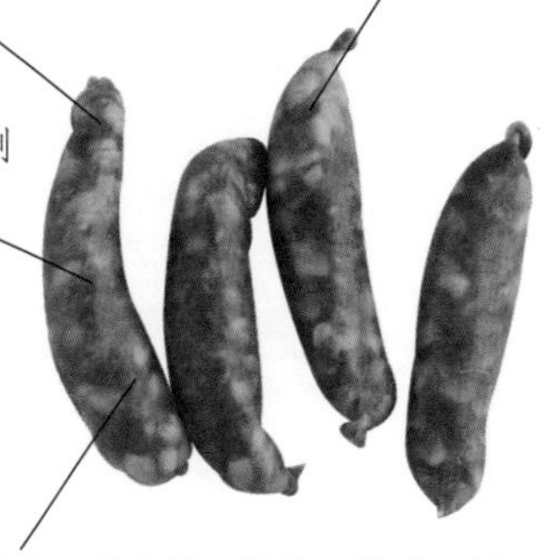

■ 主要营养成分：蛋白质、脂肪、糖类、钠

✓ YES优质品

- **外观：**
  1 呈鲜红色或暗红色
  2 肉身结实有弹性，指压后无明显凹痕
  3 肥瘦肉均匀
- **味道：**闻起来没有异味。

✗ NO劣质品

- **外观：**颜色过于鲜红
- **味道：**闻起来有酸败味。

Health & Safe 安全健康食用法

这样吃最健康

1 制作香肠时，使用的盐、亚硝酸盐等添加物，不仅会影响肝肾功能，也可能造成血管扩张的现象，还会引发偏头痛，建议不要食用过量。

2 香肠属高脂肪、高热量、高胆固醇食品，摄入过多不利于血脂肪和体重的控制，还可能引发心血管病，造成脂肪肝。尤其是有计划减肥者及高血脂、高胆固醇、高血压患者，更要严格控制摄取量。

营养小提示

1 香肠用水煮的方式，可以把部分亚硝酸盐溶解到水中，对身体健康有益。油煎、炸或烧烤的方式，可能产生更多亚硝酸盐，不建议采用。

2 香肠不可和养乐多、酸奶或优酪乳等乳酸饮料一起食用。为了防腐，制作香肠时会添加硝酸盐或亚硝酸盐类等化学物质，若与乳酸饮料混合食用，容易产生致癌物质。

3 吃香肠时，建议搭配大蒜、青葱或绿茶，以减少亚硝胺合成的机会。

● 怎样选购最安心

1 香肠因添加亚硝酸盐抑制肉毒杆菌，购买时应选择信誉优良的厂商，以免添加物过量而影响健康。

2 香肠外表颜色若过于鲜红，有可能是亚硝酸盐超量，不宜选购。

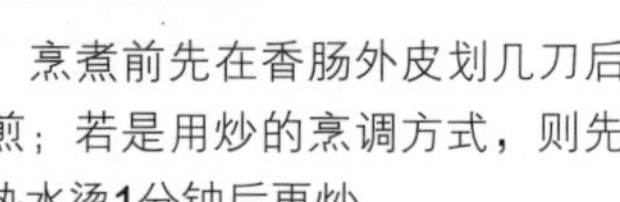

● 怎样处理最健康

烹煮前先在香肠外皮划几刀后再煎；若是用炒的烹调方式，则先用热水烫1分钟后再炒。

● 怎样保存最新鲜

1 香肠保存期限较短，一定要冷藏，并尽早食用完毕为佳。

2 香肠冷冻前可先轻轻划上切痕，因烹调时肠衣较不容易裂开。

3 冷冻前将香肠并排于铁盘，可快速冷冻，再集中放入塑料袋，食用时即可轻松取出，保持香肠的鲜味。

春 夏 秋 冬

火腿 Ham

Tips 不宜贮存过久

●宜食的人
体质虚弱者

●忌食的人
心脏病、高血压、肝病、肾炎、中风患者

■ 主要营养成分：蛋白质、脂肪、糖类、维生素B_1、维生素B_2、维生素B_6、维生素B_{12}、烟酸、铁、钙、磷、钾、钠、铜、锌

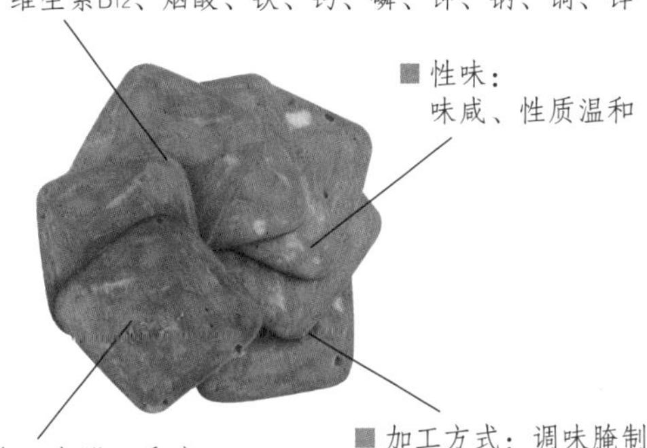

■ 性味：味咸、性质温和

■ 加工方式：调味腌制

■ 别名：南腿、熏蹄

✓ YES优质品

- **外观：**
  1 肉质弹性好
  2 表面不黏稠
  3 外观完整
- **味道：** 闻起来没有异味。

✗ NO劣质品

- **外观：**
  1 表面发黏
  2 出现外伤、虫蛀、鼠咬现象
- **味道：** 闻起来有酸败味。

Health & Safe 安全健康食用法

这样吃最健康

1 火腿含有蛋白质、矿物质及十多种氨基酸等营养成分，经过腌制发酵分解，这些营养更容易被人体吸收。

2 火腿为杀菌防腐，会加入食品添加剂硝酸盐，与胃酸混合后，可能产生亚硝胺，容易致癌，因此不建议大量食用。

3 若食用火腿时，出现呛鼻刺激的味道，或奇怪的异味，可能为食品添加剂过多，最好不要食用，以免身体健康受到影响。

营养小提示

1 标识为无盐火腿的，表示里面没有添加亚硝酸盐，但无盐火腿较无保存性，一定要加热后才能食用。

2 火腿在加工的过程中会添加钠，有水肿、肝脏方面疾病、高血压和心脏病患者，应避免食用，以免病情变严重。

3 食用火腿时建议搭配富含维生素C食材，以降低烟熏食物较容易致癌的几率。

怎样选购最安心

1 选购火腿时应选肉质弹性好，没有外伤、虫蛀、鼠咬现象，表面不能发黏，且近期生产的品质口感较佳。

2 火腿所使用的肉，品质有分别，通常用价格区别，愈好的肉质愈贵。

怎样处理最健康

火腿主要以精肉多、肥肉少的猪后腿为主，经过盐渍、烟熏、干燥处理而成。火腿肉质紧密，水分较少，煎炒后容易过于干涩，建议可以冷汤下锅，以增加汤头浓郁的滋味。

怎样保存最新鲜

1 火腿买回来之后，要在冰箱内保存，若没有添加防腐剂，一定要在保质期内食用完毕才行。

2 火腿存放过久，容易产生异味，或因水分散失变得干硬，影响口味。

Tips 以蛋黄颜色红而油多者为佳

春 夏 秋 冬

咸蛋 Salted Egg

● 宜食的人
骨质疏松患者
● 忌食的人
婴幼儿、孕妇、高血压、肾病患者

■ 别名：咸杬子、咸太平、千年蛋

■ 性味：味咸、性微凉

■ 加工方式：腌渍法

■ 主要营养成分：蛋白质、脂肪、维生素A、B族维生素、钠、钾、钙、铁、锌

✓ YES优质品

● **外观：**

1 蛋壳干净，完整无损坏

2 蛋壳表面平整紧密

3 拿在手上有沉重感

4 蛋黄颜色红而油多

● **味道：**闻起来没有异味。

✗ NO劣质品

● **外观：**

1 蛋壳上面有异物

2 蛋壳表面出现斑污或变色

● **味道：**闻起来有异味。

Health & Safe 安全健康食用法

这样吃最健康

1 将鸭蛋浸泡在盐水中，是咸蛋的制作方法之一。蛋壳含有丰富的钙质，经过盐水长时间浸泡后，大量的有机钙会溶解到蛋白和蛋黄中，因此咸蛋的含钙量极高，是一般新鲜鸭蛋的三倍左右，适量食用咸蛋，可以有效防止骨质疏松。

2 咸蛋含有大量盐分，摄取过多会造成肾脏的负担，导致水肿。高血压、肾脏病和水肿的人更应谨慎控制食用量，以免血压升高，病情恶化。

营养小提示

1 咸蛋含有丰富的钙质，与含有大量维生素C的苦瓜搭配食用，可提升钙质的吸收，预防骨质疏松。

2 咸蛋不应与葱一起食用，以免咸蛋中的钙和葱里的草酸形成草酸钙，形成体内结石。

3 咸蛋应避免与碳酸饮料搭配食用，碳酸饮料的酸性，易与咸蛋中的钙结合，影响人体对钙的吸收。

4 咸蛋属于腌制品，婴幼儿和孕妇最好少吃。

● 怎样选购最安心

选购咸蛋时，应注意蛋壳上有无异物、斑污或变色处，蛋壳是否完整无损坏，表面是不是平整紧密，拿在手上有没有沉重感，仔细近闻有没有难闻奇怪的气味。

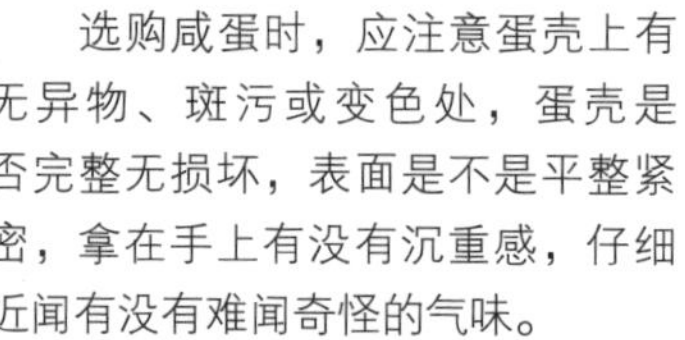

● 怎样处理最健康

1 一个咸蛋的含钠量大约占了一天摄取量的71%，所以咸蛋的食用量以一天一个为限。

2 食用咸蛋时，最好搭配较清淡的饮食，以减少盐的摄取量，才不会造成身体的负担。

● 怎样保存最新鲜

咸蛋在室温下可以保存1个星期，置于冰箱冷藏可以保存1个月左右。

Tips 应选有认证标识者

春 夏 秋 冬

皮蛋

Preserved Egg

●宜食的人
缺铁性贫血患者、青少年

●忌食的人
婴幼儿、安胎孕妇、心血管疾病患者

■ 加工方式：腌渍法

■ 主要营养成分：蛋白质、脂肪、维生素A、B族维生素、维生素E、甲硫胺酸、铁

■ 性味：味甘、性微寒

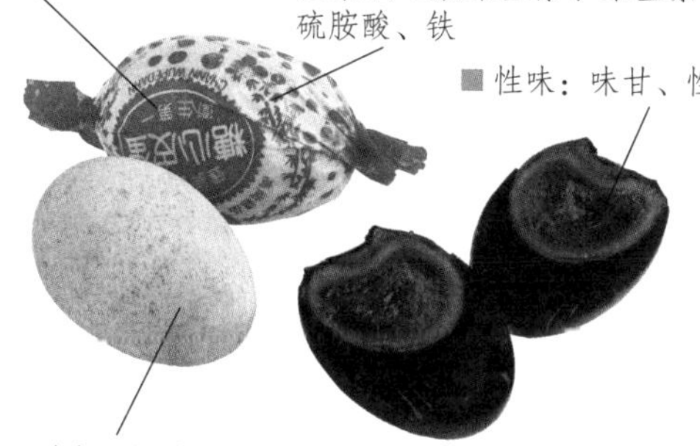

■ 别名：松花蛋、彩蛋、变蛋

✓ YES优质品

- **外观：**
  1 外观无裂缝破损
  2 摇动时无水声
  3 连续抛高落回手中时有沉重感
  4 贴有无铅标识
- **味道：** 闻起来没有异味。

✗ NO劣质品

- **外观：**
  1 蛋壳表面的斑点较多
  2 剥壳后蛋白颜色较黑绿或有黑点
- **味道：** 闻起来有一股臭味。

Health & Safe 安全健康食用法

这样吃最健康

1 皮蛋在腌制过程中经强碱作用，使得蛋白质分解成氨基酸，少量摄取对人体有益。

2 皮蛋含铁，可促进发育，还能预防及治疗缺铁所引起的贫血。

3 皮蛋胆固醇含量较高，胆固醇高者和心血管疾病患者应控制食用量。

4 过去有些皮蛋在腌制过程中会添加铅，使蛋白质凝固，长期食用将导致铅中毒、血铅，因此购买时一定要慎选且不宜过量食用。

营养小提示

1 品质优良的皮蛋，蛋白表面平滑有光泽，柔韧有弹性，蛋黄外围凝固光滑，中心则呈现半凝固状。若发现皮蛋蛋黄已呈现黄色，表示新鲜度不够，最好不要食用。

2 皮蛋中富含铁质，若搭配红茶或贝类食用，会影响铁质的吸收，因此不宜前后或搭配一起食用。

3 皮蛋不含维生素C，所以食用时可搭配富含维生素C的食物，以达营养均衡。

● 怎样选购最安心

1 购买皮蛋时，应购买有无铅标识，外观无裂缝破损，摇动时无水声，且连续抛高落回手中时有沉重感的皮蛋。

2 若蛋壳斑点多，剥壳后蛋白颜色较黑绿或有黑点，表示重金属含量高，不应选购。

● 怎样处理最健康

皮蛋是用鸭蛋以盐、碱性物质、米糠等混合物质包裹作用后，使蛋白呈琥珀色、半透明状，蛋黄稀软，凝而不固。食用时不需再烹调。

● 怎样保存最新鲜

1 只要将皮蛋放在塑料袋内密封，通常可放置3个月左右。

2 皮蛋不宜冷冻，以免变成蜂窝状，且低温会使色泽变黄，口感变硬，破坏皮蛋原有的风味。

Tips 不宜冷冻，以免破坏营养

春 夏 秋 冬

牛奶 Milk

●宜食的人
儿童与青少年
●忌食的人
牛乳过敏、肠胃不适者、服用消炎药的人

■别名：牛乳

■性味：性质平和

■加工方式：低温杀菌

■主要营养成分：蛋白质、脂肪、糖类、维生素A、维生素B_2、钙、磷

✓ YES优质品

- **外观：**
  1 罐身密封完全
  2 颜色为乳白色或稍带微黄色
  3 呈现均匀的液态
- **味道：** 有乳香味，无臭味或异味。

✗ NO劣质品

- **外观：**
  1 罐身出现膨胀、凹陷或针孔痕迹
  2 内部出现沉淀物
  3 液体出现凝结、黏稠的现象
- **味道：** 闻起来有臭味。

Health & Safe 安全健康食用法

这样吃最健康

1 牛奶是从母牛身上挤出的健康饮品，其蛋白质为完全蛋白质，容易被人体吸收，可提供能量，促进生长发育，最适合幼儿与青少年饮用。

2 牛奶经加工后一般可分为全脂、低脂及脱脂牛奶等，并有添加钙质、铁质等营养成分的强化牛奶，可依照本身的健康状况与需求加以挑选饮用。

3 牛奶中含有钾，可使动脉血管在高压保持稳定，减少中风风险。

营养小提示

1 牛奶中富含乳糖，需要人体分泌乳糖酶来分解，但成年人乳糖酶的分泌会减少或停止，摄取时，容易引起乳糖不耐症，主要症状为腹泻、腹胀、肠胃不适等。成年人饮用时要注意，尤其不要空腹饮用。

2 牛奶有安定精神的物质，若遇上失眠的状况，可在睡前喝一杯，帮助睡眠。

3 喝牛奶时不要搭配含草酸的食物，例如韭菜，以免影响人体对钙质的吸收，甚至形成草酸钙结石。

牛奶怎样选购最安心

1 购买牛奶的时候，先看看牛奶是不是呈现乳白色或稍带微黄色，再稍微摇一摇，看看牛奶是不是呈现均匀的液态状，最后拿起来闻一闻，看看是不是有牛奶独特的乳香味。

2 如果牛奶出现沉淀、凝结的现象，或者轻轻摇晃感觉起来有些黏稠，甚至有杂质和异物漂浮其中，表示已经存放很久，非常不新鲜，不宜购买。

3 选购市售牛奶时，一定要注意保质期，也要观察罐身是不是完全密封，有没有出现任何异常的状况，例如膨胀、凹陷，或针孔痕迹等，没有上述状况才可以购买。

4 如果不放心购买回来的牛奶品质，可以将牛奶滴入清水中，如果没有散开，表示牛奶品质不错，是新鲜的；如果立刻散开，表示牛奶不新鲜，品质不佳，建议更换其他品牌或商家购买。

牛奶怎样饮用最健康

1 当牛奶加热到40℃以上时，表面会形成一层薄膜；如果持续加热到65℃，则会产生点状凝固物；再继续加热至100℃以上，则牛奶的营养会被破坏。如果要将牛奶加热饮用，只要加到微温即可，这样才能保存较多的营养成分。

2 牛奶加热时所用的器皿，不宜选择铜器，因为铜会造成牛奶中营养成分的流失。

3 酸性果汁会使得牛奶中的蛋白质在胃里凝结成块，导致不易被人体吸收，因此饮用牛奶的时候，要避开同时饮用酸性果汁，如复合果汁、葡萄汁、柳橙汁等。

4 茶叶中的单宁酸会影响人体对牛奶中钙质的吸收，所以牛奶与茶不要一同饮用，以免降低牛奶的营养价值。尽量少喝奶茶，目前市面上大部分奶茶是用添加剂勾兑的，更要少喝。

5 牛奶富含蛋白质，橘子富含有机酸，当有机酸累积到一定的含量时，会使得牛奶变性沉淀，引发拉肚子的不适症状，所以喝牛奶的时候或喝的前后1个小时，千万不要吃橘子。

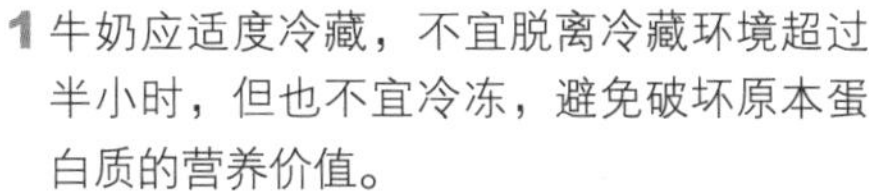

牛奶怎样保存最新鲜

1 牛奶应适度冷藏，不宜脱离冷藏环境超过半小时，但也不宜冷冻，避免破坏原本蛋白质的营养价值。

2 牛奶所标示的保质期是指未开封的状态，一经开封一定要尽早饮用完毕。

3 夏天较容易有细菌繁殖的危险，因此夏天购买牛奶后，一定要尽早喝完，且一定要冷藏。

牛乳的饮食宜忌 O+✗

宜→O 对什么人有帮助

O 生长发育中的儿童与青少年适合多喝

O 营养不良、身体虚弱的人可多喝

O 适合咀嚼力变差的银发族

O 冠心病、高血压或高脂血症患者宜喝

忌→✗ 哪些人不宜喝

✗ 对牛奶过敏的人不适合喝

✗ 肠胃不适的人不宜饮用

✗ 肠胃刚动过手术的人不可喝

✗ 服用消炎药物的人不可以喝

Tips 原味酸奶营养价值高

春夏秋冬 酸奶 Yogurt

●宜食的人
便秘、高血脂患者、皮肤干燥的人
●忌食的人
胃酸过多、肾脏病、糖尿病患者

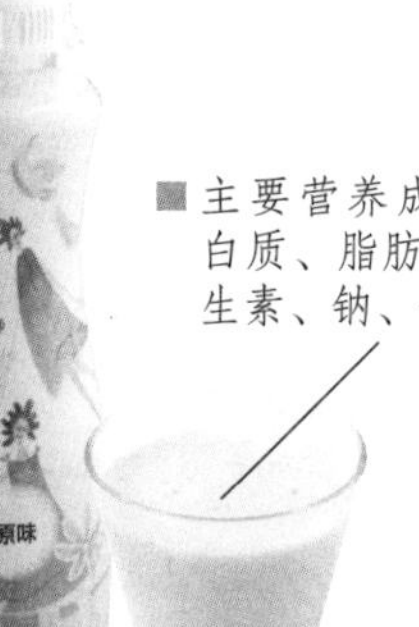

■别名：发酵乳、优酪乳、酸酪乳

■加工方式：低温杀菌

■性味：味酸、性质温和

■主要营养成分：蛋白质、脂肪、B族维生素、钠、钙

✓YES优质品

● **外观：**

1 罐身密封完全

2 颜色为乳白色或稍带微黄色

3 呈现均匀的黏稠液状

● **味道：** 闻起来有酸奶独特的味道，没有臭味或异味。

✗NO劣质品

● **外观：**

1 罐身出现膨胀、凹陷或针孔痕迹

2 内部出现沉淀物

● **味道：** 闻起来有明显的酸败味。

Health & Safe 安全健康食用法

这样吃最健康

1 酸奶是经由添加凝稠剂等配料，将酸奶稀释，呈现浓稠液体状的食品，可以瓶装直接饮用。多喝酸奶可以增加肠道益菌，抑制坏菌生长，增强免疫系统抵抗力，减少发炎及罹癌率。

2 空腹时胃酸较高，不宜饮用，以免乳酸菌被胃酸杀死。饭后约2个小时左右，是喝酸奶的最佳时机，此时胃中酸碱值较适合乳酸菌生长。

营养小提示

1 无糖酸奶和普通牛奶的营养价值差不多，不过酸奶比牛奶更容易被人体吸收，有乳糖不耐症的人可以选择酸奶安心饮用。

2 如果希望酸奶不要太冰，可以在40℃以下隔水加热，或在室温下回温，但请在30分钟内喝完，以免因为高温杀死酸奶中的活性乳酸菌。

3 酸奶应避免与香肠、火腿等腌制物一起食用，否则容易产生致癌物质，也要避免与含有草酸的深色叶菜食用，否则易产生结石。

●怎样选购最安心

选购市售酸奶时，一定要注意保质期，也要观察一下罐身是不是完全密封，有没有出现任何异常的状况，例如膨胀、凹陷，或针孔痕迹等，没有上述状况才可以购买。

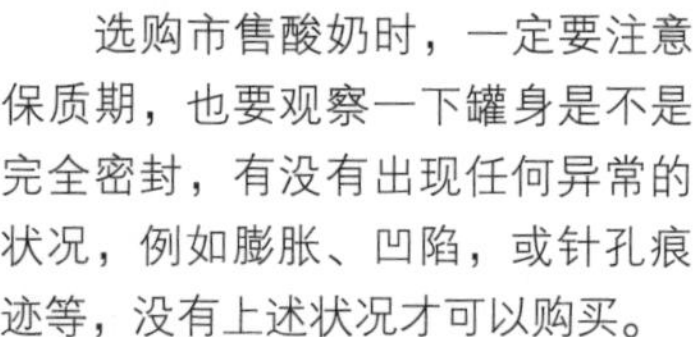

●怎样处理最健康

1 购买酸奶的时候，尽可能选用原味酸奶，因为它的活性乳酸菌数量较多，营养价值较高。

2 若想利用酸奶减肥，可选购无糖且低脂的酸奶。

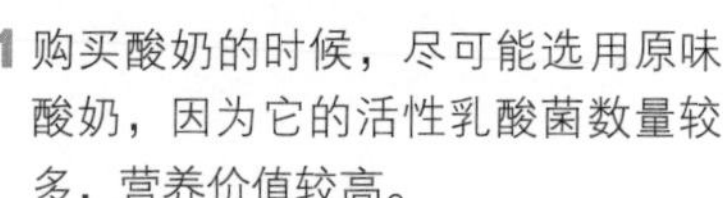

●怎样保存最新鲜

乳酸菌的生命周期在常温下约5天，在乳酸菌发酵到最多后会不断减少数量，所以酸奶买回来后应尽快食用，或用冷藏方式减缓乳酸菌数量的衰减。

胆固醇含量较高

春 夏 秋 冬

奶油 Butter

宜食的人
一般人

忌食的人
高血脂、高胆固醇者、心血管疾病患者、减肥的人

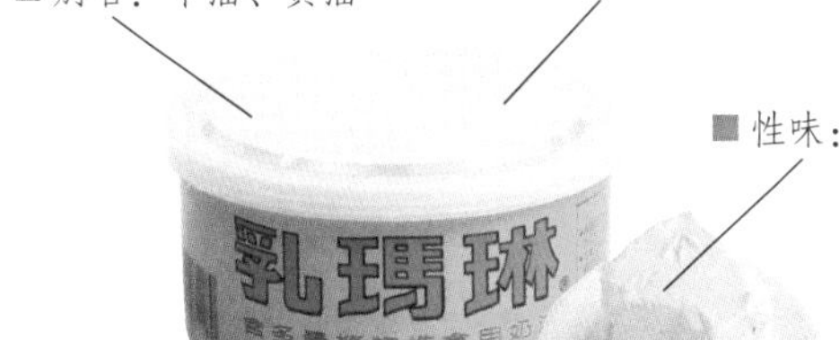

■ 主要营养成分：蛋白质、脂肪、乳糖、维生素A、B族维生素、钙、磷

■ 别名：牛油、黄油

■ 性味：性质平和

■ 加工方式：从牛奶中萃取提炼

YES优质品

- **外观：**
  1 包装完整
  2 颜色均匀，呈现淡黄或乳白稍带微黄色
- **味道：**有牛油的香味，没有异味。

NO劣质品

- **外观：**
  1 包装有破损
  2 外包装看起来潮湿
- **味道：**没有牛油香味或有酸败味。

Health & Safe 安全健康食用法

这样吃最健康

1 奶油成分十分单纯，只有牛奶和食盐，没有任何食品添加剂，所以可以安心食用。

2 奶油是从牛奶中提取的油脂，根据其脂肪含量的不同分为不同的等级。以天然的乳牛所产的牛奶制成的奶油味道较浓郁，圈养的乳牛所产生的牛奶制成的奶油味道较淡且质地松软。

3 无论哪一种奶油，脂肪含量都颇高，不符合现代健康饮食的概念，食用时仍应适量，以免发胖或体内胆固醇过高。

营养小提示

1 若担心奶油胆固醇含量太高，不利于身体健康，可尝试植物性奶油。植物性奶油口味与动物性相近，是以玉米油、黄豆油或棉籽油为原料所加工制造，不含胆固醇，更适合高胆固醇与心血管病患者食用。不过热量仍然很高，食用时应适量，避免发胖。

2 奶油用于西式加工时，有提味、增香的作用，能让点心变得更加松脆可口，有口感自然香浓的优点。

怎样选购最安心

1 奶油的外观颜色应均匀而无杂质，选购时要注意是否有冷藏，包装标示及保质期是否清楚，避免外包装有破损或潮湿的情况。

2 若包装无标示生产日期，选择保质期长的较安心。

怎样处理最健康

1 取用奶油时应适量，并注意器材清洁。

2 奶油冷冻后，再食用前要先解冻。

怎样保存最新鲜

1 奶油应用纸包好，放置密封盒内冷藏，才不会因水分散失而变硬，也可避免吸收冰箱内其他食物气味。

2 适度保存可放6~18个月。

3 奶油开封后，最好2周内食用完毕，以防酸化。

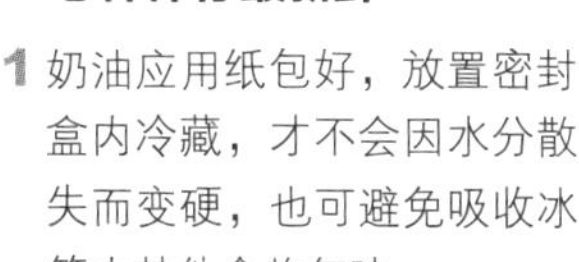

Tips 低脂冰淇淋热量较低

●宜食的人
一般人
●忌食的人
减重者、体质虚弱者、糖尿病患者、月经期女性、

春 夏 秋 冬

冰淇淋 Ice Cream

■ 别名：冰激凌、雪糕、雪饼

■ 性味：味甜、性寒

■ 加工方式：低温冷冻

■ 主要营养成分：蛋白质、脂肪、糖类、维生素A、B族维生素、钙、磷

✔ YES优质品

● **外观：**

1 包装完整，无破损

2 生产日期、保质期等标识清楚

● **味道：** 有冰淇淋香味，没有异味。

✘ NO劣质品

● **外观：**

1 盛装的容器附有霜

2 包装表面有很多水滴，或摸起来软软烂烂

● **味道：** 闻起来有异味。

Health & Safe 安全健康食用法

这样吃最健康

1 冰淇淋与人体温度相差悬殊，对肠胃刺激极大，会促使血管收缩，消化液分泌减少。建议食用速度不要太快，最好能先含在嘴里再吞下去。

2 冰淇淋属于高热量食品，糖尿病患者应严格控制食用量，以免血糖升高，病情恶化。

3 部分外科手术或不允许吃硬食的患者，可考虑食用冰淇淋补充热量及维生素。不过冰淇淋是高脂肪食物，不易消化，应小心摄入过高热量。

营养小提示

1 减少冰淇淋和空气接触，避免口感变差变硬。

2 食用冰淇淋时，如果舌头感到异常滑顺，可能是加了许多稳定剂和乳化剂的添加剂所造成，吃多对身体没有好处，不建议大量食用。

3 吃太多冰淇淋，体质虚弱者易引发肠胃疾病。

4 本身不习惯吃冰，或者吃冰后肠胃反应比较大的女性，在月经期要少量或适量食用冰淇淋，以免子宫收缩变得强烈，造成痛经。

● 怎样选购最安心

1 冰淇淋为奶制品，选购市售冰淇淋时应注意保质期，以免买到过期食品，对身体造成伤害。

2 如果冰淇淋的盛装容器附有霜，很有可能表示保存的温度不佳，也可能是解冻过再结冻的产品，建议不要购买。

3 如果冰淇淋外包装上有明显水滴或摸起来软软烂烂，可能是保存温度太高所致，不宜购买。

● 怎样保存最新鲜

1 冰淇淋属于易腐食品，保存的温度应低于零下18℃。

2 家中的冰箱温度大多太低，保存冰淇淋时容易结冻，导致口感不佳，建议买回来之后尽快吃完。

Tips 富含蛋白质，痛风患者慎食

春 夏 秋 冬

豆浆

Soybean Milk

●宜食的人
糖尿病患者、心血管疾病患者

●忌食的人
慢性肠炎患者

■ 加工方式：磨制法

■ 主要营养成分：蛋白质、脂肪、糖类、铁、钙、铜、维生素B_1、维生素B_2

■ 性味：性质平和

■ 别名：豆腐浆、腐浆、豆奶

✔ YES优质品

● **外观：**

1 自制豆浆，注意黄豆新鲜饱满

2 市售豆浆，注意保质期并冷藏

3 早餐店买的豆浆，颜色乳白或稍带微黄，呈现均匀液态

● **味道：**有黄豆的香味，没有异味。

✘ NO劣质品

● **外观：**

1 市售豆浆，包装不完整，有破损

2 有异物漂浮

● **味道：**闻起来有酸败味。

Health & Safe 安全健康食用法

这样吃最健康

1 豆浆含有优质蛋白质、异黄酮、亚油酸，能促进细胞再生，预防冠心病、高血压、心血管疾病，还能降低胆固醇。

2 豆浆具有健脾养胃、补虚润燥、清肺化痰、通淋利尿之效，但不宜过量，一天一杯到两杯为限，否则易腹胀、腹泻。

3 生豆浆含有皂苷、胰蛋白酶抑制剂等有害物质，并有假沸现象，所以必须完全煮开，否则饮用时会产生恶心、呕吐、腹泻等症状。

营养小提示

1 豆浆食用方式相当多样，可加糖成甜豆浆，也可加盐、醋、酱油等成为咸豆浆。

2 注意不要将豆浆装在保温瓶内，因为豆浆中的皂苷能溶解保温瓶中的水垢，且若盛放的时间过长，也容易使细菌繁殖。

3 豆浆不可以和生鸡蛋一起食用，以免细菌感染，引发肠胃炎。

4 不要空腹喝豆浆，以免豆浆里的蛋白质在体内转化成热量而消化掉，降低营养价值。

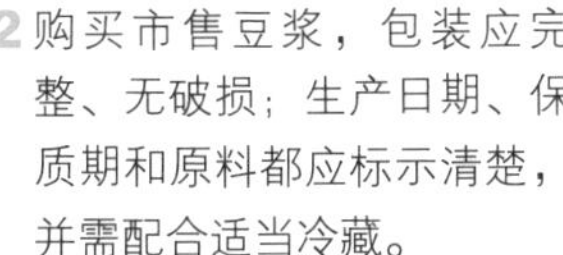

● 怎样选购最安心

1 自制豆浆的黄豆应新鲜。

2 购买市售豆浆，包装应完整、无破损；生产日期、保质期和原料都应标示清楚，并需配合适当冷藏。

3 购买早餐店豆浆应注意是否有异物漂浮及酸败味。

● 怎样处理最健康

豆浆加红糖会产生沉淀物，降低营养价值，所以喝甜豆浆时应加白糖。

● 怎样保存最新鲜

1 豆浆买回来后，可存放于冰箱冷藏。

2 若是在早餐店买的豆浆，因无适当保存，建议尽早饮用完毕。

春 夏 秋 冬

豆腐 Tofu

Tips 富含蛋白质，肉类替代品

●宜食的人
心血管疾病、糖尿病、癌症患者
●忌食的人
痛风、尿酸过高者

■别名：黎祁、小宰羊、白虎

■性味：性质微凉

■加工方式：发酵法

■主要营养成分：蛋白质、氨基酸、卵磷脂、维生素E、钙

✓ YES优质品

- **外观：**
  1 形状完整，颜色略带微黄色
  2 触感细腻，柔韧有劲
  3 盒装豆腐外包装完整
- **味道：**闻起来有黄豆香，无异味。

✗ NO劣质品

- **外观：**
  1 形状破碎，颜色过于洁白
  2 出现黏液，呈现蜂巢状
  3 盒装豆腐内部浑浊，水泡过多
- **味道：**闻起来有酸腐味。

Health & Safe 安全健康食用法

这样吃最健康

1 豆腐是用黄豆渣加上凝固剂或石膏，再压实去水制成。含蛋白质、脂肪、维生素E、B族维生素、卵磷脂和多种矿物质，营养价值高，价格又便宜，一般人群皆适宜。

2 豆腐不含胆固醇，又可降低血压、防癌抗老，是广受欢迎的食材，尤其适合高胆固醇、高血压、心血管疾病、癌症患者食用。

3 豆腐是高嘌呤的加工食品，痛风及尿酸过高患者不宜食用过量，以免病况变严重。

营养小提示

1 豆腐应避免与含草酸类的叶菜一起食用，避免形成结石，且与碳酸饮料搭配也会影响钙质吸收。

2 豆腐氨基酸的组成成分中，缺乏一部分人体必需氨基酸，若和肉类或蛋类搭配烹煮，可增加其营养价值。

3 豆腐含有动物性食物所缺乏的植物性荷尔蒙——异黄酮素，对女性来说是相当不错的营养补充品。

4 豆腐热量低，营养高，很适合减肥者。

豆腐怎样选购最安心

1 购买传统豆腐，以颜色略带微黄，形状完整，触感细腻，柔韧有劲，闻起来有黄豆香味为选购原则。

2 若传统豆腐出现黏液，或呈现蜂巢状，闻起来有酸腐味，表示没有妥善保存，已经不新鲜，不可购买与食用。

3 购买盒装豆腐应注意保质期，原料是否为遗传基因改造的大豆，外包装是否完整，内部是否有浑浊或水泡过多的不良现象。

豆腐怎样处理最健康

1 豆腐买回来之后，先打开包装，将水沥掉，浸泡在水中，这样可以溶解凝固剂，也可消除一些豆腥味。

2 烹调前，可先蒸过或以沸水汆烫，既能除去豆腥味，也可去除内含的大量水分，让豆腐变得更为软韧，形状更不易破碎，也比较容易吸收调味料，并且不会因为水分溢出而破坏菜肴风味。

3 豆腐的烹调方式十分多样化，凉拌、煮、煲、炒、炸、蒸、煎等方式都很适合。

4 豆腐的营养价值高，而且热量极低，非常适合减肥者。如果以较清淡的方式烹饪，例如凉拌、蒸，效果将会更明显。

5 以油炸的方式烹饪豆腐，容易破坏豆腐的营养素，而且会吸附过多的油脂，是不建议的烹调方式，不要经常使用。

6 豆腐含有丰富的钙，和含有丰富维生素K的乳酪一起食用，能弥补制作过程中流失的色氨酸，对舒缓神经活动、放松心情、改善睡眠状况十分有帮助。

7 富含钙质的豆腐，和富含维生素D的三文鱼搭配食用，可以帮助人体对钙质的吸收，使促进血液正常凝固、强化牙齿与骨骼的功效更加明显。

豆腐怎样保存最新鲜

1 传统豆腐容易腐坏，购买回来后应马上浸泡于水中，再放进冰箱内冷藏。

2 若是购买盒装豆腐，购买回来后应立刻连同包装一起放入冰箱内冷藏。

3 如果盒装豆腐已经开封，要将里面的水全部倒掉沥干，再重新装入自来水，才能放进冰箱冷藏。

4 豆腐从冰箱取出来后，最好在4个小时内食用完毕，以保持其新鲜口感和营养价值。

5 如果想延长保质期，可将豆腐浸泡在盐水中再冷藏，并注意每天更换盐水。

豆腐的饮食宜忌 O+✗

宜→O 对什么人有帮助

O心血管疾病患者宜多吃

O发育中的儿童和青少年适合多吃

O消化力不佳的人可多吃

O脑力工作者适合多吃

忌→✗ 哪些人不宜吃

✗ 尿酸过高或痛风患者要少吃

✗ 容易拉肚子的人不宜多吃

✗ 结石或肾脏病患者不宜食用

Tips 富含嘌呤，痛风患者慎食

春 夏 秋 冬

豆干 Soybean Curd

● 宜食的人
心血管疾病患者、食欲不佳者

● 忌食的人
痛风、尿酸过高者

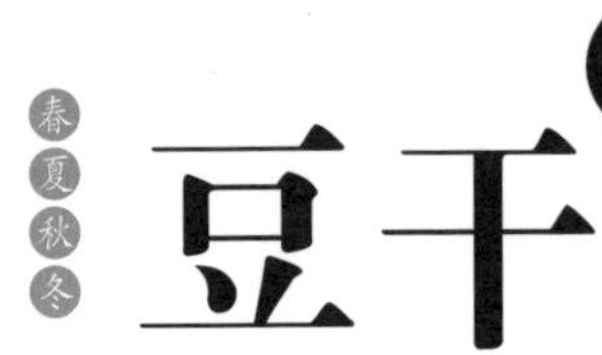

■ 别名：黄豆干、黑豆干

■ 性味：性质平和

■ 加工方式：盐卤发酵法

■ 主要营养成分：蛋白质、油脂、离氨酸、亚麻油酸、次亚麻油酸、维生素B1、维生素B6、矿物质、膳食纤维、钙

✓ YES优质品

● **外观：**

1 呈淡黄色，完整有弹性

2 表面干爽无黏液

3 轻压不会出水

● **味道：** 有豆子清香味，没有异味。

✗ NO劣质品

● **外观：**

1 形状破损，不完整

2 表面潮湿，有黏稠感

3 轻压会出水

● **味道：** 闻起来有发酵的腐臭味。

Health & Safe 安全健康食用法

这样吃最健康

1 豆干是由豆类制成的，含有丰富的植物性蛋白质、维生素B1、维生素B2、维生素B12、磷、钙、铁、钠、钾、胡萝卜素等多种营养成分，能降低胆固醇、三酸甘油酯，预防心血管疾病，对胆固醇过高和心血管疾病患者有益，建议增加食用量。

2 豆干属于高嘌呤的加工食品，痛风及尿酸过高者应适量食用，以免病情变严重。

3 长期过量食用豆干，会干扰甲状腺功能的运作。

营养小提示

1 豆干是一般家庭中非常受欢迎的家常食材，不论烤、卤、炒、凉拌，各具口感和特色，价格低廉，经济又美味。在烹煮时，应注意过多的水分会让豆干内部过于软嫩像豆腐，降低口感。

2 富含植物性蛋白质的豆干可与富含蛋白质的肉类搭配食用，以增加营养价值，让营养更均衡。

3 豆干含有钙质，要避免与碳酸饮料一起食用，以免降低人体对钙质的吸收。

● 怎样选购最安心

1 购买豆干的时候，以颜色淡黄色，形状完整，表面干爽，用手摸起来有弹性、轻压不会出水，且闻起来带有豆子的清香味为选购原则。

2 豆干表面如有黏稠感，有发酵的腐臭味，表示不新鲜，不宜购买。

● 怎样处理最健康

豆干软硬口感不同，主要是因为制造时候水分多寡不同。较小的方块豆干较硬，多适用于热炒，形状可以保持完整，也能有耐嚼的口感及豆香。

● 怎样保存最新鲜

1 豆干容易变质，购买回来之后可以用保鲜膜包装，再放入冷藏室内保存。

2 豆干不宜放入冰箱的冷冻室保存，以免豆干呈现蜂巢状。

Tips 过于鲜红的红枣慎选

春 夏 秋 冬

红枣

Chinese Jujube

●宜食的人

慢性肝炎带原的病患、经常熬夜者、贫血者

●忌食的人

怕胖的人

■ 加工方式：晒干、烘干

■ 主要营养成分：蛋白质、有机酸、钙、磷、铁、维生素A、B族维生素、维生素C、维生素P

■ 性味：味甘、性平

■ 别名：大枣、干枣、良枣

✓ YES 优质品

- **外观：**
  1 紫红皮薄核小，皱纹少，痕迹浅
  2 果肉厚实而均匀，果形短而圆整
  3 用手捏，滑而不松软
- **味道：** 有红枣香甜味，无异味。

✗ NO 劣质品

- **外观：**
  1 颜色均一，漂亮鲜红
  2 枣蒂穿孔，或沾有褐色粉末
  3 表皮湿软粘手
- **味道：** 闻起来有发霉的味道。

Health & Safe 安全健康食用法

这样吃最健康

1 红枣含有丰富的维生素A、维生素C、维生素B_2及钙、铁、蛋白质等营养素，可养颜美容，改善贫血，扩张血管，增强心肌收缩力，更能保护肝脏，增强体力，对人体好处不少。

2 红枣抑制B型肝炎病毒活性的作用较佳，是天然的保肝食材，慢性肝炎患者或经常熬夜的人可以多吃。

3 红枣味甘性温、归脾胃经，能补中益气、养血安神、缓和药性，可多食用。

营养小提示

1 红枣具有许多营养成分，炖煮时剥开，释放出的营养价值会更高，而增加食欲、止泻、提升身体元气、增强免疫力、安神等功效也会更明显。

2 剥开红枣时，建议观察一下内部。若肉籽分离呈深黑色，可能含黄曲毒素，吃了恐怕会伤害眼睛，最好丢掉。

3 红枣本身具补血作用，搭配葡萄干、龙眼等食品一起吃效果更佳。

● 怎样选购最安心

1 好的红枣皮色紫红，果肉厚实而均匀，果形短而圆整，皮薄核小，皱纹少，痕迹浅，手捏滑而不松软。

2 红枣若呈均一色漂亮鲜红，可能是业者熏硫黄以防虫，要当心表皮二氧化硫残留。

● 怎样处理最健康

烹调前，先放在盆里，倒入热水，再盖上盖子，浸泡大约10分钟左右，红枣就会自动膨胀开来，接着再用凉水冲洗干净即可烹煮。

● 怎样保存最新鲜

红枣买回来之后，置放于阴凉处保存即可。

Tips 避免直接用嘴咬破外壳

春 夏 秋 冬

桂圆 Dried Longan

●宜食的人
心血管疾病患者
●忌食的人
体质燥热、火气大者、糖尿病患者

■别名：益智、蜜脾、龙眼

■性味：味甘、性平

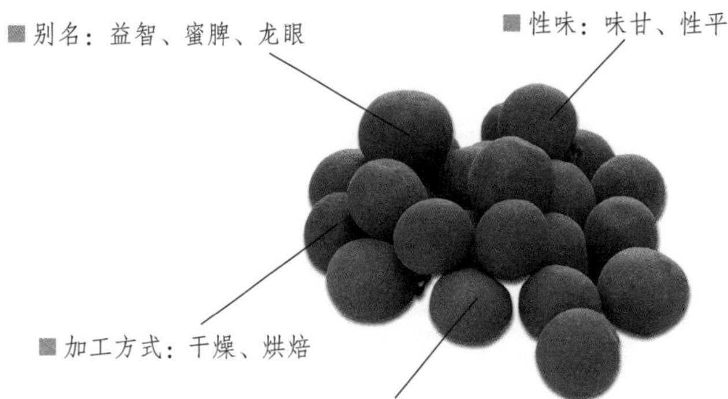

■加工方式：干燥、烘焙

■主要营养成分：铁、钙、磷、钾、蛋白质、有机酸、维生素A

✓ YES优质品

- **外观：**
  1 色泽均匀，表面干净完整
  2 摇动干果果肉时，不会分离
  3 手捏干果壳易破
  4 果肉呈半透明而有光泽及粘性
- **味道：**有桂圆独特香气，无异味。

✗ NO劣质品

- **外观：**
  1 表面出现霉斑或虫蛀
  2 手摸桂圆，手指沾上黄色粉末
- **味道：**闻起来有发霉的味道。

Health & Safe 安全健康食用法

这样吃最健康

1 桂圆含有蛋白质、铁、钙、磷、维生素A、有机酸、胆碱等多种营养成分，具有纾解压力和精神紧张作用，能改善精神状况，也有助于人体的血液循环，还能延缓老化、减慢氧化速度。心血管疾病患者、为失眠所困或容易紧张的人适合多吃。

2 桂圆富含细胞组织运转所需重要营养素，脑力工作者和课业压力重的青少年不妨增加食用量。

营养小提示

1 剥取桂圆果肉时，常会有碎皮粘在果肉上，可用干净温水，将桂圆泡水约2分钟，待皮变软即可轻易剥除碎皮。

2 自古以来，桂圆就是一种可补血的营养食品，想要气色变好、脸色变红润的女性可适量摄取。

3 桂圆的食用非常广泛，可以直接剥壳吃，加水冲泡成茶，或与紫米等谷类熬煮成粥，也可以搭配红枣、莲子、银耳等药材熬煮成养生甜汤。

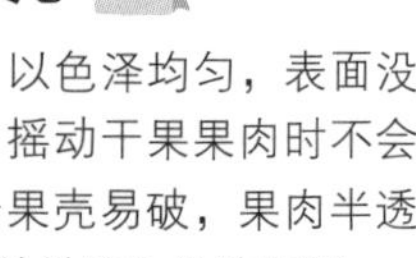

● 怎样选购最安心

1 购买桂圆时，以色泽均匀，表面没有霉斑虫蛀，摇动干果果肉时不会分离，手捏干果壳易破，果肉半透明而有光泽、粘性等为挑选原则。

2 选购桂圆的时候，可以用手揉擦一下桂圆，若颜色变了，手指沾了黄色粉末，表示桂圆经过染色处理，较不理想，不建议购买。

3 将桂圆放入清水中，摇晃一下，若水变黄，代表经染色处理过。

● 怎样处理最健康

食用桂圆之前，要先清洗干净，再剥除外壳。避免用嘴咬破外壳，直接接触表皮。

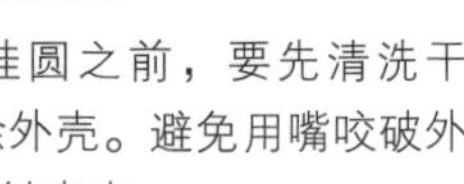

● 怎样保存最新鲜

桂圆要放置冰箱内冷藏，以免吸收空气水分而潮湿、变质。

春夏秋冬

枸杞

Dried Wolfberry

Tips 食用前，稍用温水清洗

●宜食的人

糖尿病患者、贫血者、胆固醇高者

●忌食的人

容易拉肚子者、有红肿热痛者

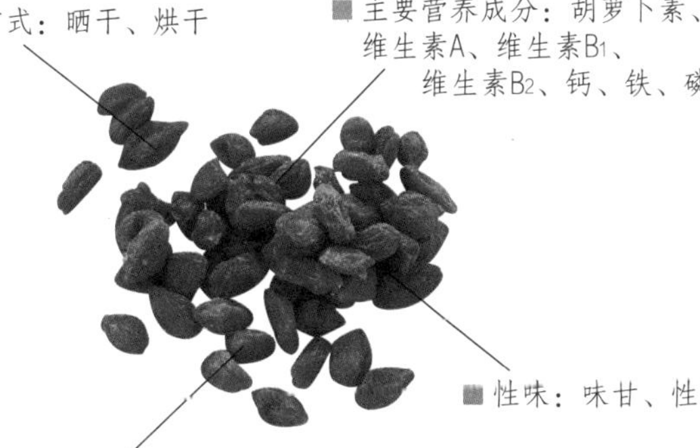

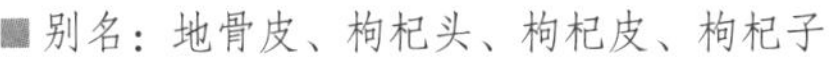

✔YES优质品

- **外观：**
  1 颜色呈现红色
  2 皮薄肉厚，种籽少
  3 包装不结块
  4 失压后会自动松散
- **味道：** 有特殊清香味，无异味。

✗NO劣质品

- **外观：**
  1 颜色过于鲜红，用色素染过
  2 用潮湿的手搓揉会掉色
- **味道：** 闻起来有发霉或发酵的味道。

Health & Safe 安全健康食用法

这样吃最健康

1 枸杞含有甜菜碱、多种不饱和脂肪酸、维生素B_1、维生素B_2、维生素C、烟酸、胡萝卜素以及微量元素磷、铁、钙等营养成分，有保护肝脏、抗脂肪肝、降血压、降血糖、保护眼睛等作用。

2 枸杞营养价值虽高，但仍不宜食用过量，成人一天的食用量建议不超过20克。

3 枸杞有润滑大小肠的功效，有习惯性拉肚子的人最好控制食用量。

营养小提示

1 烹煮枸杞之前，可先用手沾水搓一下，如果掉色就表示有色素，食用前要用温水稍微清洗一下比较好。

2 枸杞可生吃，但为了保鲜，部分药商会喷洒过量防腐漂白剂在表面。枸杞水洗后营养价值不会打折，建议水洗过再吃。

3 枸杞如久煮不烂，或吃起来苦中带酸，表示用硫磺熏过，食用量若不大，不至于有严重影响，但不可长期食用，以免伤身。

怎样选购最安心

1 购买枸杞的时候，以颜色呈现红色，皮薄肉厚，种籽少，包装不结块，失压后会自动松散，打开包装袋会有股特殊清香者为佳。

2 可将枸杞放进水中，不会马上下沉者表示品质佳。

怎样处理最健康

1 枸杞烹煮时间不宜过长，烹调时最后再加入，以防止大量营养成分流失。

2 枸杞直接泡茶或当凉菜作料更加适宜。

怎样保存最新鲜

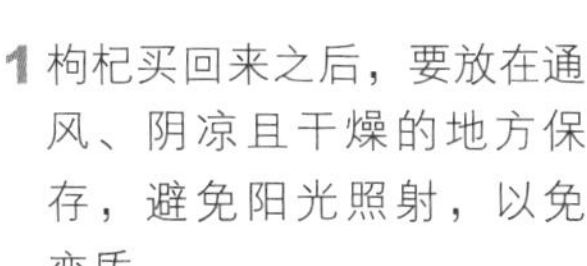

1 枸杞买回来之后，要放在通风、阴凉且干燥的地方保存，避免阳光照射，以免变质。

2 放入冰箱冷藏，可稍微降低枸杞变质的风险。

春 夏 秋 冬

干香菇 Mushroom

Tips 先洗净后泡发再烹煮

●宜食的人
糖尿病、高血压患者、心脏病、癌症等患者

●忌食的人
肾脏病、痛风患者、尿酸过高的人

■别名：冬菇、椎茸

■性味：味甘、性平

■加工方式：烘干、晒干

■主要营养成分：蛋白质、多种氨基酸、维生素B_1、维生素B_2、膳食纤维

✓ YES优质品

- **外观：**
  1 香菇伞肉肥厚，伞菇呈现圆形小山状
  2 伞面颜色呈现深褐色
  3 蒂头粗壮结实完整
- **味道：** 闻起来有香菇浓厚香味。

✗ NO劣质品

- **外观：**
  1 颜色太白或太黄
  2 伞面有黑点或虫蛀
- **味道：** 有发霉的味道或酸味。

Health & Safe 安全健康食用法

这样吃最健康

1 香菇中的麦角甾醇进入人体后，在紫外线照射下，会转变为维生素D，可帮助钙的吸收，强化牙齿与骨骼，并预防骨质疏松，对发育中的孩童和妇女十分有益。

2 香菇含有多糖体、胆碱、核酸类物质、膳食纤维等营养成分，可改善免疫系统，抗病毒或癌症细胞，也能降低血压、血脂和胆固醇，并有镇定神经，改善失眠功效。癌症、心血管疾病患者和为失眠所困的人可增加食用量。

营养小提示

1 市售干香菇大都是由机器干燥而成。烹煮之前，建议将根部朝上，在大太阳底下照射1个小时，增加维生素D含量，提高营养价值。

2 香菇的嘌呤含量相当高，每100克的香菇中大约就含有306毫克的嘌呤，肾脏病和痛风患者如果食用，可能会产生大量尿酸，肾脏在进行排毒的过程中，容易发生异常，易加重病情。

3 香菇不宜和酒一起烹调食用，因酒精会减少人体对维生素D的吸收。

香菇怎样选购最安心

1 好的香菇会产生自然的浓厚香气，伞面呈深褐色，菇形完整，蒂头粗壮结实，香菇伞肉肥厚，伞菇呈现圆形小山状。

2 香菇的背面伞褶处颜色若偏黄的话，可能是使用漂白剂处理过或存放过久的不良品，有可能会吸收残留化学物质，食入反而对身体健康产生不良影响。

3 香菇摸起来不够干燥，菇形不完整，伞面有黑点或虫蛀，甚至闻起来有霉味或酸味，可能存放过久，已经不新鲜，属于劣质品，不宜购买。

4 台湾地区香菇通常带有香菇蒂，大陆香菇则没有，因为大陆人工便宜，会雇工人剪下蒂头，当做素肉松的材料，但是台湾的人工贵，花时间处理蒂头成本不菲，台湾香菇的蒂头通常都很完整。选购时可用香菇是否带有蒂头来判断产地。

5 从香菇外观很难判定是否为国产品或走私品，因此目前国内的香菇已有产品认证制度，只要产品上面贴有生产许可QS的标识，就一定是国产、不含农药、不含重金属残留的安全菇类，可以放心购买食用。

香菇怎样处理最健康

1 香菇表面可能沾有粉尘或杂质等，烹煮前最好能先清洗干净之后再浸泡。浸泡时间的长短，视香菇的厚度而不同，只要泡到整个香菇变软即可捞起。

2 泡过香菇的水，最好不要使用。

3 80℃的热水，可将干燥香菇中的核糖核酸物质催化，释放出鲜味物质，所以使用干燥香菇烹调前，建议先用热水泡过。不过，浸泡时间不宜过久，以免香菇的鲜味物质流失。

4 香菇和瘦肉搭配烹调，可提高体内烟酸的含量，有效维持神经、消化系统和皮肤的健康。

5 干香菇味道浓郁，适合煮汤或做成调味料。烹煮前放置水里浸泡时，可加入一点点砂糖，减少营养成分的流失，维持原来的甜味。

香菇怎样保存最新鲜

1 香菇最怕受潮，应避免放置于高温多湿环境，最好干燥保存。

2 如果碰到梅雨季等连续潮湿的天气时，香菇很容易就会发霉、甚至长虫，这时可以将干燥剂放进存放香菇的密闭容器内以保持干燥。

3 如果发现香菇变色、长虫了，最好丢弃不要再食用。

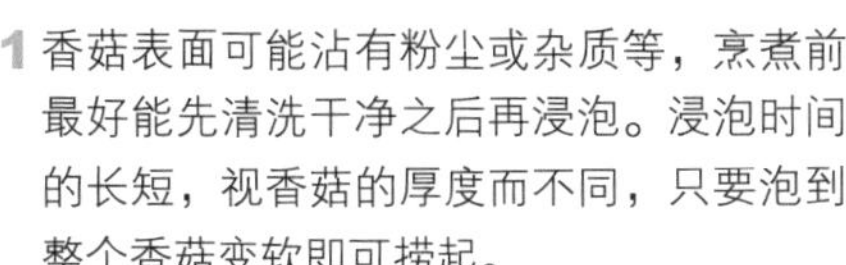

香菇的饮食宜忌 O+✗

宜→O 对什么人有帮助

O失眠者适合多食用
O适合癌症、糖尿病、心脏病的患者食用
O高血压、骨质疏松等患者可多吃
O腹壁脂肪较厚和有意减肥的人适合食用

忌→✗ 哪些人不宜吃

✗肾脏病患者不适合吃
✗痛风和尿酸过高的人不宜多吃
✗产妇不适合食用

春 夏 秋 冬

银耳

Tips 丰富胶质能美容养颜

White Fungus

●宜食的人
高血压患者、血管硬化者、便秘者
●忌食的人
咳痰多、受风寒者

■主要产季：5月～8月

■主要营养成分：胶质、维生素B、维生素C、磷、硫、铁、镁、钙、钾、钠

■性味：味甘、性平

■别名：白木耳、雪耳、银耳子

✓YES优质品

●**外观：**

1 颜色呈现白色或微黄

2 耳花大而完整，耳肉肥厚蒂小

3 干燥不湿

●**味道：**闻起来没有异味。

✗NO劣质品

●**外观：**

1 颜色过白

2 耳花破碎，耳肉薄

3 有杂质

●**味道：**闻起来有发霉的味道。

Health & Safe 安全健康食用法

这样吃最健康

1 银耳富含胶质、膳食纤维和钙，可降低血液和肝脏中的胆固醇，将体内代谢废物排出，又能减缓血糖上升，改善粗糙皮肤，是天然的养生和美容食材。

2 银耳不仅热量低，且容易产生饱足感，对有计划减肥的人，是很不错的食物。

3 银耳自古就是珍贵的药用食材，搭配不同的药材，夏天可退火解毒，冬天可进补，应用相当灵活。

营养小提示

1 银耳若出现根部变黑，外观呈黑、黄色，有异味，摸起来黏黏的，表示已变质，不新鲜，要立刻丢弃，不应再食用。

2 银耳含有丰富的胶质和多糖体，有助于强化身体的免疫力，不过要经过较长时间的烹煮，才能溶出这两种营养素；凉拌的方式不容易摄取到这两种营养素。

3 银耳的维生素D可促进钙的吸收，喝银耳甜汤时不妨加入鲜奶，以提高其营养价值。

●怎样选购最安心

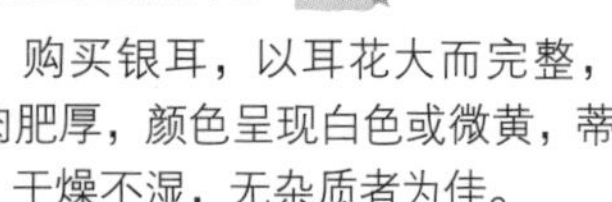

购买银耳，以耳花大而完整，耳肉肥厚，颜色呈现白色或微黄，蒂小，干燥不湿，无杂质者为佳。

尽量避免选购过白的银耳，有可能是被硫磺漂白过的。

●怎样处理最健康

1 银耳的背面有层粉白色孢子附着，并非农药，只要烹调前将它清洗干净即可。

2 食用前先每隔1小时换1次水，浸泡3～4小时之后再烹煮，可以减少、消除残留的二氧化硫量。

●怎样保存最新鲜

1 银耳要放置于通风、无阳光长时间照射的地方。

2 银耳不要和气味重的原料放一起，以免互相影响。

3 银耳质地较脆，少翻动，拿取宜轻巧，勿压重物。

春 夏 秋 冬

海带 Dried Kelp

Tips 勿刻意清洗掉表面白粉

●宜食的人
糖尿病、高血压患者
●忌食的人
甲状腺亢进患者、孕妇

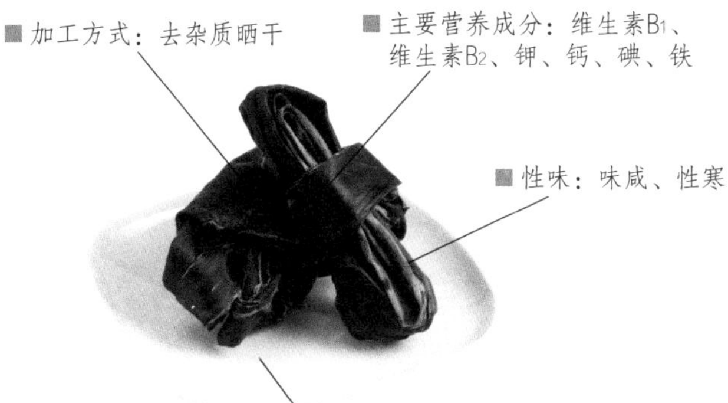

✔ YES优质品

● **外观：**
1 颜色呈现墨绿色
2 质地宽厚
3 表面布满白霜，用手轻拍易散

● **味道：**有淡淡的海鲜味，没有异味。

✘ NO劣质品

● **外观：**
1 质地薄
2 表面白霜少

● **味道：**闻起来有发霉的味道。

Health & Safe 安全健康食用法

这样吃最健康

1 海带富含膳食纤维和碘、钙、硒等多种矿物质，有促进血液中脂肪的代谢、强化牙齿与骨骼、防癌、降低血中胆固醇等多种功效，糖尿病、心血管疾病、各种癌症患者、肥胖的人皆可以增加食用量。

2 海带富含碘元素，对人体有益，但孕妇和哺乳期妇女不宜食用过量，以免碘经由血液循环，从胎盘或乳汁进入胎儿和幼儿体内，引发胎儿及幼儿甲状腺功能障碍。

营养小提示

1 熬煮海带的时候，若汤汁呈现金黄的颜色，且相当浓稠，则表示海带品质比较差，品质好的海带，不会因为久煮而汤汁变得浓稠。

2 全球水质有遭受污染的可能性，所以海带中可能会有一些含毒物质，建议烹煮前先用水浸泡2~3小时，中间至少换1~2次水。

3 海带浸泡于水中的时间不宜超过6小时，以免造成水溶性营养物质大量流失。

● 怎样选购最安心

1 购买海带时，以颜色呈深墨绿色，质地宽厚，表面布满白霜者为佳。这样的海带吃起来才会富有口感与甜味。

2 用手轻拍白霜，易拍散者表示海带没有受潮，宜选购。

● 怎样处理最健康

1 海带表面的白霜，是鲜美的来源，主要成份是甘露醇排毒退肿不要刻意用力冲洗。

2 烹煮前，可将海带先浸泡于水中。

● 怎样保存最新鲜

1 海带买回来之后，置于阴凉通风干爽处保存即可。

2 如果把海带放入冰箱，需在密封袋或瓶内放干燥剂除湿。

3 不要把海带放在金属器皿中，海带的盐分会使器皿生锈并影响海带气味。

Tips 保存期过长者慎食

春 夏 秋 冬

泡菜 Homemade Pickle

●宜食的人
胃口不佳者
肥胖者、便秘者

●忌食的人
高血压者、肾脏病者、糖尿病患者

■ 别名：酸果、泡酸菜、泡白菜、盐酸菜

■ 性味：味甘、性寒

■ 加工方式：调味腌制

■ 主要营养成分：维生素A、维生素B_1、维生素C、钙、磷、铁、胡萝卜素

✔ YES优质品

- **外观：**
  1 外观新鲜，色泽鲜亮
  2 口感嫩脆，味道咸酸
  3 入喉浓郁甘甜
- **味道：** 闻起来香味扑鼻，无异味。

✘ NO劣质品

- **外观：**
  1 叶菜不干净
  2 叶面有黑褐色斑点
- **味道：** 闻起来有酸败味。

Health & Safe 安全健康食用法

这样吃最健康

1 泡菜是以湿态发酵方式加工制成的食品，所含乳酸菌能开胃、解油腻，胃口不佳的人可少量食用。

2 泡菜是以大白菜、圆白菜等蔬菜为主要原料，含有维生素A、维生素B_1、维生素C、磷、铁、钙、蛋白质、胡萝卜素、辣椒素、纤维素等营养成分，有杀菌、抗癌、预防便秘等功效。

3 泡菜的高盐分对高血压、肾脏病、糖尿病甚至心脏病不利，患有上述疾病者不宜多吃。

营养小提示

1 自制家常泡菜时可将蔬菜外层老菜剥掉，用清水反复洗净，沥干并调味，最后放入缸坛保存。

2 吃泡菜的时候，如果一次吃不完，建议用干净筷子先把想要食用的分量夹出，这样可以减少泡菜遭到微生物污染而变质的机会。

3 单纯用乳酸菌发酵的酸泡菜，离开冰箱后会持续发酵，变得越来越酸，最后变质走味，要注意。

● 怎样选购最安心

1 购买泡菜的时候，以外观新鲜，色泽鲜亮，口感嫩脆，味道咸酸，入喉浓郁甘甜，香味扑鼻，无异味者为挑选原则。

2 泡菜如果闻起来有异常的酸腐味，可能是保存不当变质发霉了。

● 怎样处理最健康

1 泡菜若保质期过长，放很久都不会坏，很有可能是加了防腐剂，多吃对身体不好慎食。

2 泡菜的汤汁若呈黏稠状，表示已经坏掉，不宜食用。

● 怎样保存最新鲜

将泡菜放入冰箱冷藏之前，可先盖上一层保鲜膜，再盖紧盖子，这样就能避免泡菜气味散出沾染其他食物。

春夏秋冬

罐头 Can

Tips 罐顶或罐底凸起者慎选

● 宜食的人
一般人

● 忌食的人
高血压、肾脏病患者、糖尿病等患者

■ 主要营养成分：热量、蛋白质、脂肪、糖类

■ 加工方式：灭菌真空

■ 别名：罐装食品

✓ YES优质品

● **外观：**

1 内容物均匀，汤汁清亮透明

2 外包装整洁干净，印刷清楚

3 生产日期、保质期等标示清楚

● **味道：** 有自然的香气，没有异味。

✗ NO劣质品

● **外观：**

1 罐头内容物不均匀

2 汤汁颜色混浊、不透亮

3 外包装有破损，印刷标识不清楚

● **味道：** 闻起来味道不自然。

Health & Safe 安全健康食用法

这样吃最健康

1 若购买有油的罐头，如金枪鱼罐头，最好倒出来后，过油并烫过再食用。

2 罐头添加物较多，食用时要注意内容物标示，尤其慢性病患者。高血压和肾脏病患者不宜食用钠偏高的海鲜和肉类罐头，糖尿病患者不宜食用糖分偏高的水果罐头。

3 罐头钠含量高，且纤维质和维生素普遍不足，长期过量食用，对身体负担重，建议一餐不要超过半罐。

营养小提示

1 吃不完的罐头，不建议直接放进冰箱冷藏，最好先装到保鲜盒里再放置于冰箱，并于保质期之前食用完毕。

2 使用马口铁的罐头，内部真空，罐顶或罐底应呈平坦或向内凹。若有漏洞或杀菌不当，罐内就会跑进空气而使细菌繁殖，造成罐顶或罐底凸起，不可食用。

3 罐头放久了，内容物有可能变质，最好购买新生产的产品为佳。

● 怎样选购最安心

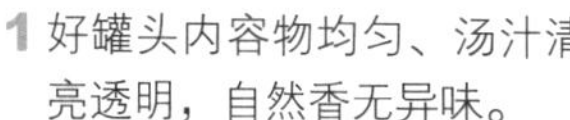

1 好罐头内容物均匀、汤汁清亮透明，自然香无异味。

2 外包装整洁干净，清楚标示厂家生产标签、品名、厂名、厂址、配料表、净含量、固形物含量、执行标准代号、QS标志和编号、保质期、生产日期。

● 怎样处理最健康

罐头加工时，已经过蒸煮，内容物大多熟了，因此烹煮时间勿过久，以免营养流失过多。

● 怎样保存最新鲜

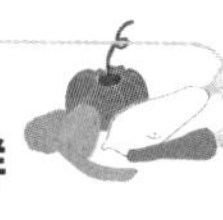

罐头在未开封前都不需要低温冷藏，只需放在通风、阴凉、干爽处即可。

Chapter 3 提味佐料馆

调味品吃得安心

调味品可说是食物最神奇又美丽的化妆师，神乎其技的功效，把酸、甜、苦、辣、咸以及各种芳香的气味，悄悄蕴含到食物之中。只要把握调味品的选购技巧、正确保存方法以及安全使用方法，就能让我们在大啖美食之余，还能兼顾饮食安全及身心健康。

调味品选购基本原则

❶ QS是品质最佳保证

QS（Qiyeshipinshengchanxuke）生产许可标志及编号是品质最佳保证，也是选购时优先考虑的保证之一。

由英文字母QS加12位数字组成。前4位数字为受理机关编号，中间4位为产品类别编号，后4位为获证企业序号。

❷ 到有信誉的卖场或商店购买

品牌上最好选择信誉良好的卖场、商店或较知名的厂商购买。

❸ 成分标示一目了然

在包装上标示有品名、内容物之成分、数量、重量或容量、生产商及地址、生产日期QS标识及编号等是否清楚，是否含有过多盐分，标示清楚的产品较有质量保证。

❹ 注意保质期

有时特卖的调味品，大都快过了保质期，要特别注意。一般包装外皆会以日月年标示生产日期或保质期，选购时应注意是否到了保质期限。

正确保存才能吃得更安心

❶ 颗粒、粉末状的调味品需密封

这类的调味品易受潮，因此使用后要确保是否完全将封口封好；完全密封、常温下，最多只能保存3个月。

❷ 液状调味料应低温保存

在开启使用后，盖紧瓶盖。经过发酵类的调味品，如酱油、醋、味啉等要放入冰箱中，以低温冷藏保存更佳。非液状的调味料在开启使用完后，应盖紧瓶盖，放在阳光无法直射、阴暗处保存。

❸ 避免高温潮湿

温度也会影响调味品的品质，要避免放置在炉火旁，因为温度过高容易引起变酸败坏。湿度也是导致调味品变质的原因，开封后，尽可能不要与空气接触，保持干燥，并放在冰箱内保存。

❹ 尽量以玻璃容器盛装

不论是铝罐或金属类的调味品在开封后，应立刻转移到其他材质密闭容器中，以玻璃瓶罐类材质最优，避免与空气接触，隔离细菌和湿气。

春夏秋冬

砂糖 Sugar

Tips 避免直接高温加热

●宜食的人
低血糖者、熬夜者、疲劳过度者

●忌食的人
糖尿病患、肥胖者

■ 主要营养成分：葡萄糖、锰、锌、铜、铁

■ 来源：从甘蔗或甜菜等农作物提取、去除杂质，提炼而成

■ 性味：性质甘甜

YES优质品

- **外观：**
  1 干燥松散、不结块，不成团
  2 包装完好、没有小缺口或是受潮
  3 颜色呈现土黄色泽
- **味道：** 闻起来有砂糖特有的香味。

NO劣质品

- **外观：**
  1 受潮、结成块
  2 包装有缺口
- **味道：** 闻起来有受潮的味道。

Health & Safe 安全健康食用法

这样吃最健康

1 食用砂糖后，砂糖会在体内转化为葡萄糖热能而被吸收应用。但多余的葡萄糖会运往肝脏储存为肝糖，必要时再转化为葡萄糖血液运出应用。若肝糖久不利用、消耗，就会与肝脏脂肪共存，如此容易使人增加体重。所以，要控制食用砂糖的量。

2 吃完砂糖后记得刷牙，否则易引起蛀牙。

3 常吃糖又不运动，容易造成肥胖，建议养成运动习惯，就不需对糖斤斤计较。

营养小提示

1 砂糖可提高肉类及豆类的柔软度，在烹煮的过程中可以利用砂糖来提升口感。

2 长时间慢跑、糖尿病患者低血糖发作、熬夜、上班族长时间开会等情况，都可以马上食用一些砂糖，减缓身体的不适。

3 用脑过度者因缺乏葡萄糖而疲劳，补充含砂糖食品，可消除疲劳、集中精神。

4 干制食品如木耳、香菇、海带，在泡发过程中加少许砂糖，可以迅速泡软。

怎样选购最安心

1 在购买砂糖时可细看颜色，优质的砂糖呈现土黄色泽，没有其他的残留物质。

2 新鲜的砂糖外观呈现干燥松散、不结块，不成团，无杂质，包装完好、没有小缺口或是受潮的情形。

怎样处理最健康

烹调上避免直接以高温加热。使用时最好在溶液中煮沸后再食用。

怎样保存最新鲜

1 拆封打开后，最好装入密封罐中，或用毕后立即将袋口封紧，避免受潮和阳光直射，保存在干燥、阴凉处，避免砂糖变质。

2 糖品保质期约18个月，家庭贮存量以1个月用量为佳。

Tips 应放在密封保鲜盒中保存

春 夏 秋 冬

食盐 Salt

●宜食的人
一般人
●忌食的人
高血压、肾脏病患者、心血管疾病等患者

■种类：精盐、低钠盐、海盐、岩盐、湖盐、井盐、竹盐、碘盐

■性味：味咸、性寒

■来源：由海水、盐矿或天然卤水精制所得

■主要营养成分：矿物质氯化钠，微量的碘、钾、钙

✓ YES优质品

- **外观：**
  1 色泽洁白
  2 结晶大小整齐一致，颗粒均匀
  3 没有结块或凝固
- **味道：**闻起来有自然的食盐味。

✗ NO劣质品

- **外观：**有结块或凝固的情形
- **味道：**闻起来有受潮味。

Health & Safe 安全健康食用法

这样吃最健康

1 有传言指出，中国有许多工业再制盐被不法商家，利用混装的手法流入市面销售，这些产品可能含有重金属或其他致癌的有毒物质。为避免买到品质差的食盐，建议消费者购买有信誉品牌的食盐。

2 世界卫生组织（WHO）建议，成人每天食盐量应控制在6克左右，最多不要超过7.5克。但根据调查，一般人一天大概吃进10克的盐。建议所有人减少盐的食用量，以降低肾脏的负担。

营养小提示

1 盐最主要的成分就是氯化钠，市面上有各种盐，但不论是哪一种，主要成分都一样。摄取过高的钠，会造成水肿、增加肾脏负担，引发高血压。

2 对必须限制钠含量的消费者来说，虽然可以选择低钠盐，但低钠盐是以氯化钾取代氯化钠，钾含量通常较高，摄取过量，对洗肾病患或慢性肾脏疾病者来说，一样会增加身体的负担。建议还是遵照医生指示，限制盐的食用量。

●怎样选购最安心

1 购买时要注意外包装是否完整，标签上明确注明生产商或经销商的名称、地址及生产日期等。

2 优质食盐色泽洁白，结晶大小一致，颗粒均匀，不会结块或凝固。

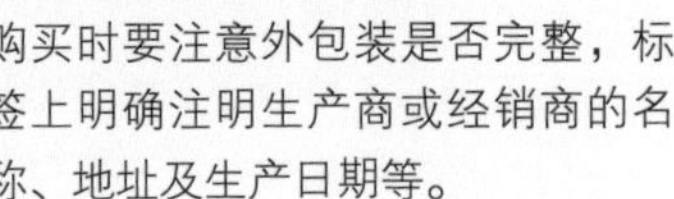

●怎样处理最健康

1 盐是调味料，斟酌使用适量即可。别吃太咸，以免加重肾脏负担。

2 盐可保存食物、蔬果的风味。例如：苹果和水梨抹盐可防变色；豆腐浸泡盐水中可保持嫩度且不易发酸；盐水和洗净的米同放锅内蒸，口感会更松软。

●怎样保存最新鲜

食盐正确的保存方法是放在密封的保存盒中，放在远离煤气灶、微波炉的地方，食用起来更安心。

春夏秋冬 酱油 Soy Sauce

Tips 开封后宜冷藏保鲜

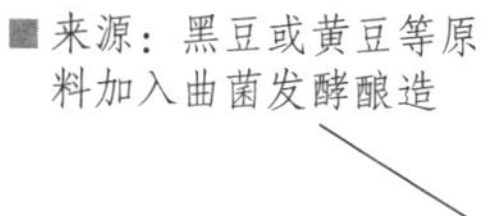

■ 来源：黑豆或黄豆等原料加入曲菌发酵酿造

■ 主要营养成分：异黄酮素、氨基酸、维生素B_1、维生素B_2、锌

■ 味道：咸甜适口、味道醇厚柔和、香味持久

■ 种类：酱油膏、酱油露、陈年酱油、淡色酱油、浓色酱油、薄盐酱油

✔ YES优质品

- **外观：**
  1 颜色呈红褐色、棕褐色，有光泽
  2 瓶底没有沉淀物或杂质
- **味道：** 有酱油自然的香味。

✘ NO劣质品

- **外观：**
  1 颜色没有光泽
  2 瓶底有沉淀物或杂质
- **味道：** 气味呛鼻且带点苦味。

Health & Safe 安全健康食用法

这样吃最健康

1 一些不法商贩制作的化学速成酱油，完全没有酱油的风味，气味呛鼻且带一点苦味，这是因为化学调味剂所致；且在高温烹煮下，化学速成酱油会产生单氯丙二醇致癌物，因此要避免使用。

2 酱油不经加热也可食用，但在生产、储存、运送或销售过程中，会因卫生条件良莠不齐恐有受到污染的疑虑，加热后再食用，可以确保安全。

营养小提示

1 酱油含十几种氨基酸，还有B族维生素和一定量的钙、磷、铁，但其含盐量较高，在18%～20%，即5毫升酱油里约1克盐，一般人要少量摄取，高血压、肾脏病患者更应谨慎控制摄取量，以免病情加重。

2 很多术后病人害怕食用酱油，担心会让伤口变黑，留下疤痕。其实，皮肤是否会留下疤痕，主要取决于损伤的深浅度、细菌感染程度、个体差异等因素。

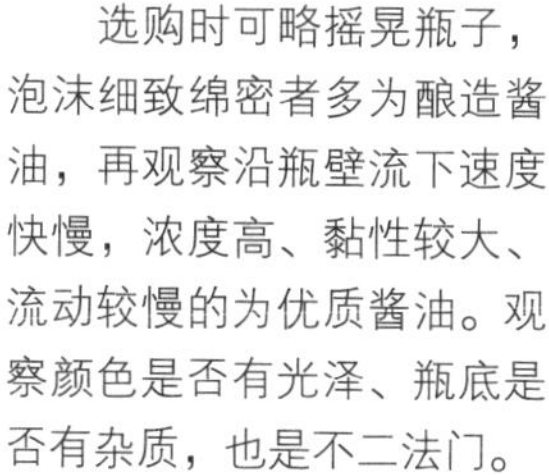

● 怎样选购最安心

选购时可略摇晃瓶子，泡沫细致绵密者多为酿造酱油，再观察沿瓶壁流下速度快慢，浓度高、黏性较大、流动较慢的为优质酱油。观察颜色是否有光泽、瓶底是否有杂质，也是不二法门。

● 怎样处理最健康

1 酱油多用来提味，适量摄取即可，勿过量。

2 如果想做凉拌菜，最好选择佐餐或者生抽酱油。

● 怎样保存最新鲜

酱油使用后应将瓶盖盖紧，存放在干爽阴凉的地方，避免阳光照射，也要避免储存过久。放冰箱冷藏也是一个保鲜的好方法。

Tips 不需加热，可直接食用

●宜食的人
胃炎患者、十二指肠溃疡患者
●忌食的人
无

春 夏 秋 冬

橄榄油 Olive Oil

■ 种类：特级初榨橄榄油、精纯橄榄油、清淡橄榄油、混合橄榄油

■ 味道：气味清香

■ 来源：由新鲜的橄榄果实挤压、过滤、榨取而成，或者从橄榄渣再压榨和精炼处理制成

■ 主要营养成分：不饱和脂肪酸、抗氧化剂、磷脂酸、维生素A、维生素D、维生素E、维生素K

✓ YES优质品

- **外观：**
  1 色泽清透，呈暗绿色
  2 瓶底没有沉淀物
  3 没有悬浮物漂浮于其中
- **味道：** 闻起来有橄榄油独特的香气。

✗ NO劣质品

- **外观：**
  1 色泽混浊、缺乏透亮
  2 瓶底有沉淀物
  3 有悬浮物漂浮于其中
- **味道：** 闻起来没有特别的香味。

Health & Safe 安全健康食用法

这样吃最健康

1 橄榄油分四个等级：特级初榨橄榄油、精纯橄榄油、清淡橄榄油、混合橄榄油。特级初榨橄榄油的营养最丰富，依序递减。其中，清淡橄榄油因为味道不呛，受多数人欢迎，不过它的营养价值并不比特级初榨橄榄油、精纯橄榄油更高。

2 橄榄油富含单不饱和脂肪酸，尤其含有必需脂肪酸，可以降低血脂、血压，预防心脏疾病。非常适合高血压、高胆固醇患者食用。

营养小提示

1 橄榄油一经加热就会膨胀，用于烹调时，所需要的油量相对比其他的油少。

2 有便秘困扰的人，可以在每天早上空腹前，喝2汤匙的橄榄油，有助于减缓不适。

3 橄榄油对因十二指肠溃疡或胃炎所导致的胃疾，有显著疗效。建议有此困扰者多食用。

4 将油品以40℃温水隔水加热，如有蜡质出现表示是级别最低的混合橄榄油。

● 怎样选购最安心

1 购买橄榄油以色泽为参考标准，高品质橄榄油的颜色透亮、浓郁，呈清澄的绿色、金绿色或金黄色。橄榄油颜色越深越好，暗绿色品质佳。

2 轻晃一下瓶身，若油质滑动感觉很稀薄，甚至有些会出现光泽混浊、缺乏透亮的现象，就要避免选购。

● 怎样处理最健康

1 橄榄油具有较高的冒烟点，直接调味或加热烹调皆宜。

2 如要油炸食物，可选择精炼橄榄油，稳定性高，可避免氧化引起变质，适合以中高温160～180℃油炸，吃起来更安心。

● 怎样保存最新鲜

橄榄油可保存2年，不过，一旦开封，建议在45天内食用完毕。

春夏秋冬

色拉油 Salad Oil

Tips 用过的油不要倒回瓶中

●宜食的人
一般人
●忌食的人
无

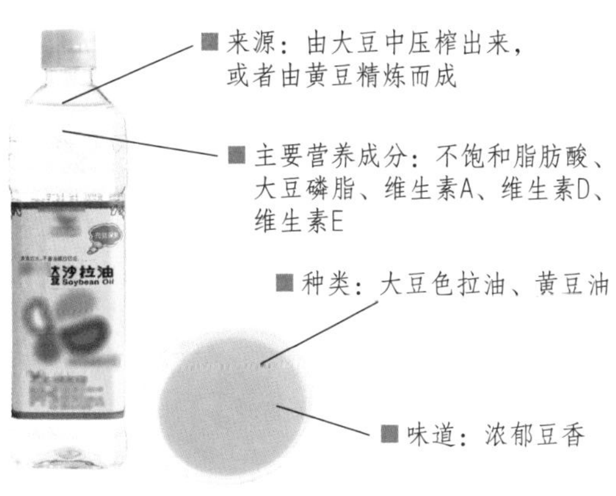

■来源：由大豆中压榨出来，或者由黄豆精炼而成

■主要营养成分：不饱和脂肪酸、大豆磷脂、维生素A、维生素D、维生素E

■种类：大豆色拉油、黄豆油

■味道：浓郁豆香

✓ YES优质品

● **外观：**

1 颜色清淡、清澈

2 瓶底没有沉淀物

3 没有悬浮物漂浮于其中

● **味道：** 闻起来无特殊气味。

✗ NO劣质品

● **外观：**

1 颜色混浊

2 瓶底有沉淀物

3 有悬浮物漂浮于其中

● **味道：** 闻起来有酸败的气味。

Health & Safe 安全健康食用法

这样吃最健康

1 使用过的色拉油，避免用塑料或金属类容器盛装，不论塑料的增塑剂或金属容器的金属分子，都会加速油脂酸败变质。尽量使用陶瓷类或颜色较深的玻璃瓶。

2 使用食用油不宜过多煎炸，因受氧化、加热等易造成油脂黏稠，使营养下降，产生有毒物质，食用过多对身体无益。

3 色拉油掺在蛋糕里会使口感柔软，但色拉油制成的西点保存性较差。

营养小提示

1 很多人因为怕胖，刻意减少，甚至避开油脂摄取。事实上，油脂是人体不可或缺的成分之一，油脂能提供能量，提供人体必需脂肪酸，帮助脂溶性维生素吸收。所以，油脂的食用是必需的，只要将食用量控制在每日不超过总热量30%即可。

2 大豆油富含亚油酸、油酸、亚麻酸、维生素E，对健康有益。但它的冒烟点不高，所以建议多采用凉拌、快速水炒或中火炒。

● 怎样选购最安心

1 选择优良厂商，购买时以大市场、大超市为主，因其注重商誉，对合作厂商也会慎选，为商品多一层保障。

2 购买有生产许可证、QS的食用油是品质保证。

● 怎样处理最健康

色拉油里切忌不能混入水分，否则容易使油脂产生乳化作用，会变得混浊，品质也会大打折扣。

● 怎样保存最新鲜

若要分装，盛装之前，也要将容器洗干净、风干水分后再使用，当装入油脂后要加盖密封，并且存放在干燥阴凉处，可以减少油脂与空气、光线接触，避免变质。

Tips 避免空腹食用，以免伤胃

春 夏 秋 冬

醋 Vinegar

●宜食的人
一般人

●忌食的人
低血压者、胃肠功能障碍者

■种类：谷物醋、酿造醋、水果醋

■味道：酸或甜中带酸

■来源：天然食材经过发酵酿造，或是添加合成醋酸缩制成合成醋，用上述两种方式制成的醋则为混合醋

■主要营养成分：有机酸、氨基酸、B族维生素、钾、钠

✓YES优质品

●外观：

1 颜色呈现棕褐色、琥珀色、棕红色或无色透明

2 没有异物或杂质沉淀于瓶底

●味道：闻起来有股芳香的酸味，或水果香气。

✗NO劣质品

●外观：

1 颜色不具透光性

2 有异物或杂质沉淀于瓶底

●味道：闻起来很刺鼻。

Health & Safe 安全健康食用法

这样吃最健康

1 醋对身体的益处不少，水果醋更是近年来颇受欢迎的一种饮料。但记住，空腹时别喝醋，否则会刺激胃分泌过多的胃酸，造成胃壁的伤害，甚至还可能导致胃溃疡、十二指肠溃疡等症状。

2 因为醋味酸，饮用后最好马上刷牙、漱口，以免损坏牙齿。

3 十二指肠溃疡患者、胃酸过多者、低血压的老年人，及对醋酸过敏者，不宜食用。

营养小提示

1 醋要适量食用，建议每天最多1～2杯的稀释醋。

2 陈醋、寿司醋里的钠含量高，5小匙的陈醋里，大概就有1小匙的钠，一般人要注意别过量，而必须限钠的高血压患者，更应小心食用。

3 醋有缓解疲劳、保健美容的功效，喝醋的确有益健康。但目前市售醋饮，为增添口感，大多添加大量糖、香料、食用色素，建议这类醋应少量食用。

●怎样选购最安心

1 选购酿造醋以棕褐色、琥珀色、棕红色或者无色透明为首选。气味上有酸味芳香或水果香气。

2 挑选时可将稀释的醋含少许在口中几秒，不觉呛，吞咽无刺喉感，余味带有醇厚温润感，就是好醋。

3 选择拥有QS生产许可的生产厂商生产的产品。

●怎样处理最健康

用来腌渍食材；或在起锅前及盛盘后加入醋，增加口感。

●怎样保存最新鲜

1 一旦开瓶后，每次使用完毕最好将瓶口擦干净，并且将瓶盖盖紧。

2 夏季由于气温较高，最好放在冰箱中保存，或者放在阴凉处，但仍需要在保质期内尽快用完。

春夏秋冬

芥末 Mustard

Tips 可作为腌渍调味品

●宜食的人
食欲不振者
●忌食的人
胃炎者、消化道溃疡者、眼睛发炎者

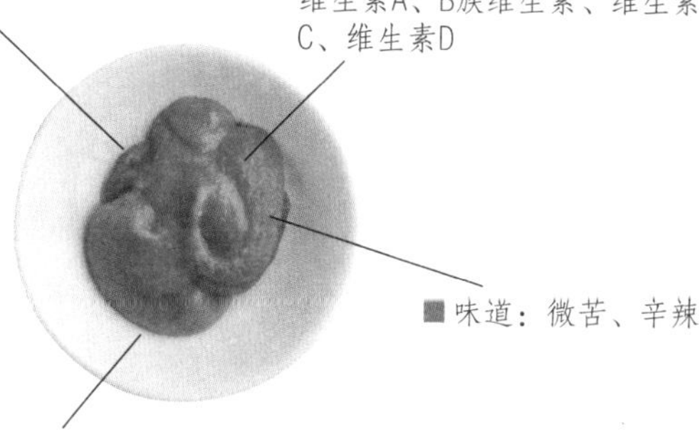

✓YES优质品

- **外观：**
  1 黏度高
  2 颜色鲜黄或鲜绿
- **味道：** 有芥末独特浓郁的味道，强烈但不至于太过刺鼻。

✗NO劣质品

- **外观：**
  1 油水分离
  2 黏稠度小
- **味道：** 闻起来有明显的刺鼻味。

Health & Safe 安全健康食用法

这样吃最健康

1 有别于辣椒的辛辣，芥末的辣味独特，利用芥末粉调拌蘸食，具有强烈刺激的催泪辣味，对味觉、嗅觉都是一大挑战。谨守现调现用、未用完的芥末密封后冷藏的原则，就能吃得美味又健康。

2 芥末辛辣，会刺激肠胃，建议肠胃不舒服、胃炎、消化道溃疡者不要食用。

3 芥末刺激，易引发流泪反应，建议眼睛发炎患者不要食用，以免加重不适。

营养小提示

1 芥末的异硫氰酸盐能预防蛀牙、癌症。不过，芥末的热量不低，每100克有476千卡，想要减肥的人摄取时要特别小心。

2 如果觉得芥末太过呛鼻，可以在芥末中添加少许的糖或醋，如此能有效缓和辣味，口感更佳。

3 芥末酱不宜长期存放，一旦出现油水分离的情况，味道就会变苦，勿继续食用，以免影响健康。

●怎样选购最安心

1 市面上的芥末可分为粉状及玻璃装的膏状，后者开罐即可食用，不过要注意保质期。

2 粉状的只要调水成芥末酱后即可食用，现吃现调方便快捷。

●怎样处理最健康

1 与纯酿酱油一起调拌均匀，即是生鱼片最适合的美味调味料。

2 可作为腌渍生肉的腌料，泡菜的基底酱料，或者作为沙拉的调料。

●怎样保存最新鲜

芥末不宜长期存放，尤其是芥末酱或者芥末膏，放置常温下密封储存，且须防潮、避光，保质期在6个月左右。

Tips 温水调制，营养不流失

春 夏 秋 冬

蜂蜜 Honey

●宜食的人
一般人

●忌食的人
一岁以下的幼童

■种类：龙眼蜜、花蜜、桂花蜜、槐花蜜等

■味道：浓郁甘甜

■来源：利用工蜂采集而来的花蜜或植物分泌物，酿制而成

■主要营养成分：叶酸、烟酸、矿物质、氨基酸、糖类、维生素B1、维生素B2、维生素B6

✓ YES优质品

- 外观：
  1 色泽呈现透明、半透明状
  2 瓶底没有沉淀物
  3 没有悬浮物漂浮于其中
- **味道：**闻起来有清淡的花香。

✗ NO劣质品

- 外观：
  1 瓶底有沉淀物
  2 有悬浮物漂浮于其中
  3 色泽混浊，不透明
- **味道：**闻起来无香气，有酸败味。

Health & Safe 安全健康食用法

这样吃最健康

1 蜂蜜最主要的成分为天然葡萄糖和果糖，占75%左右，水分有18%。此外，还有丰富的微量元素、绝佳的营养比例，是保健身体的好选择。

2 一岁以下的婴幼儿不适合食用蜂蜜。蜂蜜是属于不易消毒完全的食物，测试结果发现蜂蜜内易含有梭状肉毒杆菌芽胞。一岁以下的小孩肠道、免疫系统皆未成熟，吃下去后，可能会引发幼儿神经肌肉失调，甚至呼吸系统瘫痪。

营养小提示

1 蜂蜜的主要成分为果糖和葡萄糖，不需要酶的分解，可以直接被人体吸收，疲劳时，可以食用蜂蜜，以缓解疲劳，补充体力。

2 蜂蜜在高温时不易有甜味，热饮时别过量。

3 蜂蜜含丰富的草酸，若和富含钙质的食物一起搭配食用，会在胃里形成草酸钙，变成结石。一般正常情况下会随粪便排出，但如果喝水量不足，就会在体内累积，容易引发消化不良的症状。

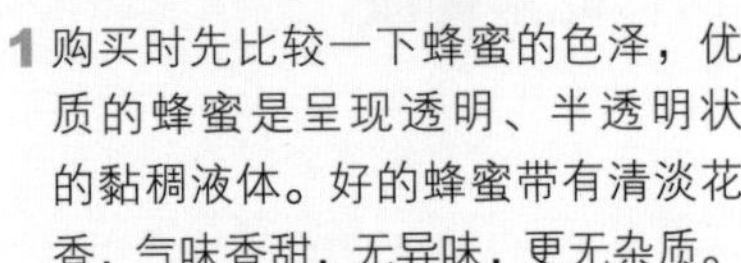

●怎样选购最安心

1 购买时先比较一下蜂蜜的色泽，优质的蜂蜜是呈现透明、半透明状的黏稠液体。好的蜂蜜带有清淡花香，气味香甜，无异味，更无杂质。

2 可用筷子测试蜂蜜浓度，将蜂蜜挑起，黏稠度佳，品质就会不错。

●怎样处理最健康

1 蜂蜜有时会出现白色颗粒结晶，这并非发霉，是正常现象，只要将蜂蜜以温水搅拌，就能去除。

2 蜂蜜的营养在高温下易流失，建议用60℃以下的温水冲泡。

●怎样保存最新鲜

1 蜂蜜保存性佳。拧紧瓶盖，放置于阴凉处即可。

2 蜂蜜是弱酸性食物，不能放在金属容器里，避免增加其重金属的含量。

春 夏 秋 冬

香辛料 Spice

Tips 使用时的分量需斟酌

●宜食的人
食欲不振者

●忌食的人
火气大者
体质燥热者

■ 来源：利用植物的种子、花蕾、叶茎、根块等摘取或萃取而来

■ 主要营养成分：苯丙基类化合物、蛋白质、维生素

■ 性味：辛香、麻辣、苦甜

■ 种类：完整香辛料、粉碎辛香料以及辛香料萃取物等

✓ YES优质品

● **外观：**

1 包装完整

2 干燥，不潮湿

3 没有结块

● **味道：** 闻起来有强烈的辛辣味。

✗ NO劣质品

● **外观：**

1 包装不完整，有破损

2 潮湿，有结块

● **味道：** 辛辣味闻起来很淡，或者根本没有香辛料本身的味道。

Health & Safe 安全健康食用法

这样吃最健康

1 一般说来，香辛料类食材属热性，对肠胃比较有刺激性，如果食用过量，轻则造成肠胃不适，引发拉肚子等症状，严重则会引起充血性炎症，导致痔疮、血压升高等症状。

2 香辛料类食材闻起来香气逼人，能促进唾液分泌，增加食欲。食欲不振者烹煮食物时不妨多加入香辛料，以提升胃口。此外，香辛料还具有帮助消化的功能。

营养小提示

1 由于香辛料类食材属于热性，所以火气大、体质燥热者，不适合过量食用，否则容易引起身体上的不适。相反地，体质较虚寒的人就可以适量摄取。

2 烹煮过程中加入多种香辛料食材，能提升口感层次，不过，要注意添加的分量。过量可能会刺激胃肠黏膜，引起发炎。

3 香辛料类不适合与酒搭配。两者皆属燥热刺激性食物，一起食用恐怕会引发肠胃不适。

● 怎样选购最安心

1 品质好的香辛料，会具有强烈芳香的辛辣味，一旦拆封就可闻到强烈的香气。

2 选购粉状或粒状香料，以能防止光线的褐色玻璃瓶密封为佳，可确保香气成分，最好避免铁盒包装。

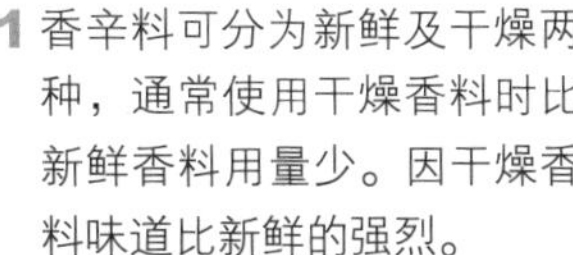

● 怎样处理最健康

1 香辛料可分为新鲜及干燥两种，通常使用干燥香料时比新鲜香料用量少。因干燥香料味道比新鲜的强烈。

2 在烹调用量上可先依循包装注明的分量，多试几次后，再依个人的口味调整。

● 怎样保存最新鲜

购买粉末状者，使用后要记得密封保存，避免潮湿、结块，香气散失。

Chapter 4 风味饮品馆

饮料喝得安心

不论是在便利商店的架上，还是在三步一间的冷饮店，五步一间的咖啡馆的强力推销下，琳琅满目的饮料成了我们生活中不可或缺的必需品。在选购饮料时，除了符合方便美味外，还必须留意一些小地方，才能喝得安心无负担。

看清包装食品标识

学会看懂“食品标识”，是为自己的饮食安全把关的最重要的功课之一。食品标识对制造企业厂商而言，是对其出产的产品内容透明化，也是对品质负责任的表现；对消费者来说，可借由包装的正确标识，掌握正确的信息，无疑也是在选购时的最佳保障。

标准的“食品标识”内容应详列：品名、净含量、厂商名称、电话及地址、配料表、生产日期、保质期及保存条件、执行标准、食品生产许可证编号及QS标志、消费者服务专线等。养成看标识的习惯，避免选购加入非法食品添加剂或色素的饮料。

比较营养标签 营养素高者较佳

营养标签包括营养素、能量、脂肪、蛋白质、碳水化合物或其他营养素等含量，其能量含量应以千焦表示，而其他营养素含量以克、毫克来表示。营养标签越详细，越有助于在选购同一种产品时方便比较，特别要以营养素高者为优先选择。

选择包装完整产品

选购时以包装完整、无破损或凹陷、凸罐、封口良好，没有渗漏、裂缝，外观完整为原则，瓶身如有受到挤压、变形的情况，就要避免选购。

若购买利乐包这类的真空产品时，要特别检查封口，在没有外力破坏下，摇晃时的声音会较小；若遭受外力破坏而有裂缝或渗漏，摇晃时的声音会变大，就要避免购买。还要选择令人安心的容器，如罐底涂白色的表示不会溶解出环境荷尔蒙酚甲烷，较能安心食用。

把握黄金食用期

购买包装、罐装饮料，选择有信誉的品牌；且不论是常温或低温饮料，虽都经过严密的杀菌过程，但都要在开瓶后尽快喝完。尤其是低温饮料，一旦离开冷藏环境，30分钟内一定要喝完，以免变质。若无法一次喝完，也要将剩余的饮料密封好再冷藏。

现打的果菜汁、水果汁等并没有经过杀菌，所以最好现打现喝，对人体健康有益。

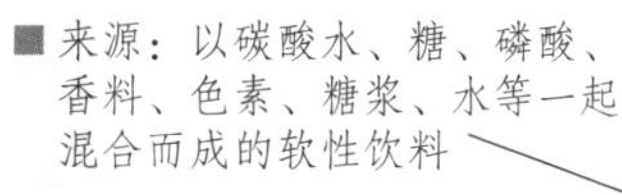

春 夏 秋 冬

碳酸饮料 Carbonated Drink

Tips 选择QS标志产品

●宜食的人
一般人

●忌食的人
肥胖者、糖尿病患者

■ 主要营养成分：钠、钾、镁

■ 来源：以碳酸水、糖、磷酸、香料、色素、糖浆、水等一起混合而成的软性饮料

■ 味道：香甜清凉

■ 种类：果汁型、果味型、可乐型、低热量型等含气饮料

✓ YES优质品

● **外观：**

1 外表没有凹陷变形

2 没有奇怪的杂质沉淀

3 选择最近生产的产品

● **味道：**没有特殊的异味或臭味。

✗ NO劣质品

● **外观：**

1 瓶罐外表凹陷变形

2 有奇怪的杂质沉淀

3 出产日期过久

● **味道：**闻起来有异味。

Health & Safe 安全健康食用法

这样饮用最健康

1 一般市售碳酸饮料的含糖量均较高，平均每天喝一罐碳酸饮料，相当于吃了10勺的糖。为避免摄入过多的糖，在饮料的选择上，最好以低糖、少糖，甚至是无糖的碳酸饮料为首选，可降低糖的摄取量，同时也可大大降低热量的摄取。

2 碳酸饮料含糖量高，易让口中细菌发酵，产生酸性物质，进而腐蚀牙齿，造成蛀牙。建议喝完后，马上刷牙或用清水漱口。

营养小提示

1 相较于其他类型的碳酸饮料，果汁型的碳酸饮料是添加了果汁原液的碳酸饮料，如市售的苹果汽水、葡萄汽水、桔汁汽水、橙汁汽水等，除了具有所添加的水果应有的色、香、味外，营养成分也相对较高，在选购时，可以这种类型的碳酸饮料为首选。

2 常喝碳酸饮料，容易养成爱喝甜的饮料，而不喝白开水的坏习惯。长期下来，会造成肾脏、肝脏的负担。

● 怎样选购最安心

1 碳酸饮料包装有铝箔包、金属罐、塑料瓶、玻璃瓶等，购买时尽量选最近生产的，铝箔包、金属罐要选购外表没有凹陷变形者。

2 选择知名度较高、品牌较大的碳酸饮料，避免来路不明或小品牌的产品。

3 购买时要注意成分，像可乐里含磷酸盐，会造成钙质流失，最好不要让儿童饮用。

● 怎样保存最新鲜

1 依照瓶罐上的保存方法，并注意保质期。

2 如果是透明液体，要特别注意是否有杂质，开封如有异味，就要避免饮用。

Tips 冷藏于7℃以下，风味最佳

●宜食的人
肠胃机能不佳者
●忌食的人
肥胖、糖尿病患者

春 夏 秋 冬

乳酸饮料 Yogurt Drinks

■ 分类：发酵型、调配型

■ 主要营养成分：膳食纤维、维生素C、维生素D、维生素E

■ 味道：微酸微甜，淡淡的乳酸味，清爽芳香

■ 来源：以鲜乳、乳粉、植物蛋白乳、植物蛋白粉等为基本原料，经过发酵、加工调制而成

✓ YES优质品

● **外观：**
1 外包装完整正常
2 瓶底没有沉淀物

● **味道：** 闻起来有一股酸甜味。

✗ NO劣质品

● **外观：**
1 外包装出现膨胀情况
2 饮料中有结块
3 瓶底有杂质沉淀

● **味道：** 闻起来有一股酸败味。

Health & Safe 安全健康食用法

这样饮用最健康

1 选择乳酸饮料时，含活性乳酸菌的菌数越高者，饮用的营养价值会越高。

2 乳酸饮料具有乳酸菌代谢物质，能够帮助消化，改善肠胃道功能，促进新陈代谢。

3 市售乳酸饮料所含糖分通常不低，建议喝完之后要记得刷刷牙、漱漱口，以免口中的细菌发酵，产生酸性物质，造成蛀牙。

4 想要凭借乳酸饮料来改善消化的人，要同时注意所摄取的热量，以免造成体重上升。

营养小提示

1 如果想利用摄取乳酸菌达到保健身体的目的，建议每天至少要吃10亿左右的菌数，效果会较好。

2 非活性乳酸菌饮料含乳酸菌，最好不要加热食用。

3 饮用乳酸饮料时，不要同时食用香肠、火腿、腊肉等。乳酸菌中含有乳酸，当乳酸碰到香肠、火腿、腊肉等所含的硝酸盐，可能转变成一种致癌物质——亚硝胺，长期持续大量食用对健康不利。

● 怎样选购最安心

购买活性乳酸饮料，除了注意产品包装标识是否依照国家标准的规定生产外，如果有包装膨胀、出现结块、有异味等现象，就应避免购买。

● 怎样保存最新鲜

1 活性乳酸饮料最好避免在室温下摆放太久，如无法一次喝完，也要将瓶盖密封好，再放入冰箱中冷藏，不过还是建议一次饮用完毕，营养价值及风味都最佳。

2 市售的乳酸菌饮料可区分为活性和非活性两种，选购时可从标签的说明中分辨。一般活性乳酸菌未经高温灭菌，需冷藏，最好放置于10℃以下的温度保存，非活性乳酸菌饮料只要常温保存即可。

春 夏 秋 冬

啤酒 Beer

Tips 掌握最佳饮用期

●宜食的人
健康的成年人

●忌食的人
痛风者、尿酸过高者、患泌尿结石症者

■ 种类：生啤酒、鲜啤酒、熟啤酒

■ 主要营养成分：氨基酸、B族维生素、维生素C、矿物质

■ 味道：香醇爽口

■ 来源：是以大麦芽、大米及啤酒花等为原料，经过糖化、发酵、贮酒、过滤而成

✓ YES优质品

● **外观：**

1 饮料颜色清亮透明

2 无悬浮物或沉淀物

3 泡沫细致洁白

● **味道：**闻起来有浓郁的酒花香气。

✗ NO劣质品

● **外观：**

1 有悬浮物或沉淀物

2 颜色看起来不清透、浊浊的

● **味道：**没有香味，甚至有酸败味。

Health & Safe 安全健康食用法

这样饮用最健康

1 适量喝酒，可降低患心血管疾病的几率，要让摄取的酒精在身体里发挥良性的作用，控制好所饮用的量是安全饮用的方法。一般说来，男性一天最多2杯的啤酒摄取量，一杯的量约240毫升较为安全。

2 畅饮啤酒，一连喝下3、4瓶的量后，大量水分会被很快排出，但酒精会迅速被吸收，血液中酒精浓度一下子增高。建议不要短时间内喝大量的啤酒，每次最好不要超过一瓶。

营养小提示

1 啤酒含大量嘌呤，而酒精会抑制尿酸排除，因此尿酸过高、痛风患者不宜饮用。

2 想要让啤酒的口感更清凉爽快，建议选购刚酿好的新酒，再放入冰箱，以6～8℃冷藏后的饮用口感最优。

3 饮用时，啤酒的泡沫可以隔绝空气，避免口感变苦，所以可将啤酒倒入被冰镇过的玻璃杯中，不仅可让啤酒产生泡沫，喝起来的口感会更好。

●怎样选购最安心

1 优质的啤酒颜色呈清亮透明状，无悬浮物或沉淀物，泡沫细致又洁白，可闻到浓郁的酒花香气，口味香醇。

2 购买啤酒时，以具知名度品牌的产品为首选，可兼顾品质及食品安全，保障健康。

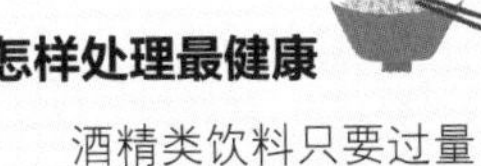

●怎样处理最健康

酒精类饮料只要过量，对身体来说都是负担，都是毒药，所以以少量摄入为佳。

●怎样保存最新鲜

1 啤酒可分为瓶装啤酒及罐装啤酒，购买之后要注意避免放置在阳光直接照射处。

2 啤酒适合低温保鲜，最适宜的保存温度在5～15℃，避免冷冻保存，以免破坏营养成分，口感变差。

Tips 避免加冰块饮用

春 夏 秋 冬

红酒 Red Wine

● 宜食的人
女性

● 忌食的人
肝脏病患者、糖尿病患者、严重溃疡者

■ 种类：进口红酒、国产红酒

■ 味道：气味浓重、多层次的口感

■ 来源：红葡萄经过除梗、破碎、发酵、榨汁、发酵，除渣、熟成后即可装瓶

■ 主要营养成分：白藜芦醇、黄酮类化合物、蛋白质、碳水化合物、天然纤维、烟酸、维生素A、维生素B_1、维生素B_2、钙、铁、钠、钾

✓ YES优质品

- **外观：**
  1 色泽具透明度
  2 饮品中无悬浮物
  3 瓶底没有沉淀物
- **味道：**有红酒特有的浓郁香味。

✗ NO劣质品

- **外观：**
  1 色泽不具透明度
  2 有悬浮物或沉淀物
- **味道：**闻起来没有香味，甚至有酸味和怪味。

Health & Safe 安全健康食用法

这样饮用最健康

1 红酒中的白藜芦醇是很好的抗氧化剂，具有抗菌功效，这也是红酒可提供健康益处的原因。一天一杯约100毫升的葡萄酒，是安全的摄取量，可将功用发挥到最大。

2 红酒中的黄酮类，可抑制血小板凝集，能降低血液浓度，促使血液循环流畅。饮用红酒90分钟后，血管开始产生扩张作用，对高血压、心绞痛患者而言，能保护心血管，可少量摄取。

营养小提示

1 红酒适合搭配牛肉，因为红酒的抗氧化物可降低坏胆固醇，减少动脉硬化的危险；再者红酒中的单宁酸与牛肉中的蛋白质结合，可去油腻。

2 红酒不适合加冰块，因为红酒本身含有单宁酸，放入冰块会破坏酒质。想要喝冰凉口感时，在饮用前放入温度变化较小的保鲜室中冰镇即可。

3 红酒具有养气活血的作用，适量饮用，有助于调节身体机能，尤其女性朋友可以适量饮用。

● 怎样选购最安心

市售红酒瓶身都会有标签，常会标示酒的品名、生产国或生产地、葡萄收成年份、生产者或造酒者名称、容量、酒精浓度等，我们可以从酒厂酿酒的风格、酒的年份、葡萄品种来判断品质以及风味。要选购不含有山梨酸钾的红酒较好。

● 怎样处理最健康

开瓶后若没有喝完，要密封起来，完全阻隔与空气接触，再放回冰箱冷藏，避免摇晃，并在3天之内饮用完毕即可保持风味。

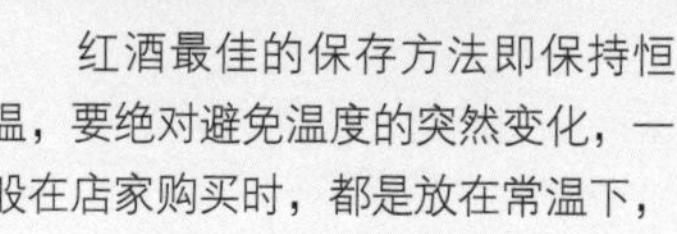

● 怎样保存最新鲜

红酒最佳的保存方法即保持恒温，要绝对避免温度的突然变化，一般在店家购买时，都是放在常温下，所以购买后也以常温来保存即可。

春 夏 秋 冬

葡萄酒 Wine

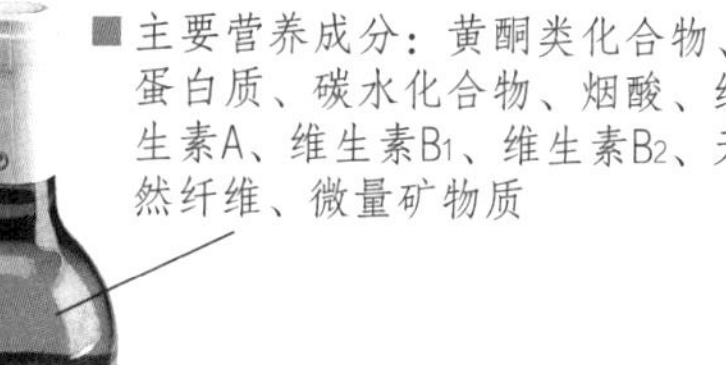

Tips 等级越高，保存期限越长

●宜食的人
一般人

●忌食的人
肝脏病患者、糖尿病患者、严重溃疡者

■来源：由葡萄酿造、发酵而成

■主要营养成分：黄酮类化合物、蛋白质、碳水化合物、烟酸、维生素A、维生素B_1、维生素B_2、天然纤维、微量矿物质

■味道：甘甜、口感丰富

■种类：红酒、白酒、玫瑰红酒、香槟、雪莉、波特、天然甜酒、苦艾酒、彼诺甜酒等

✓ YES优质品

●外观：
1 色泽具透明度
2 饮品中无悬浮物
3 瓶底没有沉淀物

●味道：闻起来有浓郁的水果香。

✗ NO劣质品

●外观：
1 色泽不具透明度
2 有悬浮物或沉淀物

●味道：闻起来没有香味，甚至有酸味和怪味。

Health & Safe 安全健康食用法

这样饮用最健康

1 葡萄酒提供大量抗氧化物，适量摄取有益健康。每天以一杯约100毫升的摄取量为佳。

2 过量的酒精会刺激甘油三酯上升，容易造成肝病变或肠胃疾病。

3 葡萄酒富含维生素及矿物质，可养气补血、降低坏胆固醇。此外，葡萄酒中钾和钠含量比例约10∶1，能预防心脏病和高血压。

4 某些葡萄酒中含有槲皮黄素，它具有抗癌的作用，对身体保健有益。

营养小提示

1 决定葡萄酒口感好坏的两大因素，一是葡萄种类，二是酿造、生产时的技术。当然，收成年份、时间等因素也会影响酒本身的甜度，可依喜好选择。

但建议糖尿病患者，要多留意相关资讯，选择酒精浓度低、低甜度的葡萄酒较好。若血糖控制情况不佳，建议不要喝酒。

2 葡萄酒在生产过程中会添加少量的抗氧化剂，如：丁基羟基茴香醚（BHA），无安全问题，可安心饮用。

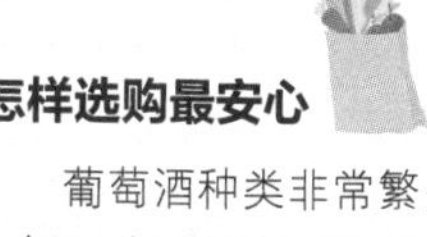

●怎样选购最安心

葡萄酒种类非常繁多，一般可分不起泡和起泡的葡萄酒，不起泡的如白酒、红酒及玫瑰红酒，起泡的以香槟最具代表。由于所含酒精、口感略有差距，建议试喝以选择自己喜欢的品种购买。

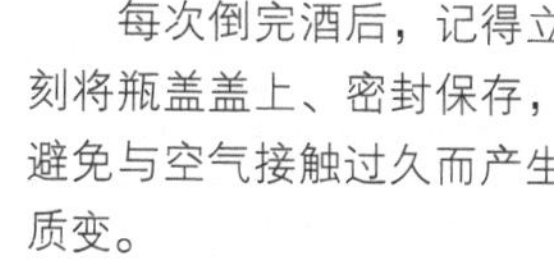

●怎样处理最健康

每次倒完酒后，记得立刻将瓶盖盖上、密封保存，避免与空气接触过久而产生质变。

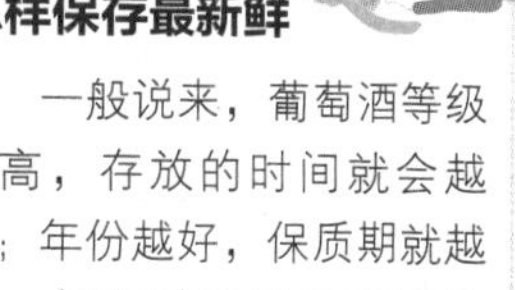

●怎样保存最新鲜

一般说来，葡萄酒等级越高，存放的时间就会越久；年份越好，保质期就越长。保存时要避免阳光直射，温度以14～16℃最佳。

Tips 隔夜茶汤应避免饮用

●宜食的人
想减肥的人
●忌食的人
消化道溃疡者、容易失眠者

春 夏 秋 冬

茶叶 Tea

■种类：绿茶、红茶、龙井、碧螺春、清茶、乌龙、铁观音、水仙、武夷

■味道：味甘苦

■来源：新鲜的茶叶经过采收、干燥、发酵、焙炒、揉捻、烘干等方式制成

■主要营养成分：茶多酚、儿茶素、维生素C、维生素E、氨基酸、咖啡因、钾、钠、镁、铜

✓YES优质品

- **外观：**
  1 叶片形状完整
  2 色泽均匀
  3 茶梗、茶末或杂质含量比例低
- **味道：**闻起来有浓郁的茶香。

✗NO劣质品

- **外观：**
  1 叶片碎裂或粉末状太多
  2 茶梗、茶末或杂质含量比例高
- **味道：**茶香气味淡，甚至没有。

Health & Safe 安全健康食用法

这样饮用最健康

1 喝茶可以提神，想要避免失眠，不要在晚上饮用，建议最好在下午2～3点的时候喝，既可提神也可帮助消化，对健康较好。

2 茶叶中含鞣酸，若与药物结合而沉淀，会改变药性，因此吃药时建议不要配茶服用。

3 脾胃虚寒、有低糖现象的人，不宜喝浓度过高的茶，避免造成胃部不舒服。

4 绿茶容易刺激肠胃，建议不要在空腹时喝茶。

营养小提示

1 茶叶中富含儿茶素，可以消除体内自由基，且具有抗发炎作用。适量摄取，对身体健康有益。

2 泡好的茶叶久放，较易发生变化，建议最好在30～60分钟内把泡好的茶喝掉。隔夜的茶不要喝，因为除了有变质疑虑外，还可能被微生物污染。

3 若有缺铁性贫血问题，建议喝茶时间控制在两餐之间，勿空腹喝茶。

4 避免喝入茶叶残留农药，建议第一泡茶倒掉不喝。

●怎样选购最安心

1 叶片形状完整、色泽均匀，茶梗、茶末或者其他杂质的含量比例低，品质会较佳；叶片碎裂或者粉末状太多，就要避免选购。

2 购买茶叶时，可在手中轻握茶叶，干燥程度优质的茶叶会有刺手感，且只要稍稍用力就能捏碎；当用力重捏还不能将茶叶捏碎的话，表示茶叶已受潮，品质也会大打折扣。

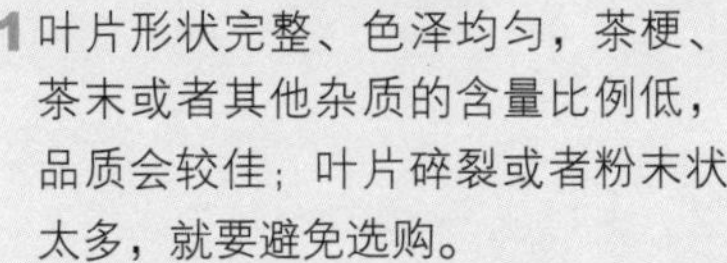

●怎样处理最健康

1 水温控制在80～90℃，勿太高。

2 好茶叶少苦涩，甘、滑、醇，充满余味、回甘韵味。

●怎样保存最新鲜

已拆封的茶叶应密封起来，再放入铁罐或纸盒中。放入冰箱中冷藏，可以减缓茶叶产生褐变的速度。

春 夏 秋 冬

茶包 Tea Bag

Tips 避免浸泡过久，影响风味

●宜食的人
想减肥的人

●忌食的人
消化道溃疡患者、易失眠者

■来源：茶叶经过绞碎、混合均匀后，分袋包装而成

■味道：味甘苦

■主要营养成分：儿茶素、茶多酚、氨基酸、维生素C、维生素E、咖啡因、微量矿物质

■种类：乌龙茶包、茉香绿茶茶包、红茶茶包、玫瑰绿茶茶包、薰衣草绿茶茶包等

✓YES优质品

- **外观：**
  1 茶包完整，没有破损
  2 茶包干燥、不潮湿
- **味道：**闻起来有股清淡的茶香。

✗NO劣质品

- **外观：**
  1 茶包不完整，有破损
  2 茶包潮湿
- **味道：**没有茶香，甚至有潮湿味。

Health & Safe 安全健康食用法

这样饮用最健康

1 绿茶可杀菌，红茶能暖胃祛寒，乌龙茶消脂减肥，消费者可依需求选择。

2 冲泡茶包的时候，建议可以参考包装盒上的使用量。浓度过高，容易造成心律不齐，同时也会造成肾脏负担。

3 胃肠不好、心脏病、肾脏病或高血压患者，若有喝茶习惯，建议应事前询问医生关于茶的饮用量，同时避免喝浓茶。

4 茶中含有少量氟化物，可预防蛀牙。

营养小提示

1 浸泡的时间最好控制在1～2分钟，像绿茶这类茶包的浸泡时间也要相对缩短，以免长期浸泡，茶汤的味道变差。

2 茶和酒不适合一起饮用，也不能前后饮用。茶叶中的茶碱有利尿作用，这样会使得乙醛尚未来得及再分解，就从肾脏排出，肾脏会受到乙醛刺激，长期下来，肾功能恐怕会受影响。

●怎样选购最安心

市面上的茶包大致可分为传统四方形及立体造型两种，传统四方形的茶叶搅拌得较碎，价格上比较便宜；立体茶包的茶叶可看见完整茶叶，价格上比较昂贵，可依自己喜欢的口感采买。

●怎样保存最新鲜

1 茶包多以纸盒包装，买来的茶包最好改以密封罐保存，避免空气接触会影响品质。

2 将茶包冷藏或冷冻保存，可维持鲜度。

3 若一次购买较多量的茶包时，可采用小包分装的方式，再放入冷藏库中，每次取出所需冲泡量，避免将同一包茶包反复地冷冻、解冻使用，这样风味会大打折扣。

Tips 开瓶后尽快喝完

●宜食的人
一般人
●忌食的人
水肿、腹水、肾炎患者、高血压等患者

春 夏 秋 冬

矿泉水 Mineral Water

■ 主要营养成分：锌、溴、碘、锂、锶、偏硅酸等

■ 来源：矿泉水是来自于山泉水渗透地层之中，再经过滤后制成

■ 味道：清冽甘甜

■ 种类：
按矿泉水特征组分达到国家标准的主要类型分为九大类：
①偏硅酸矿泉水
②锶矿泉水
③锌矿泉水
④锂矿泉水
⑤硒矿泉水
⑥溴矿泉水
⑦碘矿泉水
⑧碳酸矿泉水
⑨盐类矿泉水

✓YES优质品

● 外观：
1 包装完好、瓶身密封、无瑕疵
2 没有白色棉絮，或奇怪悬浮物
3 水质无色、透明、清澈
● 味道：闻起来没有味道。

✗NO劣质品

● 外观：
1 瓶身出现凹陷、裂痕
2 有白色棉絮丝状等不明异物
3 水质混浊，不甚透明
● 味道：闻起来有一点异味。

Health & Safe 安全健康食用法

这样饮用最健康

1 市面上有各种品牌的矿泉水，不同品牌所含矿物成分不尽相同，有些矿泉水钠含量较多，建议有水肿、腹水、肾炎、高血压等症的患者，不宜饮用高钠量的矿泉水。

2 真正的天然矿泉水中蕴含均衡适量的矿物质，口感甘甜，且容易被人体所吸收，有益身体健康，在选购时，应认清瓶体的成分标识与水源出产地，以免喝到来路不明的地下水，引发不适。

营养小提示

1 在炎炎夏日，以冰镇后的矿泉水来补充因出汗而流失的矿物质，可说经济实惠又解渴。但在高温的夏季，细菌繁殖速度也特别快，瓶装矿泉水一旦打开，应在短时间内喝完，避免细菌滋生。

2 矿泉水中含有微生物，经太阳照射容易使其发霉，若有白色棉絮出现，则不能饮用。

3 有报道指出，长期放置可能使聚酯瓶（PET瓶）溶出重金属锑，影响身体健康。

● 怎样选购最安心

1 详阅标识。矿泉水必须依据食品安全法、QS的规定标识项目，针对水源地、水源地点标识，更需对主要矿物质的成分、pH值等标示清楚，作为选购时的参考依据。

2 包装是否完好、瓶身是否密封、无瑕疵，也是选购时须特别注意的，若出现凹陷、裂痕等就要避免选购。

3 购买时摇一摇瓶子，看清楚有没有悬浮物或棉絮、丝状等不明异物，唯有瓶内无异物，水质无色、透明、清澈、无异味才能安心购买。

● 怎样处理最健康

打开后尽快喝完。

● 怎样保存最新鲜

避免在阳光下曝晒，放在通风、阴凉的地方，才能确保饮用的安全。

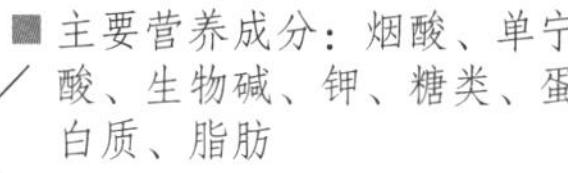

Tips 以烘焙时间最近者为佳

春 夏 秋 冬

咖啡 Coffee

●宜食的人
一般人

●忌食的人
孕妇、儿童、有失眠问题的人

■ 来源：咖啡豆经过清洗、干燥、去壳、煎焙、研磨而成

■ 主要营养成分：烟酸、单宁酸、生物碱、钾、糖类、蛋白质、脂肪

■ 味道：依煎焙程度的不同，可区分为焦味、苦味、甘味、酸味、涩味等

■ 种类：蓝山、曼特宁、摩卡、罗姆斯达、瓜地马拉、巴西圣多斯咖啡、哥伦比亚等

✓ YES优质品

● **外观：**

1 咖啡豆外表完整，无破碎或缺角

2 咖啡豆有黑色裂缝

3 咖啡饮料包装完整，无破损

● **味道：** 闻起来有浓郁的咖啡香。

✗ NO劣质品

● **外观：**

1 外表不完整，有破碎及缺角

2 咖啡饮料包装凹陷，有挤压

● **味道：** 闻起来没有咖啡的香味，只有酸味或苦味。

Health & Safe 安全健康食用法

这样饮用最健康

1 咖啡中的咖啡因会刺激中枢神经系统，尤其是脑细胞，所以咖啡有提神醒脑的作用，建议有失眠问题的人，不要在睡前喝咖啡。

2 咖啡因会刺激胃酸分泌，有胃炎或胃溃疡的人，宜少喝，以免使病情加重。

3 咖啡可提高身体基础代谢作用，除了能利尿外，还能促进肠胃蠕动，帮助排便，有便秘困扰的人，可适量饮用，减缓不适。

营养小提示

1 咖啡的最佳摄取量为每天不超过3杯。

2 咖啡会刺激心肌的收缩，加速心脏的跳动，有心脏疾病的人，在喝咖啡后，如果觉得不舒服，须立即停止饮用。

3 咖啡不适合跟酒一起饮用，因为酒精会使得大脑皮层处于过度兴奋或麻痹状态，而咖啡会使自主神经兴奋，两者作用叠加，反而会出现烦躁不安、剧烈头痛等症状。

4 咖啡刺激胃酸分泌，早上空腹时不宜饮用。

●怎样选购最安心

1 市售咖啡可分为咖啡原豆、咖啡粉，包装方式有罐装、瓶装等，每种口感、香气都不尽相同，选择时须考量健康因素。

2 罐装咖啡建议最好选择添加物少的牌子，并注意瓶身不要出现凹陷或变形。

●怎样处理最健康

要喝到香醇味美的咖啡，掌握“冲泡前才研磨”是最佳的赏味方式。

●怎样保存最新鲜

1 咖啡豆的最佳品尝期大约为4周，以真空罐冷冻保存约为1年。

2 咖啡粉的品尝期大约为1周，以小包装冷冻保存较可保持新鲜。

解答食物安全的21个疑惑

1 新鲜蔬果的处理方式

多摄取新鲜的蔬菜水果，能从中获得丰富的膳食纤维、维生素及矿物质，进而能促进身体的新陈代谢，让身体更健康。

Q 洗草莓时放盐好吗？

A 最好先以流水逐颗冲洗，再浸泡于清水数分钟

为避免吃到农药，首先要记得保留草莓蒂叶，若拔除蒂叶，会使农药自缺口渗入。其次，正确的清洗草莓方式为先以流水逐颗冲洗后，再浸泡于清水中5~10分钟，取出之后重复冲洗过程，即可去除残留农药。仍不放心者可以增加流水冲洗的时间，但冲洗时小心别将草莓洗烂，否则会加快草莓腐坏的速度。

Q 要剥皮吃的水果还要先水洗吗？

A 是，还是要先水洗

水果在成长过程中，果皮直接暴露于空气中，可能附着农药、昆虫、寄生虫卵，食用前应彻底清洁表皮可能残留的污染。剥皮吃的水果在剥皮过程中，不论使用削皮器或徒手剥皮，都可能使表皮的农药沾染在手或器具上，间接又污染果肉，虽然不小心吃进的农药较少，但长期累积仍会影响健康。

Q 水果饭前吃还是饭后吃？

A 如果较大量食用，需避开饭前及饭后的1小时

如果较大量地食用，就需避开饭前及饭后的1小时，饭前吃太多水果会产生饱足感，影响正餐进食；饭后吃太多水果会影响消化，容易产生胀气等肠胃不适。以水果作为食疗，食用时间对食疗效果也有影响，例如饭后食用菠萝帮助消化，或睡前吃红枣帮助睡眠。此外，仍需注意偏酸的水果如空腹食用，会引起胃酸过多。

Q 只吃水果减肥行得通吗？

A 只吃水果减肥是行不通的！

水果与其他食材相同，除了含有维生素与矿物质外，也含有脂肪与碳水化合物，某些甜度高的水果，如瓜类、荔枝、龙眼，热量更是高得吓人，而且不少人为达到与吃饭相同的饱足感，往往增加水果的食用量，热量摄取也往往超过限制。

再者，水果中蛋白质含量较低，长期偏食，易造成营养失调，而且大量食用水果可能导致各种水果病。若空腹食用过量，导致肠胃负担过重，可能引发消化不良等疾病。

Q 蔬菜汆烫过后，维生素会大量流失？

A 不会！此方式烹煮时间最短，保留营养素最多

蔬菜在清洗与烹调的过程中会流失一部分水溶性维生素，所以烹煮时间越短越好。汆烫过程约1~2分钟，翻炒则需3~4分钟，相较之下汆烫时间短又可免去油烟味，实为较健康的烹调方式。汆烫蔬菜的秘诀在于水滚冒泡后才放入蔬菜，一次不要放入太多量，待水再次沸腾后，即可熄火起锅，余温便可使蔬菜熟透。此种处理方式的烹煮时间最短，保留营养素也最多。

Q 有机蔬果与无公害蔬果的差异性？

A 有机蔬果不用农药；无公害蔬果用低毒性农药，采收前停药

有机蔬果的生长环境需有洁净的水、土壤与空气，耕作过程中完全摒除化学肥料、农药等可能破坏自然的添加物，所栽培的蔬果可能略带虫孔或较不美观，但绝无残留农药。

无公害蔬果则是在耕作期仅使用低毒性农药或少用、不用农药，且限制于安全范围内，采收前即停药，因此采收时亦无农药残留。大家在购买时，可看看蔬果是否有“绿色食品”“无公害农产品”的标识。

② 肉类＆海鲜的认识方法

市面上黑心火腿、黑心海鲜时有所闻。到底需要注意哪些事项，才能避开这些危险食品，挑选到营养味美的肉品与海鲜？

Q 进口牛肉和国产牛肉的差别？

A 国产的是温体屠宰，于传统市场出售；进口的在超市冷冻出售

进口牛肉与国产牛肉最大的差别，在于国产牛肉是温体屠宰，多在传统市场出售，而进口牛肉则是冷冻进口、冷冻出售，销售地点多在超市。

如果当天食用，建议购买国产牛肉；如果买回家冷冻保存，买进口牛肉较方便省时。有些激素在国内禁止使用，但国外却没有被限制，这些牛肉被进口后，可能有残留的激素，食用的安全性令人担忧。

Q 黑猪肉真的健康吗？

A 传言黑猪肉有助于人体消除自由基，但尚未经过证实

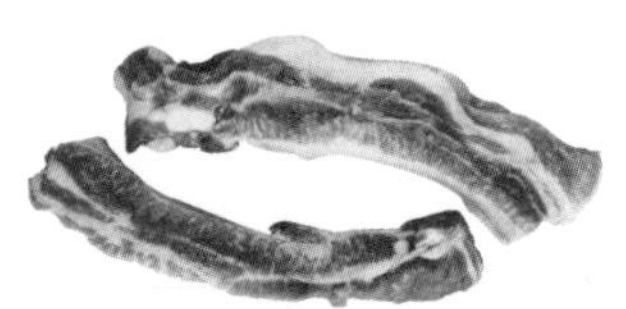

有传言黑猪肉可减少人体自由基，有益健康。自由基能抵抗外来病菌，但也会攻击自身细胞，所以自由基可能会导致慢性病或细胞老化。

虽然黑猪肉具有比白猪肉略高的抗氧化物质，但是黑猪肉是否具有减少自由基的功效，尚未经过医学界证实。

Q 土鸡和饲料鸡有何不同？

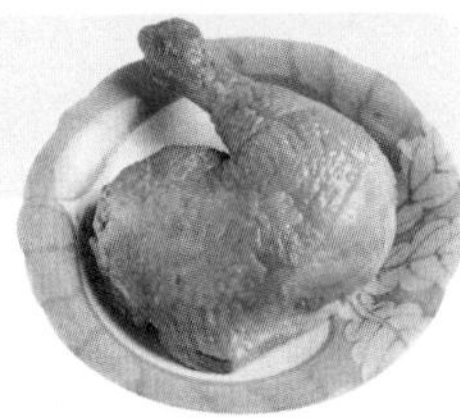

A 土鸡比饲料鸡的脂肪含量少、肉质软滑且有弹性

相较于饲料鸡，土鸡的脂肪含量较少，肉质有弹性、口感有嚼劲儿。由于土鸡养殖的时间较长，成本也随之提高，虽然价格较贵，但在市场上仍广受欢迎。

饲料鸡注射激素使鸡只快速生长的传言近年来有愈演愈烈的趋势。事实上，目前台湾鸡品种的饲养时间并不长。土鸡种约12~14周，一般称为饲料鸡的白肉鸡只需10周。注射激素不但违法，反而增加鸡农的饲养成本。

Q 贝类如何选购与处理?

A 选择壳完整紧闭的；以清水洗净后，冷藏保存

贝类应选择壳完整，贝肉没有外露，轻轻碰触贝壳时，会马上紧闭的，这样的才是活的；若早已开启或碰触后不会闭合，表示贝类已死。拿两个贝壳互相敲打，声响越大的越新鲜。

如果在传统市场购买，盛装贝壳的容器应清洁、养水应清澈不混浊、贝类的外壳也要确实清洗干净。买回的贝类应进行吐沙的程续，以去除泥沙味。若是没有马上食用，也要浸水冷藏保存，以免腐坏变质。现在进口的贝类越来越多，一年四季都吃得到各种贝类，但建议选择国内盛产季节时食用，比较新鲜且安心。

Q 活鱼、鲜鱼、冷冻鱼的差别?

A 活鱼多淡水鱼；鲜鱼刚死正新鲜；冷冻鱼是捕捞后急速冷冻的

活鱼是指活生生的、还能游动的鱼，通常为淡水鱼或养殖海鱼，多只能在传统市场买到。鲜鱼则是指刚死不久的鱼，鱼嘴和鱼鳃都紧闭，且鱼鳃鲜红，鱼鳞和鱼鳍没有脱落，鱼身没有不自然地弯曲，鱼肉有弹性，没有腥臭味，放到水中应会沉底。

冷冻鱼是指捕捞后急速冷冻保鲜的鱼，鱼眼应明亮，鱼身硬实有光泽。冷冻鱼如解冻，鱼肉组织多少会受到破坏，因此买回冷冻鱼应尽快食用，避免二次冷冻后再食用。

Q 黑心加工海鲜是什么?

A 指使用不当添加物、假装保持食材鲜度的海鲜

海鲜的保鲜是很不容易的，不但费工又耗成本，中国有许多不法商户会使用非法的添加物，假装保持食材的鲜度。例如，新鲜的虾色泽应呈现天然、半透明的颜色，可是一旦虾不新鲜，消费者从外观色泽上，很容易一眼就看出来。这时候，商户可能会以抗生素、双氧水漂白、化学色素等进行染色，让虾看起来似乎具有新鲜度。

这些化学药剂多半会对健康造成一定程度的危害，有些甚至含致癌物，因此购买海鲜时，最好挑选活体海鲜，或选择具信誉、可靠的店家或厂商。

③ 食品包装标识的识别方法

每当购买包装食品时，您是否会多看几眼包装上的标识？了解内容物含哪些营养素或添加物，才能真正帮助您吃得更安心健康。

Q “含有果酸……等”的意思是？

A 表示调味料中含2种类以上的酸

有时候看调味料包装标示上面印着“含有果酸……等”内容物，这是因为调味料中，含有酸的种类不只1种，可能同种酸含有2种混合，也可能不同种酸含有2种。若调味料中含2种以上混合的酸，则不会一一标出，而用“……酸等”不同种类的名称为代表标示。

Q “含有纤维”和“富含纤维”有何不同？

A 含有纤维指含3～6克的纤维；富含纤维指含6克以上的纤维

食品包装标示“含有”某些成分，是指产品“提供”欲诉求的营养成分，不表示“富含”那些成分。如“含有”纤维不表示“富含”纤维；两者差异在于每100克固体食物，含6克以上纤维质，可标示“富含纤维”，若纤维介于3克以上、6克以下，仅能标示“含有纤维”。标示“含有”或“富含”是有规定的，购买时要留意。

Q “低糖”跟“砂糖未添加”有何差异？

A 低糖：含砂糖及具甜味的糖；砂糖未添加：无添加砂糖

“低糖”的“糖”不仅指砂糖含量，还包括其他具甜味的糖（单糖及双糖），如：麦芽糖、果糖、葡萄糖，这些糖类总量符合法规标识“低糖”的标准（《食品营养标签管理规范》中要求：每100克或100毫升的食品中糖含量≤5克为“低糖”）。

“砂糖未添加”指该产品无添加砂糖，并非表示不含其他糖类；是否含糖，可看包装成分及营养标示判断，有些产品标示不含砂糖，可能以其他糖类取代，或本身就含有糖分（例如果汁），这些成分仍有热量。

Q 可以相信包装上的标识吗？

A 包装食品多依法标示；如有疑问可咨询服务电话

市面上的包装食品必须依法（食品安全法、产品质量法、产品标识、标注规定、食品营养标签管理规范、预包装食品、标签通则等）进行标识，包括：内容物、重量、容量或数量、产品有效日期、营养标示，以及厂商名称、地址、电话等；即使是进口食品都必须清楚标示。对包装上的标示若有疑问，除了可以拨打厂商提供的服务电话进行了解外，也可以咨询卫生部门的专业人员。切勿购买来路不明的食品，或宣称有疗效的食品，以免危害健康。

Q 保质期与最佳食用哪里不同？

A 保质期：保持品质的期限；最佳食用期：食物保持最佳美味的时间

保质期是指食品在标签标示的贮存条件下保持食品品质的期限，超过保质期限的时间，食品就不能食用了。

最佳食用期是指食品商告知消费者在哪个日期之前能保持其产品的品质。过了这个日期的产品，会被移离商店的货架不再售卖，但这些产品未必会变坏，只是不够新鲜。通常用于不易变坏的食品，最常见的例子为面包、方便面和薯片等。很多国家并未将售卖过了最佳食用日期的产品列作违法行为。

我国国家标准中并未强制要求标示“最佳食用期”，只强制要求标示食品的生产日期和保质期。

Q 买超市食品应注意什么事情？

A 注意营养均衡，不食用过量添加物

我国外食人口多，超市食品实为便利划算的好选择。选择超市食品时，要注意营养是否均衡。选购便当时，因为缺少蔬菜，肉类大都偏多，腌渍物多、钠含量及其他添加物过高、热量过高，所以不适合经常食用。低温冷藏保存的食品，也要注意温度够不够冷，以免食物腐坏滋生细菌；加热食品的温度也要够热。注意以上事项才能吃得安心。

④ 环境荷尔蒙与基因改造食品

环境所残留的化学物、基因改造食材，由于不再是自然新鲜的状态，容易影响人体健康，对人体造成伤害，选购时不可不慎。

Q 环境荷尔蒙是指什么？

A 环境荷尔蒙是指干扰身体内分泌功能之外在物质

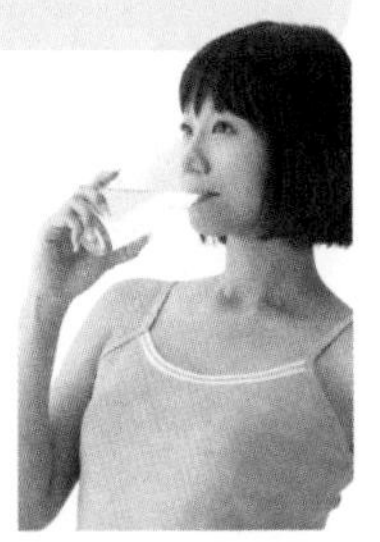

环境中含有类荷尔蒙作用的化学物质，这些人体不需要的物质经由饮食或其他途径进入人体。有学者认为这些化学物质可能干扰人体生殖、成长能力。这就是“环境荷尔蒙”。

Q 聚酯瓶（PET瓶）和环境荷尔蒙的关系？

A 聚酯瓶含塑化剂，可能含环境荷尔蒙成分，易干扰人体内分泌

环境荷尔蒙是指，环境中一些微量残留的化学物质，借由直接或间接的食物链关系吃到肚子里，某些学者认为这些化学物质干扰体内自然荷尔蒙的运作机制，造成内分泌失调，引发不孕或恶性肿瘤。部分塑料容器生产时可能添加塑化剂，如聚酯瓶中有些成分被列为是可能的环境荷尔蒙，若被人体吸收后就可能造成危害。

Q 基因改造食品是什么？

A 用基因改造生物的材质，制造、加工而成的食品

基因改造食品市面上约有三类：

一、原料型态：食品本身含新基因，如基因改造大豆。

二、初级加工型态：如基因改造大豆，经简单加工磨成的豆浆。

三、高度加工型态食品：如以基因改造大豆为原料，经复杂加工程序精制而成的大豆油。

基因改造食品须通过严格的安全性评估才可出售。目前基因改造食品可能引发过敏，但这点尚未有研究报告证实或否定。

常见食品添加剂一览表（根据GB2760）

食品添加剂名称		常用添加剂的食品
防腐剂	苯甲酸及其钠盐	碳酸饮料、果蔬汁（肉）饮料（包括发酵型产品）、酱油、蜜饯凉果
	丙酸及其钠盐、钙盐	豆类制品、糕点、面包、生湿面制品（如面条、饺子皮、馄饨皮、烧麦皮）
	脱氢乙酸及其钠盐	面包、糕点、黄油、腌渍的蔬菜
	山梨酸及其钾盐	熟肉制品、盐渍的蔬菜
抗氧化剂	丁基羟基茴香醚（BHA）、二丁基羟基甲苯（BHT）	脂肪、油、坚果、饼干、膨化食品
漂白剂	亚硫酸钠、二氧化硫、亚硫酸氢钠	干制蔬菜、水果干类、干制食用菌和藻类
护色剂	硝酸盐及亚硝酸盐	腌腊肉制品类（如咸肉、腊肉、板鸭、中式火腿、腊肠）、腌腊肉制品类（如咸肉、腊肉、板鸭、中式火腿、腊肠）、酱卤肉制品类、熏、烧、烤肉类、油炸肉类、西式火腿（熏烤、烟熏、蒸煮火腿）类、肉灌肠类、发酵肉制品类
着色剂	茶黄色素、茶绿色素	茶饮料、果蔬汁、风味饮料
	赤藓红及其铝色淀	凉果类、果蔬汁
	靛蓝及其铝色淀	蜜饯类、凉果类、糖果
	二氧化钛	糖果
	番茄红素、红曲米	糖果、饮料、固体汤料
	柑桔黄	生干面制品
	焦糖色	酱油、醋、啤酒、碳酸饮料
甜味剂	糖精钠	蜜饯类、凉果类、果浆、
	天门冬酰苯丙氨酸甲酯（阿斯巴甜）	糖果、蜜饯、水果罐头
	乙酰磺胺酸钾（安赛蜜）、环己基氨基磺酸钠（甜蜜素）	蜜饯类、糖果、饮料
防霉剂	酒石酸氢钾	小麦及其制品、烘焙食品
	硫酸铝钾（钾明矾）、硫酸铝铵（铵明矾）	豆类制品、小麦及其制品、烘焙食品、膨化食品

含章·名医话健康系列

（全10册）

全国27位名院名医联手打造，求医找名医

中国居民养生第一超图典，一书抵上一百个专家号

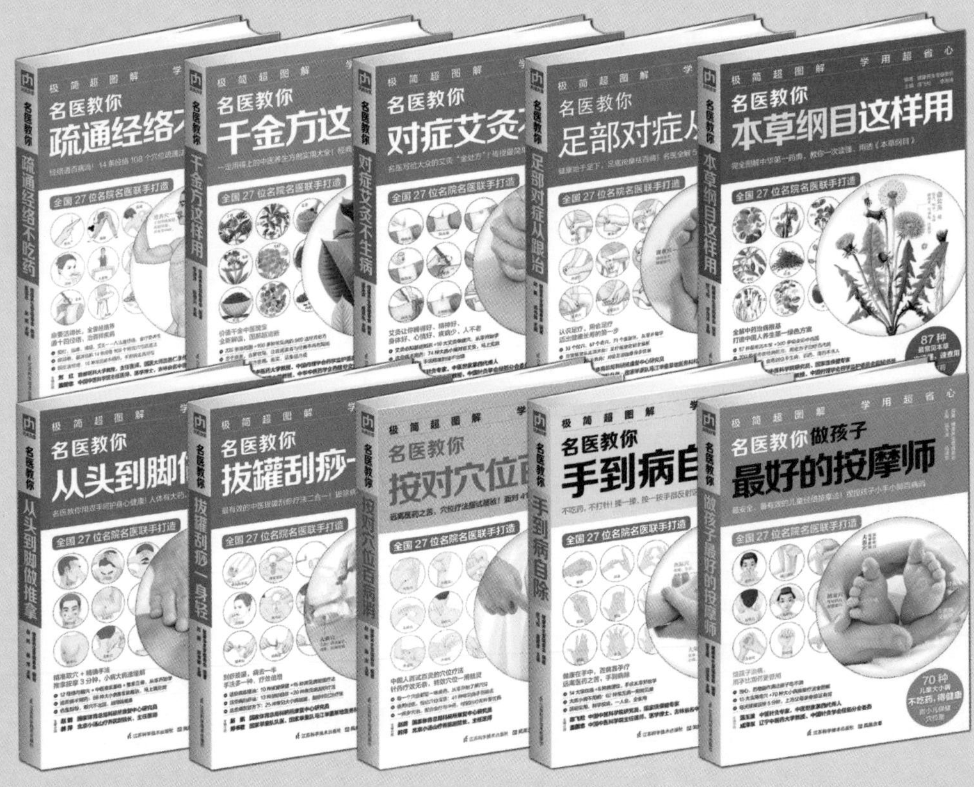

图书在版编目（CIP）数据

董金狮图说无毒食物怎么选怎么吃 / 董金狮主编
. -- 南京：江苏凤凰科学技术出版社，2015.2
ISBN 978-7-5537-3936-6

Ⅰ. ①董… Ⅱ. ①董… Ⅲ. ①食品安全－图解 Ⅳ.
①TS201.6-64

中国版本图书馆CIP数据核字(2014)第238291号

董金狮图说无毒食物怎么选怎么吃

主　　编	董金狮
责任编辑	樊　明　　葛　昀
责任监制	曹叶平　　周雅婷
出版发行	凤凰出版传媒股份有限公司 江苏凤凰科学技术出版社
出版社地址	南京市湖南路 1 号 A 楼，邮编：210009
出版社网址	http://www.pspress.cn
经　　销	凤凰出版传媒股份有限公司
印　　刷	北京旭丰源印刷技术有限公司
开　　本	718mm × 1000mm　1/16
印　　张	20
字　　数	300 千字
版　　次	2015 年 2 月第 1 版
印　　次	2015 年 2 月第 1 次印刷
标准书号	ISBN 978-7-5537-3936-6
定　　价	42.00 元